TRAITE

D'ASTRONOMIE.

Et quoniam eadem natura cupiditatem
ingenuit hominibus veri inveniendi, quod
facillime apparet, quum vacui curis, etiam
quid in cœlo fiat scire avemus : his initiis
inducti omnia vera diligimus; id est, fidelia,
simplicia, constantia; tum vana, falsa,
fallentia odimus.

(Cic., *De Fin.*, II, 14.)

PARIS.— ÉVERAT, IMPRIMEUR,
16, rue du Cadran.

TRAITÉ
D'ASTRONOMIE,

PAR

SIR JOHN F.-W. HERSCHEL,

MEMBRE DE LA SOCIÉTÉ ROYALE DE LONDRES, CORRESPONDANT DE L'ACADÉMIE DES
SCIENCES DE PARIS, ETC.

TRADUIT DE L'ANGLAIS

ET SUIVI D'UNE ADDITION

SUR LA DISTRIBUTION DES ORBITES COMÉTAIRES DANS L'ESPACE,

Par Augustin Cournot,

DOCTEUR ÈS-SCIENCES, ÉLÈVE DE L'ANCIENNE ÉCOLE NORMALE.

PARIS,

PAULIN, LIBRAIRE-ÉDITEUR,
31, place de la Bourse.

1834.

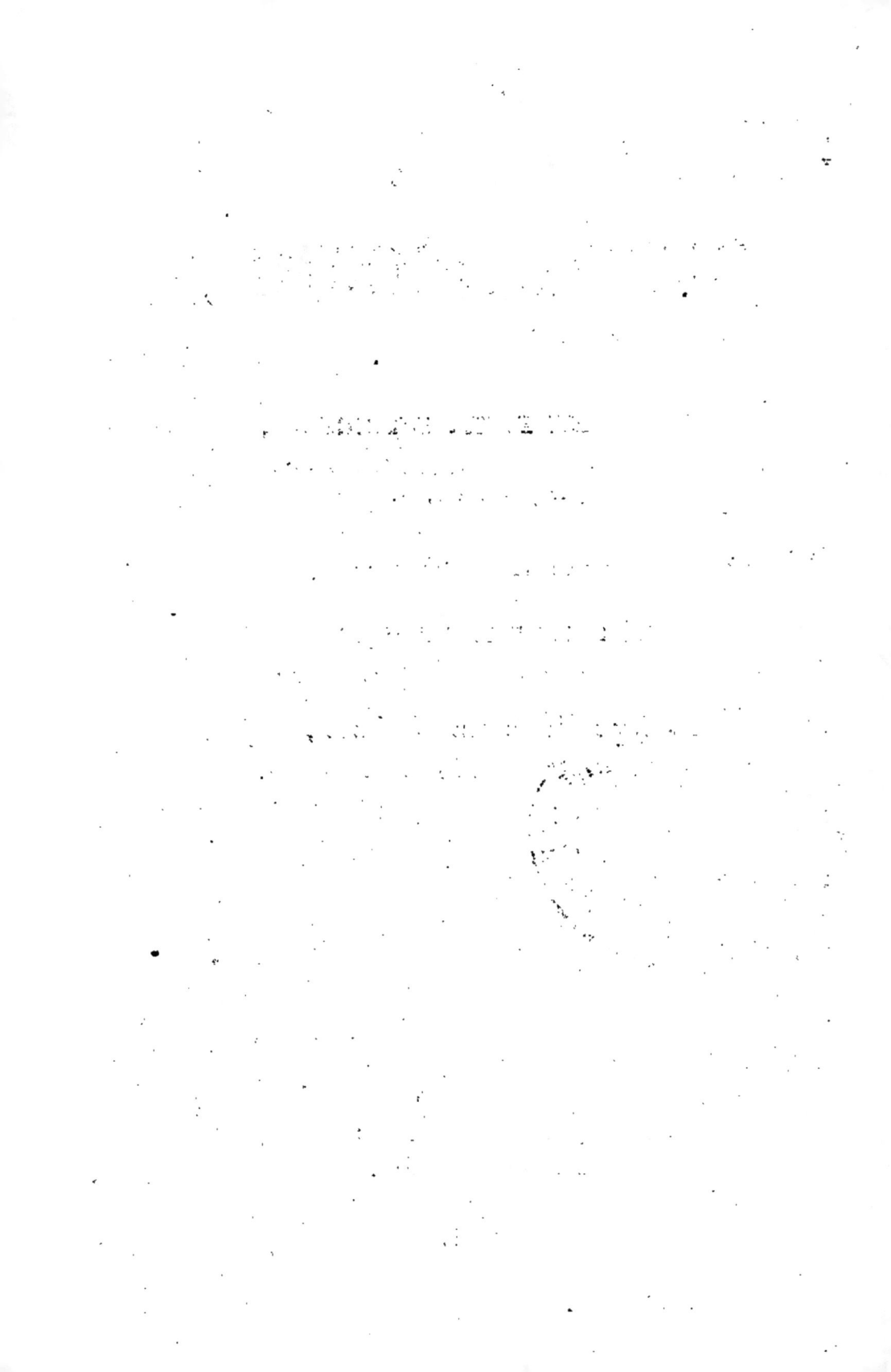

AVIS DU TRADUCTEUR.

Le *Traité d'Astronomie* de Sir John Herschel, fait partie d'une collection publiée à Londres sous le titre de *Cabinet Cyclopædia*, par les soins du docteur Lardner, et avec la coopération d'hommes éminens dans les sciences. Le nom de l'auteur, l'originalité de la plupart de ses méthodes d'exposition, ont engagé à en donner une traduction française. On a jugé à propos d'en faciliter la lecture, en substituant nos mesures aux mesures anglaises et en modifiant certains détails de rédaction, auxquels il n'y aurait eu aucun avantage à conserver un caractère de nationalité étrangère. Mais nous avons eu soin d'indiquer les mesures originales, toutes les fois qu'il s'est agi d'observations nouvelles, propres à l'auteur. Nous devons prévenir en outre que, sans vouloir nous écarter jamais de sa pensée, nous n'avons pas cru devoir nous assujettir à en reproduire partout l'expression littérale. Les légères modifications que nous nous sommes permises, ont toujours eu pour but de donner aux explications plus de simplicité et de clarté. L'édition anglaise offre un assez grand nombre d'incorrections, et parfois même quelques inadvertances que l'on a tâché de faire disparaître, sans que pour cela il ait paru nécessaire de multiplier les notes.

Il est à propos d'indiquer aux lecteurs, déjà assez familiarisés avec les connaissances astronomiques pour chercher de suite ce qu'un ouvrage de cette nature contient de plus nouveau en faits et en méthodes, les deux chapitres qui traitent, l'un des perturbations planétaires, l'autre de l'astronomie sidérale. Les vues d'Herschel père sur la constitution du ciel, les travaux de son fils et d'autres astronomes contemporains sur les systèmes de nébuleuses et d'étoiles doubles, sont des objets du plus haut intérêt philosophique, auxquels jusqu'à présent on a accordé trop peu de place dans les traités élémentaires publiés chez nous, et qui ne sont dès lors que bien imparfaitement connus des personnes que leurs études spéciales n'appellent pas à consulter les grandes collections scientifiques. Qui pouvait, à plus de titres que Sir John Herschel, se charger de répandre et de populariser ces notions!

La théorie des perturbations planétaires ne semblait pas pouvoir sortir du domaine de la haute analyse. L'illustre auteur de l'*Exposition du système du monde* s'est borné le plus souvent dans ce bel ouvrage, à traduire en langue vulgaire l'énoncé algébrique des théorèmes sur les perturbations, sans prétendre initier le lecteur étranger aux sciences de calcul, dans l'intelligence de ces théorèmes et de leur raison physique. Sir John Herschel a entrepris cette tâche. Il a pensé que si la synthèse géométrique avait été forcément abandonnée par les successeurs de Newton comme moyen de démonstration et en quelque sorte comme instrument de précision, le temps était venu d'y recourir pour éclairer la marche qu'avaient suivie les analystes, pour tenter de ramener à des considérations directes et élémentaires l'explication générale de leurs découvertes, et peut-être pour mettre sur la trace de découvertes nouvelles.

Nous plaçons à la suite de ce *Traité d'Astronomie*, l'extrait de quelques recherches sur les lois de distribution des orbites cométaires ; recherches qui, si nous ne nous trompons, mettront en évidence certaines relations curieuses, jusqu'ici inaperçues, et pourront conduire dans la suite, lorsqu'on aura réuni un nombre supérieur d'observations, à de plus importans résultats.

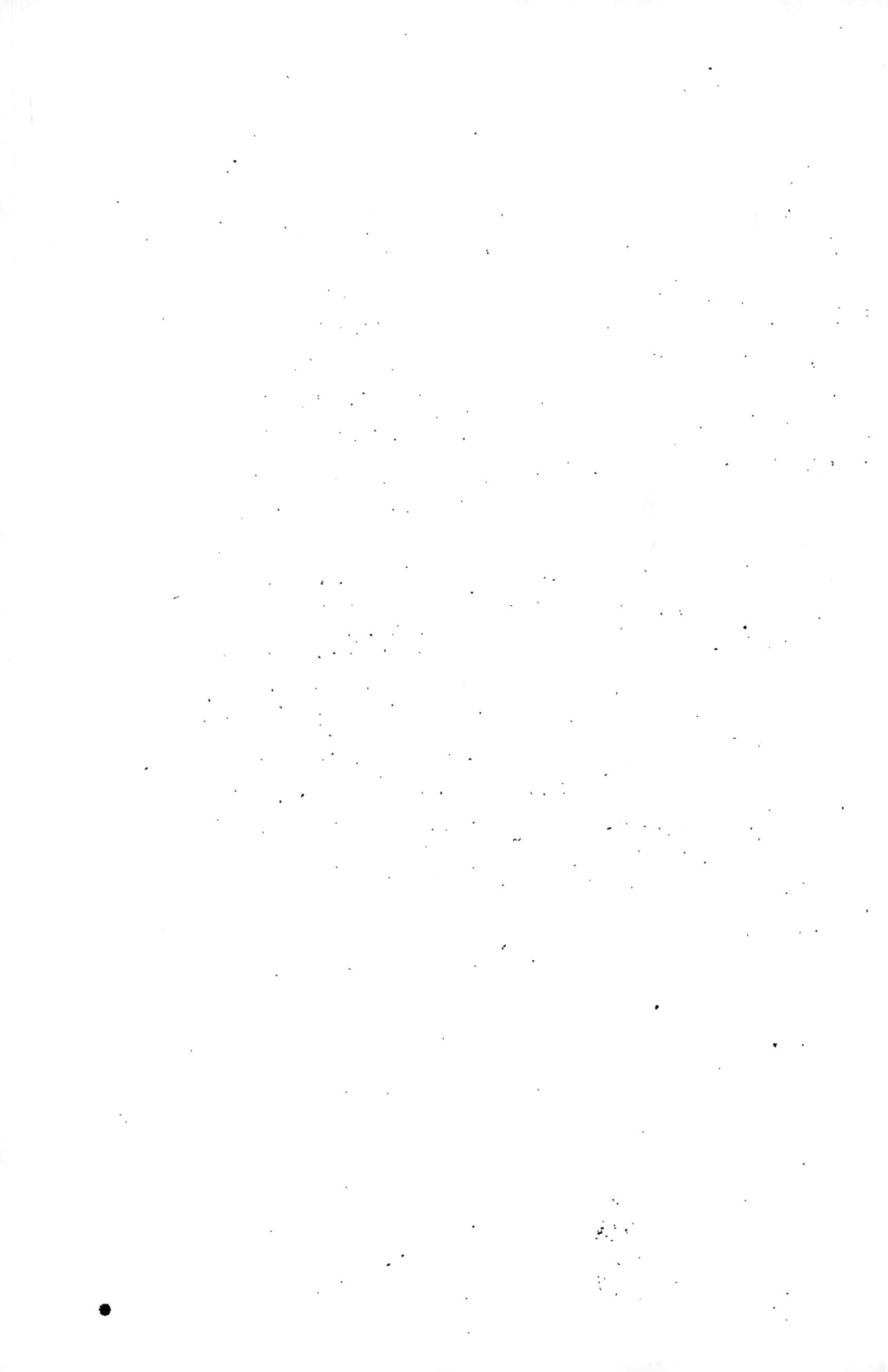

TRAITÉ

D'ASTRONOMIE.

INTRODUCTION.

(1.) LE premier soin de celui qui débute dans l'é-
tude d'une science doit être de préparer son esprit à
recevoir la vérité, par l'abandon de toutes les notions
imparfaites et adoptées à la hâte concernant les objets
et les rapports qu'il va examiner, comme pouvant tendre à embarrasser et à égarer sa marche. Il doit aussi
faire une sorte d'effort pour se résoudre à adopter,
malgré les préjugés contraires, toute conclusion qui
lui paraîtra appuyée sur une observation exacte et une
déduction logique, fût-elle de nature à renverser toutes les notions qu'il s'était faites précédemment, ou
qu'il avait admises sans examen sur la foi des autres.
Un tel effort doit être regardé comme le commencement de cette discipline intellectuelle qui forme l'une
des plus importantes fins de toute science. C'est le
premier pas vers cet état de pureté mentale, aussi nécessaire pour la perception de l'harmonie physique
que pour celle de la beauté morale : c'est la préparation qui doit ouvrir nos yeux à la lumière de la vérité,
et les mettre en état de saisir les linéamens du plan
de la nature.

(2.) Il n'y a pas de science qui exige plus que l'astronomie une telle préparation, et qui réclame au plus haut degré une disposition libérale de l'esprit, à adopter tout ce qui est démontré, à accorder tout ce qui est rendu hautement probable, sous quelque point de vue nouveau et extraordinaire qu'il faille envisager par suite les objets avec lesquels nous étions le plus familiers. La plupart des conclusions de la science astronomique sont en contradiction ouverte et frappante avec l'observation vulgaire, avec les croyances qui nous paraissent résulter le plus clairement du témoignage des sens, tant que nous n'avons pas compris et pesé les preuves du contraire. Ainsi la terre, qui nous sert d'appui, et qui est réputée le support inébranlable des constructions les plus solides de l'art et de la nature, perd aux yeux de l'astronome sa fixité : il la voit tournant rapidement autour de son centre, et se mouvant dans l'espace avec une énorme vitesse. Le soleil et la lune, qui paraissent à l'œil ignorant des corps ronds de dimensions médiocres, deviennent pour lui de vastes globes, dont l'un approche de la terre pour la grandeur, et dont l'autre la surpasse immensément. Les planètes, qui semblaient des étoiles un peu plus brillantes que les autres, se transforment en mondes spacieux habitables, dont quelques-uns sont considérablement plus grands que notre terre, et dotés par la nature d'un plus riche cortége. Les étoiles proprement dites, qui ne paraissaient que comme des étincelles lumineuses ou des atomes brillans, se changent en soleils d'un éclat aussi varié qu'éblouissant, centres de vie et de lumière pour des myriades de mondes inconnus : et lorsqu'après avoir fait des efforts d'imagination pour accommoder ses pensées à la grandeur des rapports trouvés par ses calculs, après avoir épuisé les ressources du langage et des métaphores pour faire sentir l'immensité de l'échelle sur laquelle l'univers est construit, l'astronome reporte ses regards sur le globe qu'il habite ; il ne lui paraît plus que comme un point, tellement perdu, même dans le petit système auquel il appartient, qu'il ne pourrait être aperçu à la distance des corps principaux dont ce système est composé.

(3.) On trouverait difficilement une preuve plus remarquable du pouvoir de la vérité sur l'esprit humain, quand aucuns motifs d'intérêt ou de passion ne viennent à la traverse, que la facilité avec laquelle toutes ces conséquences sont admises, dès l'instant que leur évidence a été clairement perçue, et l'empire qu'elles ne cessent dès lors d'exercer sur notre croyance. D'après cette considération, nous supposerons, dans cet ouvrage, le lecteur plus désireux de connaître le système astronomique tel qu'il est démontré maintenant, que de faire revivre contre lui des objections rebattues. Nous supposerons en un mot qu'il se met à l'œuvre avec un esprit bien disposé, supposition qui non-seulement nous épargnera à nous-même l'ennui d'entasser argumens sur argumens pour convaincre les esprits sceptiques, mais qui facilitera les progrès du lecteur en lui permettant de suivre une route bien tracée, au lieu de s'engager dans une multitude de détours pour arriver finalement au même but.

(4.) En conséquence, la méthode que nous nous proposons de suivre ne sera strictement ni analytique ni synthétique, mais elle prendra plus fréquemment le dernier caractère, qui nous paraît mieux approprié à la nature d'une composition didactique. Notre objet n'est pas de convaincre ou de réfuter les *opposans*, ni de rechercher, sous le semblant d'une ignorance

empruntée, des principes dont nous sommes dès long-
temps en possession, mais simplement d'*enseigner* ce
que nous savons. Les bornes d'un volume, la nécessité, tout en se renfermant dans ces bornes, d'étendre
plutôt que de resserrer les explications, enfin le caractère éminent de maturité et de certitude de la science
elle-même, tout se réunit pour rendre à la fois cette
méthode praticable et préférable. Praticable, parce
qu'il n'y a maintenant aucun danger d'une révolution
en astronomie, comme celles qui changent journelle-
ment les formes des sciences moins avancées, détruisent nos hypothèses et jettent nos édifices en ruines.
Préférable, parce que l'espace qui serait consacré à
combattre des systèmes réfutés, ou à conduire le lecteur à pas comptés du connu à l'inconnu, peut être
employé d'une manière plus avantageuse à faire naître
en lui, par des développemens convenables, le sentiment familier, et en quelque sorte le sentiment pratique de la série des phénomènes et de leur mode de
production. Nous ne rejèterons pas néanmoins la méthode analytique, lorsqu'elle devra nous conduire plus
aisément et plus directement à notre but ; et en général, nous ne nous attacherons pas d'une manière ser-
vile à la méthode. Écrivant uniquement pour être entendu, et pour communiquer le plus d'instruction
possible dans le moindre espace, pourvu que cette
communication soit distincte et effective ; nous ne sa-
crifierons jamais au système ni à la forme.

(5.) Nous tiendrons donc pour admis le système
copernicien sur l'arrangement de l'univers : l'explication facile, claire et naturelle qu'il donnera de tous les
phénomènes, à mesure qu'ils se présenteront, ne devant laisser aucun doute sur sa vérité, sans qu'il soit
besoin de recourir aux formalités d'une démonstration

fastidieuse, selon cette importante remarque de Bacon : « *Theoriarum vires, arctâ et quasi se mutuo* » *sustinente partum adaptatione, quâ, quasi in orbem* » *cohærent, firmantur**. » Nous ne laisserons pourtant pas échapper l'occasion de montrer au lecteur le contraste de la simplicité de ce système avec la complication des autres hypothèses.

(6.) Les connaissances préliminaires qu'il est à désirer que le lecteur possède pour tirer un parti plus avantageux de de cet ouvrage, consistent dans la pratique familière de l'arithmétique décimale et sexagésimale, quelques notions de géométrie et de trigonométrie plane et sphérique, les principes élémentaires de la mécanique, et assez d'optique pour comprendre la construction et l'usage du télescope et de quelques autres instrumens les plus simples. Pour l'acquisition de ces connaissances, nous renverrons aux ouvrages qui en traitent spécialement. Plus on se les sera rendues familières, plus les progrès seront rapides et l'instruction complète. Mais nous nous efforcerons dans chaque occasion, autant du moins que nous pourrons le faire avec clarté et sans tomber dans la prolixité et les épisodes, de rendre ce que nous avons à dire aussi indépendant que possible des autres livres.

(7.) Après tout, nous devons formellement avertir ceux qui voudraient commencer, et surtout ceux qui voudraient terminer avec le présent ouvrage leurs études astronomiques (quoique nous espérions que le nombre en sera petit, au moins dans la dernière catégorie), que notre prétention la plus élevée est

---

* La force des théories repose sur l'harmonie de leurs parties, au moyen de laquelle elles se soutiennent mutuellement comme les pierres d'une voûte et forment un tout cohérent.

de les conduire sur le seuil du temple de la science, ou plutôt sur une éminence extérieure, d'où ils puissent prendre une notion générale de sa structure. Tout au plus prétendons-nous donner à ceux qui veulent y entrer un plan de ses abords, et en quelque sorte le mot d'ordre pour y pénétrer. L'entrée du sanctuaire et les prérogatives d'initiés n'appartiennent qu'à ceux *qui ont acquis une connaissance suffisante des mathématiques, ce grand instrument de toute recherche exacte, sans lequel on ne peut faire des progrès dans aucune des branches élevées de la science, ni se former une opinion indépendante sur les sujets de discussion entre les savans.* Ce n'est pas sans un effort de leur part que ceux qui possèdent ces connaissances peuvent communiquer en pareille matière avec les personnes à qui elles sont étrangères, et adapter leur langage, leurs éclaircissemens, aux conditions nécessaires d'une pareille communication. Des propositions qui pour l'un sont tout-à-fait identiques, sont pour l'autre des théorêmes importans et difficiles; et leur évidence n'affecte pas de la même manière l'esprit de chacun d'eux. Lorsqu'il se présente de telles propositions, on doit faire appel, non à la raison pure et abstraite, mais au sentiment de l'analogie, à la pratique et à l'expérience. Des principes et des modes d'action doivent être établis, non par des argumens directs déduits d'axiomes reconnus, mais à l'aide d'exemples simples et familiers où les mêmes principes et les mêmes modes d'action se présentent, ou d'autres au moins qui leur sont analogues, en procédant chaque fois par une induction séparée. La différence est celle de tracer un chemin à travers une contrée non fréquentée, ou d'avancer à son aise le long d'une route large et battue. Tout cela suppose que

nous voulons nous faire clairement comprendre du lecteur, et en appeler à sa raison. Il en serait autrement
si nous suivions la méthode d'*assertion*, et si nous lui
demandions une *foi* aveugle; mais cette méthode (bien
qu'indispensable dans certains cas compliqués, où des
explications manqueraient leur but en devenant fastidieuses et embarrassées) est une de celles que nous
ne voulons en général ni adopter pour nous-même,
ni recommander aux autres.

(8.) D'un autre côté, quoique ce soit quelque chose
de nouveau que d'abandonner la voie de la démonstration mathématique, en traitant des sujets qui en sont
susceptibles, et d'employer exclusivement ou en plus
grande partie dans l'enseignement d'une branche considérable de la science des comparaisons familières, il
n'est pas impossible que celui même qui s'en est procuré la connaissance par des moyens d'un ordre plus
élevé, tire encore quelque parti de ce livre, par la raison qu'il y a toujours de l'avantage à varier les points
de vue sous lesquels un sujet s'offre à l'esprit. Les
mêmes explications ne frappent pas de la même manière ni avec la même force deux intelligences, parce
qu'il n'y en a pas deux qui soient remplies des mêmes
images ni pliées aux mêmes habitudes. Il peut donc
bien arriver qu'une proposition, même pour celui qui
la connaît parfaitement, se trouve placée sous un nouveau point de vue, qui produise une impression plus
satisfaisante, dissipe quelques obscurités, éclaircisse
quelques doutes, conduise à l'intelligence de connexions et de rapports inconnus. La probabilité d'un
tel résultat est accrue, si les explications ne sont pas
prises dans d'autres livres, mais données telles qu'elles
se sont offertes spontanément à l'esprit de l'auteur,
comme étant plus en harmonie avec ses propres vues,

sans toutefois qu'il veuille prétendre à l'originalité dans toutes.

(9.) En outre, l'application des principes mécaniques présente des cas au géomètre où, bien que les données soient sous ses yeux, quoiqu'il conçoive clairement les relations numériques et géométriques du problème, quoique les forces aient été évaluées et les lignes mesurées, après qu'il est arrivé à la solution en suivant des procédés techniques parfaitement connus, il reste de l'obscurité dans son esprit, non sur la certitude de la déduction (car il a suivi chaque anneau, et il a trouvé la chaîne complète), non sur les principes (car il s'en est pénétré, et il leur donne une adhésion entière), mais précisément sur *le mode d'action* que la solution représente. Il a parcouru une série de raisonnemens logiques et de règles techniques; mais les signes dont il s'est servi ne représentent rien dans la nature, ou bien il en a perdu de vue la signification originaire. Dans ce cas, une comparaison familière, empruntée à quelque procédé bien connu de la nature ou de l'art, agit sur son imagination, remplace par des peintures animées des symboles abstraits, donne de la réalité et de la vie à ce qui ne se présentait auparavant à lui que comme une succession de mots et de signes. Nous ne nous flattons pas sans doute de réussir, dans tous les cas, à vivifier ainsi nos explications: il n'est pas toujours facile de trouver dans les données de l'expérience vulgaire l'éclaircissement, ou (si l'on veut nous passer le terme) la *paraphrase* d'un point obscur de théorie; mais au moins nous nous proposerons ce but à atteindre. Et comme nous avons la conscience d'avoir par ce moyen réussi à nous donner à nous-même une idée plus claire de certains effets compliqués des perturbations planétaires, que celle que nous

nous en étions faite en suivant tous les détails de la
théorie mathématique, nous avons l'espoir raisonnable
que notre travail pourra être, sous le même rapport,
de quelque utilité aux autres.

(10.) On doit voir d'après cela que notre but n'est
pas d'offrir au public un traité technique, dans lequel
celui qui veut étudier l'astronomie pratique ou théorique trouverait une description minutieuse des méthodes d'observations, les formules de la science et
leur démonstration détaillée. Sur tous ces points,
notre ouvrage lui paraîtrait maigre, et ne saurait satisfaire son attente. Le but que nous nous proposons est
tout autre : il consiste à présenter sur chaque sujet le
dernier résultat *rationnel* des faits, des démonstrations
et des méthodes. Toutes les fois qu'il s'est agi d'applications mathématiques, nous avons évité ce qui ten-
dait à encombrer nos pages de symboles algébriques et
géométriques, pour mettre en évidence ce fil du sens-
commun auquel se rattachent nécessairement toutes les
recherches de l'analyste, mais que ces recherches
masquent souvent, ou ne laissent pas apercevoir sous
le jour le plus favorable, en appelant sur elles-mêmes
toutes les forces de l'attention. Nous sommes bien
éloigné d'en rejeter la faute sur les auteurs des grands
travaux mathématiques auxquels nous faisons allusion.
Ils avaient besoin, pour les accomplir, d'une grande
application d'esprit; ils savaient peut-être par leur
propre expérience combien peu l'on pouvait avancer
dans la carrière qu'ils parcouraient, en ne prenant
pour flambeau que le raisonnement vulgaire, et combien il importait de s'attacher aux développemens purement mathématiques des conditions de leurs problèmes, de lire ces conditions dans leurs équations et
dans leurs séries, plutôt que de se livrer à cette branche

de raisonnement qui enchaîne les causes aux effets, et coordonne les unes et les autres aux lois de l'intelligence humaine. De là sans doute une certaine obscurité dont l'étudiant le plus zélé se plaint souvent, et qu'il est plus ordinaire d'entendre attribuer ironiquement à la nébulosité naturelle d'une atmosphère trop élevée pour les intelligences vulgaires. Nous croyons rendre service à l'une et à l'autre classe de lecteurs, en dissipant, autant qu'il dépendra de nous, cette obscurité due à des causes accidentelles ; en donnant, toutes les fois que le sujet le comportera, des explications claires pour les intelligences ordinaires ; et, lorsque la chose cessera d'être possible, en leur laissant du moins l'espoir d'arriver un jour à comprendre les explications.

CHAPITRE I.

OTIONS GÉNÉRALES. — ORME ET GRANDEUR DE LA TERRE. — HORIZON. — DÉPRESSION DE L'HORIZON. — ATMOSPHÈRE. — RÉFRACTION. — CRÉPUSCULE. — APPARENCES QUI RÉSULTENT DU MOUVEMENT DIURNE. — PARALLAXE. — PREMIER APERÇU DE LA DISTANCE DES ÉTOILES. — DÉFINITIONS.

(11.) Les dimensions, les distances et l'arrangement des grands corps que nous voyons se mouvoir dans l'univers, leur constitution physique et leurs influences réciproques, autant qu'il nous est permis de les concevoir à l'aide de l'observation et du raisonnement, sont l'objet des travaux de l'astronome. C'est ce qu'indique le mot *astronomie** qui exprime la science des *astres*, nom que les anciens ont imposé aux étoiles, au soleil, à la lune, et à tous les corps

---

* De Ἀστήρ, *astre*, et νόμος, *loi*.

qui apparaissent dans le ciel. Le mot *astrologie** avait primitivement la même acception ; mais aujourd'hui il sert à désigner l'ensemble des idées superstitieuses à l'aide desquelles on prétendrait lire dans les astres les événemens qui doivent se passer à la surface de notre globe.

(12.) Les astronomes ne s'occupent pas seulement des corps célestes; la terre elle-même, considérée comme un corps individuel, est l'objet principal et la base de leurs travaux. Cette préférence ne résulte pas seulement de ce que la terre est notre habitation et fournit à tous nos besoins; mais c'est une station pour les astronomes; c'est elle qui leur procure les premiers moyens de suivre les mouvemens des astres, et d'en mesurer les distances.

(13.) En général les personnes qui ouvrent pour la première fois un livre d'astronomie trouvent sin-gulier qu'on y mette la terre au rang des corps cé-lestes. En effet, quel rapport de similitude peut-on établir entre l'immense étendue de la terre et les étoiles, qui n'apparaissent que comme des points ? La terre est sombre et opaque, et les corps célestes sont lumineux. La terre est en repos, et les astres se meu-vent incessamment. Aussi, à l'exception de quelques philosophes judicieux, les anciens n'ont point classé la terre parmi les corps célestes; et dès lors, ils se sont privés de toutes les ressources de l'expérience et de l'analogie; l'astronomie n'a plus été une science de causes et d'effets, mais un simple recueil de faits dé-tachés et d'apparences inexplicables. Il importe avant tout de détruire un tel préjugé, et l'on ne fera des progrès en astronomie que quand on se sera familiarisé

---

* De ἀστήρ, *astre*, et λόγος, *discours*.

avec cette idée que la terre, après tout, pourrait n'être qu'un astre d'une grande étendue. Nous allons voir jusqu'à quel point cette idée, modifiée convenablement, se trouve fondée.

(14). Pour acquérir des idées justes sur la manière dont sont distribués dans l'espace des corps que nous ne pouvons atteindre, réduits que nous sommes à observer leurs mouvemens sans nous déplacer nous-mêmes, il est d'abord nécessaire de nous assurer si notre immobilité est bien réelle. Il faut savoir si le point d'où nous les apercevons n'est pas en mouvement, ainsi que tous les objets qui nous environnent; et, dans le cas où ce mouvement aurait lieu à notre insu, il faudrait en déterminer la nature. Les positions apparentes d'un certain nombre de corps, et leurs arrangemens respectifs, dépendent évidemment de la place qu'occupe le spectateur; et si ce dernier est en mouvement, sans qu'il s'en doute, les corps en question pourront éprouver des changemens de position qui ne seront point réels. Si donc la terre n'était pas immobile dans l'espace, il en résulterait que tous les mouvemens des astres n'auraient point de réalité, ou du moins que ces objets présenteraient toujours quelque apparence de changement, due au changement réel que nous éprouverions nous-mêmes; en sorte que nous ne pourrions démêler les mouvemens propres des astres, à moins de reconnaître avant tout ceux de la terre pour en tenir compte. Ainsi la question de savoir si la terre est en repos ou si elle est en mouvement n'est pas oiseuse; et, à moins de la résoudre, il y aurait impossibilité pour nous de rien conclure sur la constitution effective de l'univers.

(15). Pour admettre la possibilité d'un mouvement de la terre, à l'insu de ses habitans, il faut supposer que la terre se meut comme un ensemble , un tout , qui embrasse tant les matières enfouies dans son sein , que les objets placés à sa surface. Le mouvement serait commun aux masses solides qui forment la base de la terre, à l'océan , à l'air et aux nuages. Un pareil mouvement, n'altérant en rien les positions respectives des objets , et ne donnant lieu à aucune secousse, à aucun choc, ne peut point être senti. Il n'y a pas de sensation particulière destinée à nous avertir que nous sommes en mouvement. Les chocs et les secousses nous instruisent seulement des changemens subits qu'éprouve un mouvement, par l'application soudaine de forces qui n'agissent qu'un instant; et ce que nous sentons, c'est l'action de ces forces sur notre corps. Quand, par exemple, nous sommes traînés dans une voiture couverte, ou que, placés sur un char, nous tenons les yeux fermés pour ne point voir les objets environnans, nous éprouvons un tremblement dû aux inégalités de la route , qui soulèvent et abaissent alternativement la voiture, mais nous ne sentons pas que nous avançons. Si la route est plus unie, la sensation du mouvement est diminuée, bien qu'il y ait accélération dans la vitesse du transport. Ceux qui ont voyagé sur le chemin de fer, entre Manchester et Liverpool, savent que malgré le bruit des voitures, et la rapidité avec laquelle les objets passent devant les yeux, la sensation qu'on éprouve est celle du repos le plus absolu.

(16.) Un vaisseau nous offre l'exemple d'un vaste système en mouvement, dont toutes les parties se meuvent simultanément en conservant leurs positions les unes par rapport aux autres, et relativement aux personnes qui s'y trouvent placées : c'est là que l'illusion est la plus complète. Dans la cabine d'un gros vaisseau, pesamment chargé, marchant vent ar-

rière dans une mer tranquille, ou tiré le long
d'un canal, aucun indice ne nous instruit de sa marche : nous pouvons lire ; rester assis, marcher,
en un mot faire tout ce que nous ferions sur terre.
Une balle jetée en l'air, nous retombe dans les mains;
et si nous l'abandonnons à elle-même, elle tombe à
nos pieds. Les insectes bourdonnent autour de nous
comme à l'air libre; et la fumée s'élève comme dans
une maison ou sur le rivage. Mais si ensuite nous venons nous placer sur le pont, les apparences sont déjà
modifiées; l'air, qui n'est pas entraîné par le vaisseau,
semble emporter la fumée, les plumes et les autres
corps légers, dans une direction opposée à la marche
du navire; quoique, en réalité, ces corps ne fassent que
rester en arrière, retardés qu'ils sont par la résistance
de l'air. Quant aux corps plus pesans, qui se meuvent
avec nous d'un mouvement commun, l'illusion reste
encore la même; et si nous jetons les yeux sur le rivage, les objets extérieurs semblent, par un effet de
notre propre mouvement, marcher en sens contraire
du système dont nous faisons partie :

   « Provehimur portu, terræque urbesque recedunt. »

(17.) Les objets extérieurs, qui sont en repos, ne
semblent pas seulement se mouvoir par rapport à
nous, qui sommes en mouvement; ils offrent de plus
l'apparence de déplacemens dans leurs positions respectives. Représentons-nous un voyageur parcourant
avec rapidité une route un peu élevée au-dessus des
objets environnans; s'il fixe ses regards sur l'un de
ces derniers, sans néanmoins perdre de vue l'ensemble du paysage, il verra, ou croira voir cet ensemble tourner autour de l'objet fixé, comme autour d'un
centre commun; tous les corps situés entre cet objet

et le voyageur paraîtront se mouvoir en sens contraire de celui-ci, c'est-à-dire *reculer*; et tous les corps placés au-delà iront dans le même sens que le voyageur, c'est-à-dire *avanceront*. Si ce même voyageur porte ensuite les yeux sur un autre objet, plus rapproché par exemple, aussitôt la rotation apparente sera modifiée, le centre de ce mouvement passant du premier au second objet, qui alors rentrera en repos. Le changement apparent de situation des objets par rapport à l'un d'eux, occasioné par le mouvement du spectateur, est ce que l'on appelle un mouvement *parallactique*. Ainsi, avant de savoir si des corps se meuvent réellement ou non, et de quelle nature est ce mouvement, nous devons nous assurer s'il n'existe pas de semblables effets de *parallaxe*.

(18.) Pour nous faire une idée du mouvement de la terre, il nous faut d'abord en connaître la forme et les dimensions. Or, un objet ne peut avoir des dimensions et une forme, s'il n'est *limité* de tout côté par une surface qui le sépare de tous les objets environnans. Au premier aperçu, nous nous figurons que la terre a une surface plane et indéfiniment étendue dans toutes les directions, *au-dessus* de laquelle se trouvent l'air et le ciel; *au-dessous*, et à une profondeur illimitée, des matières solides. Ceci est encore un préjugé, comme celui que nous avions relativement à l'immobilité de la terre; mais il est plus facile de s'en défaire, vu qu'il vient de ce que nous avons négligé de rechercher des bornes à une chose que, dès notre enfance, nous avons considérée comme prodigieusement étendue. Cette illusion ne résulte pas d'une erreur de nos sens, mais de la paresse de notre esprit, tandis qu'au contraire l'illusion sur l'immobilité de la terre provenait d'une fausse interprétation du témoignage de nos sens. Lorsque nous voyons le soleil se coucher le soir vers l'ouest, et reparaître de nouveau à l'est, nous ne pouvons douter que ce ne soit le même astre qui revienne après une absence de quelque durée; mais nous ne pourrions admettre, sans faire violence à toutes les idées reçues relativement aux matières solides, que le soleil ait passé à travers la terre. Il a donc passé par dessous; et l'on ne peut admettre qu'il ait trouvé dans la masse terrestre un passage souterrain; car si nous remarquons les points où il se couche, et ceux où il se lève durant plusieurs jours consécutifs, ou même pendant une année entière, nous trouverons que ces points embrassent une grande partie de l'horizon. En outre, la lune et les étoiles se couchent et se lèvent en tous les points de l'horizon. On tire de là cette conclusion forcée : la terre ne peut avoir une surface indéfinie, ni une épaisseur illimitée; elle doit avoir des bornes dans le sens de l'horizon; elle doit de plus avoir une face inférieure antour de laquelle puissent circuler le soleil, la lune et les étoiles. Ce côté inférieur de la terre doit être pour le moins aussi étendu que celui sur lequel nous sommes placés; il doit avoir un ciel et une lumière, le jour pendant que nous avons la nuit, et la nuit pendant que nous avons le jour; là, enfin, on doit pouvoir dire également :

> — « redit à nobis Aurora, diemque reducit.
> Nosque ubi primus equis oriens afflavit anhelis,
> Illic sera rubens accendit lumina Vesper. »
>
> (GEORG.)

(19.) Maintenant que nous nous sommes familiarisés avec cette idée que la terre est sans fondations, qu'elle ne repose sur rien, et qu'elle est tout-à-fait

isolée dans l'espace, nous concevons aisément qu'elle
puisse se mouvoir, et il est même difficile de croire
qu'il en soit autrement; car, puisqu'elle n'est retenue
par rien, toute cause de mouvement, toute force qui
lui a été appliquée, a dû lui communiquer une impulsion. Voyons ensuite quelles circonstances peuvent nous instruire de la forme qui appartient à la
terre.

(20.) Examinons d'abord si nous pouvons reconnaître cette forme à la seule inspection. Ce n'est pas sur
terre (à moins d'une plaine unie et extraordinairement
étendue) que nous pourrons reconnaître la figure de la
terre dans son ensemble : les collines, les forêts, et les
autres objets qui en rendent la surface raboteuse, en
élevant et abaissant alternativement le contour de l'horizon, toutes ces irrégularités, quoique minimes en
comparaison de la masse entière de la terre, sont
néanmoins trop considérables par rapport au spectateur et à la portion de surface qu'il embrasse
des yeux, pour qu'il soit en état de conclure de
cette portion de surface ainsi défigurée, à la forme de
l'ensemble. Mais dans une plaine très-vaste et très-
unie, ou mieux sur la surface de la mer, l'observation
est beaucoup plus concluante. Si l'on s'éloigne assez
des côtes pour les perdre de vue, et que l'on se place
sur le pont du vaisseau ou sur le haut des mâts,
la surface de la mer apparaîtra, non point à perte de
vue et dans un champ vaporeux, mais terminée par
une ligne tranchée, nette et bien définie, que l'on
nomme le *largue*, lequel forme un contour ou cercle,
dont le spectateur est le centre. Ce contour est un
cercle parfait; car on n'y remarque aucune irrégularité; tous les points sont à la même distance du spectateur; et son diamètre apparent, mesuré avec un in-

strument nommé *secteur de dépression*, est le même
en tous sens (excepté dans des circonstances atmosphériques particulières). En s'élevant à une grande
hauteur au-dessus d'une plaine, par exemple sur une
pyramide d'Égypte, on voit également un horizon
circulaire.

(21.) Les mâts des vaisseaux et les édifices érigés
par la main de l'homme sont de bien faibles élévations, comparées à celles que la nature nous offre.
Placé au sommet du Mont-Etna ou sur la cime du
pic de Ténériffe, le spectateur peut découvrir une portion assez notable de la surface terrestre ; de ces stations très-élevées, et dans les rares momens où l'air
est assez transparent pour que l'on puisse apercevoir
le contour de l'horizon ou la ligne des mers, on y observe la même régularité, mais avec une circonstance
bien remarquable : le diamètre apparent de l'horizon,
mesuré à l'aide du secteur de dépression, est sensiblement moindre que dans le cas d'une station peu élevée ; en d'autres termes, la grandeur apparente de la
terre diminue sensiblement à mesure que l'on s'élève
au-dessus de sa surface, bien que la portion que l'on
en découvre aille sans cesse en augmentant.

(22.) Les mêmes apparences s'observent sur tous
les points de la surface de la terre que l'homme a pu
visiter. Or, un corps qui se présente de tous côtés
avec une forme circulaire est nécessairement une
sphère ou un globe.

(23.) Un dessin rendra ceci plus clair. Représentons la terre par la sphère L H N Q, dont le centre
est C ; soient A, G, M des stations inégalement élevées au-dessus de divers points de la surface, représentés respectivement par les lettres *a*, *g*, *m*. Si,
par le point M, on mène une ligne M N *n*, tangente

à la surface en N, elle représentera un des rayons visuels suivant lesquels le spectateur placé en M verra l'horizon. En faisant tourner cette tangente autour du point M, elle prendra successivement les positions M Oo, M Pp, M Qq, et son point de contact N tracera sur la surface le cercle N O P Q. L'étendue de ce

cercle est la portion de la surface terrestre visible au spectateur en M; et l'angle N M Q formé par deux rayons visuels opposés, en est le diamètre angulaire apparent. Si, maintenant, on néglige la réfraction de l'air situé au-dessous de M, dont nous parlerons plus tard, et qui a toujours pour effet d'accroître plus ou moins cet angle, c'est-à-dire de le rendre plus obtus, on pourra dire que tel est l'angle mesuré à l'aide du secteur de dépression. Or, à mesure que le point M s'élevera au-dessus de *m*, qui est le point de la surface sphérique placé immédiatement au-dessous, la portion de surface visible, le segment ou la calotte N O P Q, augmentera. De plus, la distance M N du spectateur à *l'horizon* * visible, ou à la ligne qui borne sa vue de tout côté, ira aussi en augmentant. Enfin, l'angle N M Q deviendra moins obtus, ou en d'autres termes, le diamètre angulaire apparent de la terre diminuera; cet angle ne vaudra jamais 180°, ou deux angles droits, mais en différera d'une quantité appréciable, et d'autant plus que la station sera plus élevée. La figure indique trois stations à des hauteurs différentes, avec les horizons correspondans; un simple coup d'œil suffira pour comprendre ce que nous venons de dire. En nous bornant à considérer l'horizon le plus étendu M N O P Q, que l'on imagine deux règles *n* N M, M Q *q*, jointes en M, et comprenant une portion N *m* Q de la surface terrestre. Il est clair que si le point M est rapproché de cette surface, les règles doivent s'ouvrir davantage, et tendre à se mettre dans le prolongement l'une de l'autre; elles seront parfaitement en ligne droite, lorsque le point M arrivera en *m* au contact de la surface, auquel cas les deux règles ne formeront plus qu'une tangente à la sphère en *m*, comme l'indique la ligne *x y*.

(24.) Ce qui précède donne l'idée de ce que l'on appelle la *dépression de l'horizon*. M *m*, ou la perpendiculaire à la surface de la sphère en *m*, indique la direction du *fil à plomb*; car c'est un fait observé que sur tous les points du globe le fil à plomb est rigoureusement perpendiculaire à la surface des eaux

* De Ὁρίζω, *je termine*.

tranquilles et à la ligne de *niveau* *. Supposons qu'en M nous ajustions une règle de bois dans la direction d'un niveau très-exact, et que nous imaginions cette règle prolongée indéfiniment dans les deux sens, comme l'indique X M Y, cette ligne sera à angles droits avec M *m*, et par conséquent parallèle à *x m y*, tangente à la sphère en *m*. Le spectateur placé en M, verra non-seulement toute la voûte du ciel X Z Y placé au-dessus de cette ligne, mais encore la portion ou zone indiquée par X N et Y Q; c'est-à-dire que le ciel visible pour lui surpassera la demi-sphère de toute la zone Y Q X N. C'est la largeur angulaire de cette zone excédante, ou l'angle Y M Q dont l'horizon visible paraît abaissé au-dessous de la direction du niveau, que l'on nomme la *dépression de l'horizon*. Il faut toujours en tenir compte dans les observations astronomiques faites en mer.

(25.) De là il résulte que la figure de la terre dans son ensemble (autant du moins qu'on peut le conclure de ce genre d'observation) est bien celle d'une sphère ou d'une boule. Il est vrai que nous avons considéré la surface de la mer, qui partout remplit les cavités du sol, et fait disparaître les inégalités que l'on rencontre sur la terre ferme; mais ces irrégularités ne sont que de faibles modifications de la surface générale de la masse, et qui n'en changent point la forme, pas plus que les rugosités de la peau d'une orange n'altèrent la rondeur de ce fruit. Il résulte encore de là que l'apparence de l'horizon *visible* ou de la ligne des mers prouve la courbure de la surface, et ne provient point d'une impossibilité de voir à de plus grandes distances, résultant d'une imperfection de notre organe ou

* Voyez la description du *niveau* au chap. II.

d'un défaut de transparence de l'atmosphère. Il est bon d'examiner quelques conséquences de ce fait, et d'observer leur accord avec des observations de différentes sortes faites sur une grande échelle : on acquerra ainsi des idées plus nettes sur les positions relatives des diverses parties de la terre, et sur leurs rapports avec l'ensemble.

(26.) Ceux qui ont été sur le rivage de la mer savent que des objets, dont la base est cachée sous le largue ou l'horizon, laissent voir leur sommet. Cette base, soit qu'elle repose sur la mer, soit qu'elle sorte des flots, est cachée au spectateur par l'effet de la courbure de la surface des eaux comprises entre le spectateur et les objets en question. Supposons, par exemple, qu'un vaisseau s'éloigne directement du spectateur placé en S, à une certaine hauteur au-dessus de la mer : tant que le vaisseau n'est qu'à une petite distance, comme en A, le spectateur le voit tout entier et même la surface sur laquelle il flotte. A mesure que le vaisseau s'éloigne, ses dimensions semblent décroître, il est vrai, mais il paraît toujours en totalité sur la surface des eaux, jusqu'à ce qu'il atteigne l'horizon visible, en B. Quand il a dépassé cette limite, la portion visible continue à se rapetisser, et le corps du

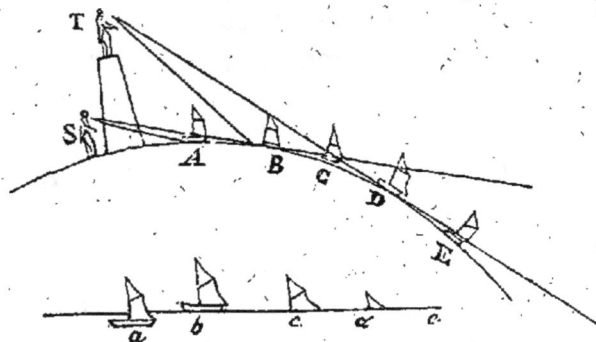

navire paraît s'enfoncer dans la mer. Arrivé en C, le

corps du navire a entièrement disparu; mais on voit
encore les mâts et les voiles, comme il est figuré en c.
Si alors le spectateur monte en T, d'où il puisse voir
l'horizon jusqu'en D, il reverra le corps du navire; et
il le perdra de vue, s'il redescend en S. A une
plus grande distance, les basses voiles passent sous
l'horizon, comme ou le voit en d, et à la fin tout disparaît. Or, la netteté avec laquelle on aura vu les dernières portions des voiles, prouvera que tout a disparu
par l'interposition du segment de la mer A B C D E,
et non par suite d'une imperfection de la vision à cette
grande distance.

(27.) Si donc l'on mesurait exactement la hauteur
et l'éloignement de deux stations, dont l'une paraîtrait
à peine au côté opposé de l'horizon, quand on se pla-
cerait à l'autre, on en pourrait conclure la grandeur
même de la terre; et ce procédé serait praticable, sans
l'effet des réfractions, qui, comme nous le dirons plus
tard, nous font apercevoir au-delà du segment interposé. Soient A et B les deux stations, dont les hauteurs sont A a et B b, que pour plus de simplicité nous
supposerons égales; admettons que l'on ait mesuré
exactement leur distance a D b, dans une direction toujours horizontale. Il est évident que le point D, commun aux horizons visibles de ces deux stations, sera
précisément à la même distance de l'une et de l'autre;

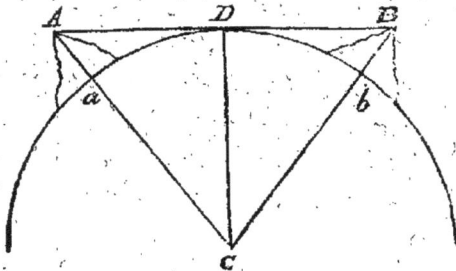

en sorte que, si aDb appartient à la sphère terrestre, dont le centre est en C, on connaîtra l'arc de cercle Db, compris entre D et b, comme étant la moitié de la distance mesurée ; et de plus on connaîtra Bb hauteur de la station B, ou l'excès de la sécante BC sur le rayon bC. Avec ces données, ce n'est plus qu'un problème de géométrie bien simple, que de déterminer la longueur du rayon de la terre CD. Si nous considérons les hauteurs et la distance des stations comme très-petites relativement à la grandeur de la terre, ce qui est toujours le cas, la solution de ce problème mène au résultat suivant : *Le rapport du diamètre de la terre au rayon de l'horizon visible pour un spectateur, est le même que celui du rayon à la hauteur de l'œil au-dessus du niveau de la mer.* Quand les stations sont inégalement élevées, le problème est un peu plus compliqué.

(28.) Bien que cette manière de déterminer la grandeur de la terre ne soit pas très-exacte, eu égard aux réfractions, néanmoins elle peut donner une approximation suffisante pour le moment, et propre à fixer les idées de nos lecteurs. Or il résulte de l'observation que deux points, élevés chacun d'un mètre et demi au-dessus du niveau des mers, cessent d'être visibles l'un à l'autre à la distance d'environ 2 lieues [*], quand la mer est calme et dans des circonstances atmosphériques favorables. Mais un mètre et demi sont la 2963e partie d'une lieue ; en sorte que la demi-distance, ou une lieue, est à la hauteur de l'un des points, comme 2963 est à 1 ; et, puisque le même rapport subsiste entre le diamètre de la terre et la demi-distance, ce diamètre vaudra 2963 lieues, nombre très-rapproché de la vérité.

[*] Dans tout le cours de cet ouvrage, nous supposerons les lieues de 25 au degré moyen, ou de 4444 mètres. (*Note du traducteur.*)

(29.) Ce résultat d'une première tentative pour reconnaître la grandeur de la terre, peut déjà servir à plusieurs comparaisons ; et il est propre à rectifier les idées que nous nous sommes faites, relativement aux objets, réputés par nous de très-grandes dimensions. Nous avons tout à l'heure comparé les inégalités de la surface terrestre, provenant des montagnes et des vallées, aux rugosités de la peau d'une orange : cette comparaison n'est point exagérée. La plus haute montagne connue ne dépasse pas 8000 mètres en hauteur perpendiculaire : ce n'est que la 1600e partie du diamètre terrestre. Ainsi, sur un globe de 16 pouces de diamètre, une pareille montagne serait représentée par une protubérance de la centième partie d'un pouce seulement, ce qui est à peu près l'épaisseur d'une feuille de papier ordinaire. Maintenant, comme il n'y a pas de continent, ni même pas de contrée d'une grande étendue, dont la hauteur soit, en général, moitié de celle-là, il en résulte que si nous voulions représenter exactement la terre, avec ses mers, ses continens et ses montagnes, sur un globe de 16 pouces de diamètre, la terre-ferme, à l'exception de quelques pointes et rides légères, devrait offrir une saillie moindre que l'épaisseur d'une feuille de papier, et les plus hautes montagnes seraient figurées par les plus petits grains de sable.

(30.) Les excavations des mines les plus profondes ne vont pas à 800 mètres au-dessous de la surface du sol : les égratignures, les coups d'épingle qui devraient les représenter sur la surface du globe qui nous sert d'exemple, ne pourraient donc y être vus qu'à l'aide d'un microscope.

(31.) Il est probable que la plus grande profondeur de la mer n'excède pas de beaucoup la plus grande élévation des continens. Le bassin des mers devrait donc être représenté sur notre petit globe par une excavation d'un centième de pouce; en sorte que l'Océan y apparaîtrait comme une mince couche liquide, déposée à l'aide d'un pinceau : mais là se borne la ressemblance; car les lois qui régleraient la distribution et les mouvemens d'une pareille couche, ainsi que la force avec laquelle elle adhère à la surface, n'auraient rien de commun avec les phénomènes qui se passent dans la mer.

(32.) La plus grande hauteur au-dessus du niveau des mers, à laquelle l'homme se soit élevé, est de 7600 mètres, ou de moins de 2 lieues, car c'est le terme du célèbre voyage aérostatique de M. Gay-Lussac. Pour calculer le rapport entre la portion de surface vue de cette grande hauteur, et la surface entière du globe, il faut savoir qu'elles sont entre elles comme l'épaisseur de ce segment est au diamètre du globe; et que cette très-petite épaisseur est sensiblement égale à l'élévation du spectateur au-dessus de la surface. Dans le cas en question, le rapport cherché sera de 1 à 1600. La portion de la surface terrestre, visible du haut de l'Etna on du Pic de Ténériffe, en est environ la 4000e partie.

(33.) Lorsqu'on s'élève à une grande hauteur au-dessus de la surface du globe, soit en ballon, soit sur les montagnes, on se trouve incommodé par la rareté de l'air. Le baromètre, instrument qui sert à déterminer le poids de l'air qui repose sur une surface horizontale donnée, confirme cette impression des sens, et fournit un moyen direct de mesurer la diminution de la quantité d'air contenue dans un espace déterminé. A l'aide de cet instrument, on sait qu'à une hauteur de 300 mètres on a au-dessous de soi environ la trentième partie de toute la masse atmosphérique ; qu'à 3200 mètres, hauteur un peu moindre que celle de l'Etna *, on a le tiers de la masse d'air au-dessous des pieds ; qu'enfin vers 5600 mètres, qui est à peu près la hauteur du Cotopaxi, on atteint à la moitié en poids de l'air qui recouvre la surface du globe. En suivant cette progression, ou bien, *à priori*, d'après la connaissance que nous avons que l'air se comprime et diminue de volume dans le rapport de la pression qu'il supporte, il est aisé de comprendre que si nous nous élevons continuellement sur les montagnes, la quantité d'air qui passera sous nos pieds, à chaque égal accroissement de hauteur, ira en diminuant rapidement, et d'autant plus que la hauteur absolue sera plus grande. Un calcul aisé, basé sur les propriétés bien connues de l'air, en ce qui regarde sa compression et sa dilatation par la chaleur, nous apprend qu'à une élévation au-dessus de la surface du globe, égale à la centième partie de son diamètre, la ténuité, ou la rareté de l'air doit être telle, que non-seulement aucun animal ne pourrait y vivre, ni la combustion s'y entretenir ; mais que les moyens les plus délicats pour reconnaître la présence de l'air, n'y donneraient aucune indication sensible.

(34.) Ainsi, sans nous occuper pour le moment de la question beaucoup plus délicate d'une limite de l'atmosphère, au-delà de laquelle il n'y aurait point d'air, rigoureusement parlant, nous pouvons, dans les cas où il s'agira de mesures effectives, considérer les régions fort éloignées de la surface terrestre comme pri-

---

* La hauteur de l'Etna au-dessus de la Méditerranée est de 10872 pieds anglais (3314 mètres), d'après une mesure barométrique faite par l'auteur, en juillet 1824, dans des circonstances très-favorables.

vées d'air, et par conséquent aussi de nuages, qui ne sont que des vapeurs visibles, répandues dans l'air où elles flottent et dont elles troublent la transparence, comme les impuretés de l'eau troublent ce liquide. Il paraît que la plus grande hauteur à laquelle les nuages puissent se soutenir n'excède pas 16000 mètres ; à cette hauteur, la densité de l'air est environ la huitième partie de sa densité au niveau des mers.

(35.) Nous sommes donc conduits à regarder l'air atmosphérique, avec ses nuages, comme formant une couche d'une épaisseur sensiblement uniforme, qui recouvre le globe de tous côtés ; ou mieux, comme un océan aérien, dont le fond est la surface de la mer et de la terre ferme, et dont les couches inférieures, jusqu'à quelques lieues du globe, représentent la majeure partie de cette masse gazeuse ; car la densité de l'air diminue avec une extrême rapidité, à mesure que l'on s'élève ; et, à une distance peu considérable, il n'en reste plus de traces sensibles. Ainsi, sur le globe de 16 pouces de diamètre, dont nous avons parlé plus haut, l'épaisseur de l'atmosphère serait d'un sixième de pouce, à peu près comme le velouté d'une pêche relativement aux dimensions de ce fruit.

(36.) On a de fortes raisons de croire, sinon d'affirmer, que la surface de l'océan aérien, semblable en cela à l'océan liquide, se termine quelque part, comme nous l'avons déjà fait pressentir. Si, vers cette limite de l'atmosphère, on dirigeait de l'air à la pression ordinaire de haut en bas ou de bas en haut, cet air se dilaterait énormément, mais ne se répandrait pas indéfiniment dans l'espace ; après des agitations en sens divers, il se mêlerait à la masse atmosphérique, comme l'eau des fleuves se mêle à celle de l'Océan. Au reste, les astronomes s'inquiètent peu de l'existence d'une limite de l'atmosphère ; toutes les actions de ce fluide pour modifier les phénomènes célestes devant être les mêmes, qu'on le suppose limité ou illimité.

(37.) En outre, quelle que soit l'opinion que l'on adopte à ce sujet, il est également certain que dans les limites où l'air possède une densité appréciable, sa constitution est la même au-dessus de tous les points de la surface terrestre. Ceci est vrai en général, abstraction faite des changemens produits par des causes locales, comme les vents et les grandes fluctuations pareilles à des vagues, qui se font sentir à d'immenses distances. En d'autres termes, la loi de diminution de la densité de l'air, à mesure qu'on s'élève au-dessus du niveau de la mer, est la même dans toutes les colonnes que l'on y suppose par la pensée ; ou quel que soit le point de la surface terrestre duquel on parte. On doit donc considérer l'atmosphère comme formée de couches superposées, toutes sphériques, concentriques avec la surface de la mer, d'autant plus rares ou spécifiquement plus légères qu'elles sont placées plus haut, et d'autant plus denses ou spécifiquement plus pesantes qu'elles sont placées plus bas. Cette distribution de l'atmosphère est une conséquence nécessaire des lois de l'équilibre des fluides, et se trouve vérifiée par les observations du baromètre.

Il faut bien remarquer que les inégalités du sol, résultant des montagnes et des vallées, n'en apportent aucune dans la distribution des couches de l'atmosphère : de pareilles inégalités ne modifient point la forme sphérique de ces couches, pas plus que les inégalités du bassin de la mer ne troublent la sphéricité de sa surface.

(38.) L'air possède, comme tous les milieux transpa-

rens, la propriété de *réfracter* les rayons de lumière,
c'est-à-dire de les détourner de leur chemin rectiligne.
De là, l'importance, pour les astronomes, de connaître la constitution de l'atmosphère. A cause de cette
propriété de l'air, les objets qui sont vus dans une direction oblique par rapport à l'atmosphère, semblent
situés autrement que le spectateur ne les verrait si
l'atmosphère n'existait pas. Celle-ci nous fait donc commettre une erreur sur la position de ces objets ; il faut
alors connaître le sens et la valeur de ce déplacement,
si nous voulons trouver, à un instant donné, leurs véritables positions.

(39.) Un spectateur est placé en A, sur la surface
K A k de la terre. Soient désignées par L l, M m, N n,
les couches successives, de densités décroissantes,
suivant lesquelles nous concevons l'atmosphère décom-
posée, et qui sont concentriques à la surface de la
terre. S représentant une étoile (ou tout autre corps
céleste au-delà des limites de l'atmosphère), le spectateur la verrait suivant la droite A S, si l'atmosphère

n'existait pas. Mais, en réalité, lorsque le rayon lumineux S A pénétrera dans l'atmosphère, en d par exemple, il s'infléchira vers le bas, conformément aux lois de l'optique, et prendra une direction plus inclinée $d c$. Ce premier changement sera imperceptible, vu l'extrême ténuité de la couche supérieure de l'atmosphère. Mais, à mesure qu'il s'y enfoncera davantage, ce rayon rencontrera des couches de plus en plus denses, où il subira des réfractions de plus en plus fortes, et toujours dans le même sens. Alors, au lieu de se propager suivant la droite $S d A$, il décrira une courbe $S d c b a$, de plus en plus concave vers la terre, qu'il atteindra, non pas en A, mais en un certain point a plus rapproché de S. Il n'arrivera donc point à l'œil du spectateur. Celui-ci ne verra pas l'étoile au moyen du rayon $S d A$, mais à l'aide d'un autre rayon qui, en l'absence de l'atmosphère, eût été frapper la terre au point K, situé en arrière du spectateur; ce rayon se pliera dans l'air suivant la courbe S D C B A, qui aboutit en A. Or, c'est un principe reçu en optique, qu'un objet est vu dans la direction que suit le rayon visuel, au moment même où il arrive à l'œil, quelque soit d'ailleurs le chemin qu'il a parcouru pour y arriver. Par conséquent, l'étoile S sera vue, non dans la direction A S, mais dans la direction A s de la tangente à la courbe S D C B A au point A; et puisque cette courbe est concave vers la terre, la tangente A s passera au-dessus de A S, qui eût été le rayon non réfracté; l'étoile S paraîtra donc plus élevée au-dessus de l'horizon A H, que si l'atmosphère n'eût pas existé. Comme la disposition des couches d'air est la même tout autour du point A, le rayon visuel ne sera pas dévié latéralement; il restera dans le plan vertical S A C, mené par l'étoile, par l'œil de l'observateur et par le centre de la terre.

(40.) Ainsi, la réfraction de l'air a pour effet d'élever tous les astres au-dessus de l'horizon, plus qu'ils ne le sont en réalité. Un astre, supposé actuellement placé dans l'horizon même, paraîtra donc au-dessus; il aura ce qu'on appelle une *hauteur* apparente. De plus, un astre qui serait actuellement sous l'horizon, et qui ne serait pas visible sans l'effet de la réfraction, pourra le devenir par suite de ce phénomène. Par exemple, le soleil étant situé en P, sous l'horizon réel A H du spectateur placé en A, sera néanmoins visible pour ce dernier, car il paraîtra relevé en p, au moyen du rayon réfracté P q r t A, auquel la ligne A p est tangente.

(41.) Le calcul exact de la réfraction atmosphérique, c'est-à-dire la détermination de l'angle S A s dont un astre placé à une hauteur donnée H A S, paraît élevé au-dessus de sa vraie position, est malheureusement très-difficile; et les géomètres qui seuls pouvaient entreprendre ce genre de recherches, ne sont point d'accord entre eux. La difficulté provient de ce que la densité d'une couche d'air, d'où dépend son pouvoir réfringent, n'est pas seulement déterminée par la *pression* de la couche, mais encore par sa *température* ou son degré de chaleur. Or, quoiqu'on sache que la température de l'air diminue sans cesse à mesure que l'on s'éloigne de la surface du globe, on ne connaît pas bien la *loi* de ce décroissement, c'est-à-dire sa valeur relativement à l'élévation. En outre, le pouvoir réfrigent de l'air est sensiblement modifié par son *humidité*; cette humidité n'est pas la même tout le long d'une colonne d'air, et nous ignorons comment elle varie. De tout cela résulte l'incertitude du calcul des réfractions ; incertitude qui influe d'une manière appréciable sur plusieurs *données* très-importantes de l'astronomie. Toutefois les erreurs que l'on peut commettre à ce sujet sont très-faibles, et ne peuvent embarrasser que dans les recherches les plus délicates : c'est assez dire que nous ne devons pas nous en occuper davantage, dans un livre de cette nature.

(42.) Une table dite *de réfractions,* indiquant le déplacement que la réfraction occasione dans la position d'un astre, pour toutes les hauteurs, depuis l'horizon jusqu'au *zénith* * (qui est le point du ciel où aboutirait la verticale élevée au-dessus du spectateur), et dans toutes les circonstances atmosphériques possibles; une pareille table, disons-nous, est une des plus indispensables en astronomie, puisqu'elle sert à corriger un genre d'illusions qui altéreraient toutes nos observations sur les mouvemens célestes. De pareilles tables ont été calculées avec soin, et accompagnent toujours les autres tables astronomiques. Nous ne pouvons les placer ici; nous nous bornerons, dans tous les cas semblables, à renvoyer nos lecteurs aux livres spéciaux. Toutefois, il est bon d'acquérir des idées générales sur la valeur de la réfraction et sur la loi de ses variations; voici les résultats auxquels on est parvenu :

(43.) 1° Il n'y a point de réfraction au zénith. Un astre situé sur la verticale est vu dans sa vraie position, comme si l'atmosphère n'existait pas.

2° En allant du zénith à l'horizon, la réfraction augmente continuellement, c'est-à-dire que les astres voisins de l'horizon sont plus relevés au-dessus de leur

---

* D'un mot arabe qui a la même signification.

position réelle., que ceux qui sont placés à de grandes hauteurs.

3° La réfraction croît sensiblement comme la tangente de la distange angulaire apparente de l'astre, comptée à partir du zénith. Cette loi, suffisamment exacte pour les moyennes *distances zénithales*, cesse d'être applicable dans le voisinage de l'horizon, et alors il faut recourir à des formules plus compliquées.

4° La valeur moyenne de la réfraction, pour un astre placé à égales distances de l'horizon et du zénith, c'est-à-dire à une hauteur apparente de 45°, est d'environ 1' (plus exactement 57″), quantité peu sensible à l'œil nu; mais, à l'horizon, la réfraction ne vaut pas moins de 33', c'est-à-dire un peu plus que le plus grand diamètre apparent, soit du soleil, soit de la lune. Ainsi, lorsque ces astres paraissent toucher l'horizon par leur bord inférieur, leur disque entier se trouve réellement sous l'horizon; il disparaîtrait entièrement par l'interposition de la terre, si les rayons lumineux ne se détournaient pas dans leur passage à travers l'atmosphère, comme nous l'avons déjà dit (art. 40).

(44.) Il suit de là évidemment que la réfraction abrège la durée de la nuit ou de l'obscurité en prolongeant le séjour du soleil et de la lune sur l'horizon. De plus, après le coucher de ces astres, l'atmosphère nous renvoie une portion de leur lumière, non pas directement, mais par *réflexion* sur les vapeurs, les poussières qui flottent dans l'air, et peut-être aussi sur les molécules de ce gaz. Pour expliquer ce fait, il faut savoir que nous ne sommes pas seulement éclairés par la lumière directe des corps lumineux, mais encore par une certaine portion de cette lumière qui ne nous était pas destinée, laquelle est arrêtée dans sa marche et renvoyée en arrière ou de côté jusqu'à nous. Il existe toujours dans l'air des matières propres à réfléchir la lumière. Le rayon solaire qui a pénétré par le trou d'un volet dans une chambre obscure, est visible sur tout son trajet, et si on l'absorbe, ou si on le laisse sortir par un trou opposé, la lumière qu'il répand en traversant la chambre, suffit pour l'illuminer complétement. Ces traînées de lumière, que l'on voit quelquefois sortir des nuages qui nous masquent le soleil, sont tout-à-fait analogues. Les rayons solaires passent dans les échancrures des nuages, et se trouvent ensuite partiellement réfléchis par les poussières et les vapeurs répandues dans l'air.

C'est ainsi que les rayons du soleil, après le coucher de cet astre, continuent à traverser les hautes régions de l'atmosphère situées par-dessus notre tête, pour aller ensuite se propager indéfiniment dans l'espace. Une portion de cette lumière est réfléchie jusqu'à nous, et produit le crépuscule. Pour mieux comprendre ce phénomène, représentons la terre par ABCD, et par A un point de sa surface, pour lequel le soleil se couche. Le rayon le plus inférieur SAM rasera la surface de la terre en A, tandis que les rayons supérieurs SN, SO traverseront l'atmosphère au-dessus de A sans toucher la terre; ces rayons sortiront de l'atmosphère aux points P, Q, R, après y avoir éprouvé des pertes qui seront considérables pour le plus inférieur, moindres pour celui qui passe à une plus grande hauteur, et comme nulles pour le rayon SRO, qui ne fait que toucher l'atmosphère à sa limite supérieure. Considérons plusieurs points, tels que B, C, D, de plus en plus éloignés de A, et par conséquent enfoncés dans *l'ombre de la terre*, qui comprend tout l'espace au-dessous de AM. Le point A reçoit le dernier rayon venant directement du soleil, et de plus il se trouve éclairé par la lumière réfléchie dans toute la

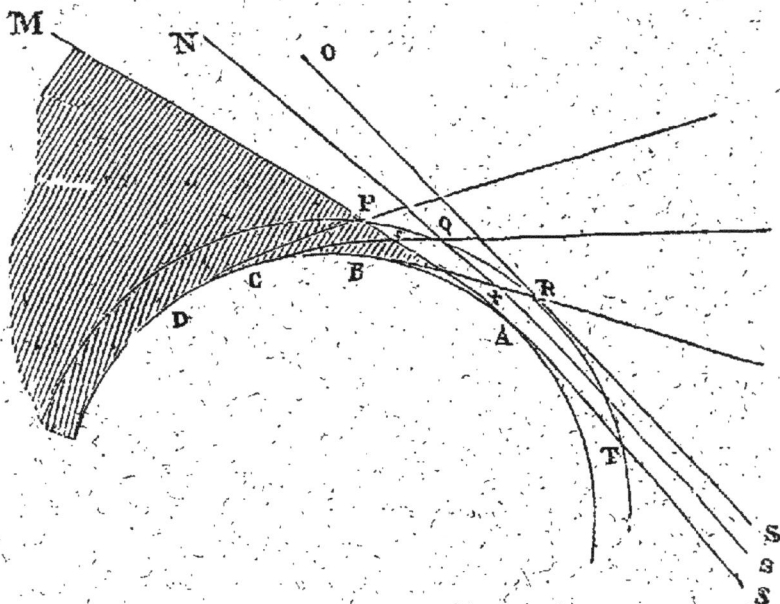

portion de l'atmosphère P Q R T ; c'est-à-dire qu'il reçoit la lumière de toutes les parties du ciel. Le point B, pour lequel le soleil est déjà couché, ne reçoit plus de lumière venant directement du soleil, ni aucune lumière directe, ou réfléchie de la partie visible de l'atmosphère, située au-dessous de A P M : mais sur la portion lenticulaire P R x, traversée par les rayons solaires, et située sur son horizon B R, le point B jouit d'un crépuscule, qui est le plus brillant en R, immédiatement au-dessus du soleil, et dont la teinte s'affaiblit graduellement jusqu'en P, à la limite de la portion éclairée de l'atmosphère. Pour le point C, il ne reste plus que la partie lumineuse et lenticulaire P Q z, au-dessus de l'horizon correspondant C Q; son crépuscule est faible, peu étendu et près de l'horizon, là où le soleil s'est couché. Enfin, pour le point D, tout crépuscule s'est évanoui. L'*aurore*, ou la lumière qui précède le lever du soleil, s'explique de la même manière.

(45.) Lorsque le soleil est sur l'horizon, il éclaire l'atmosphère et les nuages ; ceux-ci dispersent une portion de cette lumière dans toutes les directions ; de telle sorte que chaque objet exposé à la surface de la terre, reçoit des rayons lumineux de tous les points du ciel. La lumière diffuse qui produit le jour a donc la même origine que celle du crépuscule. Si l'atmosphère ne jouissait pas de cette propriété de réfléchir et de disperser la lumière, nous ne verrions aucun objet qui ne serait pas éclairé directement par le soleil ; l'ombre projetée par les nuages se transformerait en une obscurité profonde ; les étoiles seraient constamment visibles ; et il régnerait des ténèbres complètes dans les demeures où les rayons solaires ne pénétreraient pas. Le pouvoir dispersif que l'atmosphère exerce sur les rayons solaires est encore accru par les inégalités de température dues à la présence du soleil ; durant le jour, les diverses parties de l'atmosphère éprouvent des agitations continuelles, et le mélange de ces parties inégalement échauffées occasione des réflexions et des réfractions à leurs points de contact : c'est ainsi que beaucoup de rayons lumineux changent de direction et se dispersent pour donner lieu à une lumière générale et uniforme.

(46.) D'après l'explication donnée aux articles 39 et 40, sur la réfraction atmosphérique et sur la marche des rayons lumineux à travers les différentes couches de l'atmosphère, toutes les fois qu'un rayon passera obliquement des couches élevées aux couches inférieures, ou *vice versâ*, sa route ne pourra évidemment être rectiligne, mais elle sera concave du côté

de la terre. Par conséquent, un objet vu de cette manière doit paraître hors de sa vraie position, quelle
que soit d'ailleurs la nature de cet objet, astre ou
corps terrestre, sommet d'une montagne vu de la
plaine, station aperçue d'une autre station plus ou
moins élevée dans l'atmosphère. Toute différence de
niveau, accompagnée, comme cela doit être, d'une
différence de densité des couches d'air correspondantes, doit donner lieu à une certaine réfraction,
moindre il est vrai que celle produite par l'atmosphère
tout entière, mais pourtant sensible et quelquefois
considérable. La réfraction est dite *terrestre*, quand
elle s'opère entre deux points situés dans l'atmosphère,
pour la distinguer de la réfraction subie par les rayons
des corps célestes, tous placés en dehors de l'atmosphère; celle-ci reçoit l'épithète de *céleste* ou *astronomique.*

(47.) Un autre effet de la réfraction est de changer
la forme et les proportions des objets, vus près de
l'horizon. Le soleil, par exemple, est toujours rond
quand il est arrivé à une hauteur considérable; mais,
lorsqu'il approche de l'horizon, il prend une figure
ovale, son diamètre horizontal paraissant notablement
plus grand que son diamètre vertical. Arrivé tout près
de l'horizon, le soleil est plus déformé à sa partie inférieure qu'à sa partie supérieure, en sorte que son contour n'est ni circulaire ni elliptique, mais une espèce
d'ovale plus applati par le bas que par le haut. Ce singulier effet s'observe toutes les fois que le temps est
beau, et résulte du rapide accroissement de la réfraction près de l'horizon. Si tous les points de la circonférence du soleil étaient également réfractés, le disque
solaire se déplacerait, sans se déformer; mais, la partie
inférieure étant plus relevée que la partie supérieure,

le diamètre vertical s'en trouve diminué ; ce qui n'arrive pas au diamètre horizontal, dont les deux bouts
s'élèvent également et dans des directions parallèles.
L'extension que le soleil et la lune éprouvent ordinai-
remént près de l'horizon, et qui les fait paraître beaucoup plus grands que lorsqu'ils en sont fort éloignés,
ne provient point de la réfraction; c'est une illusion due
à l'interposition des objets terrestres, auxquels on peut
alors les comparer. Dans cette position du soleil et de
la lune, nous les voyons et les jugeons comme nous
avons coutume de voir et de juger des objets terrestres,
d'après une inspection détaillée de leurs parties. Quand
les astres sont près du zénith, toute comparaison devient
impossible, et leur isolement dans le ciel nous porte à
diminuer leur grandeur apparente, plutôt qu'à l'augmenter. La mesure que nous en prenons, à l'aide
d'un instrument convenable, redresse cette erreur,
mais sans détruire notre illusion. Nous apprenons
ainsi que l'angle visuel soutendu par le soleil est exactement le même lorsque cet astre se trouve à l'horizon, que lorsqu'il est à une grande hauteur ; et que
pour la lune l'angle visuel à l'horizon est sensiblement
moindre, en raison d'un effet de parallaxe, ainsi que
la suite l'expliquera.

(48.) D'après ce qui a été dit du peu d'étendue de
l'atmosphère en comparaison de la masse de la terre,
nous n'hésiterons pas à regarder comme étrangers à
cette atmosphère les astres qui peuplent le firmament,
et qui d'une part ne reçoivent visiblement aucun appui de la terre, de l'autre ne peuvent être assimilés à
des nuages formés dans l'air au hasard et entraînés
par les vents. Nous admettrons donc, conformément à
ce que nous avons supposé en traitant des réfractions,
que ces astres sont répartis dans l'immensité de l'es-

pace, et que rien ne s'oppose à ce qu'ils puissent être séparés de nous et séparés les uns des autres par d'énormes distances.

(49.) Si l'on pouvait concevoir un spectateur qui ne s'appuierait ni sur la terre ni sur aucune autre masse solide, son œil embrasserait à la fois toute l'étendue de l'espace, tous les corps visibles dont l'univers se compose; et dans l'absence de tout moyen pour juger des distances qui les séparent de lui, il les rapporterait, chacun selon la direction du rayon visuel par lequel il les aperçoit, à la surface concave d'une sphère imaginaire, dont son œil serait le centre, et dont la surface serait située à une distance considérable, mais du reste indéterminée. Peut-être serait-il tenté de regarder comme plus proches de lui ceux qui ont plus d'éclat ou de plus grandes dimensions; mais s'il n'avait pas d'autres moyens d'en juger, rien ne lui garantirait la justesse de cette opinion, et il serait tout aussi fondé à les regarder comme situés à égales distances de lui, et *réellement* distribués sur la surface d'une sphère. Dans tous les cas, il pourrait, sous un point de vue purement géométrique, rapporter tous ces corps aux points d'intersection de leurs rayons visuels respectifs avec une sphère imaginaire, ce qui lui donnerait un moyen de fixer et de représenter leurs situations relatives apparentes. C'est ainsi qu'encore bien que les objets d'un paysage soient situés à des distances de l'œil très-diverses, nous les peignons tous sur une surface plane, à une distance uniforme, *et avec leurs proportions apparentes*, sans que l'on taxe le peintre d'inexactitude, pour avoir donné à un homme vu d'une petite distance de plus grandes dimensions qu'à une montagne vue dans le lointain. De même, pour le spectateur, tous les objets célestes se peignent ou *se projettent* sur cette sphère imaginaire que nous appelons *ciel* ou *firmament*. Il n'en est pas moins facile de concevoir que la lune, par exemple, quoiqu'elle nous paraisse aussi grande que le soleil, peut être en réalité beaucoup moindre, et ne devoir cette apparence d'égalité qu'à une beaucoup plus grande proximité; tandis que si ces deux astres l'emportent considérablement en éclat et en grandeur sur les étoiles, la raison peut en être uniquement dans l'extrême éloignement de celles-ci.

(50.) Le spectateur placé à la surface de la terre ne peut voir, à cause de l'étendue du sol qui le supporte, toute la portion des espaces célestes situés au-dessous de lui, ou pour laquelle les rayons visuels auraient une inclinaison de haut en bas. A la vérité, si le lieu de l'observation est très-élevé, la dépression de l'horizon étendra le champ de la vision au-delà des limites d'une demi-sphère; et dans tous les cas la réfraction l'agrandira un peu : mais à moins de circonstances très-extraordinaires *, on ne peut évaluer à plus de deux degrés la largeur de la zone dont ces deux causes réunies agrandissent le champ de la vision; et dans l'étendue de cette zone la vision est ordinairement imparfaite, à cause des vapeurs qui s'accumulent près

---

* En voici que l'on peut citer pour exemple. M. Sadler, le célèbre aéronaute, était parti en ballon de Dublin à 2 h. après-midi, et avait traversé le chenal. Au moment du coucher du soleil, il approchait des côtes d'Angleterre, et son ballon rasait la surface de la mer. Comme la nuit le gagnait, il se défit de presque tout son lest, et remontant soudainement à une grande hauteur, il eut le singulier spectacle d'un lever du soleil au couchant. Il descendit ensuite dans le pays de Galles, et fut témoin, le même soir, d'un second coucher du soleil. Je tiens cette anecdote du docteur Lardner, qui assistait à l'ascension, et qui a lu le récit fait par l'aéronaute lui-même de son voyage.

de l'horizon. Ainsi, le spectateur ne pourra jamais apercevoir qu'à peu près une moitié des objets situés au-delà des limites de l'atmosphère, à moins qu'il ne change de position géographique, ce qui changera pour lui la position de l'horizon (c'est-à-dire du plan qui touche la surface convexe de la terre dans le lieu occupé par le spectateur); ou bien à moins que les corps célestes eux-mêmes, en vertu de mouvemens à eux propres ne s'élèvent au dessus de l'horizon; ou enfin à moins que la terre, en tournant sur elle-même, ne présente successivement à diverses régions de l'espace le point de sa surface où le spectateur est placé. Nous aurons à juger dans quelles circonstances l'une ou l'autre de ces hypothèses, ou toutes ensemble doivent être admises.

(51.) Par exemple, un voyageur qui se transporte en des localités différentes à la surface du globe, découvrira successivement des objets célestes auparavant invisibles pour lui, de la même manière à peu près qu'une personne qui se trouve dans un parc près d'un gros arbre, apercevra successivement toutes les parties du paysage en tournant autour de l'arbre qui les lui masque les unes après les autres. Ainsi, un voyageur que nous supposerons parti de Londres et marchant sur le sud, ne tardera pas à découvrir des objets célestes invisibles à Londres, comme si, à chaque nuit, de nouveaux objets s'élevaient au-dessus des régions méridionales de l'horizon, tandis qu'en réalité c'est l'horizon lui-même qui vient tomber au-dessous d'eux, en tournant avec le voyageur du nord au sud. La nouveauté et l'éclat des constellations qui apparaissent graduellement pendant les nuits calmes et sereines des tropiques, dans les voyages méridionaux de long cours, ne manquent

pas de frapper ceux qui jouissent de ce spectacle ; et
les impressions qui en résultent sont au nombre des
plus délicieuses que puissent procurer les voyages lointains. La figure ci-jointe, indiquant les directions de

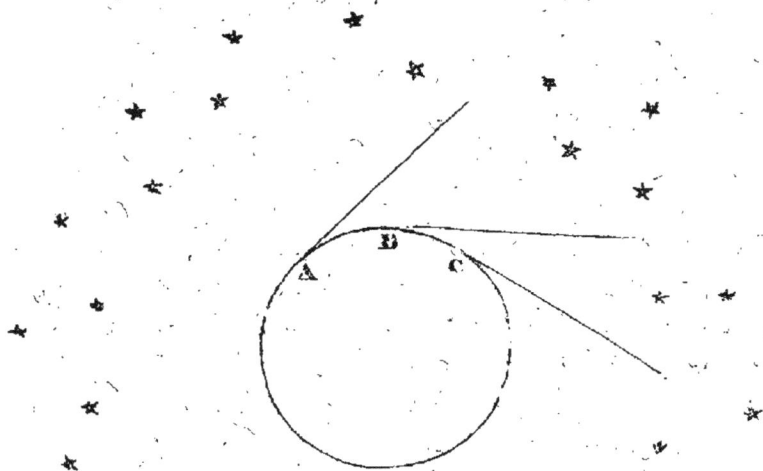

l'horizon qui correspondent à trois lieux occupés successivement par le voyageur, A , B , C , expliquera le
phénomène plus clairement qu'aucune description ne
pourrait le faire.

(52.) Maintenant supposons la terre elle-même douée
d'un mouvement de rotation autour de son centre. Un
spectateur placé à sa surface, et qui se croit immobile.
sera entraîné avec elle dans son mouvement circulaire,
sans s'apercevoir de ce mouvement, parce que son
horizon sera borné constamment par les mêmes objets
terrestres. Il aura toujours sous les yeux le même
paysage ; les objets qui lui sont familiers, dont il se
sert comme de signaux et de points de repère pour se
diriger, conserveront invariablement les mêmes situations entre eux et par rapport à lui. La régularité parfaite du mouvement de cette vaste masse , auquel participent également tous les objets qui l'entourent

(art. 15), ne lui laissera pas soupçonner qu'il change de place. Mais à l'égard des objets célestes, que nous ne supposons pas participer au mouvement de rotation de la terre, son horizon se déplacera comme celui du voyageur dont il était question dans l'article précédent. En recourant à la figure de cet article, on reconnaîtra clairement que les conditions de visibilité des astres sont les mêmes, soit que le mouvement de la terre amène successivement le spectateur aux points A, B, C, soit qu'il se transporte en ces mêmes points à la surface de la terre supposée immobile. Pour revenir à notre précédente comparaison, un spectateur situé au milieu d'un parc découvrira de la même manière les diverses parties du paysage, soit qu'il tourne autour de l'arbre qui le lui masque partiellement, ou soit qu'après avoir scié l'arbre en le rendant mobile sur un pivot, on attache le spectateur à l'une de ses branches pour le faire tourner avec l'arbre. Toute la différence sera que, dans le premier cas, il parcourra successivement des yeux la circonférence entière de l'arbre, et dans le second n'en verra jamais que la même partie.

(53.) En vertu d'une rotation de la terre, comme celle que nous supposons, l'horizon du spectateur stationnaire ira toujours s'abaissant sous les objets situés dans la région de l'espace vers laquelle le mouvement de rotation le transporte, et s'élevant par rapport à ceux qui sont dans la région opposée. Les premiers deviendront visibles quand les autres disparaîtront successivement. Mais comme l'horizon du spectateur est réputé par lui immobile, il rapportera ce mouvement aux objets eux-mêmes qui apparaissent et disparaissent. Lorsque l'horizon s'approchera des étoiles, il jugera que les étoiles s'approchent de l'horizon. Lorsque l'horizon en dépassera quelques-unes, et les masquera, celles-ci paraîtront s'être *couchées;* tandis que celles que l'horizon découvrira en s'éloignant d'elles, paraîtront s'être *levées.*

(54.) Si nous supposons que la rotation de la terre ait toujours lieu dans le même sens et autour du même axe, jusqu'à ce qu'une révolution complète ramène l'horizon du spectateur à la même place qu'il occupait au commencement de l'observation, il est évident que tous les astres correspondront de nouveau pour lui aux mêmes points de la voûte céleste, à l'exception de ceux qui auraient pu se mouvoir réellement dans l'intervalle; et si le mouvement de rotation continue, les mêmes phénomènes de levers et de couchers, les retours aux mêmes points, se reproduiront périodiquement dans le même ordre, à des intervalles de temps égaux, pourvu qu'on admette en outre que la vitesse de rotation est uniforme.

(55.) Or, nous venons précisément de dépeindre les circonstances d'un grand phénomène, le plus important sans comparaison de tous ceux que la nature nous présente, savoir le phénomène du lever et du coucher diurnes du soleil et des autres astres, de leurs mouvemens sur la voûte céleste, de leurs retours aux mêmes lieux apparens, aux mêmes heures du jour et de la nuit. Ce retour au même état, qui s'opère régulièrement à chaque intervalle de vingt-quatre heures, est le premier exemple qui s'offre à nous de la grande loi de *périodicité* * qui domine, comme nous le verrons, toute l'astronomie : expression par laquelle il faut entendre la reproduction continuelle des mêmes phéno-

* Περίοδος, mouvement circulaire ou révolutif.

mènes, dans le même ordre, et à des intervalles de temps égaux.

(56.) Un mouvement de rotation de la terre autour de son centre, exécuté librement, doit pour s'accorder avec les lois de la mécanique, telles que nous les observons dans les masses soumises à nos expériences, satisfaire à deux conditions essentielles. Il doit s'opérer dans une direction invariable *par rapport à la sphère elle-même*, et avec une vitesse uniforme. La rotation doit se faire autour d'un *axe* ou diamètre de la sphère, dont les *pôles* ou les extrémités correspondent toujours aux mêmes points de la surface sphérique. Lorsque le mouvement de rotation d'un corps solide s'accomplit sous l'influence d'agens extérieurs, on conçoit que ce mouvement puisse être tel que les pôles de l'axe ou de la ligne imaginaire autour de laquelle il tourne se déplacent sans cesse à sa surface. Mais cette hypothèse est inconciliable avec l'idée du mouvement de rotation d'un corps régulier autour de son axe de figure, dans un espace libre, où il ne peut être altéré par la résistance d'un milieu, ni par aucun autre obstacle. L'absence complète d'obstacles semblables entraîne nécessairement les deux conditions que nous venons de mentionner.

(57.) Or, ces conditions s'accordent parfaitement avec ce que nous observons, et ce qui a été observé de tout temps, concernant les mouvemens diurnes des corps célestes. Nous n'avons aucune raison de soupçonner, d'après les témoignages historiques, qu'il y ait eu, depuis les âges les plus reculés, une variation appréciable dans l'intervalle de temps écoulé entre deux retours consécutifs d'une même étoile au même lieu du ciel ; et même on peut démontrer par des raisons astronomiques qu'une telle variation n'a pas eu lieu. Quant à l'autre condition, savoir *la permanence de l'axe de rotation*, si elle n'était pas satisfaite, il en résulterait des variations très-sensibles dans les mouvemens apparens des étoiles, que nous ne manquerions pas d'apercevoir; et les documens historiques attestent encore que rien de semblable n'a eu lieu.

(58.) Mais avant d'examiner plus en détail comment l'hypothèse de la rotation de la terre autour d'un axe s'accorde avec le phénomène du mouvement diurne des corps célestes, il convient de décrire avec précision en quoi ce mouvement diurne consiste, jusqu'à quel point tous les astres y participent, et les exceptions que présentent à cet égard quelques-uns d'entre eux. Pour cela, supposons que le lecteur lui-même se transporte par une belle soirée, après le coucher du soleil et lorsque les premières étoiles commencent à paraître, dans un lieu élevé d'où il puisse suivre l'aspect général du ciel. Il apercevra d'abord, au-dessus et autour de lui, une vaste voûte concave, hémisphérique, garnie d'étoiles de diverses grandeurs, dont les plus brillantes attireront d'abord uniquement son attention pendant la durée du crépuscule : le nombre en augmentera successivement avec l'obscurité de la nuit, jusqu'à ce que tout le firmament en soit parsemé. Après qu'il aura admiré pendant quelque temps la paisible magnificence de ce grand spectacle qui a inspiré tant de chants et de méditations, de ce spectacle que nul ne peut voir sans émotion, et sans un vif désir d'en pénétrer la nature et le sens, supposons que son attention se dirige spécialement sur quelques-uns des groupes les plus brillans, qu'il ne pourra manquer de reconnaître après les avoir quelque temps perdus de vue, et qu'il rapporte leurs situations apparentes à quelques objets terrestres, comme des édifices, des arbres convenablement choisis dans les diverses parties de l'horizon. Après un médiocre intervalle de temps, la nuit étant plus avancée, s'il vient à comparer de nouveau ces groupes d'étoiles avec les objets terrestres auxquels il les avait rapportés, il reconnaîtra sans peine que les étoiles ont changé de place et se sont avancées, par un mouvement général, de l'est à l'ouest. Celles qui sont situées à l'est paraîtront s'être éloignées de l'horizon en s'élevant : du côté de l'ouest, elles paraîtront s'en être rapprochées en s'abaissant. Si l'observateur prolonge sa veille, il les verra finalement disparaître pour la plupart sous l'horizon, tandis que d'autres se montreront vers l'est, et suivront dans leur course la même direction que celles qui les ont précédées.

(59.) En observant attentivement la marche des étoiles, pendant une ou plusieurs nuits, l'observateur remarquera que chaque étoile, tant qu'elle reste sur l'horizon, semble décrire un cercle dans le ciel; mais que les cercles ainsi décrits diffèrent considérablement de grandeur, selon la situation des étoiles par rapport à l'horizon. Quelques-unes, situées vers le point de l'horizon que l'on appelle le *sud* *, paraissent et disparaissent au bout de peu de temps, n'ayant décrit, tant qu'elles restent visibles, qu'un très-petit segment de leur cercle diurne dans sa partie supérieure. D'autres, qui se lèvent entre le sud et l'est, décrivent un plus grand segment de leurs cercles au-dessus de l'horizon, restent visibles d'autant plus longtemps, et vont se coucher à un point précisément

* Nous supposons le spectateur situé sous une latitude septentrionale, en Europe, par exemple.

aussi écarté du sud du côté de l'ouest, que l'était le
point de leur lever du côté de l'est. Celles qui se lèvent exactement à l'est restent visibles pendant douze
heures précises, décrivent un demi-cercle et se couchent exactement à l'ouest. La marche des étoiles dont
le lever a lieu entre l'est et le nord, est assujettie aux
mêmes lois, au moins en ce qui concerne le temps de
leur élévation au-dessus de l'horizon, et le rapport des
segmens visibles de leurs cercles diurnes à la circonférence entière. L'un et l'autre vont en augmentant :
ces étoiles restent visibles pendant plus de douze heures, et leurs arcs visibles diurnes excèdent une demi-
circonférence. Mais les grandeurs absolues des cercles
décrits vont en diminuant, de l'est au nord, le plus
grand de tous étant décrit par l'étoile qui se lève exactement à l'est. En avançant toujours dans le même
sens, on distingue des étoiles qui, dans leur mouvement diurne, ne font qu'effleurer l'horizon au point
nord, ou qui ne disparaissent au-dessous de lui que
pour un instant ; d'autres ne l'atteignent pas du tout,
et décrivent des cercles entiers autour D'UN POINT
que l'on appelle PÔLE, qui paraît être le centre commun de tous ces mouvemens, et le seul point du ciel
que l'on puisse considérer comme immobile. Ce point
est un centre purement imaginaire, et n'est signalé
par la présence d'aucune étoile ; mais près de lui se
trouve une étoile brillante, nommée l'étoile polaire,
qu'il est facile de reconnaître au très-petit cercle qu'elle
décrit : cercle si petit, qu'à moins d'y faire une grande
attention, et de rapporter soigneusement la position de
l'étoile à un point fixe, on peut aisément la regarder
comme immobile, et comme le centre commun de
tous les cercles décrits dans les autres régions du ciel.
Cette étoile se reconnaît aussi par ses rapports de con-

figuration avec une *constellation*, ou groupe d'étoiles, très-brillant et très-remarquable, que les astronomes appellent LA GRANDE-OURSE.

(60.) On doit observer que les situations apparentes de toutes les étoiles, les unes par rapport aux autres, ne changent en rien pendant leur mouvement diurne. A toute heure de la nuit, sur quelques points de leurs cercles qu'elles se trouvent, elles forment des groupes identiques, désignés par le nom de CONSTELLATIONS. Seulement ces groupes sont différemment situés par rapport à l'horizon. Ainsi, parmi ceux qui sont situés au nord, et qui passent alternativement au-dessus et au-dessous du pôle, l'un se trouve le plus haut après avoir été le plus bas, et réciproquement. En un mot, il est permis de concevoir tout le système des étoiles qui deviennent visibles pour nous, à la fois ou successivement, comme une grande constellation qui semble tourner d'un mouvement uniforme, de la même manière que si elle formait une masse cohérente; ou de même que si toutes les étoiles étaient attachées à la surface concave d'une vaste sphère creuse, ayant pour centre l'œil du spectateur, et tournant autour d'un axe incliné à l'horizon, dont l'extrémité passerait par ce point fixe auquel nous avons donné le nom de pôle.

(61.) Si l'observateur a la patience de veiller pendant toute la durée d'une longue nuit d'hiver, depuis le premier instant où les étoiles apparaissent jusqu'au lendemain à la pointe du jour, il verra les mêmes étoiles qui s'étaient couchées le soir à l'ouest se lever le lendemain vers l'est, à l'heure où celles qui s'étaient levées sur le soir seront déjà couchées. Il reconnaîtra ainsi qu'une grande partie de l'hémisphère qu'il avait au-dessus de lui est maintenant sous ses pieds, qu'elle

est remplacée par une autre portion du firmament
non moins riche en étoiles, signalée de même par des
groupes parfaitement reconnaissables. Par conséquent
cette grande constellation dont nous parlions tout-à-
l'heure, et qui paraît tourner autour du pôle, s'étend
sur toute la surface de la sphère. Elle n'est en réalité
que l'universalité des corps lumineux, qui entourent
la terre de toutes parts, et qui viennent se présenter
successivement à l'œil du spectateur; tandis que celui-ci rapporte tous ces corps, chacun suivant la direction du rayon de lumière qui le lui rend visible, aux
divers points de la surface d'une sphère imaginaire
dont il occupe le centre.

(62.) Il y a cependant une portion ou segment de
cette sphère que le spectateur ne voit jamais. Au segment situé vers le nord, où les étoiles ne se couchent
jamais, en correspond un autre situé vers le sud, où
les étoiles décrivant des cercles de plus en plus petits,
ne se lèvent jamais sur l'horizon. Celles qui avoisinent la circonférence extrême de ce segment ne font
qu'effleurer l'horizon au point sud, et paraissent un
instant pour disparaître presque aussitôt; précisément
comme les étoiles qui avoisinent la circonférence du
segment septentrional effleurent l'horizon au point
nord, et ne disparaissent un moment que pour reparaître immédiatement après. Or, à chaque point d'une
surface sphérique en correspond un autre qui lui est
diamétralement opposé; et comme l'horizon du spectateur partage la sphère céleste en deux portions égales
ou hémisphères, l'un supérieur, l'autre inférieur,
il doit nécessairement exister vers le sud un pôle
abaissé, correspondant au pôle élevé qui se trouve
vers le nord, et autour de ce pôle sud une portion
ou calotte constamment cachée, comme il y en a

une constamment visible autour du pôle nord.*

(63.) Pour découvrir ce segment caché, il faut voyager vers le sud. A mesure que l'on avance dans cette direction, quelques-unes des constellations qui, au lieu du départ, ne faisaient qu'effleurer l'horizon vers le nord, se lèvent et se couchent d'une manière bien tranchée, restent invisibles pendant un temps dont la durée va toujours croissant. Elles continuent de circuler autour du même point, c'est-à-dire autour d'un point situé sur la voûte céleste de la même manière par rapport aux étoiles; mais ce point s'abaisse graduellement par rapport à l'horizon du spectateur. En autres termes, l'axe autour duquel s'accomplit le mouvement diurne paraît de moins en moins incliné à l'horizon. Tandis que le pôle nord s'abaisse, le pôle sud s'élève d'autant, et les constellations qui l'entourent deviennent successivement visibles, d'abord pour un instant seulement, ensuite pendant une portion de plus en plus longue de leur révolution diurne, conformément à ce qui a été dit dans l'art. 51.

(64.) En avançant toujours vers le sud, l'observateur atteindra une ligne de la surface terrestre, qui porte le nom d'*équateur*, et sur laquelle il trouvera que les cercles décrits par les étoiles dans leurs mouvemens diurnes, ont deux centres ou pôles situés aux deux points nord et sud de l'horizon. Dans cette position géographique, la rotation diurne du ciel lui paraîtra s'accomplir autour d'un axe horizontal, et le plan de l'horizon coupera en deux parties égales les cercles diurnes de toutes les étoiles, qui toutes seront visibles pendant douze heures, et cachées pendant douze au-

* « Hic vertex nobis semper sublimis; at illum
» Sub pedibus nox atra videt, manesque profundi »
VIRG.

tres heures. Il n'y aura aucune région du ciel qui ne devienne visible à son tour. Dans une nuit de douze heures (en supposant que l'obscurité se prolonge aussi long-temps à l'équateur), toute la sphère céleste aura passé sous ses yeux, l'hémisphère qui était visible au commencement de la nuit ayant à la fin totalement disparu, pour faire place à l'hémisphère opposé.

(65.) Si l'observateur dépasse l'équateur, et s'avance plus au sud, le pôle sud s'élevera sur son horizon, le pôle nord aura disparu; et s'il arrive à une station aussi éloignée de l'équateur, du côté du sud, que l'était la station originaire du côté du nord, tous les phénomènes célestes se développeront pour lui dans un ordre inverse. Les étoiles qui originairement décrivaient leurs cercles entiers au-dessus de l'horizon, et ne se couchaient jamais, maintenant resteront constamment au-dessous de l'horizon et invisibles; et réciproquement, il ne cessera jamais de voir celles qu'il ne voyait jamais de sa première station.

(66.) Enfin, si au lieu de s'avancer vers le sud, à partir de la station originaire, l'observateur marche vers le nord, le pôle nord du ciel s'élevera toujours davantage sur son horizon, et le pôle sud s'abaissera. Le firmament sera moins varié pour lui, parce qu'une plus grande partie de la sphère céleste demeurera constamment invisible. Les cercles décrits par chaque étoile approcheront de plus en plus d'être parallèles à l'horizon; et toutes les apparences conduisent à supposer que, si l'on pouvait s'avancer assez vers le nord, on atteindrait un point placé *verticalement* sous le pôle nord du ciel, autour duquel toutes les étoiles décriraient des cercles parallèles à l'horizon, sans se lever ni se coucher jamais. On a fait bien des efforts pour arriver à ce point, que l'on nomme le pôle nord de la

terre, mais tous ont été infructueux : la rigueur croissante du climat opposant à cette entreprise une bar-
rière insurmontable. Néanmoins on en est approché
de très-près, et les phénomènes de ces régions polaires, quoiqu'ils ne soient pas précisément les mêmes
que ceux qu'on observerait au pôle, s'accordent exactement avec ce que la théorie indique pour une telle
proximité. La même remarque s'applique au pôle sud
de la terre, encore moins approchable que le pôle nord,
ou du moins dont on est approché de moins près.

(67.) L'exposition qu'on vient de faire des phénomènes du mouvement diurne des étoiles, et des modifications qu'y apportent les différentes situations géographiques, est fondée, non seulement sur une théorie, mais sur les observations et les renseignemens
fournis par tous les voyageurs. Elle s'accorde complétement avec l'hypothèse d'une rotation de la terre autour d'un axe fixe. Pour le faire voir, il est nécessaire
de présenter d'abord quelques observations sur les apparences qu'offre un ensemble d'objets éloignés, quand
on l'envisage des différens points d'une station circonscrite dans un petit espace.

(68.) Imaginons un paysage dans lequel une foule
d'objets se trouvent placés à des distances très-variées
du spectateur. S'il change de point de vue, ne fût-ce
qu'en avançant de quelques pas, il remarquera un
grand changement dans la position apparente des objets voisins, par rapport à lui, et les uns par rapport
aux autres. Si, par exemple, il a marché vers le nord,
les objets voisins qui étaient à sa droite et à sa gauche,
c'est-à-dire à l'est et à l'ouest de la station primitive,
auront passé derrière lui, et sembleront s'être reculés
vers le sud ; quelques-uns qui étaient masqués par
d'autres, se laisseront apercevoir séparément ; d'autres

se seront rapprochés ou peut-être confondus. Les objets éloignés, au contraire, n'offriront pas des changemens si remarquables dans leurs situations relatives. Un objet situé à l'est de la station originaire, et à une lieue ou deux de distance, sera encore rapporté par le spectateur au point est de l'horizon, ou du moins la déviation sera à peine appréciable. La raison en est que la position de chaque objet est rapportée par nous à la surface d'une sphère imaginaire d'un rayon indéfini, dont notre œil est le centre; de sorte que si nous avançons dans une direction A B, en entraînant cette

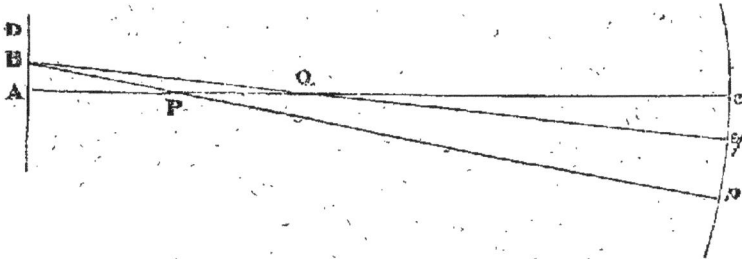

sphère avec nous, les rayons visuels A P, A Q, par lesquels nous rapportons deux objets à sa surface, au point c, par exemple, auront changé de situation par rapport à la ligne A B que nous prenons pour *axe*, ou pour la ligne à laquelle nous rapportons toutes les autres. Ces rayons visuels auront pris deux nouvelles positions B P p, B Q q, en tournant autour des objets P, Q, comme centres. Leurs intersections p, q, avec notre sphère visuelle auront reculé sur la surface de cette sphère, mais avec une vitesse proportionnée à la proximité des objets correspondans; l'angle A P B = c P p étant plus grand que l'angle A Q B = c Q q, parce que l'objet P est plus près de la base A B que l'objet Q.

(69.) Ce mouvement angulaire apparent d'un objet

sur notre sphère de vision *, occasioné par un changement de point de vue, se nomme *parallaxe*, et il est
mesuré par l'angle B A P, que font entre elles deux
lignes droites menées des deux points de vue A, B à
l'objet P. En effet, il est évident que la différence de
position angulaire de P, vu des deux points A, B, par
rapport à la direction invariable A B D, est la différence des deux angles D B P et D A P; or, D B P étant
l'angle extérieur du triangle A B P, on a D B P =
D A P + A P B, d'où D B P — D A P = A P B.

(70.) Il suit de ce qu'on vient de dire que le mouvement parallactique produit par un changement de
point de vue doit, toutes choses égales d'ailleurs, être
d'autant moindre que la distance de l'objet est plus
grande ; et si cette distance est extrêmement grande
en comparaison de celle qui sépare les deux points de

---

* La sphère idéale à laquelle nous rapportons les positions des
objets, et qui se transporte partout avec nous, est sans doute
liée par une association intime, sinon par une dépendance complète, à une perception obscure de la sensation éprouvée par la
rétine, et qui subsiste toujours en partie, même lorsque l'œil est
fermé et dans un état de non-excitation. La structure de l'œil
nous offre une surface sphérique réelle, qui est le siége de la
sensation et de la vision, et qui correspond point pour point à
la sphère extérieure. Les étoiles et les autres objets extérieurs
sont réellement projetés sur cette surface matérielle, comme
nous supposons dans le texte qu'ils le sont sur la concavité d'une
sphère céleste imaginaire. Lorsque toute la surface de la rétine
est excitée par la lumière, l'habitude nous porte à associer cette
impression avec l'idée d'une surface réelle existant hors de nous.
C'est ainsi que nous nous formons la notion du *firmament* ou
du *ciel*; mais la surface concave de la rétine est elle-même le
véritable siége des grandeurs angulaires et des mouvemens angulaires visibles. La substitution du mot de *rétine* à celui de *ciel*
aurait des inconvéniens dans le discours, mais on peut toujours
la faire mentalement. (Voyez la jolie énigme de Schiller, sur
l'œil.)

vue, le parallaxe sera insensible, ou, en autres termes, l'objet ne paraîtra pas avoir changé de situation. C'est pour cela que, lorsque nous visitons pour la première fois les régions alpines, nous sommes, au commencement, surpris et confondus du peu de chemin que nous semblons avoir fait après une longue marche. Une heure de marche, par exemple, ne produit qu'un très-faible changement parallactique dans les situations relatives des masses énormes et éloignées qui nous dominent. Que nous fassions le tour d'un cercle de cinquante mètres de rayon, ou que nous tournions sur nous-mêmes au centre de ce cercle, un panorama très-éloigné nous offrira presque exactement le même aspect : nous nous apercevrons à peine d'avoir changé de point de vue.

(71.) Quelle idée que nous puissions nous faire d'ailleurs de la nature des étoiles, il est clair qu'elles sont situées à d'immenses distances : autrement, l'intervalle angulaire apparent de deux d'entre elles paraîtrait beaucoup plus grand lorsqu'elles passent au-dessus de notre tête que lorsqu'elles s'approchent de l'horizon ; et les constellations, au lieu de conserver le même aspect et les mêmes dimensions pendant toute la durée de leur course diurne, paraîtraient s'élargir lorsqu'elles s'élèvent sur la voûte céleste ; de même qu'un nuage qui paraît petit à l'horizon, s'agrandit et couvre un vaste espace de son ombre, lorsque le vent le pousse à notre zénith. On peut aussi se convaincre de la vérité de cette proposition sur la figure ci-après, dans laquelle $a\,b$, A B, $a\,b$, sont trois différentes positions des deux mêmes étoiles, supposées à une petite distance de la terre, de sorte que leurs distances angulaires, pour un spectateur placé en S, deviendraient successivement $a\,\text{S}\,b$, A S B, $a\,\text{S}\,b$. Or, les mesures

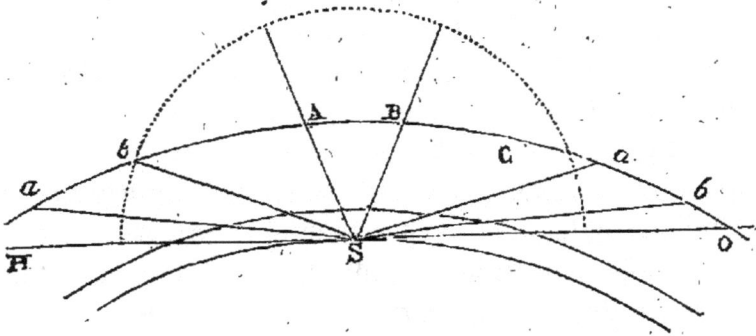

les plus exactes de la distance angulaire de deux
étoiles, prises en divers points de leurs cercles diurnes
(en tenant compte toutefois des effets inégaux de la réfraction, ou en choisissant les instans d'observation
de manière à ce que cette cause d'erreur agisse de la
même manière aux différentes époques), ne laissent
pas apercevoir *la plus petite variation*. De plus, en
quelque point de la surface terrestre que cette mesure
soit prise, les résultats sont *absolument identiques*.
L'homme n'a point encore imaginé d'instrument assez
délicat pour indiquer, par un accroissement ou une
diminution de la distance angulaire des étoiles, qu'un
point de la terre en soit plus rapproché ou plus éloigné
qu'un autre.

(72.) Il en faut conclure nécessairement que les dimensions de la terre, si grandes qu'elles nous paraissent, ne sont *rien*, ou sont absolument imperceptibles
par comparaison avec les distances qui la séparent des
étoiles. Si un observateur tourne autour d'un cercle de
quelques mètres de rayon, et que de différens points
de la circonférence il mesure avec un sextant, ou avec
tout autre instrument exact, approprié à ce genre de
mesures, les angles P A Q, P B Q, P C Q que forment
à chacune des stations les rayons visuels menés à deux

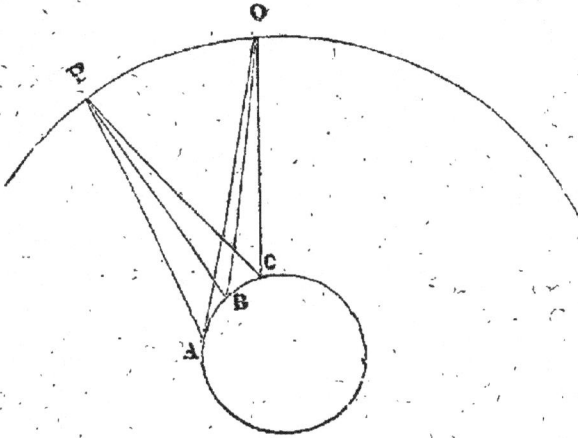

points bien déterminés de l'horizon, P, Q, il sera
averti, par la différence des angles mesurés, de son
changement de situation, quoique cette différence ne
soit pas assez grande pour produire, à la vue simple,
un changement dans l'aspect général de l'horizon.
C'est un des cas innombrables où nous pouvons, à
l'aide de mesures exactes prises avec des instrumens,
étendre nos connaissances sur les faits et sur les conséquences qui en dérivent, incomparablement plus
loin que nous ne le pourrions s'il fallait nous en rapporter uniquement au jugement de nos yeux. Les observations dont il s'agit ici ont été portées à un tel degré d'exactitude au moyen d'un instrument nommé
théodolite, que les dimensions d'un cercle comme celui qu'on vient de figurer, deviendraient sensibles,
par rapport à des objets distans de cent mille fois le
diamètre de ce cercle. On a appliqué aux étoiles des
observations du même genre, différentes quant à la
méthode, mais identiques quant au principe, et portées
au plus haut degré d'exactitude. Le résultat qu'on a
trouvé, et qui est énoncé précédemment, met donc
hors de doute que la distance de la terre aux étoiles

est égale au moins à cent mille fois le diamètre de la terre. Elle est en réalité incomparablement plus grande, et l'on démontrera plus tard complètement que ce *minimum* de distance, tout immense qu'il nous paraît, peut ici être considéré comme rien.

(73.) La terre serait imperceptible pour un spectateur placé à la distance des étoiles, et pourvu de nos organes et de nos instrumens; comme aussi, réciproquement, un objet de dimensions égales à celles de la terre, et placé à la distance des étoiles, sera, pour un observateur terrestre, tout-à-fait indiscernable. Si donc on imagine un plan qui touche notre globe au point où un spectateur est placé, et qui s'étende jusqu'à la région des étoiles; si l'on conçoit un autre plan mené par le centre de la terre parallèlement au premier, et aussi indéfiniment étendu; ces deux plans, quoique séparés dans toute leur étendue par un intervalle égal au demi-diamètre de la terre, seront confondus ensemble dans la région des étoiles, pour un observateur placé sur la terre. La largeur de la zone qu'ils comprendront entre eux s'évanouira pour l'œil, et les deux plans traceront un même grand cercle de la sphère céleste. De même que l'on connaît en perspective un *point évanouissant*, vers lequel toutes les *lignes* parallèles d'un tableau semblent converger; ce grand cercle sera la *ligne évanouissante*, vers laquelle convergeront finalement tous les *plans* parallèles à l'horizon, dans le grand *panorama* de la nature.

(74.) Les deux plans dont on vient d'assigner la position se nomment en astronomie l'horizon *sensible* et l'horizon *rationnel* du lieu de l'observateur; et le grand cercle de la sphère céleste que trace leur ligne évanouissante, se nomme *l'horizon céleste* ou simplement *l'horizon*.

D'après ce qui a été dit sur la distance des étoiles (art. 72), si l'on imagine un spectateur au centre de la terre, ayant sa vue bornée par l'horizon *rationnel*, de la même manière que le spectateur à la surface à sa vue bornée par l'horizon *sensible* correspondant, tous deux verront les mêmes étoiles dans les mêmes situations relatives; et leur vue, à l'un et à l'autre, s'étendra sur toute la moitié du ciel qui est située au-dessus de l'horizon *céleste*, correspondant à leur zénith commun.

(75.) Or, les apparences sont les mêmes, soit que le ciel entier, c'est-à-dire l'espace avec ce qu'il contient, tourne autour d'un spectateur immobile au centre de la terre; soit que ce spectateur tourne sur lui-même, en se dirigeant successivement vers les diverses régions de l'espace. L'aspect du ciel, rapporté à l'horizon mobile du spectateur, sera le même dans les deux cas. Donc, puisque les apparences sont aussi les mêmes, en ce qui concerne les étoiles, soit qu'on suppose le spectateur à la surface de la terre ou au centre, il en résulte que les phénomènes du mouvement diurne seront les mêmes pour tous les habitans de la terre, soit que l'on fasse tourner le ciel autour de la terre, ou la terre sur elle-même, *en sens contraire*.

(76.) L'astronomie copernicienne adopte cette dernière explication des phénomènes comme la seule vraie, évitant ainsi de recourir au mécanisme compliqué d'une sphère solide, quoique invisible, à laquelle toutes les étoiles devraient être fixées, de manière à tourner autour de la terre, sans déranger leurs situations relatives. D'ailleurs, si ce mécanisme peut expliquer les apparences du mouvement diurne des étoiles, il est imcompatible avec les mouvemens du soleil, de la lune et des planètes, comme nous le montrerons en traitant de ces corps. D'un autre côté, le mouvement d'une masse sphérique de dimensions médiocres (ou plutôt dont les dimensions s'évanouissent en comparaison de celles de l'univers visible), d'une masse qui n'est assujétie par aucun lien ní gênée par aucun obstacle ; ce mouvement, disons-nous, s'accorde si bien avec les lois qui, autant que nous en pouvons juger, régissent tous les corps matériels, que loin d'être un *postulatum* difficile à accorder, il faudrait plutôt s'étonner, si les faits obligeaient de le rejeter. Nous le regarderons donc comme un *postulatum* duquel nous partons, et dans le cours de cet ouvrage, nous ne négligerons pas de signaler au lecteur les analogies entre cette hypothèse et les phénomènes offerts par d'autres corps célestes. Pour le moment, nous devons d'abord définir un grand nombre de termes dont nous aurons à faire, dans la suite, un usage continuel.

(77.) DÉFINITION 1. L'*axe* de la terre est le diamètre autour duquel elle tourne d'un mouvement uniforme, *de l'ouest à l'est*, de manière à achever sa révolution dans l'intervalle de temps qui s'écoule entre le moment où une étoile quitte un certain point du ciel et celui de son retour au même point.

(78.) DÉF. 2. Les *pôles* de la terre sont les points où son axe rencontre sa surface. Le pôle nord est le plus voisin et le pôle sud le plus éloigné de l'Europe.

(79.) DÉF. 3. La sphère céleste, ou la sphère des étoiles, est une surface sphérique imaginaire, d'un rayon infini, ayant pour centre le centre même de la terre, ou, ce qui revient au même, l'œil du spectateur placé en un point quelconque de la surface terrestre. Chaque point de cette sphère peut être regardé comme *le point évanouissant* d'un système de lignes droites parallèles au rayon de la sphère qui passe par ce point, vues en perspective de la terre : et de même chaque grand cercle de la sphère peut-être considéré comme *la ligne évanouissante* d'un système de plans parallèles à ce grand cercle. Cette manière de concevoir les points et les cercles dont il s'agit, offre de grands avantages dans une foule de cas.

(80.) DÉF. 4. Le *zénith* et le *nadir* (*) sont deux points de la sphère céleste, situés verticalement, l'un sur la tête, l'autre sous les pieds du spectateur ; ou bien encore, ce sont les points évanouissans de toutes les lignes *mathématiquement* parallèles à la direction du fil à plomb dans le lieu de la station. Le fil à plomb lui-même est, en chaque point de la surface de la terre, perpendiculaire à cette surface, et il n'y a pas, en conséquence, deux directions différentes du fil à plomb que l'on puisse regarder comme mathématiquement parallèles. Toutes convergent vers le centre de la terre (supposée sphérique) ; mais pour de très-petits intervalles tels que ceux compris dans l'enceinte d'une ville, la déviation du parallélisme est si petite, qu'on peut n'y avoir aucun égard dans la pratique. Un intervalle de 1800 mètres correspond à une déviation moindre d'une minute. Le zénith et le nadir sont les *pôles* de l'horizon céleste, c'est-à-dire qu'ils sont situés à 90° de chaque point de la circonférence de ce grand cercle. L'*horizon céleste* est la ligne évanouissante d'un système de plans parallèles à l'horizon sensible et à l'horizon rationnel.

(81.) DÉF. 5. Les *cercles verticaux* de la sphère

---

* Ces deux mots viennent de l'arabe. *Nadir* correspond évidemment au mot allemand *nieder* (bas).

sont des grands cercles qui passent par le zénith et le nadir, ou qui sont perpendiculaires à l'horizon. On mesure sur ces cercles les *hauteurs* des objets au-dessus
de l'horizon. Les complémens de ces hauteurs se nomment les *distances zénithales*.

(82.) DÉF. 6. Les pôles du ciel sont les points de la
sphère céleste vers lesquels l'axe de la terre est dirigé,
ou les points évanouissans de toutes les lignes parallèles à cet axe.

(83.) DÉF. 7. L'*équateur terrestre* est un grand cercle de la surface de la terre dont tous les points sont à
égale distance de ses pôles, et qui la partage en deux
hémisphères, nord et sud, dont chacun a pour centre
le pôle de même nom. Le plan de l'équateur est perpendiculaire à l'axe de la terre, et passe par son centre. L'*équateur céleste* est un grand cercle de la sphère,
déterminé par la trace du plan de l'équateur terrestre,
lorsque l'on conçoit celui-ci étendu jusqu'à la région des étoiles : c'est aussi la ligne évanouissante de
tous les plans parallèles à l'équateur terrestre. Les astronomes l'appellent encore *cercle équinoxial*.

(84.) DÉF. 8. Le *méridien terrestre* d'un point situé
à la surface de la terre, est un grand cercle passant par
les deux pôles et par ce point ; si son plan est prolongé
jusqu'à la sphère céleste, il déterminera le *méridien
céleste* du spectateur placé en ce point. Quand on parle
du méridien d'un spectateur, on entend le méridien
céleste, qui est aussi un cercle vertical passant par les
deux pôles du ciel.

Le *plan du méridien* est le plan de ce cercle : son
intersection avec l'horizon sensible du spectateur, se
nomme une *ligne méridienne*, et détermine, par ses
extrémités, les points nord et sud de l'horizon.

(85.) DÉF. 9. L'*azimuth* d'un objet céleste est la

distance angulaire du point nord ou sud de l'horizon (selon que le pôle *élevé* est nord ou sud) au point d'intersection de l'horizon avec un cercle vertical mené par cet objet; ou, ce qui revient au même, c'est l'angle compris entre deux plans verticaux, dont l'un passe par le pôle élevé et l'autre par l'objet en question. La *hauteur* et l'*azimuth* d'un objet étant connus, sa position sur la sphère céleste est par cela même déterminée. On a imaginé, pour mesurer simultanément ces deux angles, un instrument particulier, nommé *instrument des hauteurs et des azimuths*, dont on donnera la description dans le chapitre suivant.

(86.) DÉF. 10. La *latitude* d'un lieu de la surface de la terre est sa distance angulaire à l'équateur, mesurée sur le méridien terrestre de ce même lieu. On la compte en degrés, minutes et secondes, de 0 à 90°, en allant vers le nord ou vers le sud, selon l'hémisphère où le lieu est placé. Ainsi, l'observatoire de Greenwich est situé à 51° 28′ 40″ de latitude nord *. Toutefois, cette définition de la latitude ne doit être envisagée que comme provisoire. Il deviendra nécessaire d'introduire quelques modifications dans les termes de la définition, ou dans la manière de considérer la latitude, lorsque nous posséderons une connaissance plus exacte de la structure physique et de la figure de la terre, et que nous serons plus familiarisés avec la précision astronomique.

(87.) DÉF. 11. Les *parallèles de latitude* (ou simplement les *parallèles*) sont de petits cercles de la surface terrestre parallèles à l'équateur. Chaque point d'un cercle semblable a la même latitude. On dit, en

* La latitude de l'Observatoire royal de Paris est 48° 50′ 14″.

conséquence, que Greenwich est situé *sous le parallèle* de 51° 28′ 40″.

(88.) DÉF. 12. La *longitude* d'un lieu de la surface
terrestre est l'inclinaison de son méridien sur celui
d'une station fixe, regardée comme origine ou point
de départ. Les astronomes et les géographes anglais
sont dans l'usage de choisir pour cette station l'observatoire de Greenwich : les étrangers choisissent de
même les principaux observatoires de leurs pays respectifs. Quelques-uns ont adopté l'Ile-de-Fer. Quelle
que soit la station principale qu'on choisisse pour point
de départ, la longitude d'un autre lieu quelconque sera,
en conséquence, mesurée par l'arc de l'équateur, intercepté entre le méridien de ce lieu et celui de la station
principale ; ou, ce qui est la même chose, par l'angle
sphérique compris au pôle entre ces deux méridiens.

De même que l'on compte la *latitude* au nord ou au
sud de l'équateur, la *longitude* est comptée d'ordinaire
à l'ouest ou à l'est du premier méridien. On donnerait
toutefois aux calculs une régularité systématique bien
préférable, et l'on éviterait une source de confusion et
d'ambiguïté, si l'on abandonnait cet usage pour compter
invariablement les longitudes *vers l'ouest*, à partir de
l'origine, sur toute l'étendue de la circonférence, de
0 à 360°. Par exemple, la longitude de Paris est, selon le langage ordinaire, de 2° 20′ 22″ à l'est, ou de
357° 39′ 38″ à l'ouest de Greenwich. Mais la désignation la plus convenable, et celle dont nous recomman-
dons l'usage, est la dernière. On compte aussi la longitude *en temps*, à raison de 24 heures pour 360°, ou
de 15° par heure. Dans ce système, la longitude de
Paris est de 23h 50m 38s ½.

(89.) Connaissant la longitude et la latitude d'un
lieu, on peut le reporter sur un globe artificiel, et con-

struire une mappemonde sphérique. Les cartes géographiques des contrées particulières sont des portions détachées de cette mappemonde, étendues sur des plans; ou plutôt ce sont des représentations de ces parties détachées, exécutées sur des plans, d'après certains systèmes de règles conventionnelles, appelées *projections*. Ces règles doivent être combinées de manière à déformer le moins possible les limites des contrées représentées sur la carte, à donner des moyens commodes de déterminer, par la seule inspection, ou par des mesures graphiques, les latitudes et les longitudes des lieux, sans qu'il soit nécessaire de recourir à un globe ou à des livres. Quelquefois encore, ces règles sont adaptées à d'autres buts particuliers. Voyez à cet égard le chap. III.

(90.) On peut, d'après les mêmes principes, construire un globe ou une mappemonde céleste, aussi bien que des cartes particulières des diverses régions du ciel, sur lesquelles les étoiles seront représentées dans leurs situations respectives, les unes par rapport aux autres, et par rapport aux pôles et à l'équateur célestes. Cette représentation offrira l'image fidèle du spectacle du ciel étoilé, pour un observateur situé en un point quelconque de la surface terrestre, de même que pour celui qu'on pourrait imaginer situé au centre de notre globe : en autres termes, elle sera indépendante des localités *géographiques*. On ne devra donc y trouver ni zénith, ni nadir, ni horizon, ni points est et ouest : et, quoiqu'on puisse y tracer des grands cercles d'un pôle à l'autre, correspondans aux méridiens terrestres, ces grands cercles ne pourront plus, sous ce point de vue, être considérés comme les méridiens célestes de certains points fixes à la surface de la terre; puisque, dans le cours d'une révolution diurne,

chaque point de sa surface passe sous chacun de ces
cercles. A cause de ce changement de point de vue, et
afin d'établir une distinction bien nette entre la *géographie* et l'*uranographie* *, comme entre deux branches séparées d'une même science, les astronomes ont
adopté des termes particuliers (ceux de *déclinaisons*
et d'*ascensions droites*) pour désigner les arcs qui correspondent dans le ciel aux *latitudes* et *longitudes*
terrestres. Par la même raison, ils appellent l'équateur céleste le *cercle équinoxial;* les cercles correspondans dans le ciel aux méridiens terrestres sont
nommés *cercles horaires*, et les angles que ces cercles forment aux pôles s'appellent *angles horaires*.
Toute cette nomenclature est parfaitement convenable
et intelligible, et ne saurait donner lieu à aucune confusion. Malheureusement, les anciens astronomes ont
aussi employé dans leur uranographie les mots de *latitude* et de *longitude*, en les faisant servir à désigner
des arcs de cercles qui n'ont aucune correspondance
avec les latitudes et longitudes terrestres, mais qui se
rapportent aux mouvemens du soleil et des planètes, relativement aux étoiles. Il est maintenant trop
tard pour remédier à cette confusion, qui se retrouve dans tous les livres d'astronomie. Nous ne pouvons qu'avertir le lecteur d'y prendre garde, lorsque
plus tard nous aurons à définir et à employer ces termes *dans le sens uranographique;* en recommandant
fortement aux écrivains à venir de les remplacer par
d'autres.

(94.) De même que les longitudes terrestres se
comptent à partir d'un méridien fixe, ou d'un point
déterminé de l'équateur, il a fallu choisir dans le ciel

* Ι'ῆ, terre ; Ουρανός, ciel ; γράφειν, décrire.

un cercle horaire déterminé, ou un point connu du cercle équinoxial, pour en faire l'origine ou le *zéro* des ascensions droites. On aurait pu choisir, à cet effet, le cercle horaire passant par quelque étoile d'un éclat remarquable; mais les astronomes ont trouvé plus d'avantage à prendre pour origine des ascensions droites un certain point du cercle équinoxial, qui porte lui-même le nom d'*équinoxe*, par lequel ils font passer le premier des cercles horaires.

En conséquence, les ascensions droites des objets célestes se comptent toujours *à l'est* de l'équinoxe, en degrés, minutes et secondes, de 0 à 360°; ou en heures, minutes et secondes de temps, de 0 à 24 heures. Comme le mouvement diurne apparent du ciel est contraire au mouvement réel de la terre, ceci s'accorde avec ce qu'on dit de la manière de compter les longitudes *à l'ouest* (art. 87).

(92.) Le *temps sidéral* est mesuré par le mouvement d'une des étoiles, ou plutôt par celui du point équinoxial à partir duquel on compte les ascensions droites. Ce point peut être considéré comme une étoile, quoiqu'en réalité aucune étoile ne corresponde à ce point, et que même il soit sujet à certains déplacemens très-lents, si lents qu'ils n'affectent pas d'une manière sensible l'intervalle entre deux de ses retours consécutifs au méridien. Cet intervalle se nomme *un jour sidéral*, et est divisé en 24 heures sidérales, subdivisées à leur tour en minutes et secondes. On nomme pendule sidérale, celle qui marque le temps sidéral, c'est-à-dire celle qui marche d'un mouvement uniforme, de manière à marquer toujours 0ʰ 0ᵐ 0ˢ lorsque l'équinoxe passe au méridien. Une telle pendule est une pièce indispensable dans tout observatoire.

(93.) Il nous reste à rendre sensibles toutes ces définitions par des figures. Soit C le centre de la terre, NCS son axe; N et S seront ses *pôles*, EQ son *équa-*

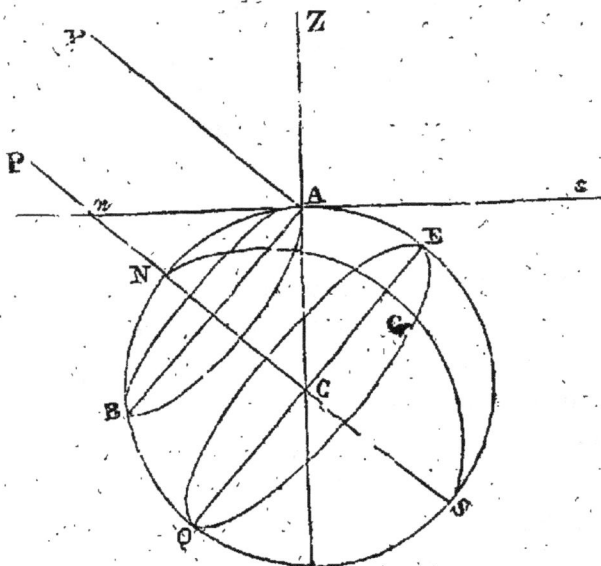

teur, AB le *parallèle* de latitude du point A pris à sa surface; AP, parallèle à SCN, sera la direction dans laquelle l'observateur placé en A verra le pôle *élevé* du ciel; AZ, prolongement du rayon terrestre CA, sera la direction de son zénith, NAS sera son méridien, et si l'on indique par NGS celui d'un lieu déterminé, par exemple de Greenwich, l'arc GE, ou l'angle sphérique GNE, sera la longitude de l'observateur; EA sera sa latitude. De plus, en indiquant par *ns* un plan qui touche la surface de la terre au point A, ce plan sera l'horizon *sensible* du spectateur A; *n*A*s* marquera la ligne d'intersection de ce plan avec le méridien, ou la ligne méridienne; *n* et *s* seront les points nord et sud de l'horizon.

(94.) Maintenant, négligeons les dimensions de la terre, et concevons l'observateur placé au centre, rapportant tous les objets célestes à son horizon *rationnel*.

Imaginons, dans cette hypothèse, que la figure ci-
jointe représente la sphère céleste. C sera le spectateur, Z son zénith, N son nadir; le grand cercle H A O,

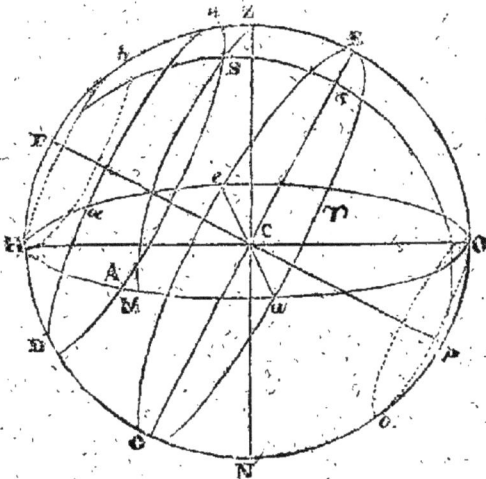

qui a pour pôle les points Z et N, sera l'*horizon céleste;* P et *p* seront les PÔLES *élevé* et *abaissé* du ciel;
HP sera la *hauteur du pôle,* et HPZEO le méridien
du spectateur; ETQ, grand cercle perpendiculaire à
P*p*, sera l'*équinoxial;* et si, de plus, ♈ représente l'é-
quinoxe, ♈T sera l'*ascension droite,* TS la *déclinaison,* PS la *distance polaire* d'une étoile ou d'un autre
objet céleste S, rapporté à l'équinoxial par le cercle
horaire PST*p*; BSD sera le cercle diurne qu'il
paraît décrire autour du pôle. Si nous rapportons le
même objet à l'horizon au moyen du *cercle vertical*
ZSA, HA sera son *azimuth,* AS sa *hauteur,* ZS sa
distance zénithale. H et O seront les points nord et
sud, et *e* et *w* les points est et ouest de l'horizon céleste. Si les petits cercles, ou *parallèles de déclinaison* H*h*, O*o* touchent l'horizon aux points nord et
sud, H *h* sera le cercle de *perpétuelle apparition,* ou
celui dans l'intérieur duquel, du côté du pôle élevé,

les étoiles ne se couchent jamais ; Oo sera le cercle de *perpétuelle occultation*, ou celui dans l'intérieur duquel, du côté du pôle abaissé, les étoiles ne se lèvent jamais. Toutes les étoiles comprises dans la zone céleste entre Hh et Oo, se lèveront et se coucheront, chacune de celles-ci, telle que S, restant au-dessus de l'horizon dans la portion de son cercle diurne, représentée par ABa, et au-dessous dans la portion du même cercle représentée par ADa. Le lecteur fera bien de s'exercer à construire la même figure pour différentes *élévations du pôle*, et pour diverses positions de l'étoile S. De toutes ces définitions, résultent les conséquences suivantes, faciles à comprendre et à retenir :

(95.) La hauteur du pôle élevé est égale à la latitude géographique du lieu du spectateur. Car, en se reportant à la figure de l'art. 93, on voit que l'angle PAZ, compris entre le pôle et le zénith, ou le *complément* de la hauteur du pôle (la différence de cette hauteur à 90°), est égal à l'angle NCA ; CN et AP étant des droites parallèles qui ont le pôle céleste pour point évanouissant. Or, NCA est le complément de la latitude du point A.

(96.) Les mêmes étoiles, dans leur révolution diurne, passent successivement par les méridiens de tous les lieux du globe dans l'intervalle de 24 heures sidérales. Et puisque le mouvement diurne est uniforme, l'intervalle, en temps sidéral, qui s'écoule entre les passages de la même étoile aux méridiens de deux lieux différens, est mesuré par la différence des longitudes de ces lieux.

(97.) Réciproquement, l'intervalle écoulé entre les passages de deux étoiles différentes au méridien d'un même lieu, exprimé en temps sidéral, est la mesure de la différence des ascensions droites de ces étoiles.

Ceci rend raison de la double division de l'équateur et du cercle équinoxial en *degrés* et en *heures*.

(98.) Le cercle équinoxial coupe l'horizon aux points est et ouest, et le méridien en un point dont la hauteur est le complément de la latitude du lieu. Ainsi, à Greenwich (art. 86), la hauteur du point d'intersection de l'équinoxial et du méridien est 38° 31' 20".

(99.) La *culmination* (c'est-à-dire la plus grande hauteur) de chacun des objets célestes a lieu dans le plan du méridien. Cette position est la plus favorable pour les observer, parce que c'est celle où ils sont le moins obscurcis par les vapeurs de l'atmosphère, et le moins déplacés par la réfraction.

(100.) Tous les objets célestes, compris dans le cercle de perpétuelle apparition, passent deux fois au méridien au-dessus de l'horizon, à chaque révolution diurne, une fois au-dessus, et une autre fois au-dessous du pôle. Le nom de *culmination* s'applique aussi par extension à ce dernier passage, en sorte qu'on distingue alors une *culmination supérieure* et une *culmination inférieure*.

(101.) Nous terminerons ce chapitre en appelant l'attention du lecteur sur un fait qui ne manquera pas de le surprendre, s'il n'en est déjà instruit : savoir que les étoiles sont visibles, à l'aide des télescopes, aussi bien de jour que de nuit. Pourvu que l'instrument ait un pouvoir suffisant, non-seulement les étoiles les plus brillantes, mais celles dont l'éclat est le plus faible, au point de frapper à peine les yeux pendant la nuit, peuvent être aperçues et suivies, même en plein midi (excepté dans les régions du ciel les plus rapprochées du soleil), par ceux qui ont des moyens de poin-

ter exactement le télescope vers les lieux que ces étoiles occupent. On peut même discerner à l'œil nu, lors
de leur passage au zénith, certaines étoiles brillantes,
du fond d'une cavité étroite et profonde, comme un
puits ordinaire ou celui d'une mine; et nous tenons
nous-même d'un célèbre opticien que la première circonstance qui avait appelé son attention sur l'astronomie, était le retour régulier à la même heure,
pendant plusieurs jours consécutifs, d'une étoile de
première grandeur, visible à travers le tuyau d'une
cheminée.

CHAPITRE II.

NATURE DES INSTRUMENS ET DES OBSERVATIONS ASTRONOMIQUES
EN GÉNÉRAL. — TEMPS SIDÉRAL ET TEMPS SOLAIRE. — MESURE DU
TEMPS. — PENDULES, CHRONOMÈTRES ET INSTRUMENS DES PAS-
SAGES. — MESURE DES INTERVALLES ANGULAIRES. — APPLICATION
DU TÉLESCOPE AUX INSTRUMENS DESTINÉS A CETTE MESURE. —
CERCLE MURAL. — FIXATION DES POINTS POLAIRE ET HORIZONTAL.
— NIVEAU. — FIL A PLOMB. — HORIZON ARTIFICIEL. — COLLIMA-
TEUR. — INSTRUMENS COMPOSÉS DE CERCLES COORDONNÉS. ÉQUA-
TORIAL. — INSTRUMENT DES HAUTEURS ET DES AZIMUTHS. —
SEXTANT ET CERCLE DE RÉFLEXION. — PRINCIPE DE RÉPÉTITION.

(102.) NOTRE premier chapitre a été consacré à
donner quelques notions préliminaires sur le globe que
nous habitons, sur ses rapports avec les objets célestes
qui l'entourent, sur les circonstances physiques dans
la dépendance desquelles toutes les observations astronomiques se trouvent placées, en même temps qu'à
énumérer un assez grand nombre de mots techniques
dont nous aurons à faire dans la suite un usage fré-
quent et familier. Nous devons songer maintenant à
exposer d'une manière plus exacte et plus détaillée les

faits et les théories astronomiques; mais, pour le faire
avec tout le fruit possible, il est à propos d'expliquer
préalablement au lecteur les principaux moyens que
possèdent les astronomes de déterminer, avec le degré de précision exigé par les théories, les données sur
lesquelles ces théories reposent; en d'autres termes,
comment ils peuvent mesurer d'une manière certaine
les grandeurs réelles et apparentes qui sont les objets de
leurs recherches. Ce n'est qu'après avoir acquis cette
connaissance que nous pourrons apprécier justement
la vérité des théories, le degré de confiance qu'on doit
leur accorder : puisqu'il faut connaître les limites entre lesquelles tombent les erreurs de nos mesures,
pour comparer les résultats théoriques à ceux des observations, et voir si leur concordance est assez approchée pour justifier l'admission des théories au nombre des lois de la nature.

(103.) La fabrication des instrumens d'astronomie
peut être regardée à juste titre comme l'un des arts
mécaniques les plus délicats; comme celui où l'on
approche le plus de la précision géométrique, et
où cette grande approximation était le plus impérieu-
sement exigée. Au premier coup d'œil, il semble aisé
de tourner un cercle de métal, d'en diviser la circonférence en 360 parties égales, et de subdiviser celles-
ci en parties plus petites; de fixer ensuite avec soin
l'instrument sur son centre, et de le dresser dans une
position donnée; mais en pratique tout cela rencontre
de très-grandes difficultés. La chose cessera de paraître extrordinaire, si l'on considère que, par l'application des télescopes aux instrumens destinés à mesurer
les angles, toute imperfection de structure ou de division se trouve amplifiée en raison du pouvoir optique
de l'appareil; et que non-seulement les fautes de l'ar-

tistè, provenues de sa maladresse ou de l'imperfection
de ses outils, mais une foule d'autres causes plus difficiles à reconnaître, telles qu'une dilatation ou une
contraction inégale de la masse métallique par le changement de température, ou bien encore telles que la
flexion ou la tension résultant du propre poids de l'instrument, occasionent des erreurs perceptibles et mesurables. Un angle d'une minute ne comprend, sur
la circonférence d'un cercle de 25 centimètres de rayon,
que $\frac{1}{100}$ de millimètre, quantité trop petite pour être sûrement distinguée sans le secours des verres grossissans ; et cependant une minute est une grandeur angulaire très-considérable pour les astronomes. L'arc
intercepté par un angle d'une seconde, n'est pas la
200000e partie du rayon ; tellement que, sur un cercle
d'un mètre de rayon, il n'aurait en longueur que
$\frac{1}{70}$ de millimètre, quantité qui ne peut être aperçue qu'avec l'aide d'un puissant microscope. Que
l'on imagine, d'après cela, la difficulté de tracer sur
un cercle de semblables dimensions (après la difficulté de le construire surmontée) 360 marques ou divisions reconnaissables, sans que l'erreur, sur le tracé
de chacune, dépasse d'aussi étroites limites ; après
quoi il faudra songer à la subdivision des degrés en minutes, et des minutes en secondes. Un pareil ouvrage
a toujours été, et sera probablement toujours au-dessus de l'industrie humaine : une fois exécuté,
il ne pourrait même pas se conserver. Les variations
continuelles de chaleur et de froid tendent à imprimer, non-seulement des changemens temporaires,
mais encore des altérations permanentes à des masses
considérables du métal qui seul peut être employé en
pareil cas. Malgré le soin qu'on apporte à donner à
l'instrument une forme symétrique, le poids en est

toujours inégalement soutenu, parce qu'il est impossible de fournir à chaque partie un point d'appui séparé : on est obligé de varier, selon les circonstances, les moyens de le mouvoir et de le fixer, ce qui ne peut se faire sans qu'il subisse dans sa forme des modifications passagères et quelquefois durables. A la vérité, en divisant l'instrument lorsqu'il est centré et fixé dans la place même qu'il doit occuper, en recourant à d'autres procédés ingénieux et délicats, on a accompli des merveilles dans cette branche des arts ; on a donné, je ne dirai pas à des *chefs-d'œuvre*, mais à des instrumens de dimensions et de prix modérés, destinés à des usages ordinaires, un degré de perfection vraiment surprenant. Mais, après tout, si nous sommes fondés à regarder comme des *merveilles* les productions de nos artistes, nous ne devons pas en attendre des *miracles*. Les besoins de l'astronome dépasseront toujours le pouvoir de l'artiste; et par conséquent le premier doit constamment s'efforcer de se rendre, autant que possible, indépendant des imperfections inhérentes à l'instrument que l'autre lui remet entre les mains. Pour cela, il doit combiner ses observations, choisir les circonstances favorables, se familiariser avec toutes les causes qui peuvent déranger ses instrumens, avec toutes les particularités de structure et de matière propres à chacun d'eux, de manière à dégager de leurs indications, autant que possible, ce qui est *vrai*, en rejetant ce qui est erronné. C'est en cela que consiste l'art de l'astronomie pratique, art curieux et compliqué de sa nature, dont nous ne pouvons qu'indiquer ici succinctement les principes généraux.

(104.) Le grand but de l'astronome praticien étant la correction numérique des mesures prises avec les instrumens, il doit apporter un soin continuel à découvrir et à compenser les erreurs, soit en les détruisant, soit en les évaluant. Or, si nous examinons les sources d'erreur dans les mesures fournies par les instrumens, nous voyons qu'elles peuvent se ranger sous trois chefs principaux :

(105.) 1° Causes d'erreur externes ou accidentelles, dépendantes de circonstances qui se dérobent à nos moyens de contrôle : telles sont les variations atmosphériques qui changent la valeur de la réfraction donnée par les tables, et qui, ne pouvant être ramenées à une loi fixe, nous laissent toujours dans l'incertitude sur l'étendue de leur influence. Tels sont encore les changemens de température, qui font varier la forme et la position des instrumens, en altérant leurs dimensions relatives et la tension de leurs parties.

(106.) 2° Erreurs d'observation : dues, par exemple, à l'inexpérience, à un défaut de la vue ; à trop de lenteur dans la notation de l'instant précis d'un phénomène, ou à une précipitation qui le fait devancer ; au défaut de transparence de l'atmosphère, à l'imperfection du pouvoir optique de l'instrument, et ainsi de suite. On peut encore ranger sous ce chef les erreurs provenues d'un dérangement momentané de l'instrument, tel que le glissement d'une bande, le relâchement d'un écrou, etc.

(107.) 3° La troisième et la plus nombreuse classe des erreurs que comportent les mesures astronomiques, tient à des causes que l'on peut nommer instrumentales, et elle se subdivise en deux branches. La première se rattache aux défauts de l'instrument, qui *n'est pas* ce qu'il annonce être, et par conséquent aux *erreurs de l'artiste*. Ainsi, un pivot ou un axe, au lieu d'être, comme il le devrait, exactement cylindrique, sera légèrement aplati ou elliptique ; — il ne sera pas parfaitement concentrique avec le cercle qu'il conduit ; — ce cercle, malgré le nom qu'il porte, n'aura pas une forme exactement circulaire, et ne sera pas compris dans un même plan ; — ses divisions, qui devraient être rigoureusement équidistantes, se trouveront placées en réalité à des intervalles inégaux, et ainsi d'une foule d'autres défectuosités du même genre. Tout cela devient là source, non-seulement d'erreurs spéculatives, mais d'obstacles pratiques, contre lesquels l'observateur a sans cesse à lutter.

(108.) L'autre subdivision des erreurs instrumentales se rattache aux cas où l'instrument n'est pas placé dans la position qu'il devrait avoir, et où celles de ses parties qu'il a fallu rendre mobiles n'ont pas été convenablement disposées entre elles. Ce sont les erreurs d'*ajustement*. Quelques-unes sont inévitables, par l'instabilité du sol et des bâtimens, laquelle, ordinairement trop petite pour être appréciée, devient sensible dans les observations astronomiques délicates : d'autres, au contraire, sont imputables à l'imperfection du travail de l'artiste, dont l'instrument, quoique originairement bien ajusté, ne se maintient pas tel, et éprouve des déviations. Mais les erreurs de cette classe les plus importantes dérivent du défaut de coïncidence avec les positions naturelles, appropriées à la nature des observations astronomiques ; comme si l'instrument n'est pas exactement dressé par rapport à l'horizon, aux points cardinaux, à l'axe de la terre, à tout autre cercle ou ligne astronomique avec lesquels il doit avoir une relation déterminée.

(109.) A l'égard des deux premières classes d'erreurs, on doit observer que, puisqu'il est impossible de les soumettre à des lois connues, et par conséquent de les évaluer dans le calcul, elles vicient, jusqu'à concurrence de toute leur grandeur, chaque observation en particulier où elles se trouvent. Mais comme elles sont, de leur nature, fortuites et accidentelles, on doit admettre qu'elles influent, tantôt dans un sens, tantôt dans l'autre; tantôt en diminuant, tantôt en augmentant le résultat. Par conséquent, si l'on multiplie beaucoup les observations, et qu'on en varie les circonstances, pour prendre la moyenne de tous les résultats, les erreurs de ce genre se seront détruites et compensées les unes les autres, de manière à ne plus vicier sensiblement le résultat théorique ou pratique que l'on a en vue. Ce procédé est la grande, et même la seule ressource contre les erreurs de cette nature, qui soit à l'usage, non-seulement des astronomes, mais de tous ceux qui se proposent des déterminations numériques dans les diverses branches de la physique.

(110.) Quant aux erreurs de fabrication et d'ajustement, on en doit regarder l'existence non pas comme *probable*, mais comme *certaine*, quelles que soient la forme et l'espèce de l'instrument. Il n'y a ni mains d'homme, ni machines qui puissent former un cercle, tirer une ligne droite, élever une perpendiculaire, dresser un instrument dans la perfection, à moins que par un pur hasard, et pour un instant fugitif. Néanmoins il faut convenir que le but peut être atteint avec un haut degré d'approximation. De plus, les observations astronomiques ont cela de particulier qu'elles nous offrent *le dernier moyen de découvrir* des imperfections mécaniques, qui échapperaient par leur petitesse à tout autre mode d'investigation. Ce que l'œil ne peut apercevoir, ni le toucher distinguer, une série d'observations astronomiques le met dans une complète évidence. L'imperfection des ou-

vrages de l'homme se trouve attestée par leur rapprochement avec lés ouvrages parfaits de la nature,
épreuve à laquelle aucun des premiers ne résiste. Il
semble, à la vérité, que nous tournons dans un cercle
vicieux, lorsque nous nous fondons sur l'observation
pour établir des lois et des conclusions théoriques;
puis, que revenant aux instrumens avec lesquels ces
observations ont été faites, nous les accusons d'imperfection, cherchant à en découvrir et à en rectifier les
erreurs à l'aide de ces mêmes lois, de ces mêmes théories dont ils nous ont procuré la connaissance. Mais
un peu de réflexion convaincra que ce mode de procéder n'a rien que de parfaitement légitime.

(111.) Les pas qui nous conduisent aux lois des phénomènes naturels, à celles spécialement dont la vérification
exige des déterminations numériques, sont nécessairement successifs. De grands résultats et des lois bien marquées se manifestent à des observations faites avec des
instrumens grossiers, ou même sans le secours d'aucun instrument : on les corrige et on les perfectionne
ensuite à l'aide de moyens d'investigation plus délicats. De cette manière, des lois secondaires apparaissent qui modifient dans les énoncés et dans les résultats numériques celles qui s'étaient d'abord offertes
à nous; quand enfin ces lois secondaires ont été bien
constatées et définies, d'autres à leur tour, qui leur
sont subordonnées, commencent à paraître, et deviennent l'objet de nos recherches ultérieures. Or, il arrive
toujours (et la raison en est évidente) que ces lois subordonnées s'offrent d'abord à nous sous la forme d'*erreurs*. Nous trouvons une discordance entre ce que
nous attendions et ce que l'observation nous donne :
notre première pensée est d'attribuer cette discordance au hasard. Elle se reproduit à diverses reprises,

et nous commençons à suspecter nos instrumens; nous cherchons à connaître jusqu'où peut s'étendre l'erreur dont leurs indications sont susceptibles : si la limite de l'erreur possible excède les déviations observées, nous donnons tort à l'instrument, à la manière dont il est construit et ajusté, et nous l'abandonnons; que si les mêmes déviations continuent d'être observées et d'une manière plus régulière et mieux marquée, nous apercevons enfin que nous sommes sur la trace d'une loi de la nature : nous en poursuivons la recherche jusqu'à ce que nous l'ayons ramenée à une forme bien définie, en la vérifiant par des observations multipliées, avec le soin d'en varier les circonstances.

(112.) Dans le cours de ces investigations, nous ne manquons pas de rencontrer d'autres discordances. Instruits par l'expérience, nous soupçonnons l'existence d'une loi naturelle encore inconnue; nous disposons en tableaux les résultats de nos observations, et cet arrangement synoptique nous laisse entrevoir une progression régulière. Nous varions les instrumens, et la loi supposée disparaît simplement, ou est remplacée par une autre toute différente. De là l'opinion que les lois dont il s'agit ont une cause purement instrumentale. Nous examinons, en conséquence, *la théorie* de notre instrument; nous supposons des défauts dans sa structure, et à l'aide de la géométrie, nous déterminons l'influence que le défaut supposé doit exercer sur les indications de l'instrument. Les erreurs dépendantes de cette influence ont *leurs lois*, que dans l'ignorance des véritables causes on peut confondre avec les lois de la nature, dont elles compliquent les résultats apparens. Ce ne sont pas des erreurs fortuites, comme celles de l'observation, mais des erreurs dont la cause est constante, inhérente à

l'instrument; on peut les réduire à une forme déterminée, tellement qu'à chaque défaut de structure ou
d'ajustement corresponde une forme spéciale d'erreurs. Il suffit donc de les passer en revue pour reconnaître celle dont la marche coïncide avec la loi des
discordances observées. Alors tout le mystère est dé-
voilé : nous avons constaté, par l'observation directe,
un défaut de l'instrument.

(113.) Il importe donc au plus haut degré à l'astronome praticien de se familiariser complétement avec
la théorie de ses instrumens, de façon qu'il puisse distinguer au premier coup d'œil quel effet produira sur
ses observations un défaut donné de structure ou d'a-
justement, dans des circonstances données. Admettons, par exemple, que la destination de l'instrument
demande un cercle concentrique avec l'axe sur lequel
il tourne; comme c'est là une condition à laquelle
l'artiste ne satisfera jamais en toute rigueur, il faudra
s'enquérir des erreurs qu'une déviation donnée intro-
duirait dans les observations faites et enregistrées sur
la foi de l'instrument. Or, un théorème fort simple
de géométrie montre que, quelle que soit l'étendue
de la déviation, les effets en seront nuls sur le résultat des observations dépendantes de la graduation du
limbe, pourvu qu'on lise les divisions en deux points
diamétralement opposés du cercle, et qu'on prenne la
moyenne; l'effet de l'excentricité étant d'accroître
l'un des arcs autant qu'il diminue l'autre. Si l'usage
de l'instrument exigeait que l'axe en fût exactement
parallèle à celui de la terre, condition qui ne sera jamais remplie rigoureusement, il faudrait de même
évaluer l'erreur qui correspond à une déviation donnée, dans le plan horizontal ou vertical. De semblables recherches constituent la théorie des erreurs in-

strumentales, théorie d'une extrême importance pour
la pratique, et dont la parfaite connaissance permet à
l'observateur d'atteindre, avec des ressources médiocres en instrumens, à un degré de précision qui semblerait exiger des moyens recherchés et dispendieux.
Toutefois, nous n'entrerons pas à cet égard dans de
plus grands développemens. Le peu d'instrumens astronomiques que l'on décrira dans ce chapitre, seront
considérés comme parfaits dans leur construction et
dans leur ajustement.

(114) Comme les remarques précédentes sont très-
essentielles pour bien faire comprendre la philosophie
et l'esprit des méthodes astronomiques, nous tâche-
rons de les éclaircir encore par un exemple. Les observateurs, avant l'invention d'aucun instrument,
avaient déjà conclu que les étoiles, dans leur mouvement diurne apparent, décrivent des cercles autour
de certains points fixes du ciel, ainsi qu'on l'a expliqué dans le précédent chapitre. En tirant cette conclusion, on mettait la réfraction entièrement de côté,
ou, si l'on était forcé d'en remarquer les effets dans
le voisinage de l'horizon, à cause de leur grandeur,
on les attribuait à des irrégularités locales, et par conséquent négligeables. Cependant, dès qu'on eut commencé à suivre le mouvement diurne des étoiles, avec
des instrumens même grossiers, il devint évident que
la conception de cercles parfaits décrits autour d'un
même pôle ne représente pas exactement les phénomènes; mais que, par une cause quelconque, l'orbite diurne apparente de chaque étoile prend la forme
d'une courbe ovale, dont le segment inférieur est plus
aplati, et d'autant plus que l'étoile s'approche davantage de l'horizon, comme si le cercle était pressé de
bas en haut, et la partie inférieure plus que la partie su-

périeure. Pour l'explication d'un tel effet on ne pouvait
recourir à une cause fortuite ou instrumentale, mais
bien à une cause naturelle, et le phénomène de la réfraction en rendait raison sans difficulté. Au fond,
l'apparence dont il s'agit ici est parfaitement analogue
à celle de la distorsion du disque du soleil dans le voisinage de l'horizon, déjà mentionnée (art. 47) ; seulement elle a lieu sur une plus grande échelle, et devient sensible à de plus grandes hauteurs. Cette loi
nouvelle une fois établie, il devint nécessaire de modifier l'expression de la loi plus anciennement admise,
en y insérant une réserve au sujet de la réfraction, ou
en distinguant l'orbite diurne *vraie*, de l'orbite *apparente*, modifiée par la réfraction.

(115.) Autre exemple. La première impression produite par l'aspect du mouvement diurne du ciel,
porte à conclure que tous les corps célestes accomplissent leur révolution dans une commune période, dont
la durée est d'un *jour*, ou de 24 heures. Mais si
nous observons avec des *instrumens*, c'est-à-dire,
dans l'espèce avec des garde-temps, les passages successifs des astres au méridien, nous trouvons des différences qui ne peuvent être imputées à des erreurs
d'observation. Toutes les étoiles, il est vrai, mettent
le même intervalle de temps entre leurs passages successifs par le méridien, ou par tout autre plan vertical ; mais cet intervalle n'est pas celui de deux passages consécutifs du soleil. Il se trouve sensiblement
plus court, n'étant que de $23^h 56^m 4^s,09$; au lieu
de 24 heures, telles que les marquent nos horloges
ordinaires. Nous sommes amenés de la sorte à distinguer deux jours différens, un jour *sidéral* et un jour
solaire; et si, au lieu du soleil, nous observions la
lune, nous trouverions un troisième jour beaucoup

8

plus long que les deux autres, puisque sa durée
moyenne serait de 24^h 54^m comptées en temps ordinaire, c'est-à-dire en temps *solaire*, attendu qu'il a bien
fallu accommoder le temps aux réapparitions du soleil, auxquelles sont liées toutes les relations de la vie.

(116.) Maintenant, comme toutes les étoiles s'accordent unanimement à assigner au jour sidéral exactement
la même durée de 23^h 56^m 4^s,09 ; nous ne saurions
hésiter à regarder cette période comme celle d'une
révolution de la terre autour de son axe. Si le soleil et
la lune font exception à cette loi générale, c'est appa-
remment que leur nature est différente, ou qu'ils ont
d'autres relations avec nous que les étoiles; étant
doués sans doute de mouvemens propres, réels ou apparens, indépendans de la rotation de la terre autour
de son axe. On est ainsi conduit à une grande et importante distinction entre les différens corps célestes.

(117.) Pour établir ces faits il n'est besoin d'aucun
appareil. Un observateur se place au nord de quelque
objet vertical bien terminé, comme l'angle d'un mur,
et appliquant l'œil en un point bien fixe, tel qu'un
petit trou percé dans une plaque de métal dont l'appui
est immobile, il note avec une horloge les instans de
disparition de chaque étoile derrière le mur*. S'il
observe le soleil, il doit armer son œil d'un verre de
couleur sombre ou enfumé, et noter les instans où

* Ceci fournit un excellent moyen pratique de régler la marche d'une horloge, pourvu qu'on emploie quelques précautions,
dont la principale consiste à ce que le bord de l'objet derrière
lequel disparaît l'étoile fixe (il ne s'agit pas des planètes) soit
parfaitement uni; autrement, les changemens de réfraction trans-
porteraient le point de disparition d'un creux à une aspérité,
ce qui influerait notablement sur l'instant du phénomène. On y
remédie en clouant à la ligne de mire une planche bien dressée
sur les côtés.

les bords occidental et oriental disparaissent : en prenant la moitié de l'intervalle, il aura l'instant précis de la disparition du centre, qu'il ne peut pas observer directement.

(118.) Si, en poursuivant ce genre de recherches, nous observons plus soigneusement l'instant du passage diurne du soleil au méridien, nous ne tarderons pas à y reconnaître des variations qui nous paraîtront des irrégularités. Les intervalles entre deux passages consécutifs n'auront pas la même durée dans tout le cours de l'année. Ils paraîtront tantôt plus grands, tantôt moindres que 24 heures, au temps de nos horloges; ce qui revient à dire que le jour solaire n'a pas constamment la même grandeur; vers le 21 décembre, par exemple, il est d'une demi-minute plus long, et vers le 21 septembre, à peu près d'une demi-minute plus court que sa *durée moyenne*. Nous nous trouvons donc encore conduits à faire une distinction entre le jour solaire *actuel*, qui varie à chaque révolution diurne, et *le jour solaire moyen* de 24 heures, dont la durée est déterminée par la totalité des jours solaires dans le cours de l'année. De là un nouvel objet de recherches. Non-seulement le mouvement apparent du soleil n'est pas le même que celui des étoiles, mais il n'est pas uniforme comme ce dernier. Il est sujet à des oscillations, dont les lois, pour être connues, demandent des moyens d'observations plus parfaits que ceux que nous avons décrits. Nous sommes obligés de recourir à l'appareil connu sous le nom d'*Instrument des passages*, spécialement destiné à ce genre de recherches, et de tenir un compte minutieux de toutes les irrégularités dans la marche des horloges qui nous servent à mesurer le temps. C'est ainsi que nous nous trouvons engagés dans des investigations instrumentales de plus en plus délicates ; et finalement, à mesure que nous déterminons la loi et l'étendue d'une grande oscillation ou *inégalité* (comme disent les astronomes) dans le mouvement diurne du soleil, d'autres inégalités, de plus en plus petites, se laissent entrevoir, qui étaient auparavant masquées par la combinaison des erreurs de l'observation et des imperfections de l'instrument. Bref, nous pouvons comparer la durée moyenne du jour solaire à la hauteur moyenne de l'eau dans un port, ou à la surface de niveau d'une mer qui n'est point agitée par le flux ni les vagues. La grande oscillation annuelle dont il a été question peut se rapprocher des variations diurnes de niveau produites par les marées, qui ne sont autre chose que d'énormes vagues s'étendant sur tout l'Océan ; et les inégalités secondaires ont de l'analogie avec les vagues proprement dites, sur lesquelles, pour peu qu'elles aient d'étendue, nous apercevons d'autres ondulations plus petites ; et ainsi de suite, sans qu'on puisse assigner le dernier terme de la série.

(119.) Nous n'avons pas à nous occuper pour le moment des causes des irrégularités de la révolution solaire : leur explication trouvera sa place plus tard ; mais dès à présent il convient de bien saisir, pour ne plus la perdre de vue, la distinction fondamentale en astronomie, entre le jour solaire et le jour sidéral. Le jour moyen solaire est, comme nous l'avons dit, celui qui sert au comput civil du temps. Il commence à minuit, mais les astronomes (au moins ceux de ce pays), tout en faisant usage du temps solaire moyen, s'écartent du comput civil, en ce qu'ils font commencer le jour à midi, et qu'ils comptent les heures de 0 à 24. Ainsi, 11 heures du matin du 2 janvier, en temps civil, correspondent à 23 heures du 1er janvier, en temps astronomique. Cet usage a des avantages et des inconvéniens; mais les derniers semblent l'emporter, et il serait dès-lors à souhaiter que l'on s'en tînt au comput civil.

(120.) Mais, ni dans l'ordre astronomique, ni dans l'ordre civil, les habitans des diverses contrées de la terre ne s'accordent pour le comput du temps; ce qui deviendra évident si l'on considère que, lorsqu'il est midi dans un lieu, il est minuit dans le lieu diamétralement opposé; que pour un autre lieu le soleil se lève, et que pour un quatrième il se couche. Il en résulte de graves inconvéniens, surtout par rapport à des lieux très-distans, et dans certains cas cela expose à des erreurs d'un jour. Pour y obvier, on a introduit en dernier lieu un autre système de compter par jours et fractions de jours solaires moyens, à partir d'un instant fixe, le même pour tous les points du globe, et déterminé, non par des circonstances locales comme le midi ou le minuit, mais par le mouvement du soleil relativement aux étoiles. Le temps calculé de cette manière se nomme *temps équinoxial*, et l'expression numérique en est la même au même instant pour tous les points de la terre. Nous en expliquerons plus amplement l'origine dans la suite de cet ouvrage.

(121.) Le temps est un élément essentiel des observations astronomiques, sous deux points de vue: 1° Comme mesurant des mouvemens angulaires. Le mouvement diurne de la terre étant uniforme, chaque étoile décrit aussi d'un mouvement uniforme son cercle diurne, et les temps écoulés entre les passages de plusieurs étoiles au méridien d'un observateur donnent directement les mesures des différences de leurs ascensions droites. 2° Comme élément fondamental (ou, pour parler le langage des géomètres, comme variable indépendante) dans toutes les théories dynamiques. Le grand objet de l'astronomie est la détermination des lois des mouvemens célestes et de leurs causes prochaines ou éloignées. Or, une loi de cette nature ne peut être qu'une proposition ou formule, de laquelle résulte la situation réelle ou apparente de l'objet *à chaque instant*, passé, présent et futur. Pour comparer de pareilles lois avec l'observation, il faut donc avoir un registre où soient mentionnées toutes les situations observées de l'objet en question, avec les *temps* correspondans.

(122.) La mesure du temps est donnée par les pendules, les chronomètres, les clepsydres et les sabliers : les deux premières sortes d'instrumens sont seules usitées dans l'astronomie moderne. Le sablier est un instrument grossier, destiné à compter plutôt qu'à mesurer des intervalles fixes de temps, et il est absolument tombé en désuétude. La clepsydre, qui mesure le temps au moyen de l'eau qui s'écoule d'un large vaisseau par un orifice déterminé, comporte déjà une grande précision, et était la seule ressource des astronomes avant l'invention des pendules et des montres. Elle est abandonnée maintenant à cause de la grande commodité et de l'extrême précision qu'ont acquises ces derniers instrumens. On a cependant proposé de la remettre en usage dans un cas, c'est-à-dire pour la mesure exacte de très-petites portions de temps, en faisant écouler du mercure par un petit orifice pratiqué au fond d'un vase où le liquide est entrenu constamment à la même hauteur. Le courant est intercepté au moment de noter un phénomène, et dirigé sur un réceptacle, où il continue de couler jusqu'à l'instant d'un autre phénomène, où, l'obstacle qui l'arrêtait étant levé soudainement, il reprend son

premier cours, et cesse de tomber dans le réceptacle.
Le poids du mercure que le réceptacle contient, comparé à celui qu'il aurait reçu dans un intervalle de
temps mesuré à la pendule, donne l'intervalle écoulé
entre les deux phénomènes. Ce mode ingénieux et simple de résoudre avec toute la précision possible un
problème dont on s'est beaucoup occupé en dernier
lieu, est dû au capitaine Kater.

(123.) La pendule et la montre à balancier, avec
tous ces perfectionnemens de construction qui la font
nommer par excellence *chronomètre* *, sont les instrumens que l'astronome emploie pour la mesure
du temps. On les a portés à un tel degré de perfection, qu'une irrégularité d'une seconde par 24
heures, d'un jour au suivant, n'est pas tolérée dans
ceux dont la marche est réputée bonne ; de sorte que,
dans un intervalle de temps moindre de 24 heures, ils
doivent donner l'heure à quelques dixièmes de seconde près. Sur un intervalle de temps plus grand, la
probabilité d'erreur et l'étendue de l'erreur probable
augmentent, en raison de l'accumulation des erreurs
fortuites de chaque jour **, et des causes qui peuvent,
à l'insu de l'observateur, modifier d'une manière lente
et progressive la marche de l'instrument. En conséquence, il ne faudrait pas se fier à la détermination

---

* Χρόνος, temps ; μετρεῖν, mesurer.

** Ce n'est pas ici comme dans le cas des moyennes entre un
grand nombre d'observations, où ce qui reste des erreurs fortuites, après la compensation, se trouve indéfiniment atténué
par la division. La théorie des chances fait voir que l'erreur probable, résultant de l'accumulation des erreurs fortuites de chaque jour, croîtra proportionnellement *à la racine carrée* du
nombre de jours compris dans l'intervalle. A la vérité, on igno-
rera dans quel sens l'erreur a lieu, et si elle tend à accroître ou
à diminuer l'intervalle.   (*Note du traducteur.*)

du temps donné par la pendule ou la montre, pour plusieurs jours consécutifs, si l'on n'avait un moyen d'en
reconnaître et d'en corriger les erreurs, en les con-
frontant avec des phénomènes naturels que l'on sait
devoir se reproduire chaque jour à des intervalles
égaux. En revanche, à l'aide de ce moyen de contrôle, on peut mesurer avec la même précision le plus
grand comme le plus petit intervalle, puisque en réalité nous ne mesurons par voie artificielle que les
temps compris entre le premier et le dernier moment
de l'intervalle, et l'un de ces phénomènes pris pour
repères qui se reproduisent régulièrement dans chaque période de 24 heures. La nature se charge de
compter pour nous les jours; il n'y a que les fractions
de jour, aux deux extrémités de l'intervalle, qui soient
mesurées par nos horloges. Le calcul des jours en
nombres entiers, de manière à ce qu'il n'y ait ni
omission ni double emploi, est l'objet du calendrier.
La chronologie indique l'ordre des événemens, en les
rapportant à leurs années et à leurs jours; pendant que
la *chronométrie*, se fondant sur les retours régulièrement périodiques de certains phénomènes, et sur une
exacte subdivision de leurs périodes, nous permet de
fixer l'instant de tous les autres phénomènes avec le
dernier degré de précision.

(124.) La *culmination*, ou le *passage* de chaque
étoile au méridien de l'observateur, est l'un de ces
phénomènes régulièrement périodiques auxquels nous
faisons allusion. Aussi les astronomes font-ils choix
des passages des étoiles fixes les plus brillantes et les
plus convenablement placées, pour s'assurer de la
mesure du temps, ou, ce qui revient au même, pour
connnaître exactement les erreurs de leurs horloges.

(125.) L'instrument avec lequel on observe les culminations des objets célestes, se nomme l'*instrument des passages*. Il consiste en un télescope solidement

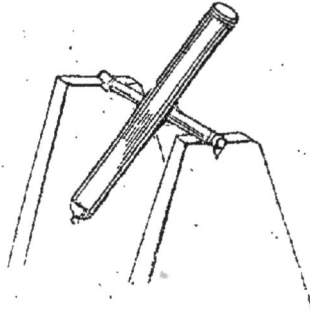

attaché à un axe horizontal, dirigé vers les points est et ouest de l'horizon, perpendiculairement au plan du méridien du lieu de l'observation. Les extrémités de l'axe sont des pivots cylindriques, de diamètres parfaitement égaux, reposant sur des entailles pratiquées dans des supports métalliques : ces supports, lorsqu'il s'agit de grands instrumens, reposent à leur tour sur de forts piliers de pierre, et sont susceptibles d'être exactement ajustés, à l'aide de vis, tant dans le sens vertical que dans le sens horizontal. Par le premier ajustement, on rend l'axe parfaitement horizontal, ce qu'on reconnaît au moyen d'un niveau fixement adapté aux pivots. Le second ajustement a pour objet de mettre l'axe bien exactement dans la direction est et ouest; ce qu'on reconnaît, ou par les observations elles-mêmes faites avec l'instrument ajusté, ou au moyen d'un objet bien terminé, appelé *mire méridienne*, placé à grande distance, exactement dans la ligne méridienne menée par le centre de l'appareil : mire dont primitivement les observations ont déterminé l'emplacement, et qu'on a ensuite fixée d'une manière permanente, pour la commodité des observations subséquentes. Il est évident, d'après cette description, que si la ligne centrale du télescope (celle qui joint les centres de l'objectif et de l'oculaire, et qu'on nomme en astronomie *ligne de collimation*) a été bien ajustée à angles droits sur l'axe de l'instrument, elle ne doit jamais quitter le plan du méridien, quand l'instrument tourne sur son axe.

(126.) Au foyer de l'oculaire, et perpendiculairement à la ligne centrale du télescope, est placé un système de cinq fils verticaux équidistans, avec un fil horizontal,

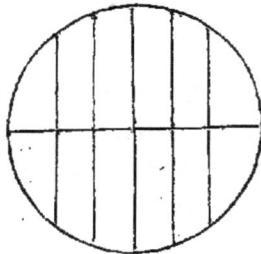

comme le représente la figure ci-jointe, fils que l'on aperçoit constamment dans *le champ de la vision*, éclairé de jour par la lumière des nuées, et de nuit par une lampe, au moyen d'un appareil qu'il n'est pas nécessaire d'expliquer ici. Ce système de fils est ajusté avec des vis qui lui permettent un mouvement latéral (horizontal), et on le fixe de manière à ce que le fil vertical moyen coupe la ligne de collimation du télescope. Dans cette situation, il est clair que le fil moyen est une représentation sensible de la portion du méridien céleste sur laquelle le télescope est pointé; de façon que lorsqu'une étoile croise ce fil, elle passe au méridien céleste. L'instant de ce phénomène se trouve indiqué par la pendule ou le chronomètre, qui est l'accompagnement indispensable de l'instrument des passages. Pour plus de précision, on note les instans où l'étoile croise chacun des cinq fils verticaux; et, comme ils sont équidistans, on prend la moyenne : le résultat serait le même que celui donné par le fil moyen, si toutes les observations étaient parfaites, et cette combinaison a l'avantage d'atténuer les erreurs en les répartissant sur l'ensemble des cinq observations.

(127.) Quant à la manière d'exécuter les ajustemens et de tenir compte des erreurs inévitables dans l'usage de cet instrument, aussi simple qu'élégant, le lecteur peut consulter les ouvrages spécialement consacrés à cette branche de l'astronomie pratique[*]. Nous mentionnerons seulement ici l'importante vérification qui consiste à renverser l'axe, en le retournant de l'est à l'ouest. Si, après cette opération, on continue d'avoir les mêmes résultats, et de rencontrer la mire méridienne au même point, on sera sûr que la ligne de collimation du télescope est bien perpendiculaire à l'axe, et décrit exactement un plan ou grand cercle de la sphère céleste. Dans les bonnes observations de passages, une erreur de deux ou trois dixièmes de seconde, en temps, sur le moment de la culmination de l'étoile, est tout ce qu'on peut craindre, indépendamment des erreurs de la pendule; en autres termes, la marche d'une pendule peut être comparée au mouvement diurne de la terre, par une seule observation, sans risque d'une erreur notable. En multipliant les observations, on obtiendra un plus haut degré de précision.

(128.) Les intervalles angulaires, mesurés au moyen de l'instrument des passages et de la pendule, sont des arcs de l'équateur compris entre les cercles de décli-

---

[*] Voyez le *Treatise on practical Astronomy*, du docteur Pearson, et le mémoire de Bianchi *Sopra lo Stromento de' passagi* (*Ephem. di Milano*, 1824).

Voyez aussi le *Traité élémentaire d'Astronomie physique*, de M. Biot, tome 1er, livre 1er, chap. 5.

naison qui passent par les objets observés. La mesure
n'en est pas donnée par la graduation artificielle d'un
cercle, mais par la considération du mouvement diurne
de la terre, qui fait passer au méridien des arcs égaux
de l'équateur en temps égaux, à raison de 15° par
heure sidérale. Dans tous les autres cas, si nous voulons mesurer des intervalles angulaires, il faut recourir à des cercles ou portions de cercles, construits en
métal ou en toute autre matière solide et durable, et
mécaniquement divisés en parties égales, comme degrés, minutes, etc. Soit A B C D un semblable cercle,

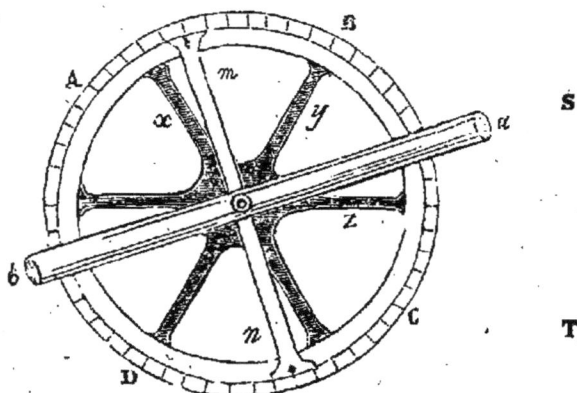

divisé en 360 degrés (comptés depuis un point de la
circonférence marqué 0, jusqu'au même point en faisant le tour), dont la circonférence ou *le limbe* tient au
centre à l'aide de rais *x y z*. Au centre est un trou circulaire dans lequel se meut sans ballottement un pivot
qui conduit un tube, dont l'axe *a b* est exactement parallèle au plan du cercle et perpendiculaire au pivot.
Le tube porte deux bras *m n* qui le croisent à angles
droits, et ne font qu'une pièce avec lui ; de sorte que
le mouvement de l'axe entraîne le tube et les bras,
que l'on peut fixer où bon semble à l'aide d'une vis de
pression. Supposons donc que l'on veuille mesurer la

distance angulaire de deux points fixes, S, T. Le plan
du cercle sera d'abord ajusté de manière à passer par
les deux points. Cela fait, l'axe *a b* du tube sera dirigé vers l'un des points S, et *arrêté*. On remarquera
si le point *m* tombe exactement sur l'une des divisions
du limbe, ou entre deux divisions adjacentes. Dans le
premier cas, il suffira de noter l'indice de la division
sur laquelle tombe le point *m*; dans le second, il faudra estimer ou mesurer, par des moyens, soit mécaniques, soit optiques (voyez art. 130), la fraction comprise entre le point *m* et la division inférieure. Cette
opération, suivie de la réduction en degrés, minutes
et secondes, est ce qu'on nomme *la lecture du limbe*,
correspondante à la position du tube *a b*, quand on le
pointe sur l'objet S. On répétera la même opération
relativement à l'objet T; et il est visible que la différence entre la plus grande et la plus petite lecture
donnera la distance angulaire des points S, T, vus du
centre du cercle, à quelque point du limbe que corresponde le zéro de la graduation.

(129.) On obtiendra le même résultat, si, au lieu
de rendre le tube mobile sur le cercle, on le lie invariablement à ce dernier, en les faisant tourner tous
deux sur un axe concentrique avec le cercle, et qui
ne forme qu'une pièce avec lui, cet axe reposant dans
une cavité pratiquée pour le recevoir, et pourvue d'un
support fixe. La figure jointe représente la coupe d'un
semblable système. T est le tube attaché par les points

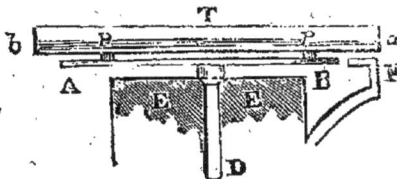

p, p au cercle A B, dont l'axe D se meut dans le corps

solide métallique E ; de ce corps E part un bras F,
muni à son extrémité d'un index, à l'aide duquel on
lit la division du limbe au point B, correspondant à
chaque position de l'index. Il est évident que, quand
le télescope et le cercle décrivent un angle dans leur
mouvement révolutif, la portion du limbe qui a passé
devant l'index donne la mesure de l'angle décrit.
Telle est la manière dont les astronomes se servent
le plus ordinairement des cercles gradués.

(130.) L'index F peut être une simple pointe, semblable à l'aiguille d'une horloge (*fig. a*), ou un ver-

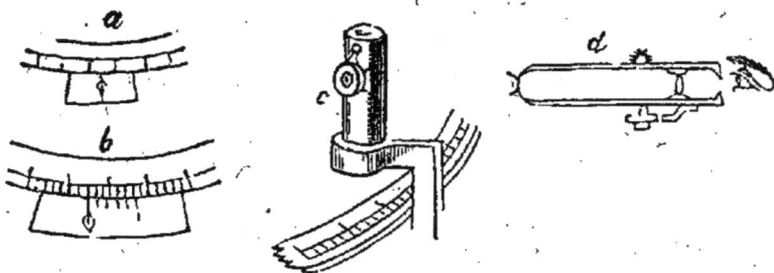

nier (*fig. b*), ou enfin un microscope composé (*fig. c*),
dont la *fig. d* représente la coupe. Ce microscope
porte, au foyer commun de l'objectif et de l'oculaire,
une croix rendue mobile au moyen d'une vis à pas
très déliés, de manière à ce qu'on puisse amener la
croix dans une parfaite coïncidence avec l'image de
la plus proche division du limbe. La distance de cette
division au zéro du microscope se trouve mesurée par
le nombre de tours et la fraction de tour qu'il a fallu
faire faire à la vis pour opérer la coïncidence. Cet appareil simple et délicat permet d'apporter à la lecture
du limbe un degré d'exactitude limité seulement par le
pouvoir du microscope et le mérite d'exécution de la
vis. Les mêmes avantages optiques que le télescope a
donnés pour la mesure des angles, on les retrouve ainsi
pour la lecture des angles mesurés.

(131.) L'exactitude des résultats obtenus par ce mode de procéder dépend, 1° de la précision avec laquelle le tube *a b* a été pointé sur les objets; 2° des soins mis à la graduation du limbe; 3° de celui avec lequel on a estimé l'intervalle compris entre deux divisions, ainsi qu'on vient de l'expliquer dans l'article précédent. En ce qui concerne la graduation du limbe, comme elle tient à des procédés mécaniques, nous nous bornerons à remarquer que, dans l'état présent de l'art, les erreurs dont elle est la source se trouvent resserrées entre de très-étroites limites. A l'égard du pointé, il est clair que, si l'appareil *a b*, tel qu'il est représenté dans la figure (art. 128), ne consiste qu'en un tube creux, ayant de simples croix ou pinnules à ses deux bouts, ou une fente au bout tourné vers l'œil et une croix à l'autre, il ne faudra pas attendre plus de précision dans le pointé que n'en permet la vision ordinaire à l'œil nu. Mais si l'on remplace cet appareil grossier par un télescope, ayant un objectif en *b* et un oculaire en *a*, et si l'on attend pour arrêter le tube que l'objet tombe précisément au centre du champ de la vision, l'exactitude du pointé se trouvera évidemment augmentée en raison du pouvoir grossissant et de la netteté du télescope. On atteint le dernier degré de précision en fixant au foyer commun de l'objectif et de l'oculaire deux fils déliés comme ceux d'araignées, ou des cheveux très-fins, qui se coupent à angles droits au centre du champ de la vision. Leur intersection est un point de repère avec lequel on peut faire coïncider exactement l'image de l'objet, en prenant quelques précautions et s'aidant du jeu de certaines pièces, pour amener le télescope à sa position finale sur le limbe, et l'y maintenir jusqu'à ce que la lecture soit terminée.

(132.) L'emploi du télescope peut être considéré comme annulant complétement l'erreur qui proviendrait d'une fausse estimation de la direction de l'objet par rapport à l'œil de l'observateur ou au centre du cercle. On est principalement redevable de la précision de l'astronomie moderne à cet instrument, sans lequel tous les autres perfectionnemens de l'art deviendraient superflus; l'erreur qu'on serait exposé à commettre sur le pointé dépassant celle qui pourrait provenir de toute autre cause, hormis d'une graduation absolument grossière[*]. Le télescope est pour les grandeurs angu-

---

[*] L'honneur de ce perfectionnement capital a été revendiqué avec succès par Derham (*Phil. trans.* xxx. 603.) en faveur de notre jeune, habile et infortuné compatriote Gascoigne, d'après sa correspondance avec Crabtree et Horrockes, dont lui, Derham, était en possession. Les passages de ces lettres, cités par Derham, ne permettent pas de douter que, vers 1640, Gascoigne n'ait appliqué les télescopes, *avec des fils au foyer des verres*, aux quadrans et aux sextans. Il était même allé jusqu'à imaginer d'éclairer le champ de la vision par une lumière artificielle, ce qu'il trouve « *très-commode quand la lune ne donne pas ou qu'on n'a pas d'ailleurs une clarté suffisante.*» Ces inventions avaient été franchement communiquées par lui à Crabtree, et par ce dernier à son ami Horrockes, le plus vain des astronomes de la Grande-Bretagne. Tous deux exprimèrent leur admiration pour les grands progrès que ces découvertes, et plusieurs autres, faisaient faire à l'art des observations. Cependant Gascoigne périt à 35 ans, à la bataille de Marston-Moor; et la mort prématurée et soudaine de Horrockes, dans un âge encore moins avancé, plongea pour un temps dans l'oubli la découverte du premier de ces astronomes. Elle reparut, ou fut inventée de nouveau en 1667, par Picard et Auzout (Lalande, *Astronomie*, 2310); après quoi l'usage en devint universel. Même avant Gascoigne (en 1635), Morin avait proposé de substituer le télescope aux simples pinnules ; mais l'emploi des fils au foyer, avec lesquels on peut faire exactement coïncider l'image d'une étoile, est ce qui donne au télescope ses avantages dans la pratique, et il ne paraît pas que Morin en ait eu l'idée. (Voyez Lalande, *ubi supra.*)

laires ce que le microscope est à l'égard des grandeurs linéaires. En concentrant l'attention sur les petites parties d'une image, et en amplifiant les moindres intervalles, non-seulement il nous met à même de scruter la forme et la structure des objets sur lesquels il est pointé, mais aussi d'en assigner avec une précision géométrique les lieux apparens.

(133.) Nous venons de décrire le mode le plus simple de mesurer un intervalle angulaire; mais, à la rigueur, ce mode n'est applicable qu'aux angles formés par les objets terrestres situés sur notre horizon, car eux seuls demeurent stationnaires pendant que le télescope est amené sur le limbe d'un objet à l'autre. Le mouvement diurne du ciel, en détruisant cette condition essentielle, rend la mesure directe d'une distance angulaire d'objet à objet impossible par ce procédé. Il n'en est plus de même, toutefois, lorsqu'on veut seulement déterminer l'intervalle compris entre les *cercles diurnes* décrits par deux objets célestes. Imaginons que chaque étoile, dans sa révolution diurne, laisse une trace visible de son passage sur la voûte céleste, telle qu'un sillon de lumière très-délié : dans ce cas le télescope, une fois pointé sur l'étoile, de manière à ce que son image coïncide avec l'intersection des fils, demeurera constamment dirigé sur un point de la traînée lumineuse, laquelle réciproquement passera toujours par l'intersection des fils dans le champ de la vision, nonobstant le mouvement de l'étoile. On pourra donc à loisir, et sans crainte d'erreur, faire quitter au télescope une de ces lignes lumineuses, pour le pointer sur une autre; au moyen de quoi l'intervalle angulaire des deux cercles diurnes dans le plan de rotation du télescope, se trouvera mesuré. Or, si nous ne pouvons voir la trace de l'étoile

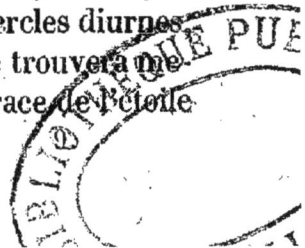

sur la voûte céleste, nous pouvons attendre que l'étoile elle-même traverse le champ de la vision, et ajuster le télescope de manière à ce que, dans son passage, elle rencontre le point d'intersection des fils : en fixant alors avec soin le télescope, nous serons aussi sûrs de la position du cercle diurne, qui si nous continuions d'en voir la trace physique. Il nous sera loisible de faire avec tout le soin requis la lecture du limbe ; et lorsqu'une autre étoile viendra à passer dans le plan du cercle, on pourra rendre au télescope sa mobilité, afin d'assigner par une observation semblable la place du cercle diurne de cette autre étoile sur le limbe : on répétera ensuite chaque jour ces observations, aux passages des deux étoiles, jusqu'à ce qu'on soit satisfait du résultat.

(134.) Ceci est le principe du *cercle mural*, qui n'est autre chose qu'un cercle semblable à celui décrit dans l'art. 129, mais fermement supporté, dans le plan du méridien, par un axe horizontal, de longueur et de force considérables. Cet axe repose sur un pilier ou mur de pierres (d'où vient le nom de l'instrument), et il est assujetti par des vis avec lesquelles on peut l'ajuster dans les directions horizontale et verticale ; de manière à ce qu'il se trouve, comme l'axe de l'instrument des passages, exactement dirigé suivant la ligne est et ouest de l'horizon, le plan du cercle coïncidant en conséquence avec le plan du méridien.

(135.) Puisque le méridien coupe à angles droits tous les cercles diurnes décrits par les étoiles, l'arc que deux de ces cercles interceptent sur le méridien mesurera leur plus courte distance, et sera égal à la différence des déclinaisons, ou à la différence des hauteurs méridiennes des objets, au moins après qu'on aura corrigé les effets de la réfraction. Ces différences ne sont autre chose que les intervalles angulaires directement mesurés par le cercle mural; de façon que, si l'on suppose la loi de réfraction connue, il sera facile de tirer de ces mesures, non-seulement les différences de déclinaisons, mais les déclinaisons elles-mêmes, ainsi que nous allons l'expliquer.

(136.) La déclinaison d'un astre est le complément de sa distance au pôle. Le pôle, qui est un point du méridien, pourrait être observé directement sur le limbe du cercle, s'il se trouvait précisément une étoile à ce point: alors les distances polaires et par suite les déclinaisons de toutes les autres seraient déterminées à l'aide d'une seule observation. Comme l'hypothèse en question n'a pas lieu, on fait choix d'une étoile brillante, aussi voisine du pôle que possible, et on l'observe dans ses culminations *supérieure* et *inférieure*, c'est-à-dire quand elle passe au méridien *au-dessus* et *au-dessous* du pôle. Comme sa distance au pôle demeure constante (après la correction de la réfraction), la différence des hauteurs de l'étoile dans les deux cas est égale au diamètre angulaire du cercle diurne, ou au double de la distance polaire. Dans la figure ci-jointe, H P O représente le méridien céleste,

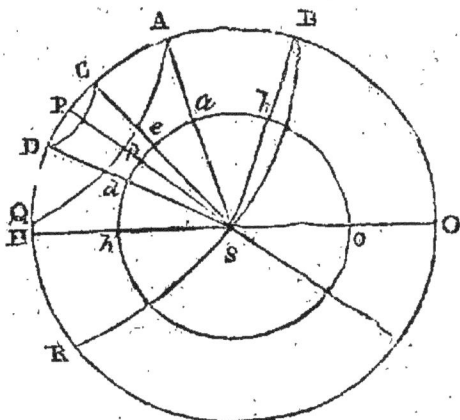

P est le pôle, BR, AQ, CD sont les cercles diurnes
de différentes étoiles, dont les passages supérieurs au
méridien ont lieu en B, A, C, et les passages infé-
rieurs en R, Q, D, le premier tombant au-dessous de
l'horizon H O. Représentons par hpo le cercle mural
dont S est le centre, et par $bacpd$ les points de sa circonférence qui correspondent aux points BACPD
dans le ciel. Les arcs ba, bc, bd et cd seront donnés
immédiatement par l'observation; et puisque CP=PD,
on aura aussi $cp=pd$, et chacun de ces arcs $=\frac{1}{2}\,cd$.
La place du *point polaire* sur le limbe sera donc
connue, ainsi que les arcs pb, pa, pc, qui mesurent les distances polaires.

(137.) La situation de l'étoile polaire, qui est fort
brillante, et seulement éloignée d'un degré et demi
du pôle, la rend très-favorable pour ce genre d'observations, où elle est presque exclusivement employée.
La raison principale en est que ses culminations ayant
lieu à des hauteurs considérables et peu différentes,
les réfractions qui les affectent sont petites et presque
égales, ce qui permet d'en faire sûrement la correction. D'un autre côté, l'étoile polaire peut être aisément observée pendant le jour, à cause de son éclat.
Par tous ces motifs, les astronomes en font un usage
continuel pour l'ajustement et la vérification de leurs
instrumens. En ce qui concerne, par exemple, l'instrument des passages, elle fournit un moyen simple
de vérifier si le plan dans lequel le télescope se meut
coïncide avec le méridien. En effet, ce dernier coupe
le cercle en deux portions égales est et ouest, qui doivent être décrites dans des intervalles de temps égaux.
Si donc on note les instans des passages supérieur et
inférieur, et qu'on trouve les intervalles égaux entre
eux et à 12 heures sidérales, on pourra conclure avec

certitude que le télescope se meut dans le plan du méridien, ou que son axe horizontal a bien la direction est et ouest. Dans le cas contraire, on sera sûr que le plan du télescope dévie du méridien, du côté de l'arc décrit dans le temps le plus court. Il faudra donc changer l'azimuth de l'axe, jusqu'à ce que la différence en question disparaisse, en répétant les observations.

(138.) La position du *point polaire* sur le limbe du cercle mural une fois connue, ce point devient l'origine ou le zéro à partir duquel on compte les distances polaires de tous les objets correspondans à chaque point du limbe. Il n'importe que ce point coïncide avec le zéro de la graduation, puisque les arcs du limbe ne sont donnés que par *la différence* des lectures; ce qui est d'un grand avantage en permettant de recommencer une autre série d'observations, pour laquelle on emploie une autre partie de la circonférence et de la graduation du cercle, procédé à l'aide duquel on découvre et neutralise les inégalités de la division. Pour cela, il faut dégager le télescope de ses anciennes attaches, et le fixer autre part sur la circonférence.

(139.) Le limbe du cercle mural nous offre, outre le point polaire, le *point horizontal*, dont l'importance n'est pas moindre, et qui, une fois connu, sert également de zéro ou d'origine pour le compte des hauteurs. Le principe de la détermination de ce point est à peu près le même que celui de la détermination du point polaire. Comme il n'existe pas d'étoile à l'horizon céleste, l'observateur doit se proposer de trouver deux points sur le limbe, dont l'un soit précisément aussi élevé au-dessus du point horizontal que l'autre est abaissé. A cet effet, on observe la nuit la culmination d'une étoile, d'abord en pointant directement le télescope sur elle, ensuite en le pointant sur l'image de la même étoile, réfléchie par une surface fluide, parfaitement calme. Le mercure, qui a le plus grand pouvoir réflecteur entre tous les fluides connus, est généralement employé à cet usage. Comme la surface du fluide en repos est nécessairement horizontale, et que l'angle de réflexion, par les lois de l'optique, est égal à celui d'incidence, l'image se trouvera précisément autant déprimée au-dessous de l'horizon que l'étoile est élevée au-dessus, en tenant compte de la différence de réfraction aux momens des deux observations. L'arc intercepté entre l'étoile et l'image sera donc, sauf cette correction, le double de la hauteur de l'étoile, et la bissection de cet arc donnera le point horizontal. Une surface fluide réfléchissante, employée comme on vient de l'expliquer, est ce qu'on nomme un *horizon artificiel.*

(140.) Au fond, le cercle mural est en même temps un instrument des passages, et peut être employé comme tel, s'il est muni au foyer de son télescope d'un système de fils verticaux. Néanmoins, comme l'axe n'est supporté qu'à un bout, il n'a pas la solidité et la fixité nécessaires pour des observations aussi délicates que celles des passages. En outre, il ne peut être vérifié, comme l'instrument des passages proprement dit, par le *renversement* de l'axe, ou la permutation des extrémités est et ouest. Rien n'empêche cependant de fixer d'une manière permanente, à l'une des extrémités de l'axe de l'instrument des passages, un cercle divisé qui tourne avec lui, et sur lequel la lecture se fasse à l'aide d'un microscope fixé à l'un des piliers. Un pareil instrument se nomme *cercle des passages,* ou *cercle méridien,* et sert à déterminer simultanément les ascensions droites et les déclinaisons des objets observés.

(141.) La détermination du point horizontal sur le limbe d'un instrument est d'une telle importance en astronomie que le lecteur doit connaître tous les moyens employés pour y atteindre. Ce sont l'horizon artificiel, le fil à plomb, le niveau et le collimateur flottant. On a déjà parlé de l'horizon artificiel. Le fil à plomb est, comme le nom l'indique, un poids suspendu à un fil délié, dont on amortit les oscillations en le tenant plongé dans l'eau; la direction du fil, quand il est parvenu au repos, et en le supposant *doué d'une flexibilité parfaite*, est celle de la gravité, ou de la perpendiculaire à la surface d'une eau tranquille. Cependant, quelques précautions extraordinaires que l'on emploie, l'usage de cet instrument dans les observations astronomiques est si délicat et sujet à tant de difficultés et d'erreurs, qu'à présent il est généralement abandonné pour *le niveau*, instrument plus commode, et qui remplit le même but.

(142.) Le niveau est un tube de verre, presque entièrement rempli d'un liquide, ordinairement d'alcool,

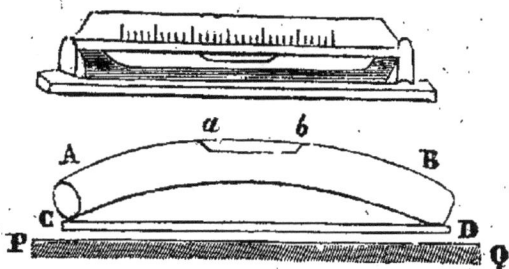

à cause de la grande mobilité de ce fluide, qui d'ailleurs ne gèle pas dans nos climats. Le surplus est occupé par une bulle d'air qui, à supposer le tube horizontal et mathématiquement droit, resterait en

équilibre sur tous les points de sa longueur. Mais
comme cette dernière condition est impossible à remplir dans la pratique, et que le tube a toujours une
petite courbure, si la convexité est tournée en haut,
la bulle occupera la partie la plus élevée, comme dans
la figure où l'on a à dessein exagéré la courbure.
Soient donc AB le tube dont il s'agit, fixement attaché à un barreau droit CD, et a, b, deux points distans
de la longueur de la bulle. Si l'instrument est placé
de façon que la bulle occupe cet intervalle, il est clair
que l'inclinaison de CD à l'horizon sera par cela
même déterminée; car, pour peu qu'on la fasse varier
dans un sens ou dans l'autre, la bulle changera de
place en gagnant le point le plus haut. Supposons
maintenant que nous voulions nous assurer si une ligne
donnée PQ est horizontale : on couchera sur PQ la
base CD du niveau et l'on notera les points a, b qui
terminent exactement la bulle, puis on retournera le
niveau, de façon que C tombe en Q, et D en P. Si la
bulle continue d'être comprise entre les points a, b,
il est clair que la direction de PQ ne peut être qu'horizontale : dans le cas contraire, le côté vers lequel la
bulle a marché est le plus haut, et doit être abaissé.
Les niveaux astronomiques sont garnis d'une échelle
divisée, qui permet de reconnaître avec précision les
extrémités de la bulle; et l'on peut, dit-on, rendre
ces instrumens assez sensibles pour indiquer une déviation d'horizontalité d'une seconde seulement.

(143.) Nous devons maintenant expliquer la manière d'employer le niveau à la détermination du point
horizontal sur le limbe d'un cercle vertical gradué.
Soit AB un télescope fixé au cercle DEF, et mobile avec lui autour d'un axe horizontal C, que l'on
peut retourner, de même que celui de l'instrument

des passages (art. 127), et auquel le cercle est insé-
parablement uni. On dirige le télescope sur un objet

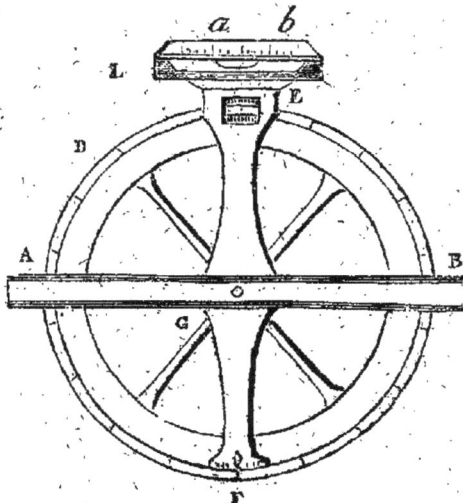

éloigné S, bien terminé, de manière à ce que celui-ci
soit coupé par le fil horizontal, et on l'arrête dans
cette position. Soit L un niveau attaché à angles droits
au bras E F, garni d'un microscope ou d'un vernier en F, et si l'on veut, d'un autre en E. Ce bras
tient par sa seule pression à l'axe C, de manière cependant à pouvoir prendre un léger mouvement sans
le faire tourner, et l'on peut aussi l'arrêter de manière
à empêcher tout mouvement. Pendant que le télescope est pointé sur l'objet S, admettons que la bulle
occupe l'intervalle ab, et arrêtons le niveau. Le bras
E F fera avec l'horizon un angle déterminé, n'importe lequel. Dans cette position on fera la lecture du
limbe au point F, et l'on retournera tout l'appareil en
échangeant les extrémités de l'axe, sans toucher à
l'arrêt du niveau par rapport à l'axe. De cette manière
le niveau reprendra sa situation horizontale, et la bulle
reviendra en ab. On sera sûr que le télescope a maintenant, *dans un autre sens*, la même inclinaison avec

l'horizon qu'il avait lorsqu'il était pointé sur S. Actuellement levons l'arrêt du niveau, et en le maintenant à peu près horizontal, faisons tourner le cercle sur son axe, de manière à faire passer le télescope au zénith et à le ramener sur l'objet S; puis arrêtons dans cette position le cercle et le télescope. Évidemment celui-ci aura décrit un arc égal à deux fois la distance zénithale de S. Sans rendre au télescope sa liberté, rectifions la position du niveau : le bras EF aura repris la même position par rapport à l'horizon, et si l'on fait la lecture du limbe, la différence d'avec la lecture précédente mesurera l'arc qui a passé par le point F, en considérant celui-ci comme invariable de position. Cette différence sera double de la distance zénithale de S, et le complément de la moitié sera la hauteur de l'objet. On connaît donc la hauteur correspondante à une division donnée du limbe, ou, en d'autres termes, le point horizontal. Quelque détournée que cette marche paraisse, il n'y a pas de moyen de faire servir le niveau à la fixation du point horizontal qui ne revienne au même. Plus ordinairement cependant on n'emploie le niveau que comme moyen *de rappel*, après que le point horizontal a été bien déterminé par d'autres voies; pour cela, on l'ajuste de manière à ce que la bulle revienne à une position connue, lorsque le télescope est parfaitement horizontal. La confiance due à ce procédé dépend de la permanence de l'ajustement.

(144.) Le dernier appareil indiqué pour la détermination du point horizontal, qui probablement n'est pas le moins exact, et qui dans une foule de cas mérite beaucoup la préférence, est le *collimateur flottant*, invention récente du capitaine Kater. Cet élégant instrument consiste en un petit télescope, muni de fils croi-

sés à son foyer, et maintenu aussi horizontalement que
possible sur une plaque de fer, destinée à flotter sur du
mercure, et qui par conséquent doit prendre, lorsqu'on l'abandonne à elle-même, une inclinaison constante par rapport à l'horizon. Si les fils croisés du
collimateur sont éclairés par une lampe située au

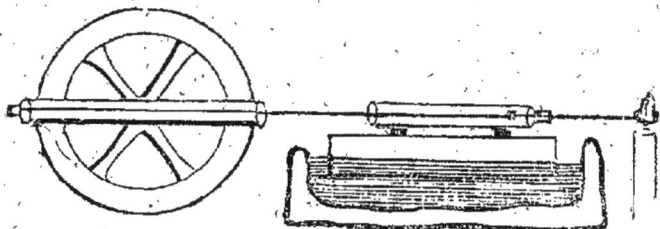

foyer de l'objectif, les rayons en sortiront parallèles,
et pourront converger au foyer de l'objectif d'un autre télescope, où ils formeront la même image *que
s'ils émanaient d'un objet céleste situé dans leur direction*, c'est-à-dire ayant une hauteur égale à leur
inclinaison. En conséquence, le point d'intersection
des fils croisés du collimateur peut être observé,
comme si ce point était une étoile, nonobstant le rapprochement des deux télescopes. En transportant
donc le collimateur et le vase dans lequel il flotte de
l'autre côté du cercle, on aura deux objets *quasi-
célestes*, à des hauteurs précisément égales de part et
d'autre du centre. On les observera successivement
avec le télescope du cercle, de manière à ce que la croix
de ce dernier coupe l'image de la croix du collima-

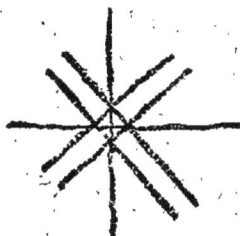

teur, dont les bras ont été dans cette vue inclinés
de 45° à l'horizon, ainsi que l'indique la figure. La
différence des arcs lus sur le limbe, donnera, comme
on l'a expliqué dans l'article précédent, le double de la
distance zénithale de l'objet observé, ce qui déterminera immédiatement le point horizontal ou le zénith *.

(145.) Le mural et le cercle des passages sont essentiellement des instrumens méridiens, uniquement employés à observer les astres au moment de leur passage dans le plan du méridien. Indépendamment de
ce que ce moment est le plus favorable pour les voir,
il est aussi celui dans lequel leur mouvement diurne
est parallèle à l'horizon; de sorte qu'on peut alors plus
aisément pointer le télescope dans leur direction. En
effet, comme ils se meuvent alors parallèlement au fil
horizontal dans le champ de la vision, on peut, par un
léger mouvement imprimé au télescope, les faire exactement coïncider avec ce fil, et l'on a le loisir d'examiner et de perfectionner la coïncidence, ce qui ne
saurait avoir lieu dans une autre situation. Généralement parlant, toutes les grandeurs angulaires qu'il
importe de déterminer avec précision doivent être observées, autant que possible, dans leurs *maxima* ou
minima d'accroissement ou de décroissement, attendu
qu'en ces points elles n'éprouvent pas de variations
sensibles pendant un temps suffisant pour compléter,
et, dans certains cas, pour répéter et vérifier à loisir
les observations. Dans la circonstance actuelle, la
hauteur de l'astre est l'angle qui atteint au méridien

---

* Le capitaine Kater a décrit, dans les *Phil. trans.* 1828,
p. 257, une autre forme de collimateur flottant, préférable à
quelques égards, dans laquelle le télescope est *vertical*, ce qui
donne directement le zénith.

son *maximum* ou son *minimum*, et c'est celui que l'on mesure sur le limbe du cercle mural.

(146.) Cependant les besoins de l'astronomie exigent qu'on possède des moyens d'observer un objet hors du méridien, à quelque point de sa course diurne qu'il soit parvenu, et en quelque lieu du ciel qu'il s'offre à nous. Or, un point est déterminé de position à la surface d'une sphère quand on le rapporte à deux grands cercles qui se coupent à angles droits, ou dont l'un passe par les pôles de l'autre. Dans le langage de la géométrie, on les appelle cercles *coordonnés* : ainsi, la position d'un point sur la terre est connue quand on en donne la longitude et la latitude ; sur la voûte étoilée, quand on en assigne l'ascension droite et la déclinaison ; sur l'hémisphère visible du ciel, quand on en connaît l'azimuth et la hauteur, et ainsi de suite.

(147.) Pour pouvoir amener le télescope sur un objet en un point quelconque de sa course diurne, il suffit de lui laisser la faculté de se mouvoir dans deux plans perpendiculaires, de façon que ses mouvemens angulaires dans chacun des deux plans soient mesurés sur deux cercles *coordonnés*, ayant leurs plans parallèles à ceux dans lesquels les mouvemens du télescope s'accomplissent. La manière de réaliser cette condition est de faire que l'axe d'un des cercles pénètre celui de l'autre cercle à angles droits. L'axe traversé tourne sur un support fixe, pendant que l'autre n'a point de liaison avec un support extérieur, mais est uniquement soutenu par celui qu'il traverse, lequel est renforcé et élargi au point de pénétration. La figure que nous donnons offre cette combinaison réduite à sa forme la plus simple, quoiqu'elle ne soit pas la meilleure sous le rapport du mécanisme. Les deux cercles sont lus avec des ver-

10.

niers ou microscopes attachés, l'un au support fixe
qui porte l'axe principal, l'autre à un bras partant de
cet axe. Les deux cercles peuvent être assujettis par
des vis de pression, qui, en définitive, ont le même
support que l'appareil avec lequel se fait la lecture.

(148.) On voit que, par cette combinaison, quelle
que soit la direction de l'axe principal, pourvu qu'elle

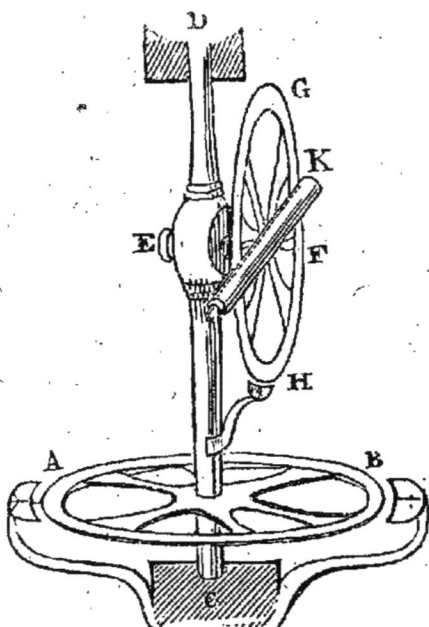

demeure invariable, on pourra assigner la situation
d'un objet quelconque par rapport au lieu de l'observateur, au moyen d'angles comptés sur deux
grands cercles de l'hémisphère visible, dont l'un a ses
pôles sur les prolongemens de l'axe principal, tandis
que l'autre passe constamment par ces mêmes pôles.
Effectivement, le premier grand cercle est la ligne où
tous les plans parallèles au cercle A B viennent rencontrer la sphère céleste, et le second est pareillement,
pour chaque position de l'instrument, la ligne où tous

les plans parallèles au cercle G H viennent rencontrer cette sphère. Puisque les deux plans A B, G H, sont perpendiculaires par la construction de l'instrument, les deux grands cercles doivent l'être, ce qui suppose que chacun d'eux passe par les pôles de l'autre.

(149.) Toutefois, il n'y a que deux positions de l'appareil dans lesquelles il puisse être pour l'astronome d'une utilité pratique. La première est quand l'axe principal C D se trouve dirigé parallèlement à l'axe de la terre et vers les pôles célestes; de sorte que le plan du cercle A B soit parallèle à l'équateur terrestre, ou aille rencontrer la sphère étoilée suivant l'équateur céleste. Dans ce cas, les arcs comptés sur le cercle A B mesurent des angles horaires ou des différences d'ascension droite; les grands cercles du ciel correspondans à toutes les positions que le cercle G H peut prendre en tournant autour de l'axe C D, sont autant de cercles horaires, et les arcs lus sur ce cercle sont des différences de déclinaisons ou de distances polaires.

(150.) L'appareil, dans cette position, prend le nom d'*équatorial*, ou, comme on disait autrefois, d'*instrument parallactique*. Il est un de ceux qui conviennent le mieux pour les observations où l'on doit suivre long-temps un objet avec le télescope, parce que celui-ci, une fois pointé, le sera pendant toute la durée de l'observation, pourvu qu'on imprime à l'appareil un simple mouvement de rotation autour de l'axe polaire. En effet, si le télescope a été pointé sur une étoile, l'angle que la ligne suivant laquelle il est dirigé fait avec l'axe des pôles sera égal à la distance polaire de l'étoile; d'où il suit qu'en le faisant tourner autour de cet axe, sans changer sa position sur le cercle G H, il restera constamment dirigé sur le petit cercle de la sphère céleste que l'étoile décrit dans son mouvement diurne. Dans beaucoup d'observations, ceci est un avantage inestimable qu'aucun autre instrument ne pourrait donner. L'équatorial sert à déterminer la place d'un objet inconnu, par comparaison avec un objet connu, ainsi que nous l'expliquerons au chapitre IV. Son ajustement a quelque chose de compliqué et de difficile. La meilleure manière de l'effectuer consiste à suivre l'étoile polaire sur son cercle diurne pendant une révolution entière, et à observer, à certains intervalles, d'autres étoiles principales dont la place est bien connue[*].

(151.) L'autre position dans laquelle l'appareil de l'art. 147 peut être avantageusement employé, est celle où l'axe principal est vertical; en sorte que le cercle A B correspond à l'horizon céleste, et l'autre cercle G H à un cercle vertical du ciel. Les angles mesurés sur le premier sont, par conséquent, des azimuths ou des différences d'azimuths; et le second donne des distances zénithales ou des hauteurs, selon que la graduation est comptée du point le plus haut du limbe, ou du point qui en est éloigné de 90°. Par cette raison, l'appareil porte alors le nom d'*instrument des azimuths et des hauteurs*. La position verticale de l'axe principal est assurée au moyen d'un fil-à-plomb suspendu à l'extrémité supérieure, et qui doit, pendant le mouvement circulaire de l'appareil, continuer à battre un point de repère situé à l'autre extrémité; ou bien encore à l'aide d'un niveau fixe qui le croise, et dont la bulle ne doit pas se déplacer pendant le changement d'azimuth. On détermine les points

---

[*] Sur l'ajustement de l'équatorial, consultez Littrow. *Mem. Astron. soc.*, vol. II. p. 43.

nord et sud du cercle horizontal en faisant coïncider
le cercle avec le méridien, au moyen du même *criterium* qui a servi à ajuster dans le sens azimuthal l'instrument des passages (art. 137), et en faisant alors la
lecture du cercle inférieur. On peut aussi employer
dans le même but le procédé suivant.

(152.) Imaginons qu'on ait observé une belle étoile
à une distance considérable à l'est du méridien, en la
faisant coïncider avec l'intersection des fils du télescope. Dans cette position, on fera la lecture du cercle horizontal, et on arrêtera soigneusement le télescope sur le cercle vertical. Lorsque l'étoile aura passé
par le méridien et qu'elle sera dans la période descen-
dante de sa course, on fera tourner l'instrument de
l'est à l'ouest, sans rendre au télescope sa liberté, jusqu'à ce que l'astre reparaisse dans le champ de la vision, et l'on continuera le mouvement horizontal de
manière à amener de nouveau l'étoile à coïncider avec
l'intersection des fils. Dans ce cas, elle aura évidemment la même hauteur au-dessus de l'horizon, du
côté de l'ouest, qu'elle avait au moment de la première observation, du côté de l'est. On arrêtera
alors le mouvement, et on lira derechef le cercle horizontal : la différence des lectures donnera l'arc azimuthal décrit dans l'intervalle. Or, il est clair que quand
les hauteurs d'une étoile sont égales de part et d'autre du méridien, leurs azimuths, comptés des points
nord ou sud de l'horizon, sont aussi égaux : conséquemment, la ligne nord-sud coupe en deux parties
égales l'arc azimuthal qu'on vient de déterminer, et la
direction en est connue.

(153.) Cette manière de déterminer les points nord
et sud d'un cercle horizontal, et par suite de tracer
une ligne méridienne, est d'un grand usage en astro-

nomie, et on la connaît sous le nom de *méthode des hauteurs égales*. Si l'on note le temps aux momens des deux observations, avec une pendule ou un chronomètre, le milieu de l'intervalle sera l'instant du passage de l'astre au méridien, qui se trouvera ainsi déterminé, sans qu'on ait besoin de l'observer directement; et réciproquement l'erreur de la pendule ou du chronomètre pourra être découverte par ce procédé. Lorsqu'on emploie l'instrument dans cette vue, il est inutile qu'il soit muni d'un cercle horizontal. Tout autre moyen de mesurer les hauteurs permettra de fixer les instans où l'astre arrive à des hauteurs égales dans les portions est et ouest de son cercle diurne; par suite l'instant du passage au méridien et l'erreur de la pendule pourront être assignés.

(154.) Un des objets principaux auxquels s'applique le cercle des hauteurs et des azimuths, est la détermination de l'étendue et des lois de la réfraction. En suivant dans toute l'étendue de leurs courses diurnes une étoile circumpolaire qui passe près du zénith et une autre qui affleure l'horizon, on pourra tracer la forme apparente de leurs orbites diurnes, ou les ovales dans lesquels les cercles se trouvent transformés par la réfraction. L'instrument donnera directement la déviation de la forme circulaire dans le sens suivant lequel la réfraction agit, c'est-à-dire en hauteur.

(155.) Le *secteur zénithal* et le *théodolite* sont des modifications de l'instrument des hauteurs et des azimuths. Le premier est destiné à des observations très-exactes des étoiles dans le voisinage du zénith; pour cela, on donne une grande longueur à l'axe vertical, et l'on supprime presque entièrement le limbe du cercle vertical, en ne conservant qu'un petit nombre de degrés dans la partie inférieure, qui ont une grande longueur de rayon, et par conséquent des divisions d'autant plus espacées. L'autre instrument est spécialement destiné à la mesure des angles horizontaux compris entre des objets terrestres, pour lesquels le télescope n'est jamais élevé que d'un petit nombre de degrés, ce qui permet de supprimer le cercle vertical, ou de l'exécuter sur une moindre échelle et avec moins de soins; tandis que d'autre part on s'attache soigneusement à maintenir l'exacte perpendicularité du plan dans lequel le télescope se meut, en assujétissant son axe horizontal sur deux supports semblables aux piliers de l'instrument des passages, fixement attachés aux raies du cercle horizontal, et tournant avec lui.

(156.) Le dernier instrument que nous décrirons sert à prendre la distance angulaire de deux objets, ou la hauteur d'un seul, soit en mesurant sa distance à l'horizon visible, telle que l'indiquent les limites de la mer, en tenant compte de la dépression, soit au moyen de la réflexion de l'objet lui-même sur une surface de mercure. L'instrument dont nous voulons parler est le sextant ou quadrant, communément appelé du nom de *Hadley*, qui en est réputé l'inventeur; quoique la priorité d'invention appartienne incontestablement à Newton, qui s'est acquis ainsi un double titre à la reconnaissance du navigateur, en lui donnant à la fois la seule théorie qui pût le guider sûrement dans sa marche, et le seul instrument qui ait été trouvé convenable dans les applications de la théorie aux usages nautiques *.

* Newton communiqua sa découverte au docteur Halley, qui la tint secrète. La description de l'instrument, écrite de la propre main de Newton, fut retrouvée après la mort de Halley dans les papiers de ce dernier, par son exécuteur testamentaire, qui les communiqua à la Société royale, vingt-cinq ans après la mort de

(157.) Le principe de cet instrument est la loi optique que voici : « L'angle compris entre les première et dernière directions d'un rayon qui a subi
deux réflexions dans un même plan, est égal au double
de l'inclinaison des surfaces réfléchissantes l'une sur
l'autre. » Soit A B un limbe ou arc gradué, compre-

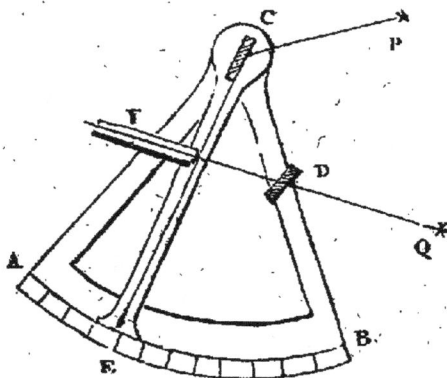

nant 60° du cercle, mais divisé en 120 parties égales.
Sur le rayon C B, on a fixé perpendiculairement au
plan du sextant un verre plan étamé D, et le rayon
mobile C E porte un semblable miroir C. Le miroir D
reste constamment parallèle à A C, et n'est étamé qu'à
moitié, de façon qu'on puisse voir les objets à travers
la moitié non étamée. Le miroir C est étamé complètement, et le plan en est parallèle à la longueur du
rayon mobile CE, dont l'extrémité E porte un vernier
destiné à lire les divisions du limbe. Le rayon A C
soutient un télescope F, avec lequel un objet Q peut
être vu *directement*, en vertu des rayons qui traversent la partie non étamée du verre D; tandis qu'un

Newton, et onze ans après la publication de l'invention de Hadley. On peut croire, et même il est probable, que Hadley n'a pas
eu connaissance de la découverte de Newton, quoique Hutton in-
sinue le contraire.

autre objet P est vu avec le même télescope, en vertu
des rayons qui ont été réfléchis en C, et qui sont tom-
bés sur la partie étamée de D, d'où une seconde réflexion les a renvoyés vers le télescope. Les deux
images formées de la sorte se trouveront donc simultanément dans le champ de la vision; et, en faisant mouvoir le rayon CB, elles finiront par se rencontrer, puis par s'écarter de nouveau sans s'effacer l'une l'autre, si les deux réflecteurs sont bien
perpendiculaires au plan du cercle. On arrêtera le
mouvement lorsque les deux images coïncideront, et
dans ce moment l'angle compris entre les directions
CP, FQ des deux objets sera le double de l'angle
ECB. Mais comme l'arc AB, de 60°, a été divisé à
dessein en 120 parties, la lecture de l'arc EB donnera immédiatement, sans qu'on ait besoin de dou-
bler le nombre obtenu, la mesure de l'angle compris
entre les deux objets P, Q.

(158.) La détermination par l'observation directe
des distances angulaires d'une étoile à l'autre serait
d'une médiocre utilité; mais, en astronomie nauti-
que, il importe essentiellement de pouvoir mesurer
les distances des étoiles à la lune, et leurs hauteurs;
et comme le sextant n'exige pas un support fixe, qu'il
peut être tenu à la main et employé à bord d'un vaisseau, on voit de suite de quelle utilité il est pour les
navigateurs. A la mer, où l'on ne peut employer pour
la détermination des hauteurs ni le niveau, ni le fil-à-
plomb, ni l'horizon artificiel, l'*horizon visuel*, ou la
ligne qui termine la portion visible de la mer, est la
seule ressource. On fait coïncider l'image de l'étoile,
vue par réflexion, avec la ligne terminale de la mer,
vue directement; ce qui donne la hauteur de l'astre
au-dessus de cette ligne, et par suite sa hauteur ver-

ticale, en tenant compte de la dépression de l'horizon
(art. 24). A terre, où l'on peut faire usage d'un horizon artificiel (art. 139), la dépression devient inutile à considérer.

(159.) Le cercle de réflexion est un instrument
destiné aux mêmes usages que le sextant, mais plus
complet, parce que le cercle est entier, et divisé sur
toute sa circonférence. Il est ordinairement garni de
trois verniers, ce qui permet de faire trois lectures
distinctes, et d'atténuer l'erreur de graduation en
prenant la moyenne des résultats. On doit assurément le regarder comme un instrument très-ingénieux
et élégant.

(160.) Nous ne terminerons pas ce chapitre sans
faire mention du *principe de répétition*, invention de
Borda, qui permet d'atténuer indéfiniment, et, prati-
quement parlant, de détruire l'erreur de graduation.
Soient P, Q, deux objets que nous supposerons fixes
pour plus de netteté dans l'explication; K L un téles-

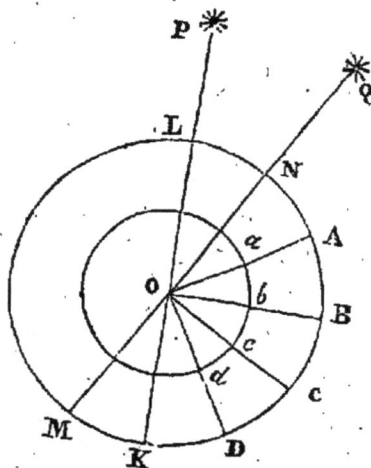

cope mobile autour du point O, par lequel passe l'axe
commun de deux cercles A M L, *a b c*, dont le premier
est gradué et invariablement fixé dans le plan des ob-

jets; tandis que le second tourne librement autour de l'axe. Le télescope est attaché à ce dernier d'une manière permanente, et tourne avec lui. Un bras O a A est porteur d'un index ou vernier, pour lire la graduation sur le cercle fixe; il est en même temps muni de deux vis de pression pour l'arrêter sur chacun des deux cercles, ou l'en détacher à volonté. Supposons maintenant le télescope dirigé vers P : fixons le bras O A sur le cercle intérieur, en le détachant du cercle extérieur, et faisons la lecture. Tournons ensuite le télescope sur l'objet Q : le cercle intérieur et le bras-index qui lui est attaché décriront sur le limbe gradué de l'autre cercle un arc AB, du même nombre de degrés que l'angle P O Q. Dans cette position, fixons l'index au cercle extérieur, détachons-le du cercle intérieur, et faisons la lecture. La différence des deux lectures mesurera l'angle P O Q; mais cette mesure sera exposée à deux sortes d'erreurs, celles de la graduation, et celles de l'observation ou du pointé. Pour les éluder, transportons de nouveau le télescope sur l'objet P, sans détacher l'index du cercle extérieur; puis, après ce nouveau pointé, fixons l'index en b, détachons-le du point B, et ramenons le télescope sur l'objet Q, ce qui fera décrire à l'index un second arc B C, égal à l'angle P O Q. La différence entre la troisième lecture que l'on fera alors et la lecture originaire, mesurera *le double* de l'angle P O Q, et cette mesure sera affectée *des erreurs combinées* des deux observations, tandis que *l'erreur de graduation ne l'affectera que comme elle affectait la première mesure.* On peut répéter la même opération autant de fois qu'on le voudra, par exemple dix fois : la lecture finale donnera l'arc A B C D..... égal à dix fois l'angle cherché; cet arc sera affecté des erreurs combinées des dix observations, au lieu que l'erreur de graduation, dépendant uniquement de la première et de la dernière lectures, ne l'affectera que comme elle affecterait un arc simple. Or, quand les erreurs d'observations sont nombreuses, elles tendent à se compenser et à se détruire les unes les autres[*]; de sorte qu'étant réparties sur un nombre suffisamment grand d'observations, elles cessent d'influer sensiblement. Il ne reste plus que l'erreur constante de graduation, laquelle étant divisée par le nombre des observations, dans le résultat final, peut être indéfiniment atténuée. La beauté abstraite de ce principe et ses avantages en théorie semblent être balancés dans la pratique par quelque cause inconnue, qui tient probablement à l'imperfection des appareils destinés à arrêter l'index.

CHAPITRE III.

DE LA GÉOGRAPHIE.

FIGURE DE LA TERRE.—SES DIMENSIONS EXACTES. — MODIFICATION DE SA FORME D'ÉQUILIBRE, DUE A LA FORCE CENTRIFUGE. — VARIATIONS DE LA PESANTEUR A SA SURFACE. — MESURES STATIQUES ET DYNAMIQUES DE LA PESANTEUR.—PENDULE.—LOI DE LA GRAVITATION SUR UN SPHÉROÏDE. — AUTRES EFFETS DE LA ROTATION DE LA TERRE. — VENTS ALISÉS. — DÉTERMINATION DES POSITIONS GÉOGRAPHIQUES. — LATITUDES. — LONGITUDES. — CONDUITE DES OPÉRATIONS GÉODÉSIQUES.—MAPPEMONDES.—PROJECTIONS DE LA SPHÈRE. — MESURE DES HAUTEURS PAR LE BAROMÈTRE.

(161.) La géographie est non-seulement une des plus importantes applications pratiques de l'astronomie,

---

[*] Du moins quand elles sont purement fortuites, et qu'il n'y a

mais encore, théoriquement parlant, une partie essentielle de cette dernière science. Puisque la terre est, sous un point de vue général, la station d'où nous observons les astres, la connaissance de la situation des lieux à sa surface importe beaucoup, si nous voulons déterminer les distances des corps célestes les plus rapprochés, d'après l'observation de leurs parallaxes ou d'autres phénomènes pour lesquels la différence de localité influe sur les résultats astronomiques. Nous nous proposons, en conséquence, dans ce chapitre, d'exposer les principes d'après lesquels les observations astronomiques s'adaptent aux déterminations géographiques, et en même temps de donner une esquisse de la géographie, en tant qu'elle peut être regardée comme une branche de l'astronomie.

(162.) La géographie, comme le nom l'indique, est une description de la terre. Dans le sens le plus large cette description ne s'applique pas seulement à la configuration des continens et des mers, des rivières et des montagnes, mais à leurs caractères physiques, aux climats, aux produits, au mode de leur appropriation par les sociétés humaines. Ces objets sont du ressort de la géographie physique et politique dont nous n'avons pas à nous occuper ici. La géographie astronomique a pour objet la connaissance exacte de la forme et des dimensions de la terre, des portions de sa surface occupées par la mer et par les continens, de la configuration des continens eux-mêmes, considérés comme une protubérance qui s'élève au-dessus de l'océan et qui affecte des formes diverses de montagnes, de plateaux et de val-

pas une cause constante, comme un défaut dans la vue de l'observateur, par suite de laquelle ces erreurs sont habituellement dans le même sens.   (*Note du traducteur.*)

lées. Elle doit également prendre en considération la
forme du lit de l'océan, qui peut passer pour une pro-
longation de la surface des continens. Nos connaissances à ce sujet sont, il est vrai, très-bornées; mais c'est
une ignorance qu'il faut déplorer, et à laquelle il convient de porter remède autant que possible, plutôt que
de nous y résigner; d'autant que les progrès de plusieurs études très-importantes dépendent de ceux que
nous pourrons faire dans la connaissance des bassins
des mers.

(163.) La figure de la terre *dans son ensemble*
peut, comme nous l'avons dit, passer pour sphérique
d'après un premier aperçu; mais le lecteur qui aura
bien suivi l'article 23, reconnaîtra que ce résultat, tiré d'observations qui ne comportent pas une
grande exactitude, et qui n'embrassent qu'une très-
petite portion de la surface terrestre, n'est qu'une
première approximation. Pour la rectifier, s'il y a lieu,
il faut faire entrer en considération des détails qu'on
négligeait auparavant, rendre les observations plus
délicates, les étendre sur une plus grande portion de
la surface terrestre. Par exemple, admettons (ce qui
résulte en effet d'investigations minutieuses) que la véritable figure de la terre soit elliptique, aplatie à la
manière d'une orange, ayant l'axe des pôles plus petit
de $\frac{1}{100}$ que le diamètre du cercle équatorial; la déviation de la forme sphérique sera si petite, qu'elle ne
pourrait être saisie par l'œil ni par le tact sur un modèle en bois ordinaire, puisque la différence des diamètres, pour un globe de 15 pouces, ne ferait que la
vingtième partie d'un pouce. On peut donc continuer
d'appeler la terre un globe, dans le langage ordinaire,
et lorsqu'il ne s'agit pas de recherches délicates; quoique dans les mesures très-exactes sa non-sphéricité devienne évidente, et qu'il convienne alors de l'appeler

un ellipsoïde aplati ou un *sphéroïde*, selon la dénomination reçue par les géomètres.

(164.) Les sections d'une semblable figure par un plan ne sont plus des cercles, mais des ellipses : si bien que l'horizon visuel du spectateur né doit jamais être exactement circulaire, mais elliptique, excepté aux pôles. Il est aisé néanmoins de démontrer que la déviation de la forme circulaire, due à une aussi petite ellipticité, est tout-à-fait imperceptible, non-seulement à l'œil, mais aux instrumens par lesquels on peut mesurer la dépression ; de sorte que ce mode d'observation ne nous ferait jamais connaître la déviation de sphéricité. On saura par quels procédés pratiques cette déviation a pu être connue, lorsque nous aurons expliqué la manière de déterminer exactement les dimensions de la terre, ou celles d'une portion de sa surface.

(165.) La terre n'est pas un objet que nous puissions saisir, ni dont nous puissions nous éloigner de manière à en embrasser les dimensions d'un coup d'œil, et à les comparer à un étalon de mesure qui ne leur soit pas disproportionné. Condamnés, comme nous le sommes, à nous traîner à sa surface, et à appliquer successivement nos petites mesures sur une portion comparativement très-bornée de cette surface même, il faut que nous suppléions par le raisonnement géométrique à l'imperfection de nos moyens physiques, et que le soin apporté à la mesure des parties en compense la petitesse, lorsqu'il s'agit d'en conclure la forme et les dimensions de la masse. Le problème présenterait peu de difficultés, si nous étions certains que la terre est exactement sphérique ; car, connaissant le rapport de la circonférence d'un cercle à son diamètre (3,1415926 à 1,0000000), il suffirait d'avoir la longueur de la circonférence d'un grand cercle, d'un méridien par exemple, exprimée en lieues, en mètres, ou toute autre unité, pour pouvoir assigner en unités de même espèce la grandeur du diamètre. D'un autre côté, pour connaître la longueur de la circonférence entière, il suffit d'avoir mesuré exactement celle d'une de ses parties aliquotes, telle qu'un degré, qui en est la 360ᵉ partie. Or, un degré du méridien n'ayant pas moyennement plus de 25 lieues de longueur, est susceptible d'une mesure exacte, et peut en effet être mesuré à quelques mètres, ou même à quelques décimètres près, pourvu qu'on connaisse bien exactement les deux points extrêmes, ainsi que nous l'expliquerons.

(166.) Concevons donc que nous ayons mesuré une ligne avec le plus grand soin, à partir d'une station donnée, en marchant toujours exactement dans le plan d'un méridien, jusqu'à ce que nous soyons certains, par quelque indication, que nous avons décrit exactement un degré, et le problème sera résolu. Tout se réduit donc à savoir comment nous pouvons être sûrs 1° d'avoir avancé exactement d'un degré; 2° d'avoir mesuré exactement dans la direction d'un grand cercle.

(167.) La surface terrestre, en effet, ne porte aucune indication de degrés, ni aucune trace qui puisse nous guider. La boussole, qui dirige passablement les marins et les voyageurs, est sujette à trop d'irrégularités et à des lois trop imparfaitement connues, pour être employée dans de semblables recherches. C'est donc à des signaux naturels, extérieurs à notre globe, doués au même degré que lui de permanence et de stabilité, que nous devons rapporter notre situation à sa surface. Les étoiles sont pour nous de tels signaux.

Leurs hauteurs méridiennes, que nous pouvons observer à chaque station, et leurs distances polaires qui sont connues, nous donnent la hauteur du
pôle, qui est égale à la latitude de la station (art. 95).
Si donc nous trouvons de la sorte que notre latitude a
diminué d'un degré, d'une station à l'autre, nous serons sûrs d'avoir décrit $\frac{1}{360}$ de la circonférence de
la terre, pourvu que nous ayons suivi constamment
le plan du méridien.

(168.) D'autre part, les observations décrites dans
l'art. 137 nous mettent à même de fixer à chaque instant la direction du méridien; et, bien que des difficultés locales nous obligent de dévier dans nos mesures
de cette direction exacte, nous pouvons tenir rigoureusement compte de l'étendue de la déviation, et
réduire par le calcul les distances mesurées à la valeur
qu'elles auraient dans le plan du méridien.

(169.) Tel est le principe de la plus importante
opération géodésique, la mesure d'un arc du méridien. Il y a quelques modifications à faire dans les détails d'exécution. On ne peut pas monter et démon-
ter partout un observatoire, de manière à mesurer
précisément un degré, ni plus ni moins. Mais cela
n'importe nullement, pourvu qu'on sache avec une
égale précision combien en plus ou en moins l'on a
mesuré. Au lieu de s'attacher à mesurer précisément
une partie aliquote, on doit choisir les stations les
plus favorables à l'observation, et auxquelles peut
s'appliquer la meilleure méthode de mesure. Ces stations seront distantes, selon les cas, d'un, de deux ou
de trois degrés *environ*, et l'on déterminera astronomiquement la différence précise de leurs latitudes.

(170.) Il est, au surplus, bien important d'éviter
dans cette opération toute cause d'incertitude, puis-

qu'une erreur sur la longueur d'un degré sera multipliée par 360 dans celle qu'on en déduit pour la circonférence, et environ par 115 dans celle qu'on en
déduit pour le diamètre. Toute erreur sur la détermination astronomique de la hauteur des étoiles doit être
soigneusement évitée, comme influant spécialement
sur la longueur qu'on assigne au degré terrestre. Les
réfractions à de médiocres hauteurs étant trop incertaines et variables, on fait choix, pour les observations
astronomiques aux deux stations extrêmes, d'étoiles
qui passent très-près de leurs zéniths. La grandeur
de la réfraction, à peu de degrés de distance du zénith, est très-faible, et ses oscillations tombent entre
des limites qui les rendent inappréciables.

(171.) En admettant qu'on ait fixé avec exactitude les deux points extrêmes d'un degré, la grandeur
peut en être mesurée à quelques mètres près, comme
nous en avons déjà fait la remarque. Or, l'erreur
commise sur la fixation de chacun des points extrêmes ne peut excéder celle qui a été faite dans l'observation de la distance zénithale d'une étoile convenablement située. Cette erreur, quand l'observation a été
faite avec soin, peut difficilement surpasser une seconde. Admettons la possibilité d'une erreur de 3 mètres
sur la mesure de la longueur d'un degré, et celle d'une
erreur d'une seconde dans chacune des distances zénithales observées aux stations nord et sud; supposons
de plus que toutes ces erreurs conspirent pour donner
un résultat trop grand ou trop faible. Il est facile de
voir par une simple proportion que l'erreur totale
qui en résultera, sur la grandeur du diamètre de la
terre, n'excédera pas 500 mètres, selon le calcul le
plus large.

(172.) Tout cela suppose néanmoins que la forme de

la terre est parfaitement sphérique, et que par conséquent tous ses degrés sont égaux en grandeur. Mais
si nous comparons les mesures des arcs de méridiens,
faites en divers lieux du globe, les résultats obtenus,
bien qu'ils s'accordent pour faire voir que l'hypothèse
d'une figure sphérique n'est pas très-éloignée de la vérité, laissent néanmoins apercevoir des différences trop
grandes pour être imputées aux erreurs d'observation,
et qui montrent que l'hypothèse, strictement parlant,
n'est pas admissible. La table suivante donne les longueurs d'un degré du méridien, déterminées par les
proccédés astronomiques qu'on a exposés plus haut,
et exprimées en mètres, telles qu'elles résultent des
mesures faites avec tout le soin possible par les premiers astronomes des différentes contrées, qui avaient
obtenu de leurs gouvernemens respectifs les instrumens les plus précis, et toutes les ressources propres
à assurer le succès de ces importans travaux*.

Contrée.	Latitude du milieu de l'arc.	Amplitude de l'arc mesuré.	Longueur du degré en mètres.	Observateurs.
Suède.....	66° 20' 10"	1° 37' 19"	111488	Svanberg.
Russie.....	58 17 37	3 35 05	111362	Struve.
Angleterre.	52 35 45	3 57 13	111241	Roy, Kater.
France.....	46 52 02	8 20 00	111211	Lacaille, Cassini.
France.....	44 51 02	12 22 13	111108	Delambre, Méchain.
États - Romains.....	42 59 00	2 09 47	111025	Boscovich.
États-Unis..	39 12 00	1 28 45	110880	Mason, Dixon.
CapdeBonne-Espérance.	33 18 30	1 13 17,5	111163	Lacaille.
Inde.......	16 08 22	15 57 40	110653	Lambton, Everest.
Inde.......	12 32 21	1 34 56	110644	Lambton.
Pérou.....	1 31 00	3 07 03	110582	Bouguer, La Condamine.

* Les nombres de ce tableau sont conclus de ceux qu'a don-

A la seule inspection des seconde et quatrième colonnes de ce tableau, on voit que la longueur du degré terrestre croît avec la latitude; en sorte que le plus
long degré est le plus voisin du pôle, comme le plus
court est le plus voisin de l'équateur. Voyons maintenant ce qui en résulte pour la forme de la terre.

(173.) Supposé que nous ayons un modèle exact de
la terre, fait en bois, sa forme, comme nous l'avons
déjà dit, serait à peu près sphérique, et telle que,
sans le secours des instrumens, nous ne pourrions y
reconnaître aucune irrégularité, ni par la vue, ni
par le toucher. Admettons en outre que nous n'en
puissions mesurer directement les divers diamètres,
pour savoir s'ils diffèrent les uns des autres. Alors
comment nous y prendrons-nous pour savoir si ce modèle est ou non sphérique? Ce sera en essayant, par quelque moyen plus précis que la vision et le tact, de reconnaître si la surface présente partout la même convexité. Par exemple, nous donnerons à une règle métallique une courbure telle qu'on puisse l'appliquer
exactement à cette surface en A. Nous la transporte-
rons ensuite sur d'autres points de la surface, en ayant

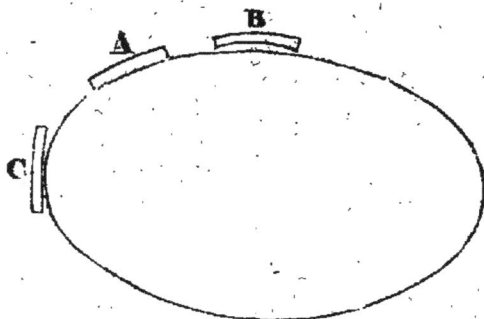

nés M. Airy, dans son excellent article *de la figure de la terre*,
inséré dans l'*Encyclopédie métropolitaine*.

soin de la tenir toujours dans le plan d'un grand cercle de la sphère, comme on le voit dans la figure ci-dessus. Alors, si nous trouvons quelque position B où la lumière passe entre la surface et le milieu de la règle, et une autre position C où la règle puisse basculer, et laisse passer la lumière vers ses deux extrémités, il sera prouvé que la courbure de la surface en B est moindre, et la courbure en C plus forte qu'en A.

(174.) Ce que l'on fait ici à l'aide d'une règle d'une certaine longueur et d'une certaine courbure, on le fait sur la terre elle-même en mesurant sur sa surface la longueur qui correspond à la variation d'un degré dans la hauteur du pôle. La courbure d'une surface résulte du changement de direction des tangentes menées par deux points pris sur cette surface ; et, quand il s'agit de la surface terrestre, les tangentes se confondent avec les horizons de ces points. Si, pour une même distance mesurée d'un point à l'autre, on trouve que les tangentes extrêmes, rapportées à quelque direction fixe de l'espace (comme l'axe du monde, ou bien une ligne menée du centre de la terre à une étoile déterminée) sont plus écartées entre elles dans une portion du méridien terrestre qu'en une autre portion, il en résultera nécessairement que la courbure de la surface est plus considérable au premier lieu qu'au second. Réciproquement, si pour déplacer l'horizon par rapport au pôle d'une même quantité angulaire, d'un degré par exemple, il faut parcourir un chemin plus long en un lieu qu'en un autre, nous pourrons en conclure que le premier chemin est moins courbé que le second. Ainsi nous pouvons admettre que la courbure de la ligne méridienne est sensiblement plus forte à l'équateur que près des pôles ; ou,

en d'autres termes, que la terre n'est pas sphérique
mais aplatie aux pôles; ce qui revient aussi à dire
que la terre est protubérante à l'équateur.

(175) Supposons que NABDEF soit une section
de la terre suivant le méridien, C le centre de la terre,

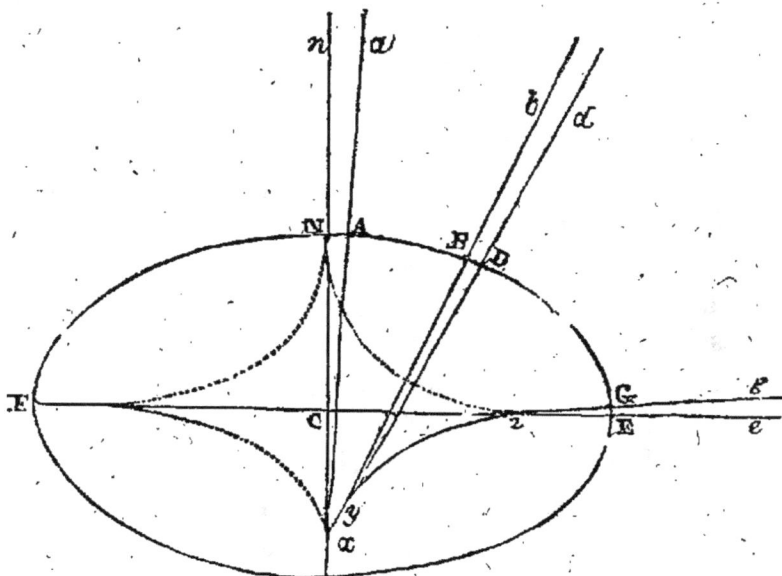

et NA, BD, GE, des arcs du méridien, comprenant chacun un degré de latitude, ou répondant à un
degré de variation dans la hauteur méridienne d'une
étoile au-dessus de l'horizon. Soient nN, aA, bB,
dD, gG, eE, les différentes directions du fil-à-plomb
ou de la verticale aux points N, A, B, D, G, E, le
point N étant situé au pôle, et le point E à l'équateur.
Les tangentes à la surface, menées par ces divers
points, seront perpendiculaires aux verticales correspondantes. Ces verticales, prolongées jusqu'à leur
rencontre, en x pour nN et aA, en y pour bB et dD,
en z pour gG et eE, formeront deux à deux les angles NxA, ByD, GzE, chacun d'un degré et par
conséquent égaux entre eux. Alors les petits arcs NA,

B D, G E pourront être considérés comme apparte-
nant à des cercles décrits des centres x, y, z, et de la
valeur d'un degré. Les points x, y, z sont nommés
en géométrie *centres de courbure*; et les rayons
x N ou x A, y B ou y D, z G ou z E, représentent les
rayons de courbure, au moyen desquels on estime la
courbure aux points correspondans de la ligne méridienne. Or, les arcs de différens cercles, qui correspondent à des angles au centre égaux, ont des longueurs proportionnelles à leurs rayons; et, puisque
l'arc N A est plus grand que B D, et celui-ci plus grand
que G E, il s'ensuit que le rayon N x est plus grand
que B y, qui lui-même est plus grand que E z. Par conséquent, les intersections mutuelles des verticales ne
se font pas comme dans le cas de la sphère, en un
seul point ou centre C, mais en différens points distribués sur certaine courbe $x y z$, ce qu'on verrait
plus clairement encore, en considérant un plus grand
nombre de points intermédiaires. Les géomètres l'appellent *la développée* de la courbe N A B D G, dont
elle contient tous les centres de courbure.

(176.) L'aplatissement d'une courbe en deux points
opposés, et la protubérance des deux points situés sur
une droite perpendiculaire à celle qui joindrait les premiers, sont déjà des caractères de l'ellipse. Puisque
le méridien n'est pas un cercle, l'hypothèse la plus
simple consiste à lui donner, sinon rigoureusement,
du moins approximativement, la forme d'une ellipse
dont le petit axe serait l'axe N S de la terre, et le plus
grand le diamètre équatorial E F; en sorte que la surface terrestre pourra être considérée comme engen-
drée par le mouvement de cette courbe autour du
petit axe N S. Une pareille courbe représente bien
l'accroissement des degrés en allant de l'équateur au

pôle. Dans l'ellipse, le rayon de courbure à l'extrémité E du grand axe est le plus petit possible, et il
est le plus grand à l'extrémité N du petit axe; en outre, la forme de sa *développée* est telle que nous l'a-
vons indiquée tout-à-l'heure *. Si donc on s'en tient
à l'ellipse, on pourra déterminer, par les propriétés
bien connues de cette courbe, le rapport des longueurs
des axes pour une variation de courbure donnée, de
même que les longueurs absolues de ces axes d'après
les valeurs des degrés de latitude. Sans nous arrêter
aux détails de ces calculs, que l'on trouve dans tous
les *traités des sections coniques*, il suffira de rapporter ici les nombres qui s'accordent le mieux avec l'ensemble des bonnes observations ** :

	Mètres.	Lieues de 25 au degré.
Diamètre équatorial.	12754865	2870,1
Diamètre polaire.	12712251	2860,5
Différence ou aplatissement.	42612	9,6

Le rapport des deux diamètres est sensiblement
celui de 298 à 299; en sorte que leur différence est
la 299e partie du plus grand, c'est-à-dire un peu plus
qu'un 300e.

(177.) Il est extrêmement probable que l'erreur sur
les diamètres ne s'élève pas à 8000 mètres, et que l'a-
platissement n'est pas erroné du dixième de la valeur
assignée ci-dessus. Dans le système métrique, la distance du pôle à l'équateur est de dix millions de mètres, et la longueur totale du méridien, de quarante
millions. Un degré moyen de latitude vaut donc
111111 mètres; une minute, 1852 mètres; une seconde, 31 mètres, ou à peu près 100 pieds.

* Les lignes ponctuées sont les parties de la développée qui
correspondent aux trois autres angles droits.
** Valeurs déduites du mémoire précité de M. Airy.

(178.) La simplicité et l'accord des mesures entre elles doivent faire préférer à toute autre l'hypothèse de l'ellipticité du globe. On remarque, il est vrai, entre la théorie et l'observation, quelques discordances qui, bien que trop fortes pour être attribuées à des erreurs de mesure, sont cependant si faibles comparativement à celles que l'on trouverait dans l'hypothèse de la sphéricité parfaite, que l'on peut hardiment considérer la terre comme elliptique, et rapporter les anomalies à des causes toutes locales, ou à des causes générales, mais excessivement faibles.

(179.) La figure elliptique du méridien, telle qu'elle résulte des mesures directes, est une conséquence théorique de la rotation de la terre sur son axe. Pour le prouver, supposons d'abord que la terre soit une sphère homogène en repos, et recouverte d'un océan d'épaisseur uniforme. Dans cette hypothèse, il y aura nécessairement équilibre dans toute la masse, et l'eau placée à la surface n'aura aucune tendance à s'accumuler en un point plutôt qu'en un autre. Supposons ensuite qu'on enlève des régions polaires, afin de la distribuer sur les régions équatoriales, autant de matière qu'il en faut pour produire, entre les diamètres du pôle et de l'équateur, la différence de près de 10 lieues indiquée à l'article 176. On aura formé ainsi une protubérance, ou un continent équatorial, et le liquide déplacé refluera vers les pôles dont il remplira les excavations; car si les matières solides restent dans les lieux où on les aura déposées, la partie liquide au moins n'y pourra demeurer, pas plus que sur le flanc d'une montagne. La conséquence de ceci serait la formation de deux mers polaires très-profondes, entièrement isolées l'une de l'autre par une bande équatoriale. Or, tel n'est pas le cas de la nature : l'océan se retrouve par toutes latitudes, à l'équateur comme au pôle; et puisque vers l'équateur l'eau est plus élevée de près de 5 lieues au-dessus du centre de la terre que vers les pôles, il est évident que, si elle ne reflue pas de l'équateur aux pôles, c'est qu'elle est retenue par une certaine force. Dans le cas dont nous parlions tout-à-l'heure, on ne voit rien qui puisse produire un pareil effet; en d'autres termes, la sphère n'est pas ici la figure qui convient à l'équilibre. Par conséquent, ou la terre n'est point immobile, ou bien elle est tellement constituée qu'elle attire et retient l'eau vers les régions équatoriales. Cette dernière hypothèse n'est nullement probable, ni appuyée sur aucune analogie; mais l'hypothèse du mouvement de la terre est d'accord avec tous les phénomènes qu'offre le mouvement diurne du ciel; et si nous pouvons en déduire l'existence d'une force capable de retenir en place l'eau des régions équatoriales, il ne faudra pas hésiter à l'admettre.

(480.) Tout le monde sait qu'un corps animé d'un mouvement circulaire, manifeste une tendance à s'éloigner du centre de ce mouvement : c'est ce qu'on appelle la *force centrifuge*. On démontre communément ce fait par l'expérience de la fronde chargée d'une pierre; mais, pour le sujet qui nous occupe, il sera mieux d'employer un seau plein d'eau, suspendu à une corde, et de le faire tourner sur lui-même de manière à conserver la verticalité de la corde. La surface du liquide ne restera pas horizontale, mais elle deviendra concave, comme on le voit dans la figure ci-contre. La force centrifuge produit dans toutes les molécules d'eau, une tendance à s'éloigner de l'axe de rotation, et à se porter vers la circonférence; elles pressent ainsi contre les parois du seau, le long

desquelles on les verra s'élever jusqu'à ce que le poids
de la colonne, ou la pression qui en résulte, contre-
balance l'effet de la force centrifuge, auquel cas il
y aura équilibre dans la masse fluide. Cette expé-

rience, aussi facile qu'instructive, montre bien comment la forme d'équilibre s'accommode aux différentes
circonstances. Par exemple, si la vitesse de rotation
s'affaiblit graduellement, on verra la concavité du liquide diminuer de même. Pendant tout ce temps,
la surface sera parfaitement unie, jusqu'à ce que tout
mouvement ayant cessé, elle redevienne horizontale.

(181.) Maintenant, supposons qu'un globe de
même grandeur que la terre, en repos et entièrement
couvert d'eau, soit mis en rotation autour d'un axe,
par degrés insensibles, jusqu'à ce qu'il accomplisse une

révolution en vingt-quatre heures. Il se développera
dans le liquide une force centrifuge, qui tendra à l'éloigner de l'axe en chaque point de la surface. On pourrait même concevoir une vitesse de rotation assez rapide pour lancer hors de la surface du globe toute l'eau
qui s'y trouve ; mais, dans le cas supposé, le poids de
l'eau suffit pour la retenir sur le globe ; et l'effet de la
force centrifuge se borne à faire refluer ce liquide des
pôles vers l'équateur, où il s'accumule, comme il s'ac-
cumulait contre la surface du seau dans l'expérience
précitée, jusqu'à ce que le poids de l'eau soulevée
y apporte un terme. Mais ceci ne peut avoir lieu
sans mettre à sec les régions polaires, qui se présenteront comme des continens d'une grande élévation.
Le résultat de l'hypothèse faite à l'article 179 était un
continent équatorial entre deux mers polaires ; et
maintenant nous arrivons à des continens polaires
séparés par un océan équatorial. Ce sont en effet les
premiers résultats que l'on obtiendrait dans l'une et
l'autre hypothèse ; et il nous reste à voir ce qui arriverait finalement, si on laissait les choses suivre leur
cours naturel.

(182.) La mer bat continuellement les côtes de la
terre-ferme ; elle les ronge ; elle en entraîne les débris,
dont elle forme des couches sédimenteuses et frag-
mentaires. Des faits géologiques nombreux montrent
que les continens actuels ont tous été remaniés ainsi,
même à plusieurs reprises. La terre-ferme n'a donc
point la qualité que son épithète semble lui attribuer.
Comme masse solide, elle échappe aux lois des liquides ; mais dans son état de décomposition, lorsqu'elle
tombe dans la mer à l'état de sable ou de limon, elle
participe à tous les mouvemens des eaux. Ainsi, avec
le temps, ces protubérances que nous avons suppo-

sées à la surface du globe seraient détruites, et leurs débris dispersés dans l'océan, remplissant les cavités les plus profondes de son bassin, de manière à ramener la surface du noyau terrestre aux conditions de l'équilibre. Dans le cas de la terre en repos, le continent équatorial, artificiellement produit, serait finalement nivelé, ses débris rapportés dans les excavations polaires, et la figure d'une sphère rendue à la terre. Dans le cas de la rotation du globe, les protubérances polaires disparaîtraient également; leurs débris entraînés dans l'océan équatorial rendraient graduellement à la surface terrestre la forme qu'elle possède aujourd'hui, savoir une forme ellipsoïdale ou aplatie.

(183.) Nous sommes loin de prétendre que la terre soit arrivée ainsi à sa forme actuelle; nous avons voulu seulement prouver que telle est la figure qu'elle tend à prendre par le fait de sa rotation, et qu'elle prendrait définitivement, quand même à l'origine, et par une sorte de méprise, elle eût été autrement constituée.

(184.) Les dimensions du globe et le temps de sa rotation étant connus, on peut calculer aisément la valeur de la force centrifuge pour tous les points de sa masse; ainsi, pour tous les corps placés à l'équateur, solides ou liquides, cette force est la 289e partie du poids de ces mêmes corps, c'est-à-dire que leur poids est diminué de cette fraction; en sorte que l'eau de la mer à l'équateur s'en trouve allégée d'autant, et qu'elle peut se soutenir à un niveau plus élevé ou à une plus grande distance du centre de la terre que l'eau placée aux pôles, points pour lesquels il n'existe pas de force centrifuge. En d'autres termes, l'eau à l'équateur pèse moins que l'eau des régions polaires.

Conformément à ce principe et aux lois de la pesanteur trouvées par Newton (et dont nous parlerons plus loin), les géomètres ont pu déterminer *à priori* la figure qui convient à l'équilibre d'une masse comme la terre, recouverte en tout ou en partie d'une couche liquide, et tournant uniformément sur son axe en vingt-quatre heures. Leur théorie s'accorde parfaitement avec les faits observés ; car elle assigne à la masse terrestre en équilibre une forme ellipsoïdale, et un aplatissement presque identique avec celui que l'observation a fait connaître, et qui serait sans doute exactement le même, si la théorie pouvait tenir compte de la constitution intérieure du globe, qui nous est inconnue.

(185.) Cette preuve indirecte du mouvement de rotation de la terre sur son axe est très-remarquable. Nos lecteurs ne s'attendaient sans doute pas à trouver dans la non-sphéricité de la terre une raison démonstrative de cette hypothèse, que nous n'avions donnée qu'à cause de la facilité avec laquelle elle rend compte du mouvement diurne de la sphère céleste. Cette hypothèse une fois admise, on en tire comme conséquence nécessaire le fait très-important de l'aplatissement du globe, auquel il serait difficile d'assigner une autre cause. Ces deux faits sont tellement liés l'un à l'autre, que Newton crut pouvoir annoncer l'existence de la forme elliptique du globe comme une conséquence de son mouvement de rotation, et qu'il calcula même la valeur de l'aplatissement longtemps avant qu'on l'eût déterminée par l'observation. A mesure que nous avancerons dans l'étude de l'astronomie, nous verrons découler de ce principe si simple une foule de faits aussi importans que singuliers, dont les uns s'y rattachaient évidemment,

mais dont les autres semblaient n'en dépendre nullement, et qui, avant que Newton les eût ramenés à
la même origine, étaient considérés en astronomie
comme les secrets les plus impénétrables et les plus
étonnans phénomènes.

(186.) Parmi les faits qui se déduisent immédiatement de la rotation du globe, nous en indiquerons un
qui rentre dans le sujet dont nous nous occupons. Si
la terre tourne réellement sur son axe, il doit en résulter une force centrifuge (voyez l'art. 184), dont
l'effet est de diminuer la pesanteur, quand on marche
du pôle à l'équateur : c'est ce que confirme pleinement
l'observation; car on a trouvé que le même corps ne
pèse pas également à toutes les latitudes, et les expériences faites avec un soin extrême sur tous les points
accessibles du globe prouvent que le poids des corps
augmente progressivement avec ces latitudes, suivant
une loi déterminée. La variation extrême, où la différence des poids d'un même corps transporté successivement à l'équateur et au pôle, est la 194e partie de ce
poids, et l'accroissement successif est proportionnel au
carré du sinus de la latitude.

(187.) On demandera sans doute comment on peut
concevoir que le même corps change de poids avec le
lieu où il se trouve placé; et, dans le cas où cela serait,
comment s'en assurer. Peser un corps à l'aide d'une
balance, c'est lui faire équilibre avec un autre corps
de même poids, et placé dans les mêmes circonstances.
Et si ces deux corps d'égal poids sont transportés ailleurs, le changement qu'ils subiront, si tant est qu'il
en survienne, sera le même pour les deux; en sorte
qu'ils continueront à se faire équilibre. Il est vrai
qu'on ne pourrait reconnnaître ainsi une variation de
pesanteur, et ce n'est pas ce que nous avons entendu

dire en affirmant qu'un poids de 194 liv. à l'équateur pèserait 195 liv. au pôle. Si, à la première station, ce poids est équilibré dans une balance avec un autre poids, à la seconde il le sera encore, et le moindre poids additionnel fera pencher la balance d'un côté ou de l'autre.

(188.) Voici comment on doit considérer une pareille différence. Admettons qu'un poids x, placé à

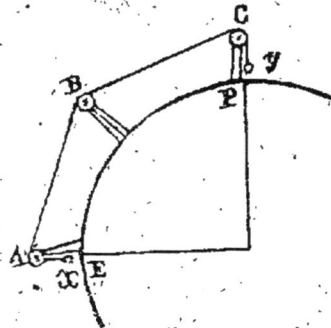

l'équateur, soit suspendu à un fil sans pesanteur, passant sur une poulie A, puis sur d'autres poulies telles que B, tout le long du méridien terrestre, jusqu'à une dernière poulie C placée au pôle même, et qu'ici le fil soutienne un second poids y : si alors x et y sont tels qu'en une même station, équatoriale ou polaire, ils se fassent équilibre au moyen d'une balance ou d'une poulie, dans la position indiquée par la figure, cet équilibre ne pourra plus avoir lieu ; le poids y placé au pôle l'emportera sur l'autre, et, pour rétablir l'équilibre, il faudra augmenter x d'un 194e.

(189.) Les procédés à l'aide desquels on peut effectivement reconnaître une variation dans la pesanteur, et la déterminer en nombres, sont statiques ou dynamiques, comme tous ceux qui servent à mesurer des forces. Les uns consistent à opposer, non pas un poids à un autre, mais ce poids à une force de nature différente, et qui ne puisse être affectée par un changement de localité. Ce sera, par exemple, la force élastique d'un ressort. Soit A B C un fort support métallique, ayant un pied AED qui fait corps avec lui.

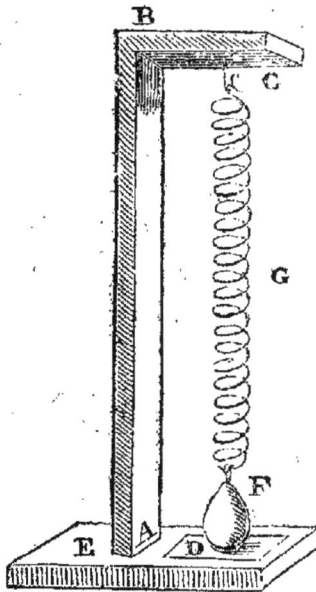

Un petit plan d'agate D est incrusté dans ce pied, et peut être amené, à l'aide d'un niveau, dans une situation parfaitement horizontale. Au point C se trouve suspendu un ressort en spirale G, lequel soutient à sa partie inférieure un poids F, poli et convexe par-dessous. La longueur et la force du ressort doivent être telles que le poids F soit prêt à toucher le plan d'agate, aux plus hautes latitudes où l'on voudra se servir de cet appareil. Là, on ajoutera en F, et avec précaution, de petits poids, jusqu'à ce que F vienne au contact du plan D, ce qui peut se faire avec une précision extrême. On tiendra note de ces poids additionnels, on détachera F, on décrochera le ressort G, et on le mettra à l'abri de tout accident. On ira remonter l'appareil en une latitude moins élevée, et on trouvera que, bien qu'il soit chargé des mêmes poids additionnels, le poids F ne pourra plus allonger le ressort d'une quantité suffisante pour arriver au contact avec le plan d'agate. Il faudra y ajouter de nouveaux poids, qui représenteront la diminution du poids de toute la quantité de matière comprise dans F, dans les poids additionnels, et dans la moitié du ressort lui-même. Il est possible de construire un ressort en spirale de force et de dimensions telles qu'un poids de 500 grammes l'allonge de 25 centimètres sans y occasioner de dérangement permanent[*]; en sorte qu'un poids additionnel de 5 centigrammes y produirait un nouvel allongement de 25 millièmes de millimètre, quantité que l'on peut encore apprécier dans l'observation du contact. De cette manière, on pourrait mesurer la pesanteur à un dix-millième de sa valeur.

(190.) Le moyen dynamique de mesurer la force avec laquelle un corps tend à tomber, consiste à abandonner ce corps à l'action de la pesanteur, et à mesurer la vitesse qu'il acquiert après un temps déterminé, une seconde par exemple. On ne peut, il est vrai, mesurer cette vitesse d'une manière directe; mais on y arrive indirectement à l'aide des principes de la mécanique, et avec toute la précision désirable, en observant les oscillations d'un pendule. On démontre

[*] Si jamais on donne à ce procédé une perfection telle qu'on puisse le substituer à la méthode du pendule, ce sera en assurant la permanence et l'uniformité d'action du ressort, en étudiant l'effet des variations de température sur sa force élastique, en trouvant les moyens de le transporter sans l'altérer d'une station à l'autre, etc. Il est bien à souhaiter qu'on tente ces perfectionnemens; car un appareil de ce genre serait beaucoup plus commode, moins cher, plus portatif et expéditif que le pendule, dont l'observation est longue, fastidieuse et très-coûteuse.

qu'un pendule invariable qui oscille en différentes stations , sous l'influence de forces inégales, achève dans le même temps des nombres d'oscillations, dont les carrés sont proportionnels aux intensités des forces aux stations correspondantes , ce qui permet d'assigner les rapports de ces forces. Par exemple , on observe que si , à l'équateur, un pendule de forme et de longueur convenables fait 86400 oscillations dans la durée d'un jour moyen; transporté à Paris , il fait 86523 oscillations dans le même temps. Nous concluons de là que les forces qui font osciller le pendule à l'équateur et à Paris sont entre elles comme les carrés des nombres 86400 et 86523, c'est-à-dire comme 1 est à 1,00285 ; ou, en d'autres termes, qu'un corps du poids de 100000 grammes exerce à Paris la même pression sur le sol qui le supporte qu'un corps du poids de 100285 grammes exerce à l'équateur.

(191.) Les expériences du pendule ont été faites , ainsi que nous l'avons déjà annoncé, avec tout le soin et toute l'exactitude possibles , sous toutes les latitudes accessibles à l'homme. Il en résulte $\frac{1}{178}$ pour la différence de la pesanteur à l'équateur et au pôle. Maintenant, le lecteur remarquera sans doute que cette fraction diffère sensiblement de $\frac{1}{289}$ qui exprime la force centrifuge à l'équateur , et il en conclura probablement que notre explication du mouvement de la terre sur son axe est erronée. La première fraction surpasse la seconde de $\frac{1}{578}$, fraction fort petite en elle-même, mais cependant trop considérable par rapport aux deux autres pour qu'on puisse la négliger ; en sorte qu'on n'aura rien prouvé, si l'on ne rend compte d'une telle différence.

(192.) La manière dont cette différence est amenée, nous donne un exemple aussi curieux qu'instructif, parmi tous ceux qu'offre l'astronomie, de l'action indirecte des forces. La rotation de la terre engendre la force centrifuge; celle-ci rend la terre elliptique, et cette forme modifie l'action attractive du globe sur les corps placés à sa surface : d'où résulte la différence en question. Ainsi, la même cause exerce à la fois une action directe et une action indirecte. On calcule aisément la première; mais on ne détermine l'autre qu'à l'aide d'une profonde analyse; ne pouvant l'introduire dans un livre de cette nature, nous nous bornerons à en faire connaître le résultat.

(193.) Le poids d'un corps, abstraction faite de l'action de la force centrifuge, résulte de l'attraction de la terre. Cette attraction, comme Newton l'a démontré, ne consiste pas en une tendance de la matière à se porter vers un centre particulier, mais en une propriété que possèdent toutes les particules matérielles, de marcher à la rencontre les unes des autres, et de presser contre l'obstacle qui s'opposerait à cette réunion. Ainsi, l'attraction de la terre sur un corps placé à sa surface, n'est pas une force simple, mais une force complexe, qui résulte des attractions de toutes les parties de la terre. Or, il est évident que si la terre était une sphère parfaite, l'attraction qu'elle exercerait sur un corps placé en un point quelconque de sa surface, au pôle ou à l'équateur, serait toujours la même par une raison de symétrie. Il n'est pas moins évident que si la terre est elliptique, la même symétrie n'existant plus, le même résultat n'aura plus lieu. Un corps situé à l'équateur, et un corps parfaitement égal situé au pôle d'un ellipsoïde aplati, se trouveront dans des conditions géométriques différentes relativement à la masse de cet ellipsoïde. Sans aller plus loin, on voit qu'il en résultera une différence dans les forces attrac-

tives qui agissent sur les deux corps. C'est ce
que confirme le calcul ; une pareille question est purement mathématique ; elle a été traitée avec clarté et
précision par Newton, Maclaurin, Clairaut et plusieurs autres géomètres de premier rang. D'après
toutes ces recherches, l'ellipticité seule de la terre, abstraction faite de la force centrifuge, accroît précisément
de $\frac{1}{575}$ le poids d'un corps transporté de l'équateur
au pôle. Si donc on ajoute cette fraction à celle qui
exprime la force centrifuge, on aura une différence
totale de pesanteur égale à celle qu'on observe effectivement.

(194.) Un autre grand phénomène qui doit son
existence au mouvement de rotation de la terre, est
celui des vents alisés. Ces immenses courans de l'atmosphère, si importans pour la navigation, résultent d'une
inégalité dans les températures aux différentes latitudes, produite par l'inégalité de l'action solaire, et de
cette loi générale des fluides élastiques, que la chaleur augmente considérablement leur volume en diminuant leur poids spécifique. Ces causes, combinées
avec le mouvement de rotation du globe de l'ouest à
l'est, donnent une explication satisfaisante du phénomène dont il s'agit.

(195.) C'est un fait observé, et dont nous donnerons
l'explication plus loin, que le soleil se trouve toujours
au zénith de l'un des points d'une zone terrestre, comprise entre deux cercles parallèles à l'équateur, que
l'on nomme les tropiques, éloignés chacun de 23 degrés et demi de l'équateur, l'un du côté du nord, et
l'autre du côté du sud. Pour tous les points de cette
zone, le soleil atteint chaque jour une grande hauteur
au-dessus de l'horizon, et y maintient une température beaucoup plus élevée que dans les régions polai-

res, boréales ou australes. La chaleur de la surface terrestre se communique à l'air qui repose dessus ; cet air se dilate et devient spécifiquement plus léger que celui des autres régions du globe. Conformément aux lois de l'hydrostatique, cet air raréfié s'éloigne de la surface de la terre ; il se trouve remplacé par de l'air plus froid et par conséquent plus lourd, lequel pénètre dans les régions intertropicales, des deux côtés, et en rasant la surface. Quand l'air déplacé est parvenu au-delà de son niveau naturel, n'étant plus retenu par des pressions latérales suffisantes, il se déverse de droite et de gauche vers les pôles de la terre, en produisant ainsi des courans opposés aux premiers. L'air des courans supérieurs se refroidit progressivement, et est ramené vers le bas pour remplacer l'air qui s'est rendu dans les régions intertropicales, de telle sorte qu'il en résulte une circulation continuelle.

(196.) En vertu du mouvement de la terre autour de son diamètre polaire, la vitesse de rotation des points de la surface augmente proportionnellement aux rayons des cercles de latitude, jusqu'à l'équateur où elle est la plus grande possible. L'air, dans son état de calme, doit participer au mouvement rotatoire du lieu où il se trouve. Mais, quand il est poussé du pôle vers l'équateur, il passe successivement d'une latitude où la rotation est moindre, à une latitude où la rotation est plus rapide ; alors il tourne moins vite que la surface sur laquelle il se trouve actuellement. Ainsi les courans d'air qui se rendent des pôles à l'équateur en suivant la surface terrestre, sembleront tourner en sens contraire du globe, ou de l'est à l'ouest. Et voilà pourquoi ces courans qui, sans la rotation de la terre, ne produiraient que des vents nord et sud, ont encore une direction vers l'ouest, ce qui produit des vents permanens de nord-est et de sud-est.

(197.) Si une masse d'air considérable était tout à coup transportée des hautes latitudes à l'équateur, la différence des vitesses de rotation correspondantes serait capable de produire, non un vent ordinaire, mais la plus effroyable tempête. Tel n'est pourtant point l'effet de ce déplacement; car à mesure que l'air avance des pôles vers l'équateur, il acquiert une vitesse de rotation croissante, par le frottement contre la surface terrestre. Si sa marche vers l'équateur s'arrêtait en un certain lieu, l'air y prendrait bientôt la même vitesse de rotation que le sol, et rentrerait dans un repos relatif. Il suffit de se rappeler le peu d'épaisseur de la couche atmosphérique (article 34) et la masse immense du globe comparativement à celle de l'air (la première étant pour le moins un million de fois plus grande que la seconde), pour rester convaincu qu'une portion considérable de la surface terrestre entraînera toujours avec la plus grande facilité l'air qui reposera immédiatement au-dessus d'elle.

(198.) De là il résulte que la tendance de l'air à souffler de l'est doit diminuer à mesure qu'il se rapproche de l'équateur, soit d'un côté, soit de l'autre.* En effet, les longueurs des parallèles ne croissent presque plus dans le voisinage de l'équateur, et le changement est comme nul jusqu'à plusieurs degrés de part et d'autre de cette ligne. Alors le frottement de la surface terrestre agit plus long-temps pour accroître le mouvement de rotation de l'air, pour amener ce fluide

---

* Voyez les Fragmens de Voyages du capitaine Hall, 2e série, tom. 1, p. 162, où cette question est peut-être pour la première fois parfaitement discutée.

à un état de repos relatif ou diminuer la tendance qu'il avait à se porter de l'est à l'ouest; et en même temps la cause qui produisait cette tendance diminue et finit par disparaître entièrement. Arrivé à l'équateur même, l'air ne doit plus être entraîné de l'est à l'ouest; de plus, les courans du nord et du sud, venant à se rencontrer, doivent s'entre-détruire mutuellement; si l'un l'emportait sur l'autre, on devrait l'attribuer à des causes locales, variables d'un hémisphère à l'autre, et qui, dans le voisinage de l'équateur, agiraient ici dans un sens et là dans un sens opposé.

(199). On aura donc ainsi deux larges zones tropicales, dans lesquelles le vent doit constamment souffler, du nord-est pour la zone boréale, et du sud-est pour la zone australe. La zone équatoriale, placée entre les deux premières, doit être calme comparativement, et le vent n'y aura aucune tendance prononcée de l'est à l'ouest. Tout cela est conforme aux faits observés, et les courans d'air dont il vient d'être question sont précisément ceux qui portent le nom de *vents alisés.*

(200.) On pourrait croire que le frottement perpétuel de l'air contre la surface du globe dans le voisinage de l'équateur, doit diminuer progressivement et éteindre à la longue le mouvement de rotation de toute la masse; mais cette conséquence serait contraire aux lois générales de la mécanique, et l'on voit aisément ici comment s'opère la compensation. L'air équatorial échauffé s'élève et coule vers les pôles, avec la vitesse de rotation qu'il avait dans les hautes régions de l'équateur, et arrive par de hautes latitudes, là où la surface terrestre tourne avec moins de rapidité. Ainsi, soit qu'il se dirige vers le nord, soit qu'il marche vers le sud, l'air a un mouvement rotatoire qui l'emporte de plus en plus sur celui de la terre, et qui par conséquent semble le pousser de l'ouest à l'est avec une vitesse toujours croissante ; et quand enfin cet air reviendra en contact avec la surface terrestre, par suite de la circulation qui s'établit dans l'atmosphère (ce qui arrivera en un point ou en un autre de l'intervalle compris entre les tropiques et les pôles), il frottera contre cette surface comme un fort vent de sud-ouest dans l'hémisphère boréal, et de nord-ouest dans l'hémisphère austral, en sorte qu'il rendra au globe la vitesse de rotation perdue par le frottement vers l'équateur. Telle est l'origine des vents d'ouest et de sud-ouest, qui soufflent ordinairement à nos latitudes, et sur presque toute la partie septentrionale de l'Océan atlantique ; ces vents, en effet, appartiennent au système général de réaction atmosphérique qui assure la permanence du mouvement de rotation du globe *.

---

* Notre intention étant d'expliquer seulement de quelle manière le mouvement de rotation du globe affecte l'atmosphère dans son ensemble, nous ne nous occupons point de quelques vents périodiques locaux, comme les moussons, etc.

Il serait bon de rechercher si les ouragans des régions tropicales ne résulteraient pas de la descente trop subite des courans supérieurs de l'atmosphère, qui n'auraient pas le temps de se mêler avec les couches inférieures, et de perdre graduellement leur vitesse par le frottement sur la surface terrestre, contre laquelle ils viennent se heurter avec une impétuosité destructive, et dans des circonstances que l'on ne connaît pas encore suffisamment. En général, leur direction est contraire à celle des vents alisés, ce qui s'accorderait avec notre supposition. (*Voyez* les Leçons de M. Young, t. I, p. 704.) Mais il ne s'ensuit pas de là qu'ils aient toujours cette origine. Généralement parlant, tout transport subit en latitude, soit dans un sens soit dans l'autre, d'une masse d'air que des causes locales et momentanées amé-

(201). Pour construire des cartes géographiques sur lesquelles on marque la mer et la terre ferme, le rivage des continens et des îles, le cours des rivières, la direction des chaînes de montagnes, la position des villes et des autres lieux qui ont pour nous quelque intérêt, il faut pouvoir reconnaître la situation précise d'un lieu sur la surface terrestre. On y arrive en déterminant la latitude et la longitude de ce lieu, l'une qui indique sa distance à l'équateur, et l'autre le méridien sur lequel on mesure cette distance. A ces deux élémens il faudrait à la rigueur en joindre un troisième, savoir la hauteur du lieu au-dessus du niveau des mers; mais nous en ferons d'abord abstraction, pour plus de simplicité,

(202). Sur une sphère, la latitude d'une station serait la longueur, exprimée en degrés, de l'arc du méridien compris entre la station et le point le plus rapproché de l'équateur (voyez l'article 86). Mais comme la terre est elliptique, cette manière de concevoir les latitudes ne serait pas exacte, et nous les définirons en conséquence d'après la propriété (article 95) qui donne le moyen le plus immédiat de les déterminer par l'observation, indépendamment de la figure du globe, laquelle après tout n'est pas parfaitement elliptique, ni susceptible d'une définition géométrique. Ainsi nous dirons que la latitude d'une station est la hauteur même du pôle, hauteur que l'on peut déterminer astronomiquement par des méthodes que nous avons déjà exposées ailleurs. En conséquence, on se

---

nent sous l'influence de la surface terrestre, doit donner naissance à un vent très-intense: toutes les fois qu'une pareille masse d'air arrive au contact de la surface, il doit en résulter un ouragan, et si deux masses viennent à se rencontrer au milieu des airs, elles doivent produire un tourbillon plus ou moins rapide.

rappellera que sur une carte parfaitement exacte, soit de la surface entière du globe, soit d'une portion seulement, des différences égales en latitude ne correspondent point à des intervalles rigoureusement égaux sur cette surface.

(203.) S'il est aisé de trouver la latitude d'une station, il n'en est pas de même pour la longitude, dont la détermination est beaucoup plus difficile. La raison en est qu'il n'y a pas de méridiens tracés sur la surface de la terre, pas plus que de parallèles, et que, dans les deux cas, nous sommes forcés de recourir à des objets extérieurs, c'est-à-dire, aux corps célestes, comme moyens d'observation. Mais le ciel n'a jamais le même aspect pour des observateurs placés à différentes latitudes sur un même méridien; les portions du ciel que voit chacun d'eux, durant une révolution diurne, ne sont pas les mêmes; les étoiles décrivent des cercles inégalement inclinés sur l'horizon qui les coupe inégalement, en sorte que les étoiles atteignent des hauteurs différentes. Au contraire, les observateurs placés à diverses longitudes, sur un même parallèle, voient le ciel de la même manière; c'est-à-dire que les portions visibles sont les mêmes, et que les mêmes étoiles y décrivent des cercles également inclinés, également divisés par l'horizon au-dessus duquel ces étoiles atteignent la même hauteur. Ainsi, dans le premier cas, les phénomènes célestes, pendant toute une révolution diurne, accusent une différence dans la position des observateurs, et dans le second cas rien n'avertit de cette différence.

(204.) Mais deux observateurs placés en des points différens de la surface terrestre, ne peuvent voir au même instant la même moitié du ciel. Supposons, pour fixer nos idées, qu'un observateur soit placé en

un point déterminé de l'équateur, et qu'au moment
même où une brillante étoile atteint son zénith, et par
conséquent son méridien, il soit tout à coup transporté vers l'ouest d'un quart de la circonférence du
globe; évidemment l'étoile ne sera plus à son zénith,
mais il la verra se lever, et il attendra six heures avant
de la revoir au zénith; c'est-à-dire qu'il faudra cet intervalle de temps pour que le mouvement de rotation
de la terre ramène cet observateur lui-même précisément dans la ligne menée de l'étoile au centre du
globe.

(205.) La différence en question doit nous fournir
un moyen de résoudre le problème des longitudes.
Dans le cas où les stations diffèrent seulement en latitude, la même étoile arrive au méridien au même
temps, mais elle y atteint des hauteurs différentes.
Dans le cas où les stations diffèrent seulement en
longitude, l'étoile arrive au méridien à des époques
différentes, mais elle y atteint la même hauteur. Si
donc l'observateur avait un moyen d'obtenir le temps
précis du passage d'une certaine étoile à son méridien,
il obtiendrait par cela même sa longitude; ou bien s'il
connaissait la différence entre les temps des passages
de cette étoile à son méridien et à celui d'une autre
station, il connaîtrait leur différence de longitude.
Par exemple, si une même étoile passe au méridien
de la station A, à un certain moment, et qu'elle passe
au méridien de la station B précisément une heure de
temps sidéral plus tard, c'est-à-dire, quand il se sera
écoulé la vingt-quatrième partie du temps d'une révolution diurne, on pourra en conclure que la différence de longitude de A et de B est d'une heure ou
de 15 degrés, le point B étant à l'ouest du point A.

(206.) Pour comprendre parfaitement le principe sur

lequel repose la détermination astronomique des longitudes, le lecteur doit faire une distinction entre le
temps, considéré d'une manière générale, universelle,
compté à partir d'une époque indépendante de toute
situation particulière, et le temps *local*, qui se compte
pour chaque lieu, à partir d'une époque ou instant
initial, choisi dans un intérêt de localité. Nous trouvons un exemple du temps considéré d'une manière
générale, dans celui que nous avons déjà indiqué sous
le nom de *temps équinoxial*, et qui se compte à partir
d'une époque déterminée par le mouvement du soleil
sur la sphère étoilée. Quant au temps considéré d'une
manière locale, c'est celui que marquent, par exemple,
toutes les pendules sidérales des observatoires, et
toutes les horloges publiques. Ainsi, chaque astronome
règle ou cherche à régler sa pendule sidérale de telle
manière qu'elle marque $0^h\,0^m\,0^s$, lorsque le point du
ciel, que l'on nomme l'équinoxe, passe dans son méridien. C'est l'*époque* de son temps sidéral, qui est, comme
on voit, une chose tout-à-fait locale. Dire qu'un événement est arrivé à telle ou telle heure de temps sidéral n'apprend rien, si l'on n'indique pas la station à
laquelle ce temps est rapporté. Il en est de même pour
le temps moyen ou commun ; il dépend du lieu, et se
trouve compté à partir du *midi moyen*, qui varie avec
le méridien du lieu où l'on compte ce temps ; en sorte
qu'à la date d'un événement d'après le temps moyen,
on doit ajouter le nom du lieu, qui particularise le
temps moyen dont on entend parler. Au contraire,
une date donnée en temps équinoxial est absolue, et
n'exige point un pareil complément.

(207.) Les astronomes règlent leurs pendules sidérales par l'observation des passages au méridien des
étoiles principales dont les positions sont bien con-

nues. Ces étoiles occupent dans le ciel des points que l'on rapporte au point fictif nommé équinoxe; et en observant les temps de leurs passages successifs au méridien, à l'aide de la pendule, on sait le moment où l'équinoxe y passe lui-même. A cet instant la pendule doit marquer 0ʰ 0ᵐ 0ˢ; sinon l'on en détermine l'erreur pour la corriger, et, d'après l'accord ou le désaccord des erreurs accusées par chaque étoile, on peut reconnaître si la pendule est réglée de manière à donner vingt-quatre heures dans le cours d'une révolution diurne, ou, si cela n'est pas, en connaître la marche véritable. Alors, quoique la pendule ne soit pas bien réglée, dans le sens rigoureux du mot, néanmoins, en tenant compte de sa *marche* et de son *erreur* (termes techniques), on en peut corriger les indications, et trouver le temps sidéral exact. C'est par cette indispensable opération que l'on obtient le *temps local*. Pour plus de simplicité, nous supposerons que la pendule a une marche parfaite, ou, ce qui revient au même, qu'on a tenu compte de sa marche et de son erreur, toutes les fois que l'on recourt à ses indications.

(208.) Supposons maintenant que deux observateurs, placés en deux stations A et B éloignées l'une de l'autre, règlent leurs pendules sur le temps sidéral vrai, pour chacune des stations en particulier. Il est évident que, si l'une de ces pendules était transportée d'une station à l'autre, les deux pendules différeraient dans leurs indications, précisément comme les époques relatives aux deux stations diffèrent entre elles; c'est-à-dire, de tout le temps que l'équinoxe, ou une étoile, emploie à passer du méridien de A au méridien de B, ou réciproquement; en d'autres termes, de toute la différence des longitudes exprimée en heures, minutes et secondes sidérales.

(209.) Une pendule ne pourrait être ainsi transportée d'un lieu à un autre, sans éprouver de dérangement; mais un chronomètre peut être déplacé sans inconvénient. Supposons que l'observateur en B se serve de chronomètre, et non de pendule; il pourra effectivement transporter cet instrument à l'autre station, comparer directement sa marche à celle de la pendule en A, et déterminer ainsi la différence de longitude des deux stations. Et même, si l'observateur en B employait une pendule, il pourrait d'abord s'en servir pour régler un bon chronomètre qu'il transporterait ensuite, et viendrait comparer à la pendule de l'autre station; l'essentiel est que le chronomètre ne soit point dérangé par ce voyage.

(210.) Des chronomètres parfaits seraient ce qu'il y aurait de mieux pour la détermination des longitudes. Un observateur, muni d'un pareil chronomètre et d'un instrument des passages portatif, ou qui pourra déterminer de toute autre manière le temps local à une station donnée, obtiendra, avec toute la précision désirable, les différences de longitudes des divers points où il s'arrêtera successivement pour observer les passages des étoiles au méridien, en ayant soin de ne pas toucher à son chronomètre. Alors, si en A, par exemple, il marque le temps sidéral vrai, en une autre station B, il sera en erreur sur le temps sidéral d'une quantité précisément égale à la différence des longitudes de A et de B; en d'autres termes, la différence de longitude de ces deux points représentera l'erreur du chronomètre comparé au temps local en B. Si l'observateur se dirige vers l'ouest, son chronomètre semblera continuellement gagner, bien qu'en réalité il marche parfaitement. Supposons, par exemple, que le voyageur parte de A, au moment où l'équinoxe était

au méridien, auquel cas le chronomètre marquait 0^h,
et qu'après vingt-quatre heures de temps sidéral il ait
parcouru 15 degrés vers l'ouest pour arriver en B. A
ce moment son chronomètre aura gagné une heure; car
l'équinoxe sera dans le méridien de A, et non dans le
méridien de B , où il n'arrivera qu'une heure après.
Lorsqu'il y sera, le chronomètre marquera, non pas
0^h, mais 1^h, et sera ainsi d'une heure en avance sur
le temps local en B. Si l'observateur marchait vers
l'est, ce serait le contraire qui arriverait.

(214.) Admettons à présent qu'un observateur, parti
d'un point déterminé, aille constamment vers l'ouest,
tout autour du globe, de manière à revenir à son point
de départ. On trouve ce fait singulier qu'il aura perdu
un jour selon sa manière de compter le temps. A son
retour, il prendra pour lundi, par exemple, le jour
qui réellement est mardi. On voit clairement la cause
de cette différence. Les jours et les nuits résultent du
retour périodique du soleil et des étoiles, dû au mouvement de rotation de la terre, qui amène le spectateur alternativement vers les deux moitiés du ciel.
Ainsi, autant de tours, autant de jours et de nuits.
Mais si l'observateur tourne sur le globe dans le sens
du mouvement diurne, à son arrivée au point de départ, il aura réellement fait un tour de plus autour du
centre de la terre ; et, s'il a marché dans une direction contraire, il aura fait un tour de moins que s'il
fût resté en place. Dans le premier cas, il croira avoir
un jour de plus, et dans le second cas, un jour de
moins que s'il n'avait fait que partager le mouvement
de la terre. Or, la terre tournant de l'ouest à l'est, si
le voyageur se porte à l'ouest, ou contrairement au
mouvement de la terre, il perdra un jour, tandis qu'il
en gagnera un s'il se dirige à l'est, dans le sens du

mouvement de la terre. Dans le premier cas, tous ses jours se trouveront plus longs, et dans le second cas plus courts que ceux d'un observateur en repos. C'est ce qui arrive en effet dans les voyages de circum-navigation. Il résulte encore de là que les établissemens lointains, situés sous un même méridien, différeront d'un jour dans leur manière de compter le temps, suivant qu'on les aura colonisés en venant de l'est ou en venant de l'ouest, circonstance qui porte le trouble dans les communications de ces colonies entre elles. Le seul moyen de s'entendre et de prévenir toute équivoque, consisterait à compter du temps équinoxial, sur lequel on ne peut différer.

(212.) Malheureusement pour la géographie et pour la navigation, le chronomètre, malgré les grands et merveilleux perfectionnemens dus à l'habileté des artistes modernes, est encore aujourd'hui un instrument trop imparfait pour que l'on puisse s'y fier. Il conservera sans doute l'uniformité de sa marche pendant quelques heures ou même quelques jours; mais, à une grande distance du point de départ, les accidens, les chances d'erreur seront multipliées au point d'ôter toute sécurité à l'observateur. On remédiera jusqu'à un certain point à cet inconvénient, en portant avec soi plusieurs chronomètres destinés à se contrôler mutuellement; mais, outre la dépense et l'embarras qu'il occasione, ce remède n'est au fond qu'un palliatif. Il est par conséquent nécessaire de recourir à d'autres moyens pour communiquer d'une station à une autre le temps local de la première, ou pour propager le temps local d'une station centrale, de manière à en faire l'étalon auquel on compare le temps local d'une autre station quelconque, dans la vue de rapporter les longitudes de tous les lieux terrestres au méridien de la station centrale.

(213.) La méthode la plus simple et la plus exacte, quand les circonstances permettent de l'adopter, est celle qui emploie les signaux télégraphiques. Soient A et B deux observatoires, ou deux stations qui se voient réciproquement, et qui sont pourvues de tous les moyens de déterminer le temps local en chacune d'elles. Les pendules y étant bien réglées, les erreurs et les marches de ces pendules étant bien déterminées, on fera à la station A un signal instantané et bien net, tel que celui donné par l'explosion d'un pétard ou d'une fusée, par l'extinction subite d'un foyer de lumière, etc. Chaque observateur notera à sa pendule l'instant du signal, comme il noterait celui du passage d'une étoile, ou de tout autre phénomène astronomique; et, puisque l'on connaît les erreurs et les marches des pendules, on connaîtra le temps local de chaque station au moment du signal, qui est le même pour les deux observateurs, à cause de la transmission presque instantanée de la lumière. Conséquemment, les observateurs n'auront qu'à communiquer entre eux pour connaître la différence de leurs temps ou de leurs longitudes. Exemple: Le signal a été observé en A à $5^h 0^m 0^s$ en temps sidéral de A; il l'a été en B à $5^h 4^m 0^s$ en temps sidéral de B; la différence des époques est de $4^m 0^s$, ce qui correspond à une différence de longitude ou à un angle horaire de $1° 0' 0''$.

(214.) L'exactitude du résultat final sera accrue, si l'on répète le même genre d'observations sur plusieurs signaux qui se succèdent à des intervalles réglés, et qu'on prenne les moyennes entre les différences des temps. L'erreur qui affecterait la comparaison des pendules peut être censée détruite par ce procédé.

(215.) Les distances auxquelles les signaux peuvent
être visibles dépendent de la nature du pays. En
mer, l'explosion d'une fusée peut être aperçue aisément à la distance d'environ vingt lieues ; mais dans
les contrées montueuses, en choisissant convenablement le lieu de l'explosion, elle peut être vue à de
beaucoup plus grandes distances. Il est clair qu'on
peut accroître l'intervalle des stations d'observation,
en plaçant le signal à un point intermédiaire d'où il
soit visible pour les deux observateurs : mais on n'embrasserait encore de la sorte qu'un intervalle assez limité, et la méthode ne comporterait par conséquent
que des applications bornées, si l'on n'avait recours à
un procédé ingénieux, à l'aide duquel la méthode peut
s'étendre sans difficulté à une distance quelconque, et
sur toute l'étendue d'un pays.

(216.) Ce procédé consiste à établir entre les deux
stations extrêmes, à chacune desquelles on observe le
temps, et pour lesquelles on veut déterminer la différence des longitudes, une chaîne de stations intermédiaires, alternativement occupées par des signaux et
par des observateurs. Soient, par exemple, A et Z les

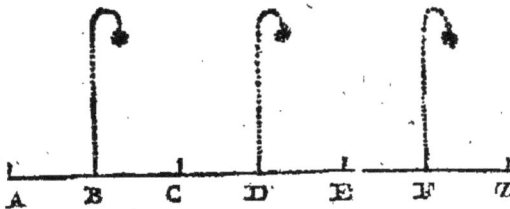

deux stations extrêmes ; B sera une station où l'on fera
des signaux, qui consisteront, par exemple, en feux al-
lumés à des intervalles réglés ; on placera en C un observateur muni d'un chronomètre ; D sera une autre
station pour les signaux ; E l'emplacement d'un autre
observateur pareillement muni d'un chronomètre, et

ainsi de suite sur toute la ligne, de manière que les signaux B puissent être vus de A et de C ; les signaux
D, de C et de E , etc. Tout étant disposé, et les erreurs
ainsi que la marche des pendules en A et Z étant
déterminées par les observations astronomiques, on
fera un signal en B, que l'on observera de A et de C, en
tenant note des temps. Par là on connaîtra la différence entre la pendule de A et le chronomètre de C.
Après un court intervalle (quelques minutes par
exemple), on fera un signal en D qui sera observé de
C et de E, afin de donner la différence entre les deux
chronomètres, et par suite entre la pendule de A et le
chronomètre de E. Ceci suppose toutefois que le chronomètre intermédiaire C a bien gardé le temps sidéral,
ou que sa marche par rapport au temps sidéral est
restée constante dans l'intervalle des signaux ; mais
c'est ce qu'on peut supposer sans erreur sensible pour
un intervalle aussi court, à moins que l'instrument
n'ait aucun caractère de précision. En opérant de la
même manière dans toutes les stations intermédiaires,
on aura, sauf les erreurs d'observation, la différence
des pendules en A et Z. L'expérience peut être répétée
un nombre de fois suffisant pour que l'erreur se dé-
truise dans le résultat moyen ; et, si les stations sont
nombreuses, et l'ordre de succession des signaux tel
que chaque observateur puisse alternativement noter
ceux qui se font en avant et en arrière de lui, chose
facile à arranger à l'avance, on pourra faire à la fois
plusieurs comparaisons le long de la ligne, qui contri-
bueront à fixer le temps avec précision, et procure-
ront encore d'autres avantages*. Dans les cas impor-

---

* Pour l'exposition complète de cette méthode, et du mode le
plus avantageux de combiner les observations, on peut consulter

tans, on répétera ce genre d'opérations pendant plusieurs nuits consécutives.

(217.) Au lieu de signaux artificiels, on peut en employer aussi bien de naturels, lorsqu'ils sont assez nettement marqués pour se prêter aux observations. Le nombre des singuliers météores, connus sous le nom d'étoiles filantes, que l'on peut observer dans une belle nuit, est ordinairement très-grand : et, comme on est certain que ces météores se produisent à de grandes hauteurs, et par conséquent sont visibles à la fois sur une grande étendue de la surface terrestre, que d'ailleurs leurs apparitions et leurs disparitions sont soudaines, on pourrait sans nul doute en tirer un parti avantageux, en s'arrangeant pour que des observateurs éloignés pussent les observer de concert*.

(218.) Des signaux naturels d'une autre espèce, d'un usage bien plus général, puisqu'ils sont visibles à la fois pour tout un hémisphère terrestre, nous sont fournis par les éclipses des satellites de Jupiter, dont on parlera plus au long en traitant de ces astres. Chacune de ces éclipses est un phénomène qui s'applique d'autant mieux à notre but, qu'on peut prédire à l'avance, d'après une longue suite d'observations et de calculs antérieurs, le temps de son apparition pour une station donnée, telle que l'Observatoire national ; et que cette prédiction est assez sûre et précise pour tenir lieu de l'observation correspondante à la station dont il s'agit. Ainsi, lorsqu'un observateur placé dans une autre station quelconque aura observé une

un mémoire de l'auteur de cet ouvrage sur la différence des longitudes de Greenwich et de Paris, *Phil. transac.* 1826.

* Cette idée a été mise en avant pour la première fois par Maskelyne.

ou plusieurs de ces éclipses, et noté les instans des
éclipses au temps de la station qu'il occupe , au lieu
d'entrer en communication avec l'Observatoire national, pour savoir l'instant où l'on y a observé les mêmes
éclipses, il recourra au livre où ces éclipses sont prédites en temps de l'Observatoire, et par là déterminera
sur le champ sa longitude. Nous verrons toutefois que
ce procédé ne comporte pas une grande exactitude, et
qu'il ne doit être employé qu'à défaut d'autre. Les
observations de ce genre ne peuvent non plus être
faites en mer, et, quoique utiles pour les géographes,
elles ne servent en rien aux navigateurs.

(219.) D'ailleurs, dans les intervalles des éclipses,
et lorsqu'on est privé de tout moyen de communication
avec une station déterminée, il est indispensable de
posséder des moyens de connaître les longitudes, puisque de cette connaissance résulte pour le géographe
celle de la configuration des régions lointaines, tandis
que la sécurité du navigateur, dans sa vie et dans ses
biens, en dépend à chaque moment de sa course
aventureuse. Cette méthode indispensable est donnée
par l'observation des mouvemens de la lune. Quoique
nous n'en ayons pas encore expliqué la théorie au lecteur, nous ne laisserons pas d'exposer dès à présent le
principe de la méthode lunaire des longitudes. Il y
aura même de l'avantage à procéder ainsi, parce que,
sans avoir besoin de nous arrêter aux difficultés particulières qui compliquent la théorie de la lune, et qui
sont étrangères au *principe* de l'application de cette
théorie au problème des longitudes, nous n'aurons af-
faire qu'au principe lui-même, lequel est tout-à-fait
élémentaire.

(220.) S'il y avait dans le ciel une horloge munie de
son cadran et de ses aiguilles, qui marquât toujours le

temps de l'Observatoire national , la longitude d'un lieu
quelconque serait connue sitôt que l'on connaîtrait le
temps local , et qu'on l'aurait comparé avec celui de
l'horloge. Or, la fonction du cadran est de porter une
série de points ou de marques dont la position est connue ; celle des aiguilles est de nous indiquer, en passant
sur ces marques, l'heure qu'il est, ou le temps écoulé
depuis l'instant où les aiguilles correspondaient à une
marque déterminée.

(221.) Sur une horloge, les marques du cadran sont
uniformément distribuées autour d'une circonférence
de cercle que l'extrémité de chaque aiguille décrit
d'un mouvement uniforme, tandis que l'autre extrémité pivote sur le centre du cercle. Mais il est clair
qu'on pourrait avec la même certitude, quoique avec
plus d'embarras, parvenir à savoir l'heure, si les
marques du cadran n'étaient pas uniformément distribuées, si les aiguilles étaient excentriques, et si leurs
mouvemens s'écartaient de l'uniformité, pourvu que
l'on connût : 1° les intervalles exacts auxquels les marques sont placées , ce qui pourrait résulter de mesures
très-exactes consignées dans une table ; 2° la position
et l'excentricité du centre de mouvement des aiguilles ;
3° et le mécanisme qui fait mouvoir les aiguilles, de
manière à pouvoir calculer sans erreur leur vitesse à
chaque instant, et le temps qui correspond à chaque
quantité de mouvement angulaire.

(222.) La surface visible du ciel étoilé est le cadran
d'une telle horloge : les étoiles sont les marques fixes,
la lune est l'aiguille mobile dont le mouvement, envi-
sagé d'une manière superficielle, semble uniforme,
mais en réalité est régi par des lois mécaniques d'une
étonnante complication quant aux résultats, bien
qu'elles se ramènent à un principe d'une admirable

simplicité. Dans sa révolution mensuelle, la lune vient passer sur plusieurs étoiles, ou, comme on dit, les *occulter*. Elle en laisse d'autres sur son passage, et l'on peut mesurer, en chaque instant où la lune est visible, sa distance à chacune de ces étoiles à l'aide d'un sextant, précisément comme on mesurerait avec un compas la distance de l'aiguille à chaque marque du cadran, de manière à en déduire l'heure qu'il est, d'après les lois connues et calculées de son mouvement. Que la lune se meuve en effet par rapport aux étoiles, tandis que celles-ci conservent les mêmes positions relatives, c'est ce dont on peut se convaincre en quelques nuits ou même en quelques heures, et nous n'avons besoin pour le moment que de constater ce point de fait.

(223.) Il manque cependant encore une circonstance pour rendre l'analogie complète. Supposons que les aiguilles de notre horloge, au lieu de se mouvoir précisément sur le cadran, en soient à une distance notable : à moins que notre œil ne se trouve précisément dans la ligne des centres des aiguilles, nous ne les verrons pas *projetées* exactement sur le cadran aux places qu'elles devraient indiquer ; et si nous ne tenons compte de ce déplacement optique, ou de cette *parallaxe*, nous pourrons commettre de grandes méprises dans la mesure du temps. Au contraire, si toutes les fois que nous voudrons observer l'heure nous notons exactement la position de l'œil, il ne sera pas difficile d'évaluer avec précision l'influence de ce déplacement apparent. Or c'est là justement le cas qui se présente, au sujet du mouvement apparent de la lune par rapport aux étoiles. La première est comparativement très-près de la terre, les autres en sont immensément éloignées ; et, comme nous n'occupons pas le centre de

la terre, mais sa surface qui est dans un continuel
mouvement, il en résulte une parallaxe qui déplace la
lune relativement aux étoiles, et dont il est indispensable de tenir compte, pour savoir la place que la lune
occuperait, vue du centre de la terre.

(224.) Une horloge comme celle dont nous avons
donné la description serait sans doute mauvaise ; mais,
si elle était l'*unique*, et si un intérêt inestimable était
attaché à une parfaite connaissance du temps, nous la
regarderions avec raison comme très-précieuse, et
nous ne regretterions pas la peine que nous aurions à
étudier les lois de ses mouvemens, ou à faciliter les
moyens de la *lire* correctement. Pour continuer l'analogie, c'est ce qui arrive au sujet de la théorie de la
lune, dont l'objet est de régulariser les indications de
cette horloge étrangement irrégulière, et de nous
mettre en état de prédire long-temps à l'avance, et
avec une certitude parfaite, le lieu que la lune, vue du
centre de la terre ou d'un point quelconque de sa surface, occupera relativement aux étoiles, à chaque
heure, minute et seconde du jour et de l'année, le
temps étant compté par rapport à un lieu donné, tel
que l'Observatoire national. C'est en cela que consiste
la *méthode lunaire* des longitudes. Les distances angulaires apparentes de la lune aux principales étoiles
dont elle s'approche dans sa course, telles qu'on les observerait du centre de la terre, sont calculées avec un
soin extrême, et rangées en forme de tableaux dans
des éphémérides publiées sous le contrôle de l'autorité
nationale. Lorsqu'un observateur, situé en un lieu
quelconque du globe, à terre ou sur mer, mesure la
distance actuelle de la lune à ces étoiles principales
(dont la place dans le ciel a été déterminée pour
cette raison avec le plus grand soin), il peut comparer

le temps du lieu où il se trouve avec le temps compté au principal observatoire, et par conséquent assigner la différence entre la longitude de cet observatoire et celle du lieu qu'il occupe.

(225.) On pourrait, au moyen des méthodes qui viennent d'être exposées, déterminer les latitudes et longitudes d'un nombre quelconque de points de la surface terrestre. En fixant ainsi les positions d'un nombre suffisant de points principaux, et remplissant d'après des levés topographiques les espaces intermédiaires[1], on pourrait construire des cartes générales, tracer les contours des continens, les cours des rivières et les chaînes des montagnes, rapporter les cités et les bourgs à leurs localités propres. Néanmoins, dans la pratique on a trouvé plus simple et plus aisé de diviser le territoire d'une nation en une série de grands triangles, dont les angles sont des stations visibles les unes pour les autres. On mesure les angles de ces triangles avec le théodolite, et de plus, dans *un triangle seulement*, *un seul côté* que l'on nomme *base*, à la mesure de laquelle on apporte le dernier degré d'exactitude. Cette base est d'une médiocre longueur, surpassant rarement deux à trois lieues; on a soin de la choisir dans un plan bien horizontal, et dans la localité la plus favorable. Les deux points extrêmes sont marqués sur des plaques métalliques incrustées dans des blocs massifs de pierre, à la conservation desquels on apporte, ou l'on doit apporter, un soin religieux, comme à celle de monumens d'une haute importance. On détermine ensuite avec toutes les précautions propres à assurer l'exactitude des résultats, la distance des points extrêmes, leurs positions géographiques, et la direction de la base relativement au plan du méridien.

(226.) Nous donnons ici la figure d'une pareille chaîne de triangles. A B est la base; O,C sont des

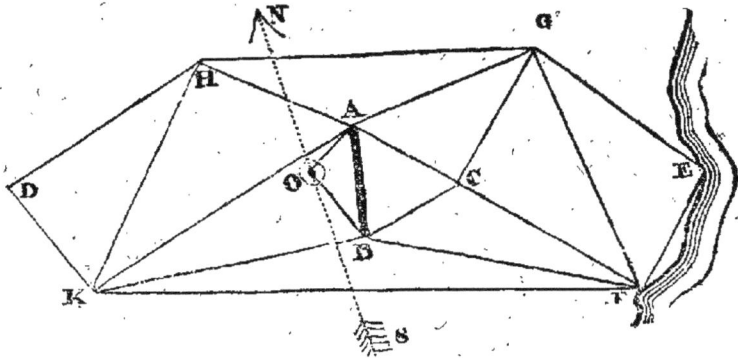

stations visibles des deux extrémités A,B; et l'on peut supposer que O est l'Observatoire national, qui doit toujours être rattaché à la base aussi immédiatement que possible. D, E, F, G, H, K sont d'autres stations, prises sur des points remarquables de la contrée, au moyen de quoi elle se trouve couverte d'un réseau de triangles. Il est clair que si l'on a observé les angles du triangle A B C, et mesuré l'un des côtés A B, les deux autres côtés A C, B C pourront être calculés par les règles de la trigonométrie; chacun d'eux pourra devenir une base qui servira à déterminer les côtés d'autres triangles. Par exemple, les angles des triangles A C G et B C F étant donnés par l'observation, et les côtés A C, B C étant déterminés comme on vient de le dire, on en déduira les longueurs A G, C G, et B F, C F. Puis, C G et C F étant connus de même que l'angle compris G C F, on pourra calculer G F, et ainsi de suite; en sorte qu'on sera à même de construire par ce moyen une carte de tout le pays, aussi détaillée qu'on le jugera à propos.

(227.) Il faut faire à cet égard deux remarques importantes: la première, que l'on doit choisir les stations de manière à éviter les triangles à angles très-inégaux. Par exemple, le triangle K_BF serait très-impropre à déterminer la situation de F, d'après des observations d'angles en B et K, à cause que l'angle F étant très-aigu, une petite erreur sur l'angle K en produirait une grande dans le lieu du point F sur la ligne BF.' De tels triangles sont donc *désavantageux*, et doivent être évités. Moyennant cette précaution, les côtés calculés ne seront pas connus avec moins d'exactitude que s'ils avaient pu être mesurés directement; et par conséquent, en s'éloignant de la base, centre des opérations, on embrassera des triangles à côtés de plus en plus grands, comme GF, GH, HK, etc.; ce qui permettra de conduire les opérations sur une plus grande échelle. Il sera facile de diviser de la sorte la surface d'un pays en grands triangles de 10 à 30 lieues de côtés, selon la nature du sol; et une fois que ces grands triangles seront bien déterminés, on pourra, au moyen d'un système d'opérations secondaires, couvrir chacun d'eux d'un réseau de triangles plus petits, en décomposant à leur tour ceux-ci en triangles d'un ordre inférieur, jusqu'à ce qu'on ait poussé les détails au degré voulu.

(228.) La seconde remarque que nous avons à faire, c'est que les triangles en question ne sont pas *plans*, rigoureusement parlant, mais *sphériques*, puisqu'ils sont tracés sur la surface d'une sphère, ou, plus rigoureusement encore sur celle d'un ellipsoïde. Dans les très-petits triangles, de deux à trois lieues de côté, on peut négliger cette différence comme imperceptible; mais il n'en est plus de même à l'égard des autres.

De plus, il est évident que chaque objet sur lequel

on pointe le télescope d'un théodolite a une certaine *élévation*, tant au-dessus du sol environnant qu'au-dessus du niveau des mers. Comme cette élévation n'est pas la même pour chaque objet, il semble qu'il faudrait avant tout *réduire à l'horizon* les angles mesurés. Mais en réalité, d'après la construction du théodolite (art. 155), qui n'est autre chose qu'un instrument des hauteurs et des azimuths, la réduction se trouve faite, par cela même que l'on fait la lecture des angles horizontaux. Soient T le centre de la terre;

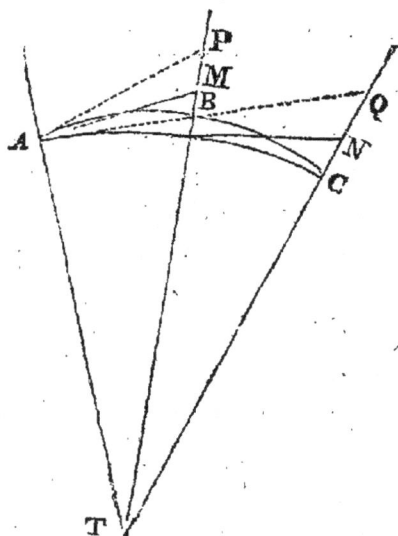

A, B, C, les points d'une surface sphérique concentrique, auxquels on rapporte trois stations A, P, Q, au moyen des rayons TA, TBP, TCQ. Lorsque le théodolite est placé en A, et qu'on en a bien ajusté le cercle horizontal, l'axe de ce cercle est dirigé vers T; et son plan, tangent à la sphère en A, va couper les rayons TBP, TCQ, en M et N, au-dessus de la surface sphérique. Le télescope est pointé successivement sur P et Q; mais la lecture du cercle azimuthal ne donne pas l'angle PAQ, compris entre les objets P, Q, vus de A : elle donne l'*angle azimuthal* MAN, ou l'angle A du triangle sphérique BAC. De là, cette circonstance remarquable que la somme des triangles observés d'un grand triangle, dans les opérations géodésiques, est toujours *plus grande* que 180°, au lieu qu'elle serait exactement 180° si la surface de la terre était plane. La différence que l'on nomme l'*excès sphérique*, loin d'indiquer une erreur de l'opération, doit nécessairement avoir lieu pour son exactitude, et l'on en tire une nouvelle preuve de la sphéricité de la terre.

(229.) La vraie manière de concevoir une opération géodésique, eu égard à la sphéricité de la terre, est de considérer le réseau de triangles dont le pays est couvert, comme les bases d'un assemblage de pyramides qui ont leur sommet commun au centre de la terre. Le théodolite donne immédiatement les angles compris entre les plans latéraux de ces pyramides; et la surface sphérique du niveau des mers les coupe suivant un assemblage de triangles sphériques, au-dessus des angles desquels, sur le prolongement des rayons terrestres, les stations se trouvent placées, selon les inégalités du terrain. On est dispensé, dans la pratique, d'appliquer à ces triangles les calculs compliqués de la trigonométrie sphérique, à l'aide d'une règle très-simple, due à Legendre, que l'on nomme *la règle pour l'excès sphérique*, et que l'on trouve dans la plupart des traités de trigonométrie. Si l'on voulait tenir compte de l'ellipticité de la terre, il faudrait y substituer une règle plus compliquée, dont nous n'entreprendrons pas de donner l'explication.

(230.) De toute manière il en résultera une réduction des triangles au niveau des mers; et, par suite, la détermination des latitude et longitude géographiques de chaque station observée. De plus amples détails sortiraient du domaine de la géographie astronomique; il nous suffira d'ajouter quelques mots sur les cartes dont on se sert aussi bien en astronomie qu'en géographie.

(231.) Une carte est une représentation sur un plan d'une portion de la surface d'une sphère, sur laquelle on a tracé des points ou des lignes continues. Or, une surface sphérique * ne peut être étendue ou projetée sur un plan, sans que quelques parties soient élargies ou contractées par rapport aux autres. D'après le système d'extension ou de projection, on saura quelles parties doivent être relativement contractées ou élargies, et dans quelles proportions elles doivent l'être; mais, de toute manière, si l'on figure de larges portions d'une sphère, certaines parties se trouveront très-déformées.

(232.) Les projections principalement usitées dans la construction des cartes, sont les projections *orthographique, stéréographique,* et de *Mercator.* Dans la projection orthographique, chaque point de l'hé-

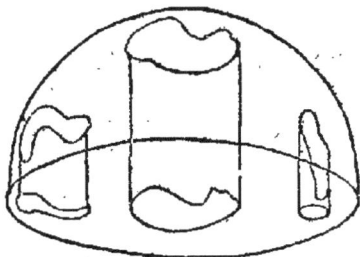

misphère est rapporté perpendiculairement à sa base ou à son plan diamétral, tel qu'il apparaîtrait à un

* Nous négligeons l'ellipticité de la terre, qui est trop petite pour avoir une influence appréciable sur la construction des cartes.

œil infiniment éloigné du plan. La figure fait voir que,
dans ce mode de projection, les parties centrales seulement sont reproduites avec fidélité dans les formes ;
plus on s'approche des bords, plus les parties sont
contractées. Aussi, la projection orthographique, très-
bonne pour de petites portions de la surface terrestre,
est de peu d'utilité en grand.

(233.) La projection *stéréographique* est en grande
partie exempte de ce défaut. Pour comprendre cette
projection, il faut concevoir un œil placé en E, à
l'extrémité d'un diamètre de la sphère, qui regarde
la surface concave de cette sphère, en rapportant chaque point P au plan diamétral A D F, perpendiculaire

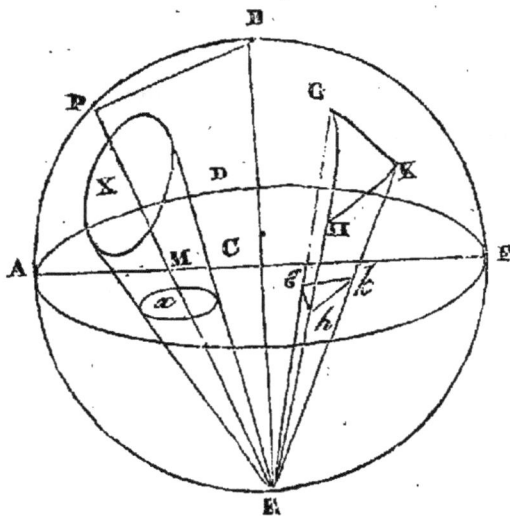

à EB, au moyen d'un rayon visuel PME. La projection stéréographique est donc une représentation
en perspective de la concavité sphérique sur un plan
diamétral ; et comme telle, elle jouit de plusieurs propriétés géométriques élégantes, dont nous allons signaler une ou deux principales.

(234.) 1° Tous les cercles de la sphère sont représentés en projection par des cercles; par exemple, x est la projection du cercle X. Les grands cercles passant par le sommet B sont les seuls qui se projètent suivant des lignes droites menées par le centre C; ainsi, BPA se projète suivant CA.

2° Chaque triangle très-petit G H K, sur la surface de la sphère, est représenté en projection par un triangle *semblable* ghk. Cette propriété très-importante fait qu'en général les configurations sur la carte sont *semblables* aux configurations réelles; et elle nous permet de projeter tout un hémisphère sur une carte, sans altérer trop violemment ces configurations. Dans la projection orthographique, les bords de l'hémisphère sont démesurément contractés; dans la projection stéréographique, au contraire, les dimensions projetées vont en s'élargissant à partir du centre.

(235.) Ces deux modes de projection peuvent être considérés comme *naturels*, en ce sens qu'ils offrent réellement des représentations en perspective de la surface sur un plan. La projection de *Mercator* est

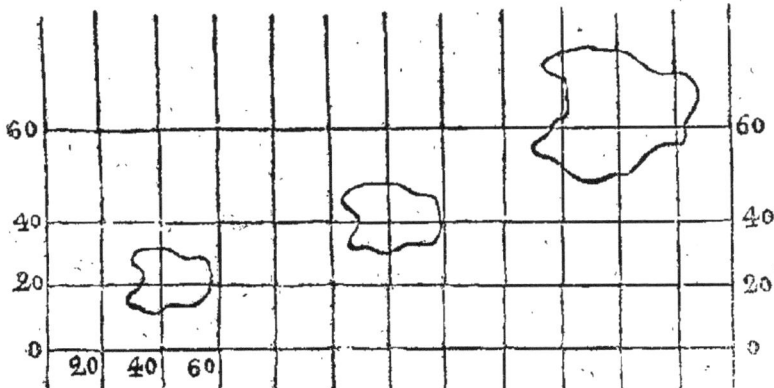

au contraire entièrement artificielle, puisqu'elle ne représente pas la sphère comme on la verrait simultanément d'un point quelconque, mais qu'elle en représente les parties telles que l'œil les verrait successivement en se mouvant au-dessus d'elles. Dans les cartes selon Mercator, les degrés de longitude et ceux de latitude conservent toujours leur juste proportion de grandeur. L'équateur est figuré par une ligne droite, et les méridiens par d'autres lignes droites perpendiculaires à la première. Une mappemonde construite sur ce système ne ressemble pas mal au dessin qu'on obtiendrait, en rapportant chaque point du globe à un cylindre circonscrit à l'équateur, au moyen de lignes menées du centre, et déroulant ensuite le cylindre. De même que la projection stéréographique, elle donne une représention fidèle, quant à la *forme*, de chaque petite portion en particulier, mais sur une *échelle* très-différente selon les régions. Celles des pôles, notamment, sont dilatées outre mesure, et la mappemonde ne comporte pas de limites déterminées.

(236.) Sans vouloir entrer dans plus de détails géographiques, nous devons signaler un rapport que les découvertes des navigateurs ont fait connaître, et qui a lieu sur une échelle assez grande, pour pouvoir être classé parmi les rapports astronomiques. Lorsqu'on figure sur un globe les continens et les mers (et, depuis la découverte de l'Australie, nous sommes sûrs qu'il n'y a plus de terres inconnues d'une étendue considérable, si ce n'est peut-être vers le pôle sud), on trouve qu'on peut partager le globe terrestre en deux hémisphères, dont l'un contient *presque toute la terre-ferme*, tandis que l'autre est presque entièrement recouvert par l'Océan. Un fait qui doit intéresser l'Angleterre (et qui, joint à sa position insulaire dans l'Atlantique, cette grande route des nations, ne contribue pas peu à expliquer sa prééminence commerciale), c'est que Londres occupe à peu près le centre de l'hémisphère rempli par la terre-ferme. Astronomiquement parlant, la divisibilité du globe en hémisphère terrestre et hémisphère océanique, a de l'importance, en ce qu'elle démontre l'inégale densité des matières solides comprises dans les deux hémisphères. Si l'on considère toute la masse de la terre et des eaux comme étant dans un état d'équilibre, il est clair que la moitié où se trouve la proéminence doit être spécifiquement plus légère. Non que nous voulions dire qu'elle est moins dense que l'eau, mais seulement que l'excès de la densité moyenne de chaque hémisphère sur la densité de l'eau, doit être moindre pour l'hémisphère proéminent. Nous laissons aux géologues à tirer les conséquences assez évidentes de ces prémisses, en ce qui concerne la constitution intérieure du globe, et la nature des forces qui soutiennent les continens à leur élévation actuelle. Seulement, dans toutes les recherches futures qui auront pour objet d'expliquer les déviations locales entre l'intensité réelle de la pesanteur, et celle qui correspondrait à l'hypothèse d'une figure exactement elliptique, ce fait général ne devra pas être perdu de vue.

(237.) La connaissance de la surface de notre globe serait incomplète, si elle ne comprenait celle des hauteurs de chaque point de la terre-ferme au-dessus du niveau des mers, et de la dépression de chaque point du bassin de l'Océan au-dessous de ce niveau. Celle-ci pourra s'obtenir directement, quoique avec difficulté et lenteur, au moyen des sondages; l'autre est donnée par deux méthodes distinctes, dont la première consiste à mesurer trigonométriquement les différences de niveau des stations; la seconde est fondée sur l'emploi du baromètre, instrument identique, quant à son principe, avec la ligne de sonde. L'un et l'autre instrumens, en effet, servent à déterminer la distance d'un point à la surface d'un océan en équilibre : seulement dans un cas il s'agit d'un océan d'eau, et dans l'autre de l'océan aérien. La colonne d'eau est directement mesurée par la ligne de sonde ; celle de la colonne aérienne l'est d'une manière indirecte, au moyen de la colonne de mercure qui lui fait équilibre.

(238.) Supposons qu'au lieu d'air une couche d'huile recouvre la terre-ferme et l'océan, et que l'homme puisse vivre dans un tel milieu. Soit A B C D E la sur-

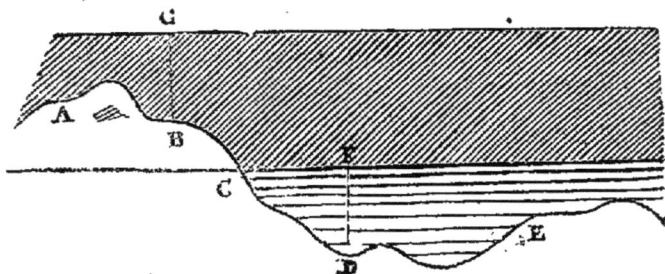

face solide du globe, dont une portion A B C s'élève au-dessus des eaux, mais est recouverte par la couche d'huile, dont l'épaisseur au-dessus de l'océan est constante. Si nous voulons connaître la profondeur d'un point D du lit de l'océan, nous jetterons la sonde en F. Mais s'il s'agit d'assigner la hauteur de B au-dessus du niveau des mers, il faudra envoyer un flotteur du point B à la surface supérieure de la couche d'huile. En faisant la même chose du point C, pris au niveau de la mer, la différence des longueurs de corde que le flotteur aura filées donnera la hauteur cherchée.

(239.) Or, quoique l'atmosphère n'ait pas comme la couche d'huile une surface supérieure précisément définie, et qu'on ne puisse pas y envoyer un flotteur, elle possède les propriétés des fluides essentielles à l'objet qui nous occupe, et notamment celle d'avoir toutes ses couches d'*égale densité* parallèles à la surface d'équilibre des mers, que l'on peut concevoir au besoin prolongée sous les continens. La hauteur du mercure barométrique à la station B, nous apprend quelle est la portion de la masse atmosphérique qui repose sur B, ou la couche atmosphérique (indiquée par la densité) dans laquelle B est placée : il ne reste donc plus qu'à en déduire, d'après les principes de la mécanique, quelle hauteur doit avoir, au-dessus du niveau des mers, la couche de niveau qui possède la densité observée. Tel est le principe de l'application du baromètre à la mesure des hauteurs. Pour les détails le lecteur pourra recourir à d'autres ouvrages *.

(240.) Une fois que l'on connaît les hauteurs des stations au-dessus de la mer, on peut joindre les stations de même hauteur par des lignes de niveau, dont la plus basse est celle qui marque le contour des côtes. Les autres lignes indiqueront les contours des rivages que la mer prendrait successivement, si elle croissait régulièrement en hauteur, jusqu'à ce qu'elle eût submergé les plus hautes montagnes. Les thalwegs des vallées et les crêtes des montagnes sont des lignes déterminées par la double condition de couper à angles droits ces lignes de niveau, et d'être, les premières les plus courtes, les secondes les plus longues de toutes celles qu'on peut tracer sur la surface des continens jusqu'à la mer, à partir d'un point donné. Les premières de

* Biot, *Astronomie physique,* tome III. On peut faire usage des tables barométriques que M. Biot a jointes à cet ouvrage, de celles d'Oltmanns, que publie tous les ans dans l'*Annuaire* le bureau des longitudes de France, et enfin de celles que M. Baily a insérées dans sa *Collection of astronomical tables and formulæ.*

ces lignes déterminent les cours d'eau d'une contrée, les autres la partagent en bassins d'écoulement : les unes et les autres constituent des arrondissemens *naturels*, d'après les caractères physiques les moins sujets à s'effacer, et qui influent principalement sur la distribution, les limites et les traits particuliers des sociétés humaines.

CHAPITRE IV.

URANOGRAPHIE.

CONSTRUCTION DES GLOBES ET DES CARTES CÉLESTES PAR L'OBSERVATION DES ASCENSIONS DROITES ET DES DÉCLINAISONS. — DISTINCTION DES OBJETS CÉLESTES EN ASTRES FIXES ET ERRANS. — CONSTELLATIONS. — RÉGIONS NATURELLES DU CIEL. — VOIE LACTÉE. — ZODIAQUE. — ÉCLIPTIQUE. — LATITUDES ET LONGITUDES CÉLESTES. — PRÉCESSION DES ÉQUINOXES. — NUTATION. — ABERRATION. — PROBLÈMES URANOGRAPHIQUES.

(241.) Déterminer les situations relatives des objets célestes, construire des globes et des cartes qui en représentent fidèlement les configurations naturelles, des catalogues qui en fixent numériquement les positions avec une précision encore plus grande, tout cela n'exige pas des travaux aussi pénibles ni aussi compliqués que ceux qu'il a fallu entreprendre pour mesurer et figurer la surface de la terre. Dans cette grande constellation qui semble tourner autour de nous, chaque étoile constitue, pour ainsi dire, une station céleste : on peut lier ces stations par des triangulations, comme on le fait pour les stations terrestres, en en mesurant avec les instrumens convenables les distances angulaires, et corrigeant les di-

stances observées des effets de la réfraction. On peut
alors les rapporter sur une carte , de la même manière
qu'on rapporte les villes et les villages d'une contrée ;
le tout sans que l'observateur ait besoin de se déplacer,
au moins à l'égard des étoiles qui sont visibles sur son
horizon.

(242.) Ce procédé comporte sans nul doute une
grande exactitude , et l'on pourrait construire ainsi
d'excellentes cartes célestes ; mais il en existe un
autre plus simple , et en même temps incomparablement plus exact, qui nous est suggéré par le phénomène
de la rotation de la terre autour de son axe. Ce dernier procédé consiste à observer chaque objet céleste
en particulier lorsqu'il passe au méridien, à le rapporter individuellement à l'équateur céleste, et à fixer
ainsi sa position à la surface d'une sphère imaginaire
que l'on suppose tourner avec lui, ou sur laquelle on
le conçoit projeté.

(243.) L'ascension droite et la déclinaison d'un
point du ciel correspondent à la longitude et à la latitude d'une station terrestre ; et la place d'une étoile
sur la sphère céleste est aussi bien déterminée au
moyen des deux premiers de ces élémens, que celle
d'une ville l'est sur la mappemonde , au moyen
des deux autres. Les grands avantages de la méthode des observations méridiennes sur celle des triangulations d'étoile à étoile sont les suivans : 1° chaque
étoile est observée dans le point de sa course diurne où
elle est le mieux vue et le moins déplacée par la réfraction ; 2° les instrumens employés (celui des passages
et le cercle mural) sont les plus simples, les moins exposés aux erreurs et aux dérangemens entre tous ceux
dont se servent les astronomes ; 3° toutes les observations se succèdent régulièrement, d'après un plan sys-

tématique, et dans des circonstances également avantageuses, sans qu'il puisse être question de triangles favorables et défavorables, etc.; 4° enfin l'observation donne immédiatement la mesure des quantités qui entrent essentiellement dans la formation d'un catalogue, et qu'autrement il faudrait calculer par les opérations longues et fastidieuses de la trigonométrie sphérique. Il est inutile d'ajouter qu'une méthode qui réunit pour elle tant d'avantages est celle que les astronomes ont adoptée.

(244.) Pour déterminer l'ascension droite d'un objet céleste, on observera avec l'instrument des passages l'instant de son passage au méridien, au moyen d'une pendule réglée sur le temps sidéral, ou dont on connaît l'erreur et la marche par rapport au temps sidéral. La *marche* s'obtient en répétant les observations de la même étoile, lors de ses passages successifs au méridien. La connaissance de l'*erreur* suppose celle de l'*équinoxe*, ou du point initial à partir duquel les ascensions droites sont comptées dans le ciel, comme les longitudes terrestres le sont à partir du premier méridien.

(245.) Nous expliquerons les conditions qui déterminent ce point; mais il faut observer que l'uranographie, en tant qu'elle a pour objet les configurations des étoiles entre elles, n'exige pas la connaissance de l'équinoxe. Le choix de l'équinoxe, comme origine ou zéro des ascensions droites, est purement artificiel et dû à des raisons de convenance. De même que sur la terre une station quelconque, telle que le principal observatoire national, peut être prise pour origine des longitudes, ainsi en uranographie on peut faire choix d'une étoile remarquable quelconque pour être le point initial à partir duquel on compte les angles horaires, et qui sert à déterminer la situation de toutes les autres étoiles, par l'observation des seules *différences* de ces angles, ou des *intervalles* entre les temps des passages. Dans la pratique, ces intervalles sont affectés de petites inégalités dont il faut tenir compte, ainsi que nous l'expliquerons successivement.

(246.) Les déclinaisons des objets célestes s'obtiennent : 1° par l'observation des *hauteurs méridiennes*, à l'aide du cercle mural ou d'autres instrumens convenables. Ceci exige la connaissance de la latitude géographique de la station, laquelle s'obtient elle-même au moyen d'observations célestes. 2° Et plus directement par l'observation des distances polaires, prises au cercle mural, ainsi qu'on l'a expliqué dans l'article 136 ; procédé qui n'exige pas la connaissance préalable de la latitude de la station. Dans ce cas toutefois l'observation ne donne pas directement et immédiatement les déclinaisons *exactes*. Il faut auparavant leur faire subir une correction, d'abord à cause de la réfraction, et en outre en raison de ces petites inégalités auxquelles nous avons fait allusion en parlant des ascensions droites.

(247.) On vient de voir comment on pourrait déterminer les situations relatives des objets célestes, et les reporter sur des globes et des cartes. Maintenant une importante question se présente : ces positions sont-elles invariables ? les étoiles et les grands luminaires célestes conservent-ils toujours les mêmes rapports de situation, comme s'ils faisaient partie d'un firmament solide, quoique invisible, de la même manière que les grandes saillies ou cavités naturelles de la surface terrestre conservent invariablement entre elles les mêmes distances ? S'il en est ainsi, l'idée la plus rationnelle que nous puissions nous former de l'univers consiste à supposer la terre immobile au centre du monde, et à faire circuler autour d'elle une sphère cristalline entraînant dans son mouvement diurne le soleil, la lune et les étoiles. Dans le cas contraire, il faut rejeter une telle hypothèse, pour s'enquérir des apparences que présente chaque objet céleste individuellement, dans la vue de découvrir les lois de ses mouvemens propres, et les connexions que ces lois peuvent avoir entre elles.

(248.) Or, il suffit d'observations faites à la hâte pour se convaincre que quelques-uns au moins des corps célestes, et même ceux qui doivent fixer de préférence notre attention, changent continuellement de place à l'égard des autres. Pour la lune, par exemple, ce changement est si rapide et si remarquable, qu'il suffit de quelques heures d'une belle nuit pour s'apercevoir que sa situation n'est plus la même à l'égard des étoiles brillantes qui peuvent se rencontrer dans son voisinage ; et d'une nuit à l'autre le changement frappera l'observateur le moins attentif. La position du soleil, par rapport aux étoiles, éprouve de même un changement continuel et rapide, dont il n'est pas aussi facile de s'apercevoir à cause de l'invisibilité des étoiles à l'œil nu pendant le jour ; de sorte qu'il faut, pour le reconnaître, faire usage des télescopes et des instrumens à mesurer les angles, ou continuer plus longtemps les observations. Il suffit cependant de remarquer que la hauteur méridienne du soleil est plus grande en été qu'en hiver, et que les mêmes étoiles ne sont pas visibles la nuit pendant toutes les saisons de l'année, pour constater que les rapports de situation de cet astre avec les étoiles ont dû éprouver de grands changemens dans l'intervalle. Outre le soleil et la lune, il y a d'autres astres, nommés planètes, qui, pour la plupart, apparaissent à l'œil nu comme les plus grandes et les plus brillantes des étoiles, et qui offrent le même phénomène d'un changement continuel de place par rapport aux autres étoiles : tantôt s'approchant de quelques-unes d'entre elles auxquelles on les compare, tantôt s'en éloignant, et décrivant comme le soleil et la lune, dans des périodes tantôt plus longues, tantôt plus courtes, le tour entier du ciel.

(249.) Ce ne sont là toutefois que des exceptions à la règle générale. La multitude innombrable des étoiles dont la voûte céleste est parsemée, forme une constellation dont l'aspect, comparé aux configurations sans cesse changeantes du soleil, de la lune et des planètes, peut être réputé invariable, non-seulement aux yeux d'un observateur vulgaire, mais d'après l'examen scrupuleux d'un astronome. Ce n'est pas qu'au moyen d'un raffinement d'exactitude apporté à des mesures répétées d'âge en âge, on ne parvienne à découvrir, dans les lieux apparens de certaines étoiles, de petits déplacemens qu'on ne peut attribuer à une illusion, ni à une cause *terrestre* ; mais ces changemens, qu'on appelle en astronomie les *mouvemens propres* des étoiles, sont si excessivement lents (même pour les étoiles douées des mouvemens propres les plus grands), qu'ils n'ont pas suffi, depuis l'origine de l'astronomie historique, pour produire une altération sensible dans l'apparence du ciel étoilé.

(250.) Nous nous trouvons donc conduits à ranger en deux grandes classes tous les corps célestes : les uns qui sont *fixes*, ou qui n'éprouvent pas de changement apparent dans leurs situations mutuelles, au moins lorsque l'on ne compare que des observations faites pendant un petit nombre d'années ; les autres qu'on peut appeler *errans* (ce qu'indique aussi le mot de *planète* *), parmi lesquels il faut ranger le soleil, la lune, les planètes proprement dites, ainsi que ces corps de nature singulière, nommés comètes, qui, en peu de jours, quelquefois même en peu d'heures, changent visiblement de situation à l'égard des étoiles.

(251.) L'uranographie, en ce qui concerne les corps célestes fixes, ou, comme on dit plus simplement, les étoiles fixes, se réduit à marquer sur un globe ou sur une carte leurs situations relatives ; et en même temps à indiquer sur ce globe, aux lieux convenables d'après leur situation relativement aux étoiles, les pôles du ciel (ou les points évanouissans des parallèles à l'axe de la terre), l'équateur et l'équinoxe. Bien que ces points et ce cercle soient purement artificiels, qu'ils se rapportent uniquement à notre terre, et qu'ils soient sujets à varier de position en conséquence de tous les déplacemens que peut éprouver l'axe terrestre, l'utilité dont ils sont dans la pratique a consacré l'usage de les indiquer (avec quelques autres cercles et lignes) sur les globes et sur les planisphères. Le lecteur doit néanmoins s'habituer à les en séparer par la pensée, et se familiariser avec l'idée de deux ou même de plusieurs sphères célestes superposées les unes aux autres, sur l'une desquelles, comme sur la seule réelle, les étoiles seraient indiquées, tandis que les autres porteraient les points, lignes et cercles imaginaires dont les astronomes se servent pour leurs usages et pour la commodité de leurs calculs. Le lecteur devra s'accoutumer en outre à attribuer à ces sphères artificielles la faculté de glisser en tous les sens sur la surface de la sphère étoilée ; de manière à ce que la nécessité de changer

---

* Πλανίτης, errant.

des notions reçues n'occasione pas de la confusion dans son esprit, lorsque l'expérience lui démontrera plus tard qu'en vertu de mouvemens très-lents de l'axe terrestre, ou d'autres *variations séculaires*, comme on les appelle, ces points et lignes artificiels éprouvent un déplacement par rapport aux étoiles, qui devient sensible après de longs intervalles de temps.

(252.) Nous ne croyons pas devoir parler ici en détail de ces figures bizarres d'hommes et de monstres qu'on est dans l'usage de tracer sur les globes célestes, et qui offrent un moyen grossier de distinguer des groupes d'étoiles ou des régions du ciel, en leur imposant des noms, dont l'origine est absurde ou puérile, mais qui ont acquis une vogue qu'il serait aujourd'hui difficile et peut-être hors de propos de leur ôter. Quelques-uns, dans le nombre, ont une faible analogie avec les figures que suggère à l'imagination la vue des constellations les plus brillantes, et sous ce rapport ils sont jusqu'à un certain point convénables ; mais comme la plupart sont entièrement arbitraires, et ne correspondent pas à des groupes *naturels* d'étoiles, les astronomes ne leur accordent que peu ou point d'attention *, et ne s'en servent que pour désigner d'une manière brève les étoiles remarquables, en joignant au nom de la constellation une lettre grecque affectée à chaque étoile dont cette constellation se compose,

---

* Il ne s'agit pas ici d'un dédain mal fondé : les noms et les figures des constellations semblent avoir été adoptés dans la vue de produire le plus de confusion et d'embarras possible. Des serpens sans nombre décrivent dans le ciel des aires entrelacées avec lesquelles la mémoire ne peut se familiariser. Des ourses, des lions, des poissons, distingués par les épithètes de grand et de petit, de boréal et d'austral, compliquent la nomenclature. Un meilleur système de constellations eût pu être d'un grand secours, comme artifice mnémonique.

comme α du *Lion*, β du *Scorpion*, etc. Le lecteur trouvera les figures dont nous parlons marquées sur les globes célestes; et en les comparant avec le ciel il pourra s'habituer à en connaître les positions.

(253.) Il ne manque pas toutefois dans le ciel de régions *naturelles*, distinguées par des caractères remarquables, et qui frappent chaque observateur. Telle est *la voie lactée*, cette grande bande lumineuse que l'on voit chaque nuit traverser le firmament en s'étendant d'un bout à l'autre de l'horizon, et qui, figurée avec soin, se trouve être une zone *enveloppant complètement la sphère*, presque dans la direction d'un grand cercle, sans que ce grand cercle coïncide, ni avec un cercle horaire, ni avec aucune autre des lignes astronomiques. Elle se partage en un point de son cours comme en deux branches, qui se réunissent plus loin, après être restées séparées dans un intervalle d'environ 150°. Cette remarquable ceinture a conservé depuis les âges les plus reculés la même situation relativement aux étoiles : et lorsqu'on l'examine avec de puissans télescopes, on trouve (chose merveilleuse!) qu'elle se compose entièrement d'étoiles amoncelées par millions, et qui brillent comme une vapeur lumineuse sur le fond noir du firmament.

(254.) Le *Zodiaque* est une autre région du ciel, qui se fait remarquer, non par quelque particularité de sa constitution, mais parce qu'il est le champ où s'opèrent les mouvemens apparens du soleil, de la lune et de toutes les grosses planètes. Pour tracer la route de chacun de ces astres, il suffit de reconnaître, par des observations prolongées, les places qu'il occupe à des époques successives : on reportera ces positions sur la sphère, et pourvu qu'elles soient assez rapprochées, on pourra faire passer par tous ces points une ligne qui représentera sensiblement la marche de l'astre, de la même manière qu'on trace la marche d'un vaisseau en mer, après en avoir marqué les positions jour par jour. En opérant de la sorte, on trouve premièrement que la route apparente du soleil à la surface du ciel est exactement un grand cercle de la sphère, nommé *écliptique*, qui fait avec l'équateur céleste un angle d'environ 23° 28', et le coupe en deux points opposés, nommés *points équinoxiaux* ou *équinoxes*. L'un de ces points, que l'on appelle équinoxe du printemps, est celui où le soleil coupe l'équateur, quand il passe du sud au nord de ce grand cercle; et l'autre, l'équinoxe d'automne, correspond au passage du soleil de l'hémisphère nord à l'hémisphère sud. On trouve secondement que les routes suivies par la lune et par les planètes entourent de même tout le ciel, mais que ce ne sont plus de grands cercles rentrant exactement sur eux-mêmes, et partageant la sphère en deux portions égales; que ce sont au contraire des espèces de spirales très-compliquées, et décrites dans les diverses parties de leur cours avec des vitesses très-inégales. Tous ces astres ont encore ceci de commun, que la *direction générale* de leur mouvement a lieu *de l'ouest à l'est*, dans le sens du mouvement propre du soleil, et en sens contraire du mouvement diurne du ciel. En outre, leurs routes ne s'écartent jamais beaucoup de part ou d'autre de l'écliptique, mais la croisent à des intervalles de temps égaux et réguliers, en restant toujours dans les limites de cette zone ou ceinture, que nous avons nommée *Zodiaque*, et à laquelle on donne 9 degrés de largeur de part et d'autre de l'écliptique.

(255.) Il serait évidemment superflu de tracer sur des globes la route apparente de ces astres qui ne par-

courent jamais de nouveau la même ligne, et qui, à une
époque ou à une autre, doivent occuper successivement tous les points de la zone céleste dans laquelle ils
restent compris. La complication apparente des mouvemens de ces astres (la lune exceptée), provient de
ce que nous les observons d'une station qui est elle-
même en mouvement, et cette complication disparaîtrait si nous pouvions les observer du soleil; tandis que
le mouvement du soleil lui-même se présente à nous
sous la forme la plus simple, et peut être très-avanta-
geusement étudié, de la station que nous occupons.
Ainsi, indépendamment de l'importance que ce luminaire a pour nous sous d'autres rapports, la connaissance des lois de son mouvement doit servir d'introduction à celle des mouvemens de tous les autres corps
de notre système.

(256.) L'écliptique, ou la route apparente du soleil
sur le ciel étoilé, est parcourue par cet astre dans une
période nommée *année sidérale*, dont la durée est de
$365^j 6^h 9^m 9^s$, 6 en temps solaire moyen, ou de $366^j 6^h$
$9^m 9^s$, 6 en temps sidéral. La raison de cette différence (qui est en même temps l'origine de la différence entre le temps solaire et le temps sidéral), tient
à ce que le mouvement annuel apparent du soleil par
rapport aux étoiles, s'accomplissant en sens contraire
du mouvement diurne apparent, commun aux étoiles
et au soleil, il revient au même de supposer au soleil
ces deux mouvemens, ou de ne lui supposer qu'un
mouvement diurne, mais *plus lent* que celui des étoiles. Au bout d'une année, le soleil a rétrogradé sur les
étoiles de toute la circonférence d'un cercle, ou en d'autres termes, il a fait une révolution diurne de moins
qu'elles; de sorte que le même intervalle de temps qui
se mesure en temps sidéral par $366^j 6^h$, etc., s'ex-

prime par 365 j 6ʰ, etc., lorsque l'on compte par jours et fractions de jours solaires moyens. Il en résulte un rapport entre le jour moyen solaire et le jour sidéral, qui, exprimé en fractions décimales, est celui de 1,00273791 à 1. On peut comparer la mesure du temps, rapportée à ces deux étalons différens, à une mesure de longueur, rapportée aux pieds ou aux aunes usités chez deux nations différentes. Il n'en peut résulter aucune erreur, dès que l'on connaît le rapport des étalons employés.

(257.) La position de l'écliptique relativement aux étoiles peut, quant à présent, être réputée invariable. Le fait n'est pas vrai en rigueur, et si l'on compare la position actuelle de l'écliptique avec celle qu'elle occupait à l'époque des observations les plus reculées, on y découvrira de petits changemens que la théorie indique, et dont nous expliquerons plus tard la nature; mais ces déplacemens sont si excessivement lents, que pendant une longue suite d'années, et même pendant des siècles, ce cercle peut être regardé comme occupant la même position sur le ciel étoilé.

(258.) Les *pôles de l'écliptique*, comme ceux de tout autre grand cercle de la sphère, sont deux points opposés de la surface sphérique, situés à égale distance de tous les points de la circonférence du cercle. Ils sont séparés des pôles de l'équateur par un intervalle angulaire égal à l'inclinaison de l'écliptique sur l'équateur (23° 28′) et que l'on nomme *l'obliquité de l'écliptique*. Si dans la figure P,*p*, représentent les pôles nord et sud (et lorsque nous n'ajouterons pas d'autres qualifications, nous entendrons toujours par là les pôles de l'équateur), si de plus EVQA représente l'équateur, VSAW l'écliptique, dont les lettres K, *k* désignent les pôles; l'angle sphérique QVS sera l'obliquité de l'é-

cliptique , et il aura pour mesure PK ou SQ. En admettant que le mouvement apparent du soleil ait lieu

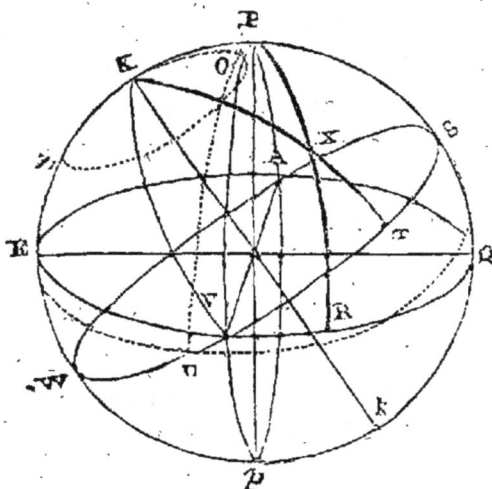

dans le sens VSAW, V sera *l'équinoxe du printemps*,
A celui *d'automne.* S et W, qui sont les deux points
de l'écliptique les plus éloignés de l'équateur , pren-
dront le nom de *solstices*, parce qu'aux époques où le
soleil y arrive , il cesse de s'éloigner de l'équateur, et
paraît immobile dans le ciel ; ou du moins dépourvu
de mouvement en déclinaison. Le point S, qui est
celui de la plus grande déclinaison *boréale* du soleil, se
nomme le *solstice d'été*, et le point W, qui est celui
de la plus grande déclinaison *australe*, se nomme le
solstice d'hiver. Ces épithètes tirent leur origine de
la dépendance qui existe entre les saisons et les déclinaisons du soleil, ainsi que nous l'expliquerons dans le
chapitre suivant. Le cercle EKPQkp, qui passe
par les pôles de l'écliptique et de l'équateur, se nomme
le *colure des solstices*. Le cercle horaire PVpA, mené par les points équinoxiaux, se nomme le *colure des
équinoxes*.

(259.) Puisque l'écliptique garde une situation déterminée sur le ciel étoilé, on peut y rapporter, comme à l'équateur, les positions des étoiles, au moyen de cercles menés perpendiculairement à l'écliptique, et qui passent par ses pôles. De tels cercles se nomment en astronomie, *cercles de latitude*; la distance d'une étoile à l'écliptique, mesurée sur le cercle de latitude mené par cette étoile, se nomme la *latitude* de l'étoile; l'arc de l'écliptique intercepté entre ce cercle et l'équinoxe du printemps, en est la *longitude*. Sur la figure, X est une étoile, P X R le cercle de déclinaison par lequel on la rapporte à l'équateur, K X T le cercle de latitude par lequel on la rapporte à l'écliptique. En conséquence V R est l'ascension droite de l'étoile, R X en est la déclinaison, V T la longitude, T X la latitude. L'emploi des termes de longitude et de latitude, dans ce sens, semble venir de ce qu'on a considéré l'écliptique comme une sorte d'équateur naturel du ciel, ayant une position invariable par rapport aux étoiles, comme est celle de l'équateur terrestre par rapport aux points de la surface de la terre. Nous comprendrons bientôt la portée de cette observation.

(260.) Du moment que l'on connaît l'ascension droite et la déclinaison d'une étoile, on peut en trouver la longitude et la latitude, et réciproquement. Voici la solution de ce problème, d'un grand usage en astronomie physique. Dans notre dernière figure, le colure des solstices E K P Q a tous ses points situés à 90° de l'équinoxe du printemps V, qui est par conséquent l'un des pôles de ce grand cercle. L'ascension droite V R étant donnée, ainsi que l'arc V E, on connaît l'arc E R, et l'arc sphérique E P R ou K P X dont cet arc est la mesure. Dans le triangle sphérique K P X on connaît donc : 1° le côté P K, ou la distance des pôles de l'écliptique et de l'équateur, égale à l'obliquité de l'écliptique; 2° le côté P X qui est la *distance polaire* ou le complément de la déclinaison R X; 3° l'angle compris K P X; d'où, par la trigonométrie sphérique, il est aisé de trouver le troisième côté K X et les deux autres angles. Or, K X est le complément de la latitude cherchée X T; et l'angle P K X étant connu, tandis que P K V est un angle droit (à cause de S V = 90°), on connaît l'angle X K V, par conséquent l'arc V T ou la longitude cherchée. Le problème inverse se résout à l'aide du même triangle par un procédé exactement semblable.

(261.) La même série d'observations qui a déterminé la marche du soleil par rapport aux étoiles, ou la position de l'écliptique, détermine la position sur la sphère étoilée, à l'époque des observations, de l'équinoxe V, point d'une grande importance en astronomie pratique, comme origine ou zéro des ascensions droites. Or, si l'on répète le même système d'observations à des époques très-éloignées, on reconnaît un phénomène fort remarquable, savoir : que l'équinoxe ne conserve pas une position constante par rapport aux étoiles, mais qu'il se déplace, en rétrogradant d'une manière continuelle et régulière, quoique avec une extrême lenteur, dans la direction V W, ou de l'est à l'ouest, en sens contraire du mouvement par lequel le soleil avance dans ce cercle. Comme l'écliptique et l'équateur ne sont pas très-inclinés l'un sur l'autre, ce mouvement de l'équinoxe de l'est à l'ouest le long du premier cercle, conspire, généralement parlant, avec le mouvement diurne, et fait que, par rapport à ce dernier mouvement, l'équinoxe avance continuellement sur les étoiles. De là le nom de *précession des équinoxes* donné au phénomène dont il s'agit, à cause que la position de l'équinoxe relativement aux étoiles *précède* à chaque instant, par rapport au mouvement diurne, celle qu'il avait l'instant d'auparavant. La rétrogradation de l'équinoxe sur l'écliptique est de 50″,10 *par an*, quantité extrêmement petite, mais dont l'accumulation d'année en année finit par devenir très-sensible, et par être d'un grand inconvénient en astronomie pratique, en ce qu'elle trouble, après un assez petit nombre d'années, l'arrangement des catalogues d'étoiles, et oblige d'en reconstruire de nouveaux. Depuis la formation du plus ancien catalogue dont il soit fait mention, le lieu de l'équinoxe a rétrogradé d'environ 30°. Il décrit le tour entier de l'écliptique dans une période de 25868 ans.

(262.) Le résultat uranographique immédiat de la précession des équinoxes est *un accroissement uniforme de longitude* pour tous les corps célestes, fixes ou errans. En effet, comme l'équinoxe du printemps est le point initial d'où l'on compte les longitudes aussi bien que les ascensions droites, une rétrogradation de ce point sur l'écliptique influe également sur les longitudes de tous les astres, qu'ils soient en mouvement ou en repos, et produit l'apparence d'un mouvement en longitude commun à tous; comme si la sphère céleste décrivait une rotation lente autour des pôles de l'écliptique, dans le cours de la longue période dont il vient d'être fait mention, de la même manière qu'elle tourne en vingt-quatre heures autour des pôles de l'équateur.

(263.) Néanmoins, pour se former une notion juste de ce curieux phénomène astronomique, il convient d'abandonner momentanément la considération de l'écliptique qui pourrait tendre à introduire de la confusion dans les idées, à cause que la stabilité de l'écliptique

elle-même, par rapport aux étoiles, n'est qu'approchée
(art. 257), et que les petites oscillations qu'elle éprouve
se compliqueraient avec la cause principale du phénomène. Cette cause sera placée dans tout son jour, si,
au lieu de considérer l'équinoxe, nous fixons notre
attention sur le pôle du cercle équinoxial, ou sur le
point évanouissant de l'axe terrestre.

(264.) Le lieu de ce point relativement aux étoiles
se détermine aisément à chaque époque par les plus directes de toutes les observations astronomiques, celles
qui se font au cercle mural. Nous pouvons avec cet
instrument mesurer en chaque instant les distances
exactes du pôle, à trois ou à un plus grand nombre
d'étoiles ; et en considérant les triangles formés par le
pôle et par ces étoiles, rapporter avec une précision absolue ce point sur un globe, sans nous inquiéter aucu-
nement de la position qu'il occupe relativement à l'é-
cliptique ou à tout autre cercle avec lequel il n'a pas de
liaison naturelle. Or, si l'on exécute ceci avec le soin
et l'exactitude convenables, on trouvera que, pour de
courts intervalles de temps, tels que ceux qui ne comprendraient qu'un petit nombre de jours, le pôle ne
varie pas sensiblement de position ; mais qu'en réalité
il est sujet à un mouvement continuel extrêmement lent.
Chose plus remarquable, ce mouvement n'est pas
uniforme, mais il se compose d'un mouvement principal, uniforme, ou à très-peu près uniforme, et de
petites oscillations périodiques subordonnées au premier mouvement. Celui-ci produit le phénomène de
la *précession*. Les oscillations subordonnées constituent un autre phénomène distinct, connu sous le nom
de *nutation*. A la vérité ces deux phénomènes, théoriquement parlant, se rattachent à un même principe
général, et ont entre eux des connexions intimes, de-

vant être rangés tous deux parmi les conséquences nombreuses du mouvement de la terre autour de son axe : mais pour le moment on gagnera en clarté à les envisager séparément.

(265.) On trouvera ainsi qu'en vertu de la partie uniforme de son mouvement, le pôle décrit un cercle dans le ciel autour du pôle de l'écliptique, en en restant toujours à une distance de 23° 28′, et en s'avançant de l'est à l'ouest, avec une vitesse telle que l'arc décrit annuellement dans l'orbite imaginaire est de 50″,10, et que le cercle entier est décrit dans une période de 25868 ans. On voit sans peine comment un pareil mouvement du pôle donne lieu à la rétrogradation des équinoxes : car si, dans la figure de l'art. 259, on suppose que le pôle P soit un mouvement autour de K sur le petit cercle P O Z; lorsque le pôle sera venu en O, le cercle équinoxial E V Q aura pris une nouvelle position EUQ, de manière à ce que chaque point de la circonférence de ce grand cercle soit situé à 90° du point O. Le point U sera la nouvelle intersection du cercle équinoxial avec l'écliptique, ou le nouvel équinoxe; et ce point sera situé par rapport à V, l'équinoxe originaire, du même côté vers lequel est dirigé le mouvement du pôle, c'est-à-dire à l'ouest.

(266.) La précession des équinoxes, conçue de la sorte, consiste dans un mouvement réel et très-lent du pôle sur la sphère étoilée, opéré circulairement autour de l'écliptique. Ce phénomène ne peut avoir lieu sans entraîner des changemens correspondans dans le mouvement diurne apparent de la sphère, et dans l'aspect que le ciel présente à des époques très-éloignées l'une de l'autre. Puisque d'ailleurs le pôle céleste n'est autre chose que le point évanouissant de l'axe de la terre, il en résulte nécessairement que cet axe est doué d'un mouvement conique, en vertu duquel son point évanouissant correspond successivement aux divers points du petit cercle en question. On ne peut se faire une plus juste idée de ce phénomène qu'en le comparant au mouvement d'une toupie quand elle ne dort pas debout sur son axe: ce jouet d'enfant, lorsqu'il est bien travaillé et équilibré avec soin, devient un instrument philosophique élégant, propre non-seulement à faire concevoir clairement le fait de la précession, mais à donner déjà de bonnes notions sur la cause physique et dynamique qui le produit. Le lecteur doit se garder de confondre le *changement de direction* de l'axe terrestre *dans l'espace* avec le déplacement de cette ligne imaginaire *dans l'intérieur de la terre*. Toute la terre participe au mouvement de son axe, comme si c'était réellement une barre de fer qui traversât l'intérieur de la masse. On le prouve par deux grands résultats d'observation : l'un est la permanence des latitudes terrestres, ou des situations géographiques des divers lieux de la surface de la terre par rapport aux pôles, lesquelles n'ont éprouvé aucun changement appréciable depuis les temps les plus reculés. L'autre est la conservation du niveau des mers, qui serait impossible, si toute la masse de la terre n'accompagnait pas l'axe dans son mouvement.

(267.) Les effets de la précession sur l'aspect du ciel consistent à imprimer aux étoiles et aux constellations un mouvement *apparent*, en vertu duquel les unes semblent se rapprocher du pôle, et les autres s'en éloigner. L'étoile brillante de la Petite-Ourse, que nous nommons l'étoile polaire, n'a pas porté toujours et ne devra pas toujours porter ce nom. À l'époque de la construction des plus anciens catalogues, elle était éloignée de 12° du pôle ; aujourd'hui elle n'en est plus qu'à 1° 24', et elle s'en rapprochera jusqu'à la distance d'environ un demi-degré; après quoi elle s'en éloignera pour faire place à d'autres, qui lui succèderont dans le voisinage du pôle. Au bout d'environ 12000 ans, l'étoile α de la Lyre, la plus brillante de l'hémisphère nord, aura le caractère remarquable d'une étoile polaire, n'étant plus éloignée du pôle que d'environ 5°.

(268.) La *nutation* de l'axe terrestre est un petit mouvement gyratoire subordonné à la précession, en vertu duquel, s'il existait seul, le pôle décrirait dans l'intervalle d'environ 19 ans une petite ellipse, dont le grand axe serait de 18″,5, et le petit axe de 13″,74; le grand axe étant dirigé vers le pôle de l'écliptique, et le petit dans la direction perpendiculaire. La conséquence de ce mouvement réel du pôle est un mouvement apparent des étoiles assujéti à la même période, par suite duquel les unes semblent se rapprocher, et les autres s'éloigner du pôle. En outre, puisque la position du pôle dans le ciel détermine la situation de l'équinoxe sur l'écliptique, la même cause doit donner naissance à un petit mouvement d'avance et de recul des points équinoxiaux, d'où résultent, dans la même période, un accroissement et un décroissement alternatifs des longitudes et des ascensions droites des étoiles.

(269.) Cependant les deux mouvemens que nous avons considérés à part subsistent conjointement. Tandis que le pôle, en vertu de la nutation, décrit une ellipse de 18″,5 de diamètre, il est entraîné en vertu du mouvement régulier et progressif de précession, sur le petit cercle de 23° 28' de rayon, dont le pôle de l'écliptique est le centre, et il décrit sur ce cercle un arc égal à 19 fois 50″,1; ce qui correspond à un arc de 6′ 20″, vu du centre de la sphère. En conséquence, la courbe décrite par suite de ces deux mouvemens combinés ne sera ni une ellipse, ni un cercle, mais un anneau légèrement ondulé, comme celui qu'on a représenté dans la figure de l'art. 272, en exagérant beaucoup toutefois les ondulations.

(270.) Les mouvemens de précession et de nutation sont communs à tous les corps célestes, fixes et errans, ce qui ne permet pas de les expliquer autrement que nous l'avons fait, par un mouvement réel de l'axe terrestre. S'ils n'affectaient que les étoiles, on pourrait dire d'une manière tout aussi plausible qu'ils proviennent d'une rotation réelle de la sphère étoilée (considérée comme une masse solide) qui s'accomplirait dans la période de 25868 ans, autour d'un axe passant par les pôles de l'écliptique, et d'une gyration elliptique du même axe dans la période de 19 ans. Mais comme ils affectent également le soleil, la lune et les planètes, qui ont leurs mouvemens propres indépendans du système des étoiles, et qu'on ne peut sans extravagance supposer attachés à la concavité du firmament[*], cette explication croule par la base. Il ne reste plus que l'hypothèse d'un mouvement réel de la terre. Nous verrons, dans un des chapitres suivans, que les mouvemens dont il s'agit sont une conséquence nécessaire de la rotation de la terre, combinée avec sa figure elliptique, et avec l'inégalité d'attraction du soleil et de la lune sur les régions polaires et équatoriales.

[*] Cet argument, tout pressant qu'il est, acquiert une force nouvelle et décisive par la connaissance des *lois* de la nutation, qui est liée dans sa période à la position de l'*orbe lunaire*. Si l'on attribuait la nutation à un mouvement réel de la sphère céleste, il faudrait dire que cette sphère est entretenue dans un état continuel de *trépidation* par le mouvement de la lune!

(271.) La précession et la nutation, en tant qu'elles affectent les lieux apparens des étoiles, sont de la plus grande importance en astronomie pratique. Lorsque nous parlons de l'ascension droite et de la déclinaison d'un objet céleste, il devient nécessaire de fixer l'*époque* à laquelle elles se rapportent, et de dire si nous entendons parler de l'ascension droite *moyenne* (c'est-à-dire corrigée des oscillations périodiques dues à la nutation), ou de l'ascension droite *apparente*, affectée de l'avance et du recul périodiques du point équinoxial, et ainsi pour les autres élémens. Dans la pratique, les astronomes *réduisent* (c'est le terme) leurs observations d'ascensions droites et de déclinaisons à une même époque convenablement choisie, telle que le commencement de l'année pour les applications temporaires, le commencement de la décade ou du siècle pour celles qui ont plus de permanence, en soustrayant l'effet dû à la précession dans l'intervalle. Ils dépouillent aussi leurs observations de l'influence de la nutation, en calculant et soustrayant le changement d'ascension droite et de déclinaison, dû à la translation du pôle, du centre à la circonférence de la petite ellipse dont on a parlé. Ce dernier procédé s'appelle, en langage technique, faire aux observations la *correction* due à la nutation, ou, plus simplement, leur appliquer l'*équation* de la nutation. On emploie toujours en astronomie le mot d'*équation* dans ce dernier sens, pour indiquer la modification que doit subir la valeur observée d'une quantité sujette à des oscillations périodiques, afin d'être ramenée à ce qu'elle serait si la cause d'oscillation n'existait pas.

(272.) Dans le cas actuel, on a construit pour atteindre ce but des formules et des tables très-commodes, mais qui ont un caractère trop technique pour trouver place ici ; de sorte que nous nous bornerons à donner un aperçu des principes sur lesquels la construction en est fondée. On a vu dans l'art. 260 comment l'ascension droite et la déclinaison d'un astre se déduisent de sa longitude et de sa latitude. Reportons-nous à la figure de cet article, et supposons le triangle K P X projeté orthographiquement sur le plan de l'écliptique, comme dans la figure ci-jointe. Dans le triangle K P X, K P est l'obliquité de l'écliptique, K X le complément de la latitude, et l'angle P K X le com-

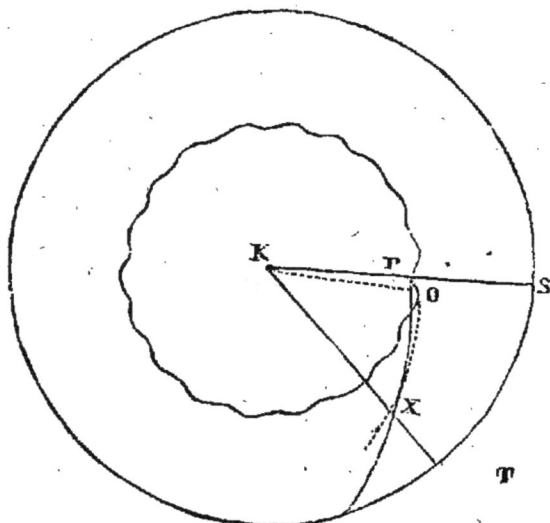

plément de la longitude de l'objet X. Tels sont les élémens de la question, dont le premier reste constant, tandis que les deux autres varient par la précession et la nutation. L'effet dû à cette dernière cause reste toujours très-petit de sa nature ; l'autre est aussi très-petit, par la raison qu'on ne le calcule jamais que pour un temps très-court en comparaison de la période de 25868 ans exigée pour son complet développement. En conséquence, l'un et l'autre effets sont de l'ordre de ceux qu'on peut traiter en géométrie comme infiniment petits, sans crainte d'erreur sensible. La question se réduit en conséquence à ceci : On a un triangle sphérique K P X, dont un côté K X est constant, tandis que l'angle K et le côté adjacent KP éprouvent des variations infiniment petites par le changement de position du point P ; on demande quelles variations correspondantes éprouvent l'autre côté P X et l'angle K P X ? Ce problème très-simple de géométrie sphérique, étant résolu, donne les réductions que l'on cherche; car P X est la distance polaire de l'objet, et l'angle K P X est l'ascension droite plus 90°; de sorte que les variations de ces grandeurs sont numériquement les mêmes que celles de la déclinaison et de l'ascension droite. Il suffit donc de savoir exprimer les valeurs de la précession et de la nutation *en longitude* et *en latitude*, pour en déduire les variations d'ascension droite et de déclinaison.

(273.) La précession en latitude est zéro; quant à la précession en longitude, elle croît proportionnellement au temps, à raison de 50″,1 par an. Les valeurs de la nutation en longitude et en latitude sont les abscisses et les ordonnées de la petite ellipse sur laquelle le pôle se meut. Mais la loi de ce mouvement, étant liée à la théorie des mouvemens lunaires, ne saurait être saisie par le lecteur à qui les fondemens de cette théorie sont encore étrangers. Voyez à ce sujet le chap. XI.

(274.) Une autre conséquence de ce qui précède, c'est que le *temps sidéral*, compté à la manière des astronomes, c'est-à-dire à partir de l'instant du passage du point équinoxial au méridien, n'est pas une quantité uniformément croissante, en tant qu'elle est affectée de la nutation; et, de plus, que la durée du jour sidéral *ainsi comptée*, lors même qu'on la corrige de ses oscillations périodiques, ne correspond pas *rigoureusement* à la rotation diurne de la terre. De même que le soleil *perd* un jour par an sur les étoiles, par son mouvement *direct* en longitude, l'équinoxe *gagne* un jour en 25868 ans par sa *rétrogradation*. On doit donc distinguer soigneusement le temps sidéral moyen du temps sidéral apparent , comme on a distingué deux temps solaires, l'un moyen, l'autre apparent.

(275.) Ni la précession, ni la nutation, ne changent les situations apparentes des objets célestes les uns par rapport aux autres. Le résultat de ces deux phénomènes n'est pas de les faire voir autrement qu'ils ne sont, mais de rendre plus ou moins instable la station d'où nous les voyons ; de même qu'en mer l'aspect des objets situés au loin sur la côte n'est point altéré , quoiqu'ils semblent monter et descendre par suite du roulis et du tangage du navire. Mais il y a en outre une cause optique, indépendante de la réfraction ou de la perspective, qui déplace les situations relatives des objets célestes , et fausse toujours jusqu'à un certain point l'aspect du ciel, dont il faut par conséquent connaître et savoir évaluer l'influence pour fixer exactement le lieu de chaque objet. Cette cause se nomme l'*aberration de la lumière*, phénomène singulier, provenant de ce que le lieu d'où nous observons les astres est dans un état de mouvement rapide, et de ce que les directions apparentes des rayons de lumière ne sont pas les mêmes, selon que l'observateur est en repos ou en mouvement. L'influence de ce phénomène en uranographie nous oblige de l'expliquer ici, quoiqu'il faille pour cela anticiper sur quelques-uns des faits dont l'exposition détaillée est renvoyée aux chapitres suivans.

(276.) Supposons qu'une ondée de pluie tombe perpendiculairement par un temps bien calme : une personne exposée à la pluie, qui se tient debout et immobile, recevra la pluie sur son chapeau, et s'en trouvera
garantie; mais si elle se met à courir dans une direction quelconque, elle recevra la pluie au visage, de la
même manière que si elle restait en repos, et qu'un
vent vînt à s'élever, animé de la même vitesse que cette
personne lorsqu'elle se met à courir. Supposons encore qu'une balle tombe du point A situé au-dessus de
la ligne horizontale E F, et qu'au point B on ait disposé pour la recevoir l'ouverture d'un tube creux incliné P Q; si le tube était immobile, la balle glisserait

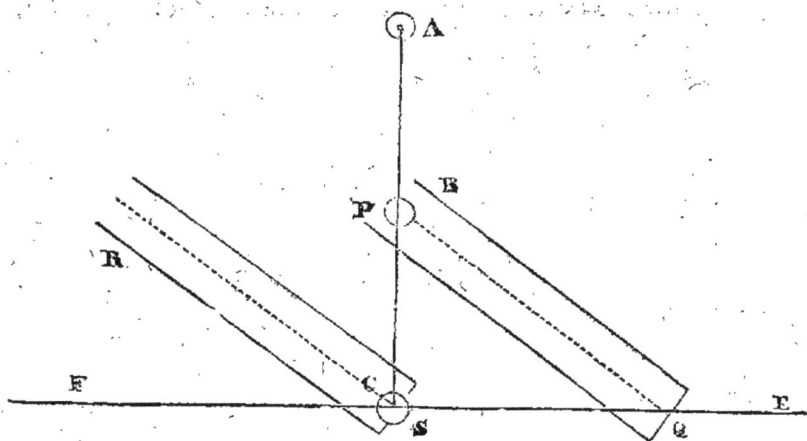

le long de son arête inférieure; mais si en même temps
le tube est entraîné en avant dans la direction E F, en
conservant la même inclinaison à l'horizon, avec une
vitesse dont le rapport à celle de la balle à chaque instant soit convenablement déterminé, de manière à ce
que la balle arrive librement en C, quand le tube aura
pris la position R S, il est évident que la balle, pendant tout le temps de sa descente, aura parcouru l'axe
du tube. Un spectateur qui serait entraîné avec le

tube sans se douter de son mouvement, et qui rapporterait au tube le mouvement de la balle, s'imaginerait que celle-ci s'est mue dans la direction inclinée R S, qui est celle de l'axe du tube.

(277.) Nos yeux et nos télescopes sont de pareils tubes. De quelque manière que l'on considère la lumière, comme une série d'ondulations qui se propagent dans un éther immobile, ou comme une pluie d'atomes qui traversent l'espace; si, dans le moment que les rayons traversent l'objectif du télescope ou la cornée de l'œil (moment qui est celui où ils acquièrent la convergence en vertu de laquelle ils semblent dirigés vers un certain point de l'espace), le fil de l'un ou la rétine de l'autre sont frappés obliquement, le point de convergence, qui reste le même, cessera de correspondre à l'intersection des fils ou au centre de la rétine. L'objet *paraîtra* déplacé, et le montant de ce déplacement sera *l'aberration*.

(278.) La terre se meut dans l'espace avec une vitesse de près de 7 lieues par seconde, en décrivant une ellipse autour du soleil, et par conséquent en changeant à chaque instant la direction de son mouvement. La lumière se propage avec une vitesse d'environ 70000 lieues par seconde, vitesse considérablement plus grande que celle de la terre, mais qui néanmoins ne peut pas être considérée comme infiniment grande relativement. L'espace décrit par la terre dans un temps donné est à celui que traverse la lumière dans le même temps, comme 1 est à 10000, ou plus exactement comme la tangente d'un arc de 20″,5 est au rayon. Supposons maintenant que A P S représente un rayon de lumière venu d'une étoile A, et que le tube P Q soit celui d'un télescope incliné de manière à ce que l'image focale *formée* par l'objectif soit *reçue* au point de croisement des fils ; il faudra, d'après ce qui vient d'être dit, que l'inclinaison du tube soit calculée de manière à donner P S ∶ S Q ∶∶ la vitesse de la lumière ∶ la vitesse de la terre ∶∶ tang 20″, 5 ∶ 1. Par conséquent l'angle S P Q ou P S R, dont l'axe du télescope est dévié de la position de l'étoile, devra être de 20″, 5.

(279.) On pourrait employer un raisonnement semblable, lors même que la direction du mouvement de la terre ne serait pas perpendiculaire au rayon visuel. Soit S B la vraie direction du rayon visuel, A C la direction

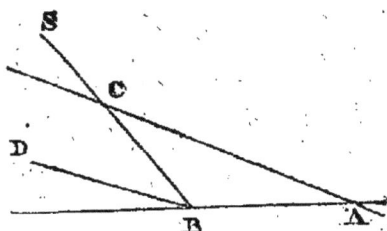

apparente ou celle dans laquelle doit être placé le télescope, on aura toujours la proportion B C ∶ B A ∶∶ la vitesse de la lumière ∶ la vitesse de la terre ∶∶ le rayon ∶ sin 20″, 5 ; car, pour de si petits angles, on peut indifféremment substituer les sinus aux tangentes. Mais on a par la trigonométrie, B C ∶ B A ∶∶ sin B A C ∶ sin A C B ou sin C B D, et ce dernier angle est le déplacement apparent causé par l'aberration. On voit par là que le sinus de l'aberration, ou (puisqu'il s'agit d'angles très-petits) l'aberration elle-même est proportionnelle au sinus de l'angle formé par la direction du mouvement de la terre dans l'espace avec le rayon visuel ; qu'elle atteint par conséquent son *maximum* lorsque cette direction est perpendiculaire au rayon.

(280.) L'effet uranographique de l'aberration consiste donc à altérer l'aspect du ciel, en refoulant toutes les étoiles vers le point de la sphère céleste où concou-

rent les lignes parallèles à la direction actuelle du mouvement de la terre. Comme la terre tourne autour du
soleil dans le plan de l'écliptique, le point dont il s'agit
reste toujours compris dans ce plan, à 90° d'avance sur
la longitude de la terre, ou à 90° en arrière du soleil;
et il change sans cesse de place, en faisant dans la durée d'un an le tour entier de l'écliptique. On démontre
facilement que l'effet qui en résulte pour chaque étoile
en particulier consiste à lui faire décrire sur la sphère
céleste une petite ellipse, dont le centre est le point
même où l'on verrait l'étoile si la terre était immobile.

(281.) L'aberration fait varier les ascensions droites
et les déclinaisons apparentes de toutes les étoiles, de
quantités faciles à calculer. Les formules les plus propres à cet objet, et qui embrassent en même temps les
corrections pour la précession et la nutation, de manière à permettre à l'astronome de dégager promptement de leur influence ses observations d'ascensions
droites et de déclinaisons, ont été construites par le
professeur Bessel, et réduites en tables dans l'appen-
dix du premier volume des *Transactions de la Société
astronomique.* On les y trouvera accompagnées d'un
catalogue étendu des positions des principales étoiles
fixes pour 1830; un des ouvrages de ce genre les plus
utiles et les mieux disposés.

(282.) Lorsque le corps d'où émane le rayon visuel
est lui-même en mouvement, la meilleure manière
de concevoir les effets de l'aberration (indépendamment de toute vue théorique sur la nature de la lumière *) est la suivante. Le rayon par lequel nous

*Les deux systèmes des ondulations et de l'émission de la lumiè-
re reviennent au même , quant à l'explication des phénomènes
généraux de l'aberration ; mais il y a une légère différence quant
aux résultats numériques. Dans la théorie ondulatoire, la pro-

voyons un objet, n'est pas celui qu'il émet au moment où nous le voyons, mais celui qu'il a émis à un instant séparé du moment actuel par l'intervalle de temps nécessaire à la lumière pour arriver de ce corps jusqu'à nous. L'aberration d'un tel objet, due à la vitesse de la terre, doit être considérée comme une correction qui s'applique, non à la ligne qui joint l'objet à la terre au moment de l'observation, mais à la ligne qui joignait l'un à l'autre, lorsque le rayon a quitté l'objet. De là se déduit aisément la règle donnée dans les traités d'astronomie, pour le cas d'un objet en mouvement. *D'après les lois connues des mouvemens réels de l'astre et de la terre, calculez le mouvement angulaire apparent ou relatif de l'astre, dans le temps que met la lumière à parcourir la distance qui le sépare de la terre, et vous aurez l'aberration*, en vertu de laquelle l'astre sera déplacé dans une direction contraire à celle de son mouvement apparent par rapport aux étoiles.

Nous terminerons ce chapitre en indiquant quelques problèmes d'uranographie qui se rencontrent fréquemment dans la pratique, et qu'on résout par les règles de la trigonométrie sphérique.

(283.) Sur les cinq quantités dont l'énumération va suivre, trois étant données, trouver les deux autres.

1° La latitude d'un lieu terrestre; 2° la déclinaison

---

pagation de la lumière a lieu avec une égale vitesse dans toutes les directions, que le corps lumineux soit en repos ou en mouvement : dans la théorie corpusculaire, l'excès de la vitesse de propagation dans le sens du mouvement du corps lumineux, sur la vitesse de propagation en sens contraire, est le double de la vitesse de ce corps. La plus grande différence qui puisse en résulter dans l'aberration des corps lumineux *de notre système*, s'élève à environ 6 millièmes de seconde.

d'un objet céleste; 3° son angle horaire à l'est ou à l'ouest du méridien; 4° sa hauteur; 5° son azimuth.

Dans la figure de l'art. 94, P est le pôle, Z le zénith, S une étoile; les cinq quantités ci-dessus mentionnées, ou leurs complémens, constituent les côtés et les angles du triangle sphérique P Z S; PZ étant le complément de la latitude (géographique), PS la distance polaire ou le complément de la déclinaison, SPZ l'angle horaire, PS la distance zénithale ou le complément de la hauteur, et PSZ l'azimuth. La résolution de ce triangle sphérique donnera celle de tous les problèmes qui dépendent des relations entre ses élémens.

(284) Par exemple, supposons qu'on demande l'instant du lever ou du coucher du soleil ou d'une étoile, connaissant son ascension droite et sa distance polaire. L'astre se lève quand il est *en apparence* à l'horizon, et *en réalité*, à cause de la réfraction, quand il n'est plus qu'à 34' au-dessous de ce plan; de sorte qu'au moment de son lever apparent, sa distance zénithale est 90° 34' = ZS. La distance polaire PS étant donnée, ainsi que le complément Z P de la latitude du lieu, on connaît les trois côtés du triangle. On peut donc calculer l'angle horaire ZPS; et en l'ajoutant à l'ascension droite de l'astre, ou en l'en retranchant, on aura le temps sidéral du coucher ou du lever, que l'on pourra convertir en temps solaire, au moyen des règles et des tables destinées à opérer cette conversion.

(285.) Comme second exemple de la résolution du même triangle, nous pouvons nous proposer de déterminer le temps sidéral et la latitude d'un lieu, en observant les hauteurs égales d'une même étoile à l'est et à l'ouest du méridien, et en comptant l'intervalle des observations en temps sidéral.

Comme les angles horaires qui correspondent à des hauteurs égales d'une étoile fixe sont égaux, la moitié du temps sidéral écoulé entre les observations donnera la mesure d'un des angles horaires est ou ouest. On connaîtra donc dans notre triangle l'angle horaire Z P S, la distance polaire P S de l'étoile, et sa distance zénithale Z S au moment de l'observation. On en conclura P Z, complément de la latitude du lieu. En outre, l'angle horaire d'une étoile étant connu, ainsi que son ascension droite, on connaît le point de l'équinoxial qui passait au méridien au moment de l'observation, et par conséquent le moment de l'observation en temps sidéral. Ce procédé est très en usage pour déterminer la latitude et le temps dans une station dont la position géographique est inconnue.

(286.) Il est aussi fort souvent utile de connaître la situation de l'écliptique sur l'hémisphère visible du ciel en chaque instant; c'est-à-dire les points où il coupe l'horizon, la hauteur de son point le plus élevé, que l'on appelle le *nonagésime*, et la longitude de ce point ou sa distance à l'équinoxe. Ces questions et toutes celles qui se rapportent aux mêmes quantités, données ou inconnues, se résolvent au moyen du triangle sphérique Z P E, formé par le zénith Z (que l'on considère ici comme le pôle de l'horizon), par le pôle de l'équinoxial P, et par le pôle de l'écliptique E. Le temps sidéral étant donné, ainsi que l'ascension droite du pôle de l'écliptique (laquelle est toujours égale à 18^h 0^m 0^s), on connaît l'angle horaire de ce pôle Z P E. Les données du triangle en question sont donc le complément P Z de la latitude du lieu, la distance polaire P E du pôle de l'écliptique, égale à 23° 28' et l'angle Z P E. On en déduira : 1° le côté Z E qui est égal, comme on peut aisément s'en convaincre, à la hauteur du nonagésime; 2° l'angle P Z E, ou l'azimuth du pôle de l'écliptique, ce qui donnera,

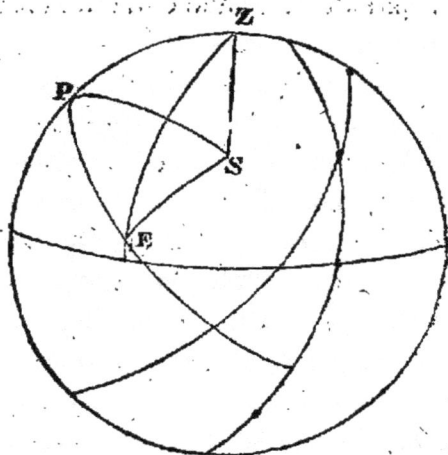

en ajoutant ou retranchant 90°, les azimuths des in-tersections est et ouest de l'écliptique avec l'horizon. Enfin la longitude du nonagésime se trouvera en cal-culant l'angle P E Z, qui en est le complément.

(287.) L'*angle de situation* d'un astre est l'angle compris entre les cercles de latitude et de déclinaison menés par cet astre. Pour le déterminer, il faut ré-soudre le triangle P S E, dans lequel on connaît P S, P E, et l'angle S P E, qui est la différence de l'ascen-sion droite de l'astre à 18ʰ. On en déduit l'angle cherché P S E. Cet angle sert dans plusieurs recher-ches d'astronomie physique. La plupart des auteurs le désignent sous le nom d'*angle de position*; mais on emploie aussi la première expression, qui est plus convenable.

(288.) Ces exemples suffiront pour indiquer la ma-nière de résoudre les questions analogues d'uranogra-phie, qui dépendent de la trigonométrie sphérique. Elles offriront, pour la plupart, peu de difficultés, si l'on veut graver dans son esprit cette règle pratique :

Considérez plutôt les pôles des grands cercles aux-quels les questions se rapportent que les cercles eux-mêmes.

CHAPITRE V.

DU MOUVEMENT DU SOLEIL.

LE MOUVEMENT APPARENT DU SOLEIL N'EST PAS UNIFORME. — SON DIAMÈTRE APPARENT EST VARIABLE. — ON EN CONCLUT LA VARIA-TION DE SA DISTANCE. —. SON ORBITE APPARENTE EST UNE EL-LIPSE DONT LA TERRE OCCUPE UN DES FOYERS. — LOI DE SA VITESSE ANGULAIRE. — ÉGALE DESCRIPTION DES AIRES. — PARAL-LAXE DU SOLEIL. — SA DISTANCE ET SES DIMENSIONS. — EXPLI-CATION COPERNICIENNE DU MOUVEMENT APPARENT DU SOLEIL. — PARALLÉLISME DE L'AXE DE LA TERRE. — SAISONS. — CHALEUR ENVOYÉE PAR LE SOLEIL A LA TERRE DANS LES DIFFÉRENTES PARTIES DE SON ORBITE.

(289.) Dans le chapitre précédent on a vu que la route apparente du soleil est un grand cercle de la sphère, qui est parcouru dans la période d'une année sidérale. Il en résulte que la ligne menée du soleil à la terre est constamment *dans un même plan*; et que le mouvement réel, quel qu'il puisse être, qui pro-duit ce mouvement apparent, a toujours lieu dans un même plan, que l'on nommé le *plan de l'écliptique*.

(290.) Nous avons vu aussi (art. 148) que le mou-vement du soleil en ascension droite, par rapport aux étoiles, n'est pas uniforme. Ce résultat doit être attri-bué en partie à l'obliquité de l'écliptique, par suite de laquelle des changemens égaux en longitude ne cor-respondent pas à des changemens égaux en ascension droite. Mais si nous observons les positions du soleil pendant toute l'année, au moyen du cercle des passages, et que nous calculions en conséquence sa longitude jour par jour, nous trouverons que, même dans l'orbite qu'il parcourt, son mouvement angulaire apparent n'est pas uniforme. La variation *moyenne* de longitude, en 24 heures solaires moyennes, est de $0^\circ 59' 8'',33$; mais, vers le 31 décembre, la variation s'élève à $1^\circ 1' 9'',9$, et vers le 1er juillet, elle n'est plus que de $0^\circ 57' 11'', 5$. Telles sont les valeurs extrêmes et la valeur moyenne de la vitesse angulaire apparente du soleil dans son orbite annuelle.

(291.) Cette variation de vitesse angulaire est accompagnée d'une variation correspondante de distance. Le changement de distance se reconnaît à la variation du diamètre apparent, lorsqu'on le mesure dans différentes saisons de l'année, avec un instrument spécial, nommé *héliomètre**, ou qu'on le calcule d'après le temps que le disque met à traverser le méridien dans l'instrument des passages. Le plus grand diamètre apparent correspond au 31 décembre, ou à la plus grande vitesse angulaire, et il est de $32' 35'',6$; le plus petit est de $31' 31'',0$, et correspond au 1er juillet, ou à l'époque de la moindre vitesse angulaire. Comme nous ne pouvons pas supposer que le soleil change périodiquement de dimensions, les variations de son diamètre apparent ne sauraient provenir que d'un changement de distance. D'ailleurs, les sinus ou tangentes d'aussi petits arcs étant proportionnels aux arcs eux-mêmes, les distances doivent être en raison inverse des diamètres apparens. Par conséquent, la plus grande, la moyenne et la plus petite distance du soleil à nous doivent être dans les rapports des nombres 1,01679; 1,00000 et 0,98321; de telle sorte que

* Ἥλιος, soleil; μετρεῖν, mesurer.

la vitesse angulaire apparente décroisse quand la distance augmente, et réciproquement.

(292.) Il en résulte que l'orbite réelle du soleil, en supposant la terre immobile, n'est pas un cercle dont la terre occupe le centre. La situation de la terre par rapport à cette orbite est *excentrique*, l'*excentricité* s'élevant à 0,01679 de la moyenne distance que l'on peut prendre pour unité dans ce genre de mesures. En outre, la *forme* de l'orbite n'est pas circulaire, mais elliptique. Si d'un point O, pris pour représenter la

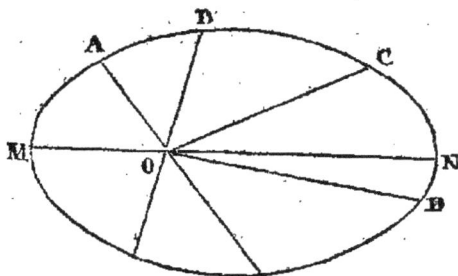

terre, on mène une ligne O A dans une direction fixe, de laquelle on compte les angles A O B, A O C, etc., égaux aux longitudes observées du soleil dans le cours de l'année ; qu'à partir du point A on prenne les distances O A, O B, O C, etc., pour représenter les distances conclues de l'observation de son diamètre apparent, et qu'on joigne ensuite toutes les extrémités A, B, C, etc., par une courbe continue, on aura une représentation exacte de l'orbite relative du soleil autour de la terre. Or, la courbe qui résulte de cette construction, s'écarte sensiblement de la figure circulaire ; elle est évidemment plus longue que large, c'est-à-dire elliptique ; et le point O n'occupe pas le *centre*, mais un des *foyers* de l'ellipse. Ce procédé graphique suffit pour donner une idée générale de la figure de la courbe en question ; mais si l'on veut une

vérification exacte, il faut recourir aux propriétés de
l'ellipse, exposées dans les ouvrages de géométrie, et
exprimer la valeur, par rapport au grand axe ou au
diamètre de l'ellipse, de la distance correspondante à
chaque position angulaire. Le calcul est facile : et en
supposant à l'excentricité la valeur qu'on a assignée
plus haut, on trouve un accord parfait entre les distances ainsi calculées, et celles qui dérivent de la mesure des diamètres apparens.

(293.) Lorsqu'on prend pour unité la distance
moyenne du soleil à la terre, les valeurs extrêmes de
la distance sont 1,01679 et 0,98321. Si nous comparons, de la même manière, la valeur moyenne de la
vitesse angulaire avec les valeurs extrêmes, nous les
trouvons dans les rapports de 1,03386 ; 1,00000 et
0,96614. La variation de la vitesse angulaire du soleil a donc lieu dans un plus grand rapport que celle
des distances, dans un rapport plus que double, d'a-
près les exemples cités. En examinant les expressions
numériques des vitesses à diverses époques, par comparaison avec la vitesse moyenne, et opérant de même
sur les distances correspondantes, on trouvera toujours à peu près, pour les variations des vitesses,
des fractions doubles de celles qui expriment les variations des distances correspondantes. De là on conclut que les vitesses angulaires sont en raison inverse, non des simples distances, mais des *carrés* des
distances ; de telle sorte que si l'on compare le mouvement diurne du soleil en longitude au point A de
son orbite. à son mouvement diurne au point B, on a
la proportion :

$OB^2 : OA^2 :: $ le mouvement diurne en A : au
mouvement diurne en B ; proportion qui se vérifie
exactement pour tous les points de l'orbite.

(294.) Ainsi donc , si l'on suppose que le soleil se meut réellement sur la circonférence de l'ellipse qu'on vient de tracer , il faudra accorder cette conséquence remarquable , que la vitesse réelle du soleil n'est pas uniforme , mais qu'elle croît quand la distance diminue , et décroît quand la distance augmente. En effet, si la vitesse réelle était uniforme , les vitesses angulaires apparentes, d'après les lois de la perspective , seraient en raison inverse des simples distances ; et l'on vient de voir que l'observation indiquait , pour ces vitesses angulaires , une loi de variation plus rapide.

(295.) La forme elliptique de l'orbite solaire , la position excentrique de la terre relativement à cette orbite, l'inégale vitesse avec laquelle le soleil la parcourt, toutes ces circonstances rendraient le calcul de la longitude du soleil, d'après la théorie , difficile ou même impossible tant que la *loi* de la vitesse réelle reste inconnue. Cette loi ne se manifeste pas immédiatement, comme la forme elliptique de l'orbite , par la comparaison directe des angles et des distances : elle exige la considération attentive d'une série d'observations prolongées pendant une période entière. Il a donc fallu que Kepler (le même qui le premier a constaté la forme elliptique de l'orbite) entreprît de longs et pénibles calculs pour découvrir la loi dont il s'agit , énoncée par lui dans les termes suivans : Imaginons une ligne qui joigne le soleil , supposé en mouvement, à la terre supposée immobile : tandis que le soleil se mouvra sur son ellipse , cette ligne (que l'on appelle en astronomie le *rayon vecteur*) , *décrira* ou *parcourra* des portions de l'aire ou de la surface de l'ellipse , et le mouvement sera tel que le rayon vecteur *décrira des aires égales en temps égaux*, sur quelques points de la circonférence de l'ellipse que le soleil se trouve.

(296.) De là il suit que les aires décrites en des temps *inégaux* sont *proportionnelles aux temps.* Ainsi (fig. art. 292) le temps que le soleil met à se mouvoir de A en B, est à celui qu'il emploie à se transporter de C en D, comme l'aire du secteur elliptique A O B est à celle du secteur D O C.

(297.) On peut en conséquence résumer comme il suit les circonstances du mouvement annuel apparent du soleil. Ce mouvement s'accomplit dans une orbite plane dont le plan, qui passe par le centre de la terre, se nomme le plan de l'écliptique, et se projette sur la sphère céleste suivant le grand cercle de ce nom. Néanmoins l'orbite réelle, dans ce plan, n'est pas circulaire, mais elliptique; la terre en occupe le foyer, et non le centre. L'excentricité de cette ellipse est 0,01679, en prenant pour unité la *distance moyenne* ou la *moitié du grand axe de l'ellipse* *. Le mouvement du soleil sur la circonférence de l'ellipse est réglé de telle sorte que le rayon vecteur décrive des aires égales en temps égaux.

(298.) Tout ce que nous venons d'établir ne suppose pas la connaissance de la distance absolue du soleil à la terre, ni pas conséquent celle des dimensions de son orbite et des dimensions du soleil lui-même. Il est évident que les phénomènes de parallaxe peuvent seuls nous donner des indications sur la distance d'un objet inaccessible. On peut définir en général la paral-

---

* L'auteur entend ici par valeur *moyenne* celle qui tient le milieu entre la plus grande et la plus petite valeur. Tel n'est pas le sens qu'il attache ailleurs et qu'on attache ordinairement au mot *moyenne*.   (*Note du traducteur.*)

laxe, le changement de situation apparente d'un objet, par suite du changement de la position réelle de l'observateur. Supposons que P A B Q représente la terre, dont le centre est en C; S le soleil; A, B, les stations de deux spectateurs observant le soleil au

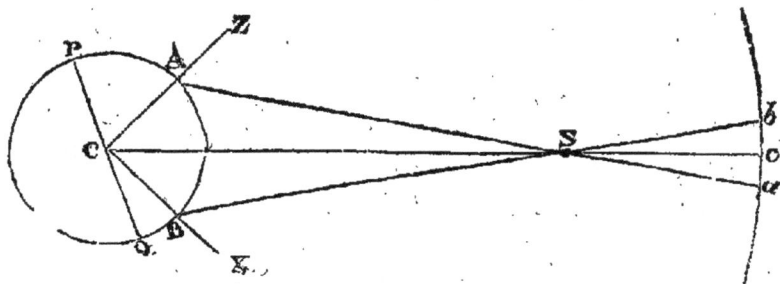

même instant. Le spectateur A le verra dans la direction A S a, et le rapportera au point a, sur la sphère infiniment éloignée des étoiles fixes, tandis que le spectateur B le verra dans la direction B S b, et le rapportera au point b. L'angle compris entre ces directions, mesuré par l'arc céleste a b dont le soleil se trouve *déplacé*, est égal à l'angle A S B; et cet angle étant connu, ainsi que la situation des points A, B, et l'arc terrestre A B qui les sépare, il est évident que la distance C S peut être calculée.

(299.) Le mot de *parallaxe* prend toutefois en astronomie une acception plus technique. Il est employé exclusivement pour désigner la différence entre les positions apparentes d'un objet céleste, vu de la surface, et vu du centre de la terre. Le *centre de la terre* est la station à laquelle, en général, toutes les observations astronomiques sont rapportées; mais comme ces observations se font de la surface, il faut leur faire subir une *réduction au centre*, et cette réduction se nomme *parallaxe*. Les angles A S C, B S B seront, d'après la figure, les parallaxes du soleil aux points A et B.

La parallaxe, en ce sens, peut être qualifiée de *diurne* ou *géocentrique*, pour la distinguer de la parallaxe *annuelle* ou *héliocentrique*, dont il sera question plus loin.

(300.) La réduction pour la parallaxe s'obtient toujours en considérant le triangle A C S, formé par le spectateur, le centre de la terre et l'objet observé ; et puisque le côté C A prolongé passe par le zénith de l'observateur, il s'ensuit que l'effet de la parallaxe (dans l'acception technique du mot) consiste toujours à abaisser ou *déprimer* dans le cercle vertical l'objet observé. Pour évaluer cette dépression, on a, d'après la trigonométrie plane :

$$C S : C A :: \sin C A S = \sin Z A S : \sin A S C.$$

(301.) Pour des objets situés à égales distances de la terre, la parallaxe est donc proportionnelle au sinus de la distance zénithale. Elle atteint son *maximum* quand l'astre observé est à l'horizon, et prend alors le nom de parallaxe horizontale. Quand celle-ci est connue, il suffit de remarquer que les petits arcs sont sensiblement proportionnels à leurs sinus, pour trouver la parallaxe à une hauteur quelconque au moyen de la règle suivante :

La parallaxe = (la parallaxe horizontale) × le sinus de la distance zénithale.

La parallaxe horizontale est donnée par la proportion :

La distance de l'objet : au rayon de la terre :: l'unité : au sinus de la parallaxe horizontale.

On connaît donc la parallaxe horizontale quand le rapport de la distance de l'objet au rayon terrestre est connu : et réciproquement, si l'on peut découvrir par l'observation la parallaxe horizontale d'un objet , on en aura la distance exprimée en unités égales au rayon terrestre.

(302.) Afin d'appliquer au soleil ce raisonnement général , supposons deux observateurs , l'un dans l'hémisphère nord, l'autre dans l'hémisphère sud , sous le même méridien , observant le même jour les hauteurs méridiennes du centre du soleil. Après qu'ils en auront déduit les distances zénithales apparentes , et qu'ils les auront corrigées de la réfraction , la somme de ces distances devrait , si la distance du soleil était du même ordre que celle des étoiles fixes, se trouver précisément égale à la somme des latitudes nord et sud des deux stations ; car la première somme serait alors la même chose que l'angle Z C X, qui est en même temps la distance des stations dans le plan du méridien. Puisque l'effet de la parallaxe est d'accroître chacune des deux distances zénithales, leur somme observée surpassera la somme des latitudes de la somme des parallaxes, ou de l'angle A S B. Ayant ainsi l'angle A S B, on le divisera par la somme des sinus des deux latitudes, pour avoir la parallaxe horizontale.

(303.) Si les deux stations n'étaient pas exactement dans le même méridien, condition très-difficile à remplir, on emploierait encore le même procédé , en ayant seulement égard au changement de la distance zénithale du soleil dans l'intervalle qui s'écoule entre ses passages aux méridiens des deux stations. Ce changement s'évalue sans peine, ou par les tables du mouvement du soleil, fondées sur une longue suite d'observations, ou par l'observation immédiate des hauteurs méridiennes, quelques jours avant et après celui qu'on a choisi pour l'observation qui doit déterminer la parallaxe. Moins les longitudes terrestres des deux stations diffèrent, moins la correction due à l'intervalle des passages est grande; moins, par conséquent, l'exactitude du résultat final court risque d'être affectée par l'incertitude qui subsiste sur le changement diurne de la distance zénithale, à cause de l'imperfection des tables du soleil, ou des observations qui ont servi à déterminer directement ce changement diurne.

(304.) La parallaxe horizontale du soleil a été déterminée par des observations du genre de celles qu'on vient de décrire, exécutées à des stations très-distantes en latitudes, où l'on avait dressé à cet effet des observatoires. On l'a encore calculée par des méthodes plus subtiles, et susceptibles d'une plus grande exactitude, dont nous parlerons dans la suite. On en a ainsi fixé la valeur à environ 8″, 6. Quelque petite que soit cette quantité, on ne peut douter qu'elle n'approche beaucoup de la vérité; et, en conséquence, il faut admettre que la distance moyenne du soleil à nous n'est pas moindre de 23984 fois la longueur du rayon terrestre, ce qui fait environ 34000000 de lieues.

(305.) Pour concilier avec une aussi considérable distance les dimensions apparentes du soleil, et la puissante influence qu'il exerce sur nous par sa chaleur et par sa lumière, nous devons nous faire une grande idée de ses dimensions réelles, et de l'échelle sur laquelle s'accomplissent les phénomènes qui produisent cette libérale et continuelle influence. Ses dimensions réelles se déduisent immédiatement de sa distance et de l'angle sous lequel son diamètre nous apparaît. Un objet placé à la distance de 34000000 de lieues, et soutendant un angle de 32′ 3″, doit avoir un diamètre réel de 320000 lieues. Tel est, par conséquent, le diamètre de ce globe prodigieux. Si on le compare avec celui de notre globe, on trouvera que les dimensions linéaires du soleil surpassent celles de la terre dans le rapport de 111 ½ à 1, et que le rapport des volumes est celui de 1384472 à 1.

(306.) Il serait difficile d'imaginer un objet doué d'une figure globulaire bien déterminée, et de dimensions aussi énormes, en isolant cette idée de celle de masse et de solidité matérielle. D'ailleurs, nos télescopes nous font voir distinctement que cet astre n'est pas un pur fantôme, mais bien un corps doué d'une structure particulière. Avec leur secours, nous apercevons des taches obscures à sa surface, qui changent lentement de places et de formes; et d'après les positions qu'elles occupent à différentes époques, les astronomes ont constaté que le soleil tourne autour d'un axe incliné constamment de 82° 40' sur le plan de l'écliptique, dans une période de 25 jours, et dans le sens de la rotation diurne de la terre, c'est-à-dire de l'est à l'ouest. Cette circonstance établit une analogie remarquable entre le globe du soleil et celui que nous habitons : le mouvement plus lent et plus majestueux du premier correspondant bien à ses vastes dimensions, et nous donnant à penser que l'un et l'autre sont soumis aux mêmes lois mécaniques, qu'ils participent à la même nature, en ce qui concerne l'inertie de la matière et sa manière d'obéir aux forces qui la sollicitent. D'un autre côté, si nous accordons à ce globe immense les attributs d'inertie et de masse, il devient difficile de comprendre comment il peut circuler autour d'un corps tel que la terre, comparativement aussi petit, sans le remuer et l'entraîner, s'il y est uni par quelques liens invisibles, ou, dans le cas contraire, comment il ne poursuit pas seul sa course dans l'espace, en abandonnant tout-à-fait la terre derrière lui. Lorsqu'on lance de bas en haut deux pierres réunies par un cordon, on les voit circuler autour d'un point compris dans l'intervalle qui les sépare, et qui est leur centre commun de gravité : si l'une est beaucoup plus pesante que l'autre, le centre de gravité sera d'autant plus rapproché de la première, et pourra même être situé dans son intérieur; de sorte que la petite paraîtra circuler seule autour de la grande, qui n'éprouvera que de faibles déplacemens.

(307.) Que la terre se meuve autour du soleil, le soleil autour de la terre, ou que tous deux soient en mouvement autour de leur centre commun de gravité, il n'en résultera aucun changement dans les apparences, pourvu que les étoiles soient supposées à une distance telle que le mouvement attribué à la terre n'occasione, en ce qui les concerne, aucun déplacement *parallactique* sensible. Qu'il en soit ainsi ou non, c'est ce que des recherches ultérieures devront nous apprendre; mais, au cas que nous ne trouvions aucun déplacement mesurable, nous n'en pourrons conclure autre chose, sinon que l'échelle de l'univers sidéral est si grande, que l'orbite dans laquelle la terre se meut peut être réputée en comparaison un point imperceptible. En admettant donc, conformément aux lois de la mécanique, que deux corps qui tournent l'un autour de l'autre dans un espace libre, tournent en réalité autour de leur centre commun de gravité, qui n'éprouve aucun déplacement par leur action mutuelle, il ne s'agit plus que de savoir où ce centre est placé. La mécanique nous enseigne que le lieu du centre de gravité de deux corps s'obtient en partageant leur distance mutuelle en raison inverse de leurs *poids* ou de leurs *masses;* et des calculs assis sur des phénomènes dont il sera rendu compte plus loin, nous apprennent que le rapport de la masse du soleil à celle de la terre est celui de 354936 à 1. Il en résulte que le centre commun autour duquel ces deux corps circulent, n'est situé qu'à 97 lieues du centre du soleil, ce qui fait environ un 3300e de son diamètre.

(308.) Dorénavant nous nous conformerons aux vues qui viennent d'être présentées, et à la théorie copernicienne, en considérant le soleil comme un corps central, que l'on peut réputer immobile par comparaison, autour duquel la terre décrit annuellement une orbe elliptique; et nous appliquerons à cette orbite tout ce qui a été dit précédemment de l'orbe solaire, quant à ses dimensions, à son excentricité et à la vitesse avec laquelle elle est parcourue. Le soleil occupera un des foyers de l'ellipse, d'où il disséminera paisiblement en tous sens sa lumière et sa chaleur; tandis que la terre, dans son mouvement, en se présentant à lui sous différens aspects aux divers instans du jour et de l'année, passera par toutes les vicissitudes du jour et de la nuit, de l'été et de l'hiver, telles que nous les éprouvons.

(309.) Dans le mouvement annuel de la terre, son axe conserve constamment la même direction que si ce mouvement n'existait pas : il est entraîné parallèlement à lui-même, et correspond au même point évanouissant sur la sphère des étoiles fixes. Cette circonstance donne lieu à la variété des saisons, ainsi que nous allons l'expliquer, en faisant abstraction de l'ellipticité de l'orbite (pour un motif dont on rendra compte), et en supposant que cette orbite soit un cercle dont le soleil occupe le centre.

(310.) Représentons par S le soleil, par A, B, C, D, quatre positions de la terre dans son orbite, à 90° de distance l'une de l'autre, de sorte que A corresponde au 21 mars ou à l'équinoxe du printemps, B au 21 juin ou

au solstice d'été, C au 24 septembre ou à l'équinoxe
d'automne, D au 24 décembre ou au solstice d'hiver.

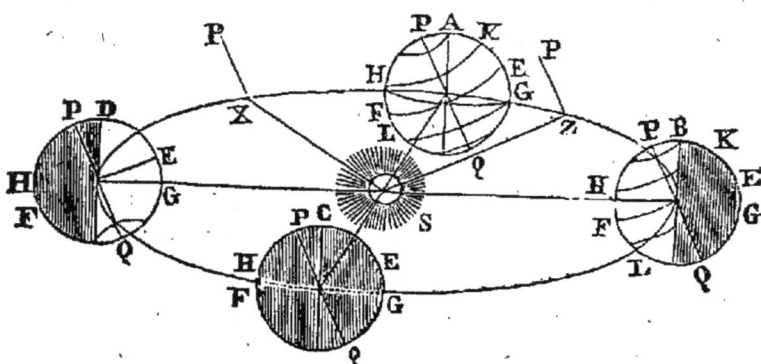

Dans chacune de ces positions réprésentons par PQ
l'axe de la terre, autour duquel elle accomplit sa rotation diurne, indépendamment de son mouvement
annuel dans l'orbite. Le soleil ne pourra jamais éclairer à la fois que la moitié de la surface terrestre tournée de son côté, ainsi que l'indiquent les ombres et les
clairs de la figure. En premier lieu, dans la position A,
le soleil se trouve verticalement dans l'intersection de
l'équateur F E et de l'écliptique H G, c'est-à-dire à
l'équinoxe, et les pôles P, Q tombent tous deux sur
les limites du côté éclairé. Dans cette position il fait
jour à la fois sur une moitié de l'hémisphère nord,
et sur une moitié de l'hémisphère sud. Pendant
que la terre tourne sur son axe, chaque point de
sa surface décrit une moitié de sa course diurne dans
la lumière, et une moitié dans l'ombre; en autres termes, le jour est égal à la nuit sur tout le globe, d'où
vient le nom d'*équinoxe*. Il en faut dire autant pour
la position C qui se rapporte à l'équinoxe d'automne.

(311.) B est la position de la terre à l'époque du
solstice d'été, ou solstice boréal. Le pôle nord P, et
toute la région qui l'entoure jusqu'à une distance égale

à PB ou à 23° 28' (c'est-à-dire toute la région limitée par la ligne qu'on appelle le *cercle arctique*)
restent constamment éclairés pendant toute la durée
de la rotation diurne, ou jouïssent d'un jour de 24 heures ; tandis qu'à la même époque le pôle sud Q, et la
région limitée par le *cercle antarctique*, distant de
23° 28' du pôle sud, sont constamment plongés dans
l'ombre durant toute la rotation diurne.

(312.) A l'égard de la portion de la surface terrestre
comprise entre les cercles arctique et antarctique, il
est évident que plus un point s'approche du pôle nord,
plus il restera dans la lumière, moins il restera dans
l'ombre, en décrivant son cercle diurne ; en d'autres termes, plus son jour sera long et sa nuit courte. Au nord
de l'équateur, le jour aura plus et la nuit moins de
12 heures, et le contraire aura lieu dans l'hémisphère
sud. Tous les phénomènes seront exactement inverses
quand la terre arrivera au point opposé D de son
orbite.

(313.) La température d'un lieu de la surface terrestre dépend principalement, sinon entièrement, de
son exposition aux rayons solaires. Tant que le soleil
est sur l'horizon d'un lieu, ce lieu en reçoit de la chaleur ; il en perd, par suite du phénomène auquel on
donne le nom de *rayonnement*, quand le soleil a passé
sous l'horizon ; et les quantités reçues et perdues de la
sorte dans le cours de l'année, doivent se compenser en
chaque lieu pour le maintien de l'équilibre de température. Quand le soleil est plus de 12 heures au-dessus
de l'horizon d'un lieu, et d'autant moins au-dessous,
la température générale doit surpasser la moyenne
pour toute l'année, et au contraire elle doit rester au-
dessous quand la nuit l'emporte sur le jour. Lors donc
que la terre se meut de A en B, les jours devenant plus

longs et les nuits plus courtes dans l'hémisphère nord', la température doit aller en croissant en chaque lieu de cet hémisphère, et nous passons du printemps à l'été; tandis que le contraire a lieu dans l'hémisphère sud. Quand la terre passe de B en C, les jours et les nuits approchent de nouveau de l'égalité : l'excès de la température de l'hémisphère nord sur la moyenne, et l'excès de la moyenne sur la température de l'hémisphère sud vont en diminuant; jusqu'à ce qu'ils s'évanouissent vers l'équinoxe d'automne C. De C en D et de D en A les mêmes phénomènes se reproduisent dans un ordre inverse; on a l'hiver dans l'hémisphère nord, et l'été dans l'hémisphère sud.

(314.) Toute cette théorie s'accorde parfaitement avec les faits observés. Les jours sans nuit des régions polaires en été, leurs nuits sans jour en hiver, l'accroissement général de la température et de la longueur du jour à mesure que le soleil s'approche du pôle élevé, le renversement des saisons dans les deux hémisphères nord et sud, sont des faits trop bien connus pour avoir besoin de commentaires. Les positions A, C de la terre correspondent, avons-nous dit, aux équinoxes; les positions B, D aux *solstices*, terme qui demande une explication. Si du point X de l'orbite nous menons la ligne XP dans la direction de l'axe de la terre, et la ligne XS dirigée vers le soleil, l'angle PXS sera évidemment la distance polaire de cet astre. Cet angle atteint son *maximum* dans la position D, et son *minimum* en B, étant égal dans le premier cas à $90° + 23° 28' = 113° 28'$, et dans le second à $90° - 23° 28' = 66° 32'$. Le soleil cesse alors de s'approcher ou de s'éloigner du pôle, d'où vient le nom de solstice.

(315.) La forme elliptique de l'orbite de la terre

n'a aucune influence notable sur la variation de température qui correspond à la différence des saisons. Cette assertion peut sembler, au premier coup d'œil, incompatible avec ce que nous savons des lois de la communication de la chaleur, suivant les distances du corps échauffant. En effet, puisque la chaleur, comme la lumière, est dispersée également par le soleil dans toutes les directions, et se distribue sur la surface d'une sphère d'autant plus étendue qu'elle est plus éloignée du centre d'émission, la chaleur doit diminuer d'intensité en raison inverse de la surface de la sphère sur laquelle elle se distribue, c'est-à-dire en raison inverse du carré de la distance. Or, nous avons vu (art. 293) que tel est le rapport suivant lequel varie la *vitesse angulaire* de la lerre autour du soleil. Il en résulte que l'*accroissement instantané de chaleur*, communiqué par le soleil à la terre, varie exactement dans le rapport des vitesses angulaires, ou des *accroissemens instantanés de longitude* : et, par suite, que la terre reçoit du soleil d'égales quantités de chaleur, dans les temps correspondans à des différences égales de longitude, sur quelque point de l'orbe elliptique que ces différences se prennent. Représentons par S le soleil, par A Q M P l'orbite de la terre : A sera le point le plus voisin du soleil, ou ce que l'on appelle le *périhélie* de l'orbite ; M sera le point le plus éloigné, ou l'*aphélie* ; A S M sera l'*axe* de l'ellipse. Supposons que l'on coupe l'orbite par une droite P S Q, qui passe par le soleil, et dont la direction soit d'ailleurs quelconque : la terre décrira 180° de longitude en allant de P en Q, et autant en passant de Q en P. D'après ce qu'on a vu, les quantités de chaleur qu'elle aura reçues du soleil en parcourant l'un et l'autre segmens, seront égales, quelle que soit la direction de la ligne P S Q. Les deux segmens seront décrits dans des temps inégaux : celui où se trouve le périhélie A sera

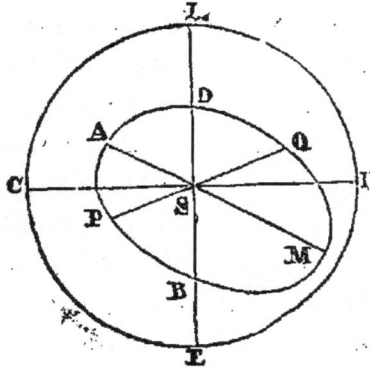

décrit dans le temps le plus court ; l'autre dans le temps le plus long , en raison de l'inégalité des aires ; mais la plus grande proximité du soleil dans le petit segment compensera exactement la plus grande rapidité de mouvement angulaire, et maintiendra l'équilibre de chaleur. S'il n'en était ainsi, l'excentricité de l'orbite aurait une influence sensible sur les saisons. La variation de distance s'élève à peu près à $\frac{1}{60}$ de la valeur moyenne, et celle qui en résulte dans le pouvoir échauffant du soleil doit être double, c'est-à-dire environ $\frac{1}{15}$ de la moyenne. Le périhélie de l'orbite est maintenant situé très-près du solstice austral, ou du solstice d'hiver pour les habitans de l'hémisphère nord ; de sorte que, sans la compensation dont on vient de parler, l'ellipticité de l'orbite aurait pour effet de modérer la différence de l'hiver à l'été dans l'hémisphère nord, de l'exagérer dans l'hémisphère sud ; celui-ci éprouverait de plus violentes vicissitudes dans les saisons, quand le climat de l'autre approcherait d'un printemps perpétuel. Une telle inégalité est loin d'avoir lieu, et au contraire, la chaleur comme la lumière est impartialement distribuée aux deux hémisphères *.

(316.) Le grand moyen de simplifier les conceptions en astronomie, et dans toutes les sciences qui ont le mouvement pour objet, consiste à rapporter chaque mouvement à des points immobiles, ou dont les mou--vemens soient assez petits pour qu'il n'en résulte aucune complication sensible des phénomènes. Nous devons choisir de préférence ceux de ces points qui ont des relations géométriques simples, et des rapports de symétrie avec les courbes décrites par les parties mobiles du système ; de sorte qu'on puisse les considérer

* Voyez, dans les *Geological transactions* pour 1832, un Mémoire de l'auteur de cet ouvrage, « concernant les causes astronomiques qui peuvent avoir de l'influence sur les phénomènes géologiques.» Voyez aussi, dans l'*Annuaire du bureau des longitudes* pour 1834, la notice de M. Arago « sur l'état thermométrique du globe terrestre, » page 198, et dans les *Additions à la Connaissance des temps* pour 1836, un mémoire de M. Poisson « sur la stabilité du système planétaire, » page 52. Quoiqu'on n'ait pas encore exactement calculé les limites des variations d'excentricité de l'orbe terrestre, il est dès à présent très-peu probable que cette excentricité ait jamais atteint et puisse atteindre jamais une valeur comparable à celle des excentricités de Mercure et de Pallas, comme M. Herschel le suppose dans son Mémoire. En partant de cette considération, et en ayant égard à l'ellipticité du sphéroïde terrestre, M. Poisson a fait voir que les variations séculaires de l'obliquité de l'écliptique pourraient produire dans la quantité de chaleur rayonnante *envoyée par le soleil à la terre*, des variations du même ordre que celles qui proviennent des variations séculaires de l'excentricité de l'orbite, et pareillement très-petites. Mais pour apprécier convenablement l'influence de la forme de l'orbite sur l'état thermologique de la surface de la terre, il faudrait tenir compte de l'inégale répartition des continens et des mers dans les deux hémisphères, qui influe sur les quantités de chaleur absorbées et émises par les diverses régions de la surface.

(*Note du traducteur.*)

comme des centres naturels. Depuis que nous avons été conduits à attribuer à la terre le mouvement annuel, elle a perdu pour nous les prérogatives d'un centre fixe, qui maintenant appartiennent au soleil. Ainsi donc, de même que pour nous débarrasser des complications apportées dans les phénomènes par le mouvement diurne de la terre, nous transportions par la pensée le lieu de l'observation de la surface au centre, en tenant compte de la parallaxe diurne, de même lorsqu'il s'agira des mouvemens des planètes, nous nous trouverions sans cesse arrêtés par les complications qui résultent du mouvement de la terre dans son orbite annuelle, à moins qu'en tenant compte de la *parallaxe annuelle* ou *héliocentrique* (comme on peut l'appeler), nous ne rapportions toutes nos observations au centre du soleil, ou plutôt au centre commun de gravité du soleil et des autres corps qui forment un système avec lui. De là provient la distinction entre les lieux *géocentrique* et *héliocentrique* d'un objet : la sphère imaginaire, d'un rayon infini, à la surface de laquelle on projète l'objet, ayant dans un cas la terre pour centre, et dans l'autre le soleil. Lors donc que nous parlerons de la *longitude* et de la *latitude héliocentriques* d'un objet, nous supposerons le spectateur placé au centre du soleil, et rapportant l'objet au grand cercle que trace sur la sphère céleste le prolongement du plan de l'écliptique, au moyen d'un autre cercle mené perpendiculairement à ce plan.

(347.) Le point de la sphère céleste imaginaire, et d'un rayon infini, auquel un spectateur placé au centre du soleil rapporte la terre, est diamétralement opposé à celui auquel un spectateur placé sur la terre rapporte le centre du soleil : conséquemment la latitude héliocentrique de la terre est toujours nulle, et sa longitude

héliocentrique est égale à la longitude géocentrique
du soleil—180°. Les équinoxes et solstices héliocentriques sont les mêmes que les équinoxes et solstices
géocentriques. Pour savoir ce qu'on entend par équinoxes et solstices héliocentriques, il faut imaginer un
plan mené par le centre du soleil, parallèlement à l'é-
quateur terrestre, et prolongé à l'infini dans tous les
sens : la ligne d'intersection de ce plan avec celui de
l'écliptique sera la ligne des équinoxes, sur laquelle
celle des solstices se trouvera perpendiculaire.

(318.) La position du grand axe de l'orbe terrestre
est un élément très-important. Dans la figure de l'article 315, désignons par E C L I l'écliptique, par E et
L les deux équinoxes de printemps et d'automne,
c'est-à-dire les points où le spectateur placé dans le soleil rapporte la terre, quand elle a respectivement pour
longitude o et 180°, le mouvement de la terre se faisant
dans le sens E C L I : l'angle E S A, ou la *longitude
héliocentrique du périhélie*, était égal en 1800 à
99° 30' 5″. Nous disons en 1800, attendu que le lieu
du périhélie est sujet, par des raisons que nous expliquerons plus tard, à un mouvement très-lent, d'environ 12″ par an, de l'ouest à l'est, en vertu duquel
l'axe A S M décrit la circonférence entière de l'écliptique, dans une période de temps immense, qui n'est
pas moindre de 20984 ans*. Pour le moment on peut

* Il faut bien remarquer que cette période de 20984 ans n'est
pas celle d'une révolution complète du périhélie par rapport
aux étoiles, mais celle qui ramènerait le périhélie à la même
distance angulaire de l'équinoxe, en vertu du mouvement direct du périhélie, tel qu'il a lieu maintenant, combiné avec le
mouvement rétrograde et beaucoup plus rapide de l'équinoxe
par rapport aux étoiles. On ignore encore si le mouvement du
périhélie relativement aux étoiles est constamment dirigé dans

n'avoir pas d'égard à ce mouvement, ainsi qu'à d'autres déviations très petites, dont l'explication trouvera ailleurs une place plus convenable.

(319.) Si la terre décrivait un cercle d'un mouvement uniforme, autour du soleil comme centre, rien ne serait plus facile que de calculer sa longitude à une époque quelconque, ou sa position par rapport à la ligne des équinoxes. On n'aurait qu'à réduire en nombres la proportion, un an : au temps écoulé : : 360° : l'arc de longitude décrit dans l'intervalle. La longitude calculée de la sorte se nomme en astronomie la *longitude moyenne* de la terre, et le lieu correspondant sur l'orbite s'appelle le *lieu moyen*. Mais comme l'orbite n'est pas circulaire, ni décrite d'un mouvement uniforme, cette règle ne donnera pas le *lieu vrai* de la terre. Toutefois, le peu d'excentricité de l'orbite ne permettra pas que le lieu vrai diffère jamais beaucoup du lieu moyen, et l'on pourra déduire le premier du second, en appliquant à celui-ci une correction ou *équation* dont la valeur restera toujours très-petite, et dont le calcul sera ramené à une question de pure géométrie, en vertu du principe de Kepler sur la proportionnalité des temps aux aires décrites (art. 296). Il suffira de poser la proportion, un an : au temps écoulé : : l'aire totale de l'ellipse : à l'aire décrite dans le même temps par le rayon vecteur. La géométrie enseignera ensuite à trouver l'angle d'un secteur elliptique dont la surface est connue. A compter du périhélie A (*fig.* art. 315), la longitude vraie croîtra plus rapidement que la longitude moyenne, et la surpassera pendant toute la demi-révolution de A en M; ou,

le même sens, et par conséquent révolutif, ou s'il est oscillatoire et alternativement direct et rétrograde.

(*Note du traducteur.*)

en d'autres termes, le lieu vrai avancera sur le lieu moyen. La terre étant arrivée au périhélie M, après une demi-année, le mouvement angulaire aura atteint son *minimum* de vitesse, le lieu vrai sera dépassé par le lieu moyen, et restera toujours en arrière, jusqu'à ce qu'il le rejoigne de nouveau au périhélie A.

(320.) La différence de la longitude vraie de la terre à la longitude moyenne, se nomme l'*équation du centre* : elle est *additive* pendant toute la demi-année que la terre emploie à passer de A en M, commençant à 0° 0′ 0″, atteignant un *maximum*, et diminuant ensuite pour s'évanouir de nouveau au point M ; elle devient ensuite *soustractive*, sa valeur numérique atteint un *maximum*, puis décroît pour s'évanouir derechef au point A. Le *maximum* qu'elle atteint, tant comme additive que comme soustractive, est 1° 55′ 33″ 3.

(321.) On trouvera donc la longitude vraie de la terre, en appliquant à la longitude moyenne l'équation du centre qui correspond à une époque donnée; et puisque la longitude géocentrique du soleil surpasse toujours de 180° la longitude héliocentrique de la terre, on connaîtra le lieu vrai du soleil dans l'écliptique. Le calcul de l'équation du centre se fait au moyen d'une table construite à cet effet, que l'on trouve dans toutes les *tables du soleil*.

(322.) La valeur *maximum* de l'équation du centre ne dépend que de l'ellipticité de l'orbite, et peut être exprimée au moyen de l'excentricité. Réciproquement, si la première quantité est déterminée par l'observation, la seconde peut s'en déduire. A cet effet, on observe assidûment les passages du soleil au méridien, ce qui donne exactement son ascension droite pour chaque jour, et par suite sa longitude (art. 260). Il est aisé d'assigner de combien la longitude observée tombe au-dessus ou au-dessous de la moyenne ; le plus grand écart qui se présente dans le cours de l'année, en un sens ou en l'autre, est le *maximum* de l'équation du centre. Cette méthode, pour déterminer l'excentricité de l'orbite, est beaucoup plus commode et plus exacte que celle qui se fonde sur la détermination des distances par la mesure des diamètres apparens. Les résultats des deux méthodes s'accordent d'ailleurs parfaitement.

(323.) Si l'écliptique coïncidait avec l'équateur céleste, l'équation du centre, en troublant l'uniformité du mouvement apparent du soleil en longitude, causerait de l'inégalité dans les intervalles entre les passages consécutifs de cet astre au méridien. L'instant du passage du centre du soleil au méridien est celui du *midi vrai*, lequel, si le mouvement du soleil en longitude était uniforme, et que l'écliptique coïncidât avec l'équateur céleste, se confondrait toujours avec le *midi moyen*, ou avec le coup de douze heures d'une horloge bien réglée au temps solaire moyen. Mais, indépendamment de ce que le mouvement en longitude n'est pas uniforme, l'obliquité de l'écliptique est une autre cause d'inégalité qui suffirait seule pour faire, tantôt avancer, et tantôt retarder le midi vrai sur le midi moyen. Effectivement, puisque l'ascension droite d'un objet céleste est l'un des côtés d'un triangle sphérique rectangle dont la longitude est l'hypoténuse, il est clair que si l'une croît uniformément, l'autre ne saurait croître de même.

(324.) Les deux causes dont on vient de parler produisent conjointement une oscillation très-notable dans le temps indiqué par l'horloge, quand le soleil atteint réellement le méridien. L'étendue de cette oscillation surpasse une demi-heure, le midi vrai arrivant quelquefois 16ᵐ½ *avant* le midi moyen, et d'autres fois 14ᵐ ½ *après*. La différence du midi vrai au midi moyen se nomme l'*équation du temps*, et on la trouve indiquée sous ce nom dans les éphémérides pour chaque jour de l'année ; ou, ce qui revient au même, on y trouve indiquée, parmi les phénomènes astronomiques, l'époque *en temps moyen* du passage du soleil au méridien pour chaque jour.

(325.) Tandis que le soleil est entraîné le long de l'écliptique dans sa course annuelle apparente, sa déclinaison varie sans cesse entre les limites 23° 27′ 40″ nord et sud, qui sont les valeurs des déclinaisons solsticiales. Conséquemment il est toujours au zénith de quelque point de la zone terrestre comprise entre les parallèles de 23° 27′ 40″ nord et sud. En géographie, ces parallèles se nomment les *tropiques* : le tropique boréal prend le nom de tropique du *Cancer*, et l'autre celui de tropique du *Capricorne*; à cause que les solstices correspondans sont situés dans des divisions ou *signes* de l'écliptique, qui portent les mêmes noms. Ces signes sont au nombre de douze, et chacun d'eux occupe 30° de la circonférence de l'écliptique. Ils commencent à l'équinoxe de printemps, et se suivent dans cet ordre : *le Bélier, le Taureau, les Gémeaux, le Cancer, le Lion, la Vierge, la Balance, le Scorpion, le Sagittaire, le Capricorne, le Verseau, les Poissons.* On les indique par les symboles suivans :

♈, ♉, ♊, ♋, ♌, ♍, ♎, ♍, ♐, ♑, ♒, ♓.

L'écliptique se trouve divisée de cette manière en signes, degrés, minutes, etc. Par exemple, 5ˢ 27° 0′ correspond à 177° 0′ ; mais cette notation commence à tomber en désuétude.

(326.) Quand le soleil est à l'un des tropiques, il éclaire le pôle situé du même côté, et toute la région qui l'entoure jusqu'à une distance de 23° 27' 40". Les parallèles de latitude, menés à cette distance de chacun des pôles, se nomment *cercles polaires*, et sont distingués l'un de l'autre par les épithètes d'*arctique* et d'*antarctique*. Les régions terminées par ces cercles s'appellent quelquefois zones glaciales ; on donne le nom de zone torride à celle qui est comprise entre les tropiques, et les deux zones intermédiaires sont qualifiées de tempérées. Il ne faut voir dans toutes ces épithètes que de pures dénominations ; car, en raison de l'inégale distribution des continens et des mers dans les deux hémisphères, les zones de *climat* ne coïncident pas avec les zones de *latitude*.

(327.) Les passages apparens du soleil à l'équinoxe, et son séjour alternatif dans les deux hémisphères nord et sud déterminent nos saisons. Si l'équinoxe était invariable, les intervalles d'un passage à l'autre seraient précisément égaux à la durée d'une année sidérale ; mais, en raison du mouvement conique de l'axe de la terre, que l'on a décrit dans l'art. 264, l'équinoxe rétrograde sur l'écliptique, et le soleil le rencontre dans son mouvement progressif, avant d'avoir complété sa révolution sidérale. La rétrogradation annuelle de l'équinoxe est de 50", 1 ; et le soleil décrit cet arc sur l'écliptique en 20^m 19^s, 9. La période des saisons doit être plus courte de toute cette quantité que la révolution sidérale de la terre autour du soleil. Puisque celle-ci est de 365^j 6^h 9^m 9^s, 6, l'autre période, que l'on nomme l'*année tropique*, doit être de 365^j 5^h 48^m 49^s, 7.

(328.) Nous avons déjà remarqué que le grand axe de l'ellipse décrite par la terre, avait un mouvement en avant, ou un mouvement *direct*, de 11″, 8 par an. Ainsi quand la terre, partant du périhélie, a complété une révolution sidérale, elle a encore un arc de 11″, 8 à parcourir pour rejoindre le périhélie. Elle y emploie 4ᵐ 39ˢ, 7, temps qu'il faut ajouter à la période sidérale, pour avoir l'intervalle compris entre deux passages consécutifs au périhélie. Cet intervalle est en conséquence de 365ʲ 6ʰ 13ᵐ 49ˢ, 3*, et se nomme *l'année anomalistique*. Toutes ces périodes ont leur usage en astronomie, mais celle qui intéresse le plus le commun des hommes est l'*année tropique*, de laquelle dépend le retour des saisons. Nous voyons que cette période est un phénomène composé, déterminé directement par la révolution annuelle de la terre autour du soleil, et d'une manière indirecte par sa révolution autour de son axe, en tant qu'elle occasione la précession des équinoxes.

(329.) De même que les apparences les plus grossières nous ont donné l'idée de la rondeur générale de la terre; qu'ensuite, par des recherches plus délicates, nous avons reconnu l'ellipticité de sa figure, et qu'enfin par des observations plus délicates encore, nous avons découvert quelques petites déviations locales de la figure elliptique: ainsi, à l'égard du mouvement apparent du soleil, la première notion que nous nous soyons faite est celle d'une orbite ronde et à peu près circulaire; nous avons, à la suite d'un examen plus soigneux, constaté que sa forme était celle d'une ellipse peu excentrique, décrite en conformité de certaines lois que nous avons assignées. Maintenant, des

* Ces nombres, ainsi que toutes les données numériques relatives à notre système, sont extraits des *Astronomical Tables and Formulæ*, de M. Baily, à moins que nous n'avertissions du contraire.

recherches plus exactes encore nous découvriraient de petites déviations de cette forme et de ces lois, dont le mouvement du grand axe, indiqué dans l'article 318, nous offre un exemple, et que l'on comprend généralément sous le nom de perturbations et d'inégalités séculaires. Nous parlerons dans la suite fort au long de ces déviations et de leurs causes. Le triomphe de l'astronomie physique est de tenir un compte exact de toutes, et de n'en laisser aucune sans explication, dans les mouvemens du soleil et des autres corps de notre système. Mais pour l'intelligence des explications, il faut attendre qu'on ait exposé la loi de la gravitation, et qu'on en ait déduit les conséquences les plus directes. Ce sera l'objet des trois chapitres suivans, où nous profiterons de la proximité de la lune et de la dépendance intime où ses mouvemens sont de la terre, pour poser les premiers fondemens de la théorie générale des mouvemens planétaires.

(330.) Nous terminerons en exposant ce que l'on sait de la constitution physique du soleil.

Lorsqu'on examine cet astre avec de puissans télescopes, garnis de verres colorés pour garantir la vue de l'ardeur de ses rayons, on observe fréquemment à sa surface de larges taches parfaitement obscures, entourées d'une sorte de bordure moins sombre, appelée pénombre. Quelques-unes de ces taches sont figurées et désignées par les lettres *a*, *b*, *c*, dans la planche III, fig. 1, à la fin du volume. Du reste elles ne sont pas permanentes. D'un jour à l'autre, ou même d'heure en heure, elles semblent s'élargir ou se resserrer, changer de forme, puis disparaître tout-à-fait, ou reparaître dans d'autres parties de la surface où il n'y en avait point auparavant. En cas de disparition, l'obscurité centrale de la tache se resserre de plus en plus, et s'évanouit avant les bords. Il arrive encore qu'elles se séparent en deux ou plusieurs taches. Toutes ces circonstances annoncent une mobilité extrême qui ne convient qu'à un fluide, et un état violent d'agitation qui ne semble compatible qu'avec l'état atmosphérique ou gazeux de la matière. L'échelle sur laquelle ces mouvemens s'accomplissent est immense. Une seconde angulaire, pour l'observateur terrestre, correspond sur le disque solaire à 170 lieues, et un cercle de ce diamètre (comprenant plus de 22000 lieues carrées), est le moindre espace que nous puissions voir distinctement à la surface du disque. Or, on a observé des taches dont le diamètre surpassait 16000 lieues [*]; et même, si l'on doit ajouter foi à quelques témoignages, on en a vu qui étaient considérablement plus grandes. Pour que de semblables tachés disparaissent en six semaines (et elles durent rarement plus long-temps), il faut que les bords, en se rapprochant, décrivent plus de 360 lieues par jour.

Plusieurs autres circonstances tendent à confirmer les mêmes aperçus. La portion du disque solaire que les taches ne recouvrent point, est loin d'avoir un éclat uniforme. Le *fond* en semble parsemé d'une multitude de petits points obscurs ou *pores*, qui, examinés attentivement, se montrent dans un état perpétuel de changement. On ne peut mieux représenter ces apparences qu'en les comparant à l'aspect d'une précipitation chimique floconneuse, opérée avec lenteur dans un fluide transparent, et vue d'en haut. La ressemblance est si fidèle qu'elle ne peut manquer de faire naître l'idée d'un fluide lumineux qui se mêle, sans se con-

---

[*] Mayer, obs. du 15 mars 1758. « *Ingens macula in sole conspiciebatur, cujus diameter* $=\frac{1}{25}$ *diam, solis.* »

fondre, avec une atmosphère transparente et non lumineuse; soit qu'il flotte à la manière des nuages
dans notre atmosphère, soit qu'il forme de vastes traînées ou colonnes de flamme, analogues à celles de nos
aurores boréales.

(331.) Enfin, dans le voisinage des grandes taches
ou groupes de taches, on observe souvent de larges
espaces couverts de raies bien marquées, courbes ou à
embranchemens, qui sont plus lumineuses que le reste, et qu'on nomme *facules*. On voit fréquemment
des taches se former auprès des facules, lorsqu'il n'y
en avait pas auparavant. On peut les regarder très-
probablement comme les faîtes de vagues immenses
produites dans les régions lumineuses de l'atmosphère
solaire, à la suite de violentes agitations.

(332.) Mais de quelle nature sont les taches? On a
imaginé à ce sujet plusieurs systèmes, dont un seul
semble avoir un certain degré de probabilité physique.
Il consiste à supposer que toutes les taches sont le corps
même du soleil, corps solide et obscur, au moins
comparativement, dont quelques parties sont mises à
découvert par suite des immenses oscillations de l'atmosphère lumineuse qui l'entoure. Relativement à la
manière dont le phénomène s'opère, on a proposé diverses hypothèses. Lalande suppose (art. 3240) que
des éminences semblables à nos montagnes s'élèvent
au-dessus d'un océan lumineux, et offrent l'apparence
de taches obscures; tandis qu'en raison de leur décli-
vité, le fluide est moins profond à l'entour, ce qui explique l'apparence de la pénombre. Une objection fa-
tale à cette théorie se tire de la teinte parfaitement
uniforme de la pénombre, et de ses limites bien tran-
chées, tant intérieurement du côté de la tache qu'ex-
térieurement du côté de la surface lumineuse. Une

conjecture plus probable a été mise en avant (*Phil. Trans.* 1801) par sir William Herschel. Il suppose que les couches lumineuses de l'atmosphère sont soutenues fort au-dessus du noyau solide par un milieu élastique transparent, qui porte à sa surface supérieure (*ou plutôt*, pour éviter la précédente objection, *dans son intérieur, à un niveau considérablement plus bas*) une couche nuageuse, laquelle, vivement éclairée d'en haut, nous reflète une grande quantité de lumière, et produit une pénombre, tandis que le noyau solide, qui reçoit l'ombre des nuages, n'en reflète point. Il admet que les déchiremens temporaires des deux couches, mais principalement de la couche supérieure, sont produits par de puissans courans atmosphériques, ou par des agitations locales. Voyez la figure 1, *d*, pl. III.

(333.) La région des taches ne s'étend qu'à environ 30° de part et d'autre de l'équateur solaire; et, en mesurant soigneusement avec le micromètre leurs mouvemens à la surface, on a déterminé la position de cet équateur, qui est un plan incliné de 7° 20' à l'écliptique, et dont l'intersection avec ce plan fait un angle de 80° 21' avec la ligne des équinoxes. On a prétendu (mais ceci a grand besoin, selon nous, de confirmation) que des taches disparues avaient reparu, à de grands intervalles de temps, dans des points identiques du disque solaire. La période de la rotation du soleil est, selon Delambre, de 25j,01154, et, selon d'autres, sensiblement différente : on ne peut guère regarder un point aussi délicat comme fixé avec une précision suffisante.

(334.) Que la température de la surface visible du soleil soit très-élevée, beaucoup plus que toutes les températures produites artificiellement dans nos fourneaux, ou par des procédés chimiques et galvaniques, c'est ce que nous pouvons conclure de diverses inductions. 1° Il résulte de la loi de décroissement de la chaleur rayonnante et de la lumière, en raison inverse des carrés des distances, que la chaleur solaire reçue sur une surface donnée, à la distance de la terre, est à la chaleur que la même surface recevrait, si on la transportait à la superficie visible du soleil, dans le même rapport que l'aire occupée par le disque apparent de cet astre sur la sphère céleste, à l'hémisphère entier, ou environ dans le rapport de 1 à 300000. Une chaleur bien moins intense, obtenue en réunissant les rayons solaires au foyer d'un verre ardent, suffit pour convertir l'or et le platine en vapeurs. 2° Les rayons calorifiques solaires traversent le verre avec une grande facilité, propriété qui appartient aux rayons émanés de foyers artificiels, en raison directe de l'intensité des foyers *. 3° Les flammes les plus vives disparaissent, et les corps solides dans l'état d'ignition le plus intense ne paraissent plus que comme des taches noires sur le disque du soleil, quand on les interpose entre ce disque et l'œil **. Il suit de cette dernière remarque que le corps du soleil, bien qu'il nous pa-

---

* Au moyen de mesures directes prises avec l'*actinomètre*, instrument que j'ai long-temps employé à ce genre de recherches, et qui n'offre aucune des chances d'erreur auxquelles on est exposé en suivant d'autres méthodes, je trouve que sur 1000 rayons solaires calorifiques, 816 pénètrent une plaque épaisse de 0,12 de pouce (anglais). et que sur 1000 rayons qui ont traversé une semblable plaque, 859 peuvent en traverser une autre.

** Une boule de chaux vive en ignition, dans la lampe à courant d'oxygène et d'hydrogène du lieutenant Drummond, donne une imitation de la lumière solaire la plus ressemblante qu'on ait encore obtenue. Toutefois, une telle boule mise en regard du soleil, se comportait de la manière qu'on a expliquée dans le

raisse obscur quand il est vu à travers les taches, *peut*
être néanmoins dans un état d'ignition très-intense,
mais il ne s'ensuit pas qu'il *doive* y être. Le contraire
est au moins physiquement possible. Un pouvoir réflecteur absolu, dans le dais nébuleux qui le recouvre,
peut le protéger contre le rayonnement de la lumière
émanée des hautes régions de son atmosphère, et là
chaleur ne serait pas *conduite* de haut en bas par un
milieu gazeux, qui croîtrait rapidement en densité. On
ne peut douter que la couche nébuleuse qui produit la
pénombre ne jouisse effectivement à un haut degré de
la propriété de réfléchir la lumière, d'après le fait de
sa visibilité dans une semblable situation.

(335.) L'immense dégagement de chaleur causé par
le rayonnement, explique l'état constant d'agitation tu-
multueuse dans lequel se trouvent les fluides qui forment la superficie visible du soleil, la génération continuelle et la disparition des *pores*, sans que pour cela
on ait besoin de recourir à des causes internes. Le
mode d'action qui en résulte se trouve parfaitement
représenté dans le trouble éprouvé par une précipitation chimique (art. 330.), lorsque le fluide précipitant
est chaud et qu'il perd sa chaleur à la surface.

(336.) Les rayons solaires sont en définitive le principe de presque tous les mouvemens qui se produisent
à la surface de la terre. Ils donnent naissance aux vents
et occasionent ces perturbations de l'équilibre électrique de l'atmosphère, d'où résultent les phénomènes
du magnétisme terrestre. Par leur action vivifiante, les
végétaux sont élaborés au sein de la matière inorgani-
que, et ces êtres à leur tour alimentent les animaux et

texte, lors d'un essai imparfait auquel j'assistais. L'expérience
doit être répétée dans des circonstances favorables.

l'homme, et constituent les strates charbonneux où celui-ci a su trouver un immense dépôt de puissance dynamique. Ce sont encore les rayons du soleil qui forcent les eaux de la mer à circuler en vapeurs, à arroser les continens, et à produire les sources et les rivières. Ils engendrent toutes les perturbations d'équilibre chimique entre les élémens de la nature, d'où, par une série de compositions et de décompositions, résultent de nouveaux produits et un transport de matériaux. La lente dégradation des parties solides de la surface terrestre, qui joue le principal rôle dans les changemens géologiques, et la dispersion des matériaux qui en proviennent dans les eaux de l'Océan, sont l'ouvrage des vents et des pluies, et le résultat des vicissitudes des saisons. Si nous considérons enfin l'immense quantité de matériaux transportés de la sorte, l'accroissement de pression qui en résulte sur de larges portions du lit de l'Océan, la diminution correspondante de pression sur d'autres parties des continens, nous concevrons comment la force expansive des feux souterrains peut éclater sur les points devenus moins résistans; et comment, en ce sens, les phénomènes mêmes de l'activité volcanique sont placés sous la loi générale de l'influence solaire.

(337.) Par quels moyens une si prodigieuse conflagration peut-elle subsister, si tant est qu'il y ait conflagration? C'est là le grand mystère. Chaque découverte faite en chimie nous laisse à cet égard dans la même ignorance, ou plutôt semble nous éloigner davantage d'une explication probable. S'il était permis de hasarder une conjecture, nous rattacherions le rayonnement solaire à des causes susceptibles de reproduire indéfiniment de la chaleur, telles que le frottement ou l'excitation produite par une décharge électrique, plutôt qu'à une véritable combustion de matière pondérable *.

* L'électricité qui traverse un air ou des vapeurs excessivement raréfiées, nous donne de la lumière et sans doute de la chaleur. Un courant continuel de matière électrique ne peut-il pas, en circulant dans le voisinage immédiat du soleil, ou en traversant les espaces planétaires, déterminer dans les régions supérieures de l'atmosphère solaire des phénomènes du genre de ceux qui se manifestent d'une manière non équivoque, quoique sur une plus petite échelle, dans nos aurores boréales? L'analogie possible entre la lumière boréale et celle du soleil est un point sur lequel mon père a formellement insisté dans le Mémoire cité plus haut. Un sujet très-curieux d'expériences consisterait à rechercher jusqu'à quel point on peut, en multipliant des courans de flamme, placés à distance les uns des autres (ce qui permettrait de porter la lumière à tel degré voulu d'intensité), communiquer à la chaleur rayonnante émanée du système le caractère de *transmissibilité* qui caractérise les rayons solaires calorifiques. Nous pouvons encore observer que la tranquillité des régions polaires du soleil, comparée à l'agitation des régions équatoriales, ne peut s'expliquer (si les taches ont réellement une existence atmosphérique) par le mouvement de rotation autour de l'axe, mais *doit* provenir d'une cause extérieure au soleil ; de même que les bandes de Jupiter et de Saturne et nos vents alisés proviennent d'une cause extérieure aux planètes sur lesquelles ces phénomènes s'observent, combinée avec le mouvement de rotation, qui *seul* ne saurait produire de mouvement, une fois que les fluides atmosphériques ont pris la forme d'équilibre qui leur convient.

L'analyse prismatique des rayons solaires nous montre dans le spectre une série de *lignes fixes*, tout-à-fait différente de celle qu'on aperçoit dans les flammes terrestres connues; ceci pourra nous conduire dans la suite à une idée plus nette de leur origine. Mais avant de rien conclure de semblables indications, nous devons rappeler que les rayons solaires ont subi, pour parvenir jusqu'à nous, l'action absorbante de notre atmosphère, aussi bien que celle de l'atmosphère du soleil. Nous ne savons rien de la dernière, et l'on peut conjecturer à ce sujet ce qu'on voudra ; mais la couleur bleue de notre air atmosphérique, si elle lui est inhérente, doit nous faire présumer que l'air agit sur le spectre à la manière des autres milieux colorés qui souvent (*surtout ceux*

CHAPITRE VI.

LA LUNE. — SA PÉRIODE SIDÉRALE. — SON DIAMÈTRE APPARENT. —
SA PARALLAXE , SA DISTANCE ET SON DIAMÈTRE RÉEL. — PREMIÈRE
APPROXIMATION DE SON ORBITE.—CETTE ORBITE EST UNE ELLIPSE
DONT LA TERRE OCCUPE LE FOYER.—EXCENTRICITÉ ET INCLINAISON
DE L'ORBITE. — MOUVEMENT DES NOEUDS. — OCCULTATIONS. —
ÉCLIPSES DE SOLEIL. — PHASES DE LA LUNE. — SA PÉRIODE
SYNODIQUE. — ÉCLIPSES DE LUNE. — MOUVEMENT DES APSIDES
DE L'ORBITE. — CONSTITUTION PHYSIQUE DE LA LUNE. — SES
MONTAGNES. — SON ATMOSPHÈRE. — SA ROTATION AUTOUR D'UN
AXE. — LIBRATION. — ASPECT DE LA TERRE VUE DE LA LUNE.

(338.) La lune, comme le soleil, se déplace par
rapport aux étoiles en sens contraire de la rotation
diurne du ciel, mais beaucoup plus rapidement ; puisqu'il suffit pour s'apercevoir de ce mouvement, selon
notre précédente remarque, de consacrer à une observation superficielle quelques heures d'une nuit éclairée par la lune. En vertu de ce mouvement continuel
de l'ouest à l'est, tantôt plus rapide, tantôt plus lent,
mais qui n'est jamais suspendu ni interverti, la lune
fait le tour du ciel dans une période moyenne de

qui sont colorés en bleu) laissent des intervalles obscurs entre
les portions de lumière non absorbées. Il faudra donc rechercher
si les lignes fixes observées par Wollaston et Fraunhofer n'ont
pas , en totalité ou en partie, leur origine dans notre propre atmosphère. La question se décidera , d'une part, au moyen d'expériences faites sur de hautes montagnes ou en ballon ; de l'autre,
par celles que l'on fera sur des rayons réfléchis qu'on aura as-
sujétis à traverser une épaisseur d'air additionnelle de plusieurs
lieues dans le voisinage de la surface terrestre. On ne saurait
dégager ainsi l'action absorbante propre à l'atmosphère du soleil,
et peut-être au milieu , quel qu'il soit, qui entoure cet astre , et
produit la résistance observée dans le mouvement des comètes.

27ʲ 7ʰ 43ᵐ 11ˢ,5; au bout de laquelle elle reprend à
peu près la même position par rapport aux étoiles, et
reprendrait une position exactement la même sans des
causes que nous expliquerons.

(339.) Ainsi donc la lune, aussi bien que le soleil,
semble décrire une orbite autour de la terre, et cette
orbite ne peut pas différer beaucoup d'un cercle, puisque l'astre n'est pas sujet à de grandes variations dans
son diamètre angulaire apparent.

(340.) La distance de la lune à la terre se conclut
de sa parallaxe horizontale, que l'on peut déterminer
directement, par des observations faites à de grandes
distances géographiques, en employant des procédés
parfaitement semblables à ceux indiqués dans l'article 302, au sujet du soleil; ou bien encore au moyen
des phénomènes appelés *occultations* (art. 346), qui
servent aussi à trouver d'une manière plus facile et
plus correcte le diamètre apparent. Il résulte de ces observations que la distance moyenne du centre de la lune
à celui de la terre est 59,9643, en prenant pour
unité le rayon terrestre équatorial, ce qui fait environ
86000 lieues. Cette distance, qui nous paraît grande,
n'est guère plus du quart du diamètre du soleil, dont
la circonférence serait, par conséquent, près du double de l'orbite de la lune; considération bien propre à
nous donner une idée frappante de la grandeur de ce
prodigieux luminaire!

(341.) La distance du centre de la lune à la station
d'un observateur placé à la surface de la terre, comparée avec le diamètre angulaire apparent, vu de cette
station, donnera le diamètre réel de la lune. La distance dont il s'agit se calcule aisément quand on connaît la distance réelle de l'astre au centre de la terre,
et sa distance zénithale apparente au lieu et au mo-

ment de l'observation. En nous reportant à la figure de l'art. 298, et en supposant que S soit la lune, A le lieu de l'observateur, C le centre de la terre, on connaîtra dans le triangle A C S les deux côtés S C, C A, qui sont respectivement la distance au centre de la terre, et le rayon terrestre : on connaîtra aussi l'angle C A S, qui est le supplément de la distance zénithale Z A S; il sera donc facile de calculer A S, ou la distance de la lune au point A. Il résulte d'observations et de calculs semblables que le diamètre réel de la lune est de 782 lieues, ou environ 0,2729 du diamètre terrestre : en conséquence, le volume de la terre étant pris pour unité, celui de la lune sera 0,0204, ou à peu près un 49°.

(342.) Au moyen d'une série d'observations semblables à celles qu'on a indiquées dans l'art. 340, et continuées pendant une ou plusieurs révolutions de la lune, on pourra déterminer sa distance réelle en chaque point de son orbite. Si l'on observe en même temps son lieu apparent dans le ciel, et qu'on tienne compte de la parallaxe pour réduire les observations au centre de la terre, les intervalles angulaires correspondans à chaque distance réelle seront connus, et l'on pourra tracer sur une carte, qui sera censée représenter le plan de l'orbite, la courbe que la lune décrit (art. 292). On trouve ainsi qu'en négligeant certaines déviations, petites quoique très-sensibles, et dont nous rendrons plus loin un compte satisfaisant, la forme de l'orbite apparente est celle d'une ellipse, beaucoup plus excentrique que l'ellipse solaire, puisque son excentricité monte à 0,05484 de la distance moyenne ou du demi-grand axe; on trouve encore que le centre de la terre occupe un des foyers de l'ellipse.

(343.) Le plan de l'orbite n'est pas couché sur l'écliptique, mais forme avec ce grand cercle un angle de 5° 8′ 48″ (que l'on nomme simplement l'inclinaison de l'orbe lunaire), et le coupe en deux points opposés qui prennent le nom de *nœuds* : le nœud *ascendant* est celui où la lune passe pour aller du sud au nord de l'écliptique, et l'autre est le nœud *descendant*. Les points de l'orbite où la lune se trouve à la plus grande et à la plus petite distance de la terre, s'appellent respectivement l'*apogée* et le *périgée*; la ligne qui les joint et qui passe par le centre de la terre, est la ligne des *apsides*.

(344.) On doit toutefois signaler plusieurs circonstances remarquables qui dérogent à l'analogie, dont le lecteur a dû être frappé, entre le mouvement de la lune autour de la terre et celui de la terre autour du soleil. L'ellipse décrite par la terre reste la même, quant à sa position et à ses dimensions, après un grand nombre de révolutions successives; ou du moins les changemens qu'elle éprouve ne se manifestent qu'au moyen d'observations très-délicates; et les perturbations découvertes par cette voie sont d'un ordre si petit, qu'on peut, dans le langage et pour les applications ordinaires, se dispenser de les considérer. Il n'en est pas de même à l'égard de la lune : une seule révolution suffit pour rendre très-sensible la déviation de la forme elliptique. Cet astre ne revient jamais exactement à la même position par rapport aux étoiles, au bout d'une révolution, ce qui indique un déplacement du plan de son orbite. Effectivement, si l'on observe de mois en mois les points où l'écliptique est coupée par la lune, on trouvera que les *nœuds* de son orbite sont dans un état continuel de *rétrogradation* sur l'écliptique. Supposons que O soit la terre, A *b a d* la série des points où la lune traverse le plan de l'é-

cliptique, dans ses passages alternatifs du sud au nord
t du nord au sud, ABCDEF une portion de l'orbe

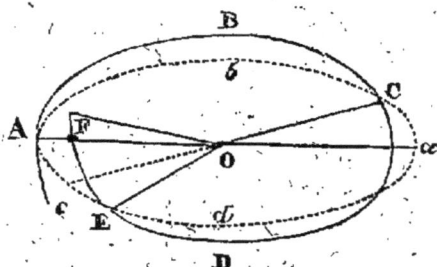

lunaire, embrassant une révolution sidérale complète ;
supposons de plus que la lune parte du nœud ascendant A. Si son orbite était entièrement comprise dans
un plan passant par O, elle couperait de nouveau l'é-
cliptique en un point a, opposé à A, qui serait son nœud
descendant ; après quoi elle reviendrait passer au nœud
ascendant A. Mais, au contraire, sa route réelle est
une certaine courbe ABC, qui va couper l'écliptique
en un point C, de sorte que l'angle AOC, ou l'arc de
longitude compris entre les nœuds ascendant et descendant, est moindre que 180°. Ensuite la lune poursuit sa course au-dessous de l'écliptique, le long de la
courbe CDE, et traverse l'écliptique de nouveau,
non en un point c, diamétralement opposé à C, mais
en un point E, moins avancé en longitude. Au total,
l'arc de longitude décrit entre deux passages ascen-
dans consécutifs sera inférieur à 360°, de tout l'arc
correspondant à l'angle AOE; ou, en d'autres termes,
cet arc sera celui dont le nœud ascendant aura rétrogradé sur l'écliptique d'un passage à l'autre. Pour
compléter une révolution sidérale, il faudra que la
lune décrive encore sur son orbite un arc EF, ce qui
ne la ramènera pas précisément au point A, mais à un

point dont la longitude sera la même, et qui aura une latitude boréale.

(345.) La vitesse de rétrogradation des nœuds de l'orbite lunaire à présentement une valeur moyenne de 3′ 10″,64 par jour ; et, dans une période de 6793,39 jours solaires moyens (ou d'environ 18 ans 6/10mes), le nœud ascendant a parcouru, de l'est à l'ouest, la circonférence entière de l'écliptique. Au milieu de cette période, l'orbite a une position précisément inverse de celle qu'elle occupait en commençant. Dans le cours de la période, la lune doit rencontrer des étoiles, et traverser des constellations différentes. Cette espèce de révolution en spirale doit amener successivement son disque sur tous les points d'une zone céleste de 10° 18′ de largeur, dont l'écliptique est la ligne médiane, et dont les limites sont déterminées par l'inclinaison de l'orbe lunaire. On ne doit pas perdre de vue que, dans le cours d'une seule révolution sidérale, le lieu de la lune diffère peu, en vertu du mouvement des nœuds, de ce qu'il serait si les nœuds étaient immobiles. En supposant que la lune parte du point A, sa latitude en F, après qu'elle aura achevé une révolution en longitude, n'excédera pas 8′ ; et c'est à cause de la petitesse de cette déviation qu'il est permis d'employer la conception géométrique d'une orbite plane et d'un *mouvement des nœuds*.

(346.) Comme la lune se trouve à une distance de nous très-médiocre (en langage astronomique), et que de fait elle est notre plus proche voisine, tandis que le soleil, et surtout les étoiles, sont à des distances incomparablement plus grandes, il doit nécessairement arriver qu'à une époque ou à une autre, elle *occulte* ou *éclipse* sur son passage chaque étoile ou planète comprise dans la zone que l'on vient de définir, ou même dans une zone plus large de près d'un degré de chaque côté, à cause de la parallaxe qui déplace d'autant le centre de la lune pour l'observateur situé à la surface de la terre. Le soleil, lui-même peut se trouver caché, en tout ou en partie, par le disque de la lune; ce qui produit le plus frappant de tous les phénomènes astronomiques accidentels, une *éclipse de soleil.* Alors une portion plus ou moins grande, quelquefois même, dans des circonstances rares, la totalité du disque solaire est obscurcie, et en quelque sorte effacée par la superposition de celui de la lune, qui paraît comme une tache noire circulaire; il en résulte une diminution temporaire dans la lumière du jour, ou même une obscurité pareille à celle de la nuit, et qui permet également aux étoiles de briller. S'il arrive que les deux disques se trouvent concentriques, et qu'en même temps le diamètre apparent de la lune soit moindre que celui du soleil, on a le singulier phénomène d'une éclipse de soleil *annulaire :* le bord du soleil paraît, pendant quelques minutes, comme un mince anneau de lumière, étincelant de toutes parts autour du cercle obscur occupé par la lune.

(347.) Une éclipse de soleil ne peut avoir lieu que quand le soleil et la lune sont en *conjonction*, c'est-à-dire quand les deux astres ont la même longitude, et lorsque, de plus, ils se trouvent à peu près à la même latitude. La première condition n'est remplie que quand la lune est *nouvelle*; mais il n'en faut pas conclure qu'à chaque conjonction on doive avoir une éclipse de soleil. Pour cela, il faudrait que le plan de l'orbe lunaire coïncidât avec celui de l'écliptique; mais, comme ils sont inclinés de plus de 5°, il est évident que la conjonction ou l'égalité des longitudes doit avoir

lieu souvent dans une partie de l'orbite où la lune est
trop éloignée de l'écliptique pour que son disque puisse
rencontrer le soleil. Pour assigner les limites entre
lesquelles une éclipse est possible, il faut observer que
la parallaxe déplace le bord apparent de la lune d'une
quantité qui peut s'élever jusqu'à la valeur de la parallaxe horizontale. Ces limites sont donc les mêmes
que si le diamètre apparent de la lune, vu du centre
de la terre, était dilaté d'une quantité égale au double
de la parallaxe horizontale ; car, pourvu que le disque,
ainsi dilaté, rencontre celui du soleil, il *doit* y avoir
éclipse de soleil en *quelques* points de la surface de la
terre. En conséquence, il y aura éclipse si, au moment de la conjonction, la distance géocentrique des
centres des deux astres n'excède pas la somme de
leurs demi-diamètres apparens et de la parallaxe horizontale de la lune. Cette somme, dans son *maximum*, est d'environ 1° 34' 27''. Soit un triangle sphérique S N M rectangle en S, dans lequel S est le centre
du soleil, M celui de la lune, SN l'écliptique, M N

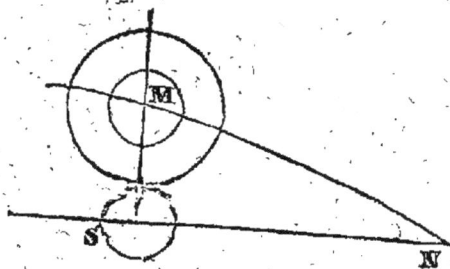

l'orbite lunaire, N le nœud ; l'angle M N S étant égal
à l'inclinaison de l'obite, ou à 5° 8' 48'', si l'on prend
S M = 1° 34' 27'', on en conclura S N = 16° 58''.
Dans le cas où la distance du nœud au soleil, à l'instant de la nouvelle lune, excèdera cette limite, il ne
pourra y avoir éclipse ; si elle est moindre, il pourra,

et probablement il devra y avoir éclipse en quelque lieu de la terre. Pour s'en assurer positivement, et savoir quelle portion du disque solaire sera éclipsée, il faudra consulter les Tables du soleil et de la lune, déterminer exactement le lieu du nœud, les demi-diamètres apparens, la parallaxe locale, l'augmentation du diamètre apparent de la lune, due à ce que l'observateur n'est pas placé au centre de la terre, augmentation qui peut s'élever au soixantième du diamètre horizontal. Il sera facile ensuite de calculer la portion éclipsée par le contact des disques, et le moment du contact.

(348.) Le calcul de l'occultation d'une étoile dépend de considérations semblables. Une occultation est *possible*, quand le centre de la lune, vu du centre de la terre, passe à une distance de l'étoile, égale à la somme du demi-diamètre et de la parallaxe horizontale. L'occultation aura lieu pour une station déterminée, quand la distance de l'étoile au centre est égale à la somme de la parallaxe locale et du demi-diamètre apparent, donné par les tables pour le centre de la terre, et augmenté en raison de la plus grande proximité de la lune à la station. On doit chercher dans les grands traités le détail de ces calculs, qui peuvent devenir assez pénibles.

(349.) Les éclipses de soleil et les occultations sont des phénomènes d'un haut intérêt, et très-instructifs sous le point de vue physique. Elles nous apprennent que la lune est un corps opaque, terminé par une surface réelle et bien tranchée, qui intercepte la lumière comme ferait celle d'un corps solide. Ainsi, dans le temps que la lune nous est invisible, elle n'en a pas moins une existence réelle : et tandis qu'elle ne nous apparaît que comme un croissant délié, le surplus du

disque est toujours là, quoique inaperçu. En effet,
les occultations arrivent indifféremment derrière les
parties obscures ou éclairées, visibles ou invisibles du
disque, selon les étoiles qui se rencontrent sur le chemin de la lune. La seule différence est que, quand l'é-
toile se trouve occultée par la partie brillante du limbe, on est averti du phénomène en voyant au télescope
l'étoile s'approcher graduellement du bord visible ;
tandis que si l'occultation a lieu derrière le bord obscur, et que la lune ait quelques jours d'âge, l'étoile
semble s'éteindre en plein air, sans cause visible de
disparition, et sans avoir préalablement diminué de
lumière. La soudaineté de la disparition excite toujours de la surprise, surtout quand il s'agit d'une étoile
brillante. Lorsque l'étoile a été occultée par le bord
éclairé, elle reparaît, non derrière la limite concave
du croissant, mais derrière la limite invisible du disque complet ; et la soudaineté de la réapparition est
alors aussi surprenante que celle de la disparition l'est
dans l'autre cas [*].

[*] On a souvent remarqué dans les occultations une illusion
optique très-étrange et dont on ne se rend pas compte. L'étoile,
avant de disparaître, semble dépasser le bord et s'avancer *sur* le
disque, quelquefois même assez loin. Je n'ai jamais observé moi-
même ce singulier effet, pour lequel on a d'ailleurs des témoignages non équivoques. Je l'ai appelé une illusion optique ; mais
il ne serait pas impossible que l'étoile se laissât voir derrière de
profondes fissures qui auraient lieu dans le corps de la lune. On
devra observer avec soin les occultations des étoiles doubles, tant
pour voir si les deux étoiles du couple se projettent ainsi sur le
disque lunaire, que pour d'autres considérations liées à la théorie
de ces étoiles. Je me bornerai à remarquer ici qu'une étoile
pourra être reconnue double d'après le mode de sa disparition,
lors même que les deux étoiles qui la forment seraient trop-rap-
prochées pour être vues séparément au télescope. Ainsi, quand
une étoile considérable, au lieu de s'éteindre soudainement et

(350.) L'existence du disque complet, même quand la lune n'est pas pleine, se manifeste encore indépendamment des occultations et des éclipses. On peut le voir à l'œil nu, quelques jours avant et après la nouvelle lune, comme un cercle pâle d'où le croissant semble se détacher, par suite d'une illusion optique due à la grande intensité relative de sa lumière. Nous donnerons tout-à-l'heure la raison de cette apparence. Dès à présent il est clair que la lune n'a pas, comme le soleil, une lumière qui lui soit propre. La variation de forme, progressive et régulière, de la partie éclairée, qui commence par n'être qu'un simple filet demi-circulaire, et se change finalement en un disque complet, correspond exactement aux apparences que doit offrir un globe dont un hémisphère serait éclairé et l'autre obscur, et qui, en tournant, découvrirait successivement à l'œil une partie plus ou moins grande de l'hémisphère éclairé. Nous en conclurons que la la lune est un globe, dont une moitié reçoit les rayons d'un luminaire assez éloigné pour éclairer à la fois un hémisphère complet, et doué lui-même d'une lumière assez intense pour communiquer à la lune l'éclat que nous lui voyons. Or, le soleil seul satisfait à cette double condition, de distance et de lumière; et de plus on observe constamment que le bord brillant du croissant lunaire est tourné vers le soleil : à mesure que la distance angulaire de la lune au soleil augmente ou diminue, la portion éclairée croît ou décroît.

(351.) La distance moyenne du soleil étant de 23984 rayons terrestres, et celle de la lune seulement

complétement, s'éteindra par deux reprises distinctes, quoique très-rapprochées, nous pourrons affirmer que cette étoile est double.

de 60, la première équivaut presque à 400 fois la seconde, et les lignes menées du soleil en chaque point de l'orbite lunaire peuvent être regardées comme parallèles. upposons que O soit la terre, A, B, C, D...

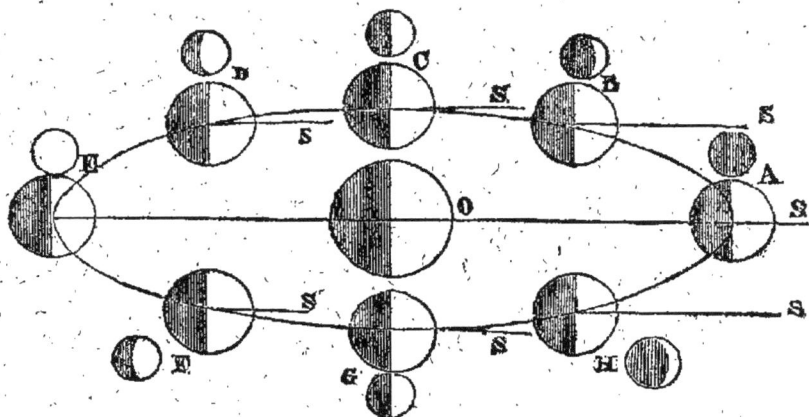

diverses positions de la lune dans son orbite, et S, S, les rayons émanés du soleil à une très-grande distance. L'hémisphère tourné du côté du soleil, c'est-à-dire à droite de la figure, sera éclairé en tous les points de l'orbite, et l'hémisphère opposé restera obscur. Dans la position A, quand la lune est en conjonction avec le soleil, l'hémisphère obscur est complétement tourné vers la terre, la lune est *nouvelle* et invisible. Quand la lune est dans les positions C et G, elle présente à la terre une moitié de l'hémisphère obscur et une moitié de l'hémisphère éclairé; elle est dans ses premier et troisième quartiers. Enfin, quand elle se trouve dans la position E, elle tourne toute sa face éclairée vers la terre, et on la voit *pleine*. Dans les positions intermédiaires B, D, F, H, la portion de la surface éclairée tournée vers O va en croissant ou en décroissant, à mesure que la lune s'éloigne de la position A ou s'en rapproche.

(352.) Ces variations mensuelles, ou ces *phases*, comme on les appelle, proviennent de ce que la lune est un corps opaque, éclairé sur un de sés hémisphères par le soleil, et réfléchissant dans tous les sens la lumière qu'il en reçoit. On ne doit pas être surpris qu'un corps solide, éclairé de la sorte, puisse réfléchir assez de lumière pour éclairer à son tour notre terre. Un nuage blanc qui se détache sur le fond bleu du ciel en fait autant; et, pendant le jour, la lune ne se distingue guère d'un tel nuage par son éclat. Durant le crépuscule, les nuages frappés par les derniers rayons du soleil sont d'une clarté éblouissante qui ne le cède en rien à l'éclat de la lune pendant la nuit. Il est conforme aux principes de l'optique de supposer que la terre renvoie pareillement de la lumière à la lune, mais probablement en plus grande abondance, à cause de ses plus grandes dimensions apparentes [*]; ce qui explique la visibilité de la portion obscure du disque de la lune quand elle est nouvelle (art. 350). En effet, lorsque la lune est à peu près nouvelle pour la terre, on peut dire que celle-ci est à peu près pleine pour la lune. La partie obscure du disque de cet astre reçoit de la terre une lumière assez abondante pour que la portion qui en est de nouveau réfléchie vers nous, rende visible la totalité du disque, au commencement et au déclin du jour. Quand la lune gagne en âge, la terre ne lui présente plus qu'une moindre portion de son hémisphère éclairé; et le phénomène, connu sous le nom de *lumière cendrée*, cesse d'avoir lieu.

---

[*] Le diamètre apparent de la lune, vue de la terre, est de 32'; celui de la terre vue de la lune est de $1°54'$, ou du double de la parallaxe horizontale; les surfaces apparentes doivent être $\because (114)^2 \therefore (52)^2$, ou à peu près $\therefore 13 \therefore 1$.

(353.) Le mois lunaire est déterminé par le retour des phases; il se compte de nouvelle en nouvelle lune, ou de conjonction en conjonction. Si le soleil était fixe comme une étoile, l'intervalle entre deux conjonctions aurait la même durée qu'une révolution sidérale de la lune (art. 338); mais comme le soleil se meut sur la sphère céleste dans le même sens que la lune, quoique plus lentement, celle-ci doit employer un temps plus long que celui d'une révolution sidérale à rejoindre le soleil et à compléter un mois lunaire, ou ce que l'on appelle en astronomie sa période *synodique*. La différence se calcule aisément en considérant que l'arc excédant est décrit par le soleil avec une vitesse de $0°,98565$ par jour, dans le même temps que la lune emploie à décrire cet arc, plus une circonférence entière, avec une vitesse de $13°,17640$ par jour; et que les espaces décrits dans le même temps doivent être en raison des vitesses*. Une légère connaissance de l'arithmétique suffit d'après cela pour calculer la durée de la période synodique, que l'on trouve égale à $29j\ 12^h\ 44_m\ 2^s,87$.

(355.) On s'est très-bien rendu compte des éclipses de soleil en considérant le soleil et la lune comme deux astres vus de la terre et qui se meuvent indépendamment l'un de l'autre, chacun suivant des lois connues; mais il est utile aussi de considérer les éclipses d'une manière générale, en tant qu'elles proviennent de

---

* Soient V et v les moyennes vitesses angulaires, x l'arc excédant, on aura V : v :: 1 + x : x, ou V — v : v :: 1 : x. x étant connu par cette proportion, $\frac{x}{v}$ sera le temps employé à décrire l'arc excédant, ou l'excès de la période synodique sur la période sidérale. Nous aurons occasion de revenir sur ce sujet.

l'ombre que projette sur un corps un autre corps
éclairé par un luminaire *beaucoup plus grand que lui*.
Supposons que A B représente le soleil, C D un corps

sphérique, tel que la terre ou la lune. Puisque A B est
plus grand que C D, les lignes A C, B D, prolongées,
devront se couper en un point E, plus ou moins distant de C D, selon les dimensions de ce dernier corps;
et l'espace C E D (qui est un cône, puisque C D et A B
sont des sphères) se trouvera complétement dans *l'ombre*, sans qu'on puisse apercevoir de l'intérieur de ce
cône aucune partie du disque du soleil. En dehors de
l'ombre il y aura deux espaces divergens (ou plutôt
deux portions d'un même espace conique ayant K
pour sommet) que l'on nomme *pénombre*, d'où l'on
n'apercevra qu'une portion du disque solaire, d'autant plus grande que l'on se rapprochera davantage
des bords extérieurs de la pénombre, tels que F C,
G D. Ainsi, un spectateur placé en M apercevra une
portion du disque figurée par A O N P, et la portion
B O N P lui sera cachée. En dehors de la pénombre
on apercevra le disque entier et l'on jouira d'une lumière complète. On reproduit parfaitement bien toutes
ces circonstances en exposant à la lumière du soleil

un petit globe, et recevant l'ombre à différentes distances sur une feuille de papier.

(356). Dans une éclipse de lune (représentée par la figure supérieure) la lune entre d'abord dans la pénombre, puis s'engage dans l'ombre par degrés. A cause des grandes dimensions de la terre, le cône d'ombre qu'elle projette s'étend toujours fort au-delà de la distance de la lune, en sorte qu'il ne peut manquer de l'atteindre, si l'orbite qu'elle parcourt est convenablement dirigée. Il n'en est pas de même pour les éclipses de soleil. D'après la distance et les dimensions de la lune, la pointe du cône d'ombre tombe toujours non loin de la surface de la terre, mais tantôt le cône la dépasse, tantôt il est trop court pour l'atteindre. Dans le premier cas, représenté par la figure inférieure de l'article précédent, une tache noire, entourée d'une teinte moins sombre, se forme à la surface de la terre. L'éclipse est totale ou partielle, selon que le spectateur se trouve placé dans l'ombre ou dans la pénombre, en dehors de laquelle il n'y a pas d'éclipse du tout. Si la pointe du cône tombe sur la surface, pour un point de la terre, et pour un instant seulement, la lune recouvre exactement le soleil. Enfin si la pointe du cône n'atteint pas la surface terrestre, il n'y a d'éclipse totale pour aucun lieu de la terre; mais un spectateur situé dans le voisinage du prolongement de l'axe du cône verra le disque entier de la lune sur le soleil qui le dépassera de toutes parts : ce spectateur sera témoin d'une éclipse annulaire.

(357.) En vertu d'un rapport assez remarquable entre la durée de la révolution synodique et celle de la révolution des nœuds, les éclipses reviennent au bout d'une certaine période à très-peu près dans le même ordre et avec les mêmes grandeurs. En effet,

223 *lunaisons* ou révolutions synodiques moyennes font 6585ʲ, 32, et 19 révolutions synodiques du nœud font 6585ʲ, 78. Ainsi la différence entre les positions moyennes du nœud, au commencement et à la fin d'une période de 223 lunaisons, est presque insensible; de sorte que les éclipses doivent se reproduire périodiquement au bout de cet intervalle. On suppose que la période de 223 lunaisons, ou de 18 ans et 10 jours, a été connue des Chaldéens sous le nom de *Saros*, comme un fait d'observation, avant qu'on possédât une théorie exacte des éclipses.

(358.) Le commencement, la durée et la grandeur de l'éclipse se calculent beaucoup plus aisément pour les éclipses de lune que pour celles de soleil, parce que les premières sont indépendantes de la position du spectateur à la surface de la terre, et les mêmes que pour un spectateur qui serait placé au centre. Le centre commun de l'ombre et de la pénombre se trouve toujours dans l'écliptique sur un point opposé au soleil. La position de la lune en chaque instant est connue par les tables lunaires et les éphémérides; de sorte qu'on a ce qu'il faut pour déterminer les instans où la distance du centre de la lune au centre commun dont on vient de parler, est précisément égale à la somme du demi-diamètre de la lune et du demi-diamètre de la pénombre ou de l'ombre, c'est-à-dire les époques où la lune entre dans la pénombre et dans l'ombre, et celles où elle en sort.

(359.) Pour connaître les dimensions du cône d'ombre au lieu où l'orbite lunaire le traverse, il faut connaître les distances de la terre à la lune et au soleil. Ces distances sont variables, mais calculées jour par jour ainsi que les demi-diamètres, et réduites en tables dans les éphémérides. La distance du soleil

se déduit sans peine de la forme elliptique de son orbite ; la détermination de la distance de la lune présente plus de difficulté par le motif que voici.

(360.) On a déjà vu que l'orbite de la lune n'était
pas rigoureusement une ellipse rentrant sur elle-
même, à cause du déplacement du plan dans lequel
elle est située, ou du mouvement des nœuds. Même en
laissant de côté cette considération, l'axe de l'ellipse
change sans cesse de direction dans l'espace, comme
celui de l'ellipse solaire, quoique avec une rapidité
bien plus grande, puisqu'il n'emploie que 3232,5753
jours solaires moyens, ou environ 9 ans, à décrire une
révolution complète, dirigée dans le même sens que
le mouvement propre de la lune, ce qui fait environ
3° de mouvement angulaire à chaque révolution de
cet astre. Ce phénomène est connu sous le nom de
révolution des *apsides* de la lune, et l'on en donnera
plus loin la raison. Il a pour effet immédiat de faire
varier la distance de la lune à la terre suivant une loi
qui ne s'accorde pas exactement avec celle du mouvement elliptique. Sur une seule révolution de la lune
la différence n'est pas grande, mais elle devient bientôt considérable, comme il est facile de s'en assurer,
en observant qu'au bout de quatre ans et demi, l'axe
est complétement retourné, le périgée et l'apogée
ayant échangé leurs situations.

(361.) La meilleure manière de se former une idée
distincte du mouvement de la lune consiste à admettre
que cet astre décrit une ellipse dont la terre occupe un
des foyers, en supposant en outre que l'ellipse a un
double mouvement révolutif : l'un dans son propre
plan, en vertu de la progression continuelle du grand
axe de l'ouest à l'est ; l'autre, qui consiste dans une
oscillation du plan lui-même, parfaitement semblable

(quoique beaucoup plus rapide) à celle qu'exécute l'équateur terrestre, par suite du mouvement conique de l'axe de la terre, décrit dans l'art. 266.

(362.) La constitution physique de la lune nous est mieux connue que celle d'aucun autre corps céleste. A l'aide des télescopes nous discernons des inégalités à sa surface, qui ne peuvent être que des montagnes et des vallées; puisque nous voyons que les premières projettent des ombres dont la longueur se rapporte exactement à l'inclinaison des rayons solaires dans les lieux de la surface de la lune où ces inégalités s'observent. Le bord convexe du limbe tourné du côté du soleil est toujours circulaire et à peu près uni; mais le bord opposé de la partie éclairée, qui devrait offrir l'apparence d'une ellipse bien tranchée, si la lune était une sphère parfaite, se montre toujours avec des déchirures ou dentelures profondes, qui indiquent des cavités et des points proéminens. Les montagnes voisines de ce bord projettent de grandes ombres, comme on concevra clairement que cela doit être, si l'on réfléchit que pour les points de la lune placés ainsi, le soleil est au moment de se lever ou de se coucher. Quand le bord éclairé dépasse ces points, ou, ce qui revient au même, quand le soleil y gagne en hauteur, les ombres se raccourcissent; et lorsque la lune est pleine, que la direction de tous les rayons coïncide avec celle de notre ligne de vision, on n'aperçoit plus d'ombre sur aucun point de la surface. D'après les mesures micrométriques des ombres, prises dans les circonstances les plus favorables, on a pu calculer les hauteurs de plusieurs montagnes remarquables. La plus élevée a environ 2800 mètres de hauteur perpendiculaire. L'existence de semblables montagnes est encore confirmée par l'apparence de points ou petites îles lumineuses, placées en dehors du bord éclairé, et qui sont les sommets mêmes des montagnes, éclairés par les rayons du soleil avant les plaines intermédiaires. Peu à peu, à mesure que la lumière avance, on voit ces points lumineux se rattacher au bord, et y former des dentelures.

(363.) La plupart des montagnes lunaires présentent un aspect singulier et d'une frappante uniformité. Le nombre en est étonnant; elles occupent la très-majeure partie de la surface; et presque toutes sont exactement circulaires, ou prennent la forme de coupes, dont l'intérieur a toutefois une courbure elliptique vers les bords. Pour les plus larges, le fond de l'excavation est ordinairement une aire plane du centre de laquelle s'élève une petite éminence conique, à pente raide. Elles offrent en un mot au plus haut degré le vrai caractère *volcanique*, tel qu'on peut l'observer sur le cratère du Vésuve, ou sur les terrains volcaniques des Champs-Phlégréens et du Puy-de-Dôme *. On parvient même, avec de puissans télescopes, à distinguer sur quelques-unes des marques décisives de stratification volcanique**, ou des dépôts successifs de déjections. Ce qu'il y a de très-singulier dans la *géologie* de la lune, c'est que, bien que sa surface n'offre nulle part de véritable mers (car les taches obscures auxquelles on a donné ce nom présentent, quand on les examine de près, des apparences inconciliables avec l'existence d'une eau profonde), on y observe de vastes régions parfaitement de niveau, et qui semblent avoir décidément le caractère de terrains d'alluvion.

* Voyez la carte des environs de Naples, par Breislak, et celle de Desmarets pour l'Auvergne.

** D'après mes propres observations.

(364.) La lune n'a pas de nuages, ni rien qui indique la présence d'une atmosphère. Cette atmosphère, si elle existait, deviendrait sensible dans les occultations d'étoiles et dans les éclipses de soleil. Par conséquent, un climat très-extraordinaire doit régner à sa surface, et l'on y doit passer brusquement d'une chaleur plus brûlante que celle du midi de nos régions équatoriales, et soutenue pendant quinze jours, à un froid de même durée, plus excessif que celui de l'hiver de nos régions polaires *.

(365.) Un cercle d'une seconde de diamètre, vu de la terre, contient à la surface de la lune un huitième de lieue carrée, ou environ 250 hectares. Ainsi les télescopes doivent recevoir encore de grands perfectionnemens, avant que nous puissions reconnaître des traces d'habitans, dans des édifices, ou dans des changemens du sol. Il faut observer qu'en raison du peu de densité des matières qui entrent dans la masse de la lune, et attendu que la pesanteur y est beaucoup plus faible qu'à la surface de la terre, la même force musculaire peut y soulever une masse six fois plus grande. Au reste il semble impossible,

---

* On sait que l'atmosphère agit sur la température de la surface terrestre, comme ferait une cage de verre, en laissant pénétrer facilement les rayons solaires, et en s'opposant ensuite au libre rayonnement de la surface, échauffée par l'influence de ces rayons. Dans l'état de nos connaissances sur les lois de la chaleur rayonnante, on a lieu de croire que l'absence d'une atmosphère empêche que la chaleur solaire ne puisse s'accumuler à la surface de la lune : de sorte qu'un thermomètre, placé en un point quelconque de cette surface, devrait marquer la même température que s'il était isolé dans les espaces planétaires ; du moins, en admettant que la surface de la lune ait entièrement perdu sa chaleur d'origine. Cette température est évaluée par plusieurs physiciens à environ 60 degrés centigrades au-dessous de la glace fondante.   (*Note du traducteur.*)

faute d'air, que des êtres vivans, analogues par leur organisation à ceux qui peuplent notre globe, se trouvent à la surface de la lune. Rien n'y indique l'apparence d'une végétation, ni de modifications dans l'état de la surface que l'on puisse attribuer à un changement de saisons.

(366.) Les étés et les hivers de la lune ne peuvent dépendre que de son mouvement de rotation autour de son axe, qui s'accomplit dans une période *exactement* égale à celle de sa révolution sidérale autour de la terre, et parallèlement à un plan incliné de 1°30'11" sur l'écliptique, dont par conséquent l'inclinaison sur le plan de son orbite est peu considérable. Telle est la cause pour laquelle nous voyons constamment la même face de la lune, tandis que l'autre nous restera toujours inconnue. Cette coïncidence remarquable de deux périodes qui semblent au premier coup d'œil parfaitement indépendantes, est une conséquence des lois générales que nous expliquerons.

(367.) La rotation de la lune autour de son axe est uniforme, et puisque son mouvement dans son orbite ne l'est pas, il en résulte que selon les circonstances nous pouvons apercevoir à l'est ou à l'ouest quelques degrés de son cercle équatorial, en sus d'une demi-circonférence; ou, en d'autres termes, la ligne qui joint les deux centres de la lune et de la terre oscille dans l'intérieur de la lune, et perce la surface visible de cet astre en un point qui dévie un peu, à l'est ou à l'ouest, de sa position moyenne. En outre, comme l'axe de rotation n'est pas exactement perpendiculaire au plan de l'orbite, les deux pôles alternativement s'avancent un peu dans l'intérieur du disque visible. Ces phénomènes sont connus sous les noms de *librations* en longitude et en latitude. Il résulte de l'un et de l'autre que le même point physique de la surface de la lune ne coïncide pas constamment avec le centre du disque, et que nous découvrons successivement une zone de quelques degrés de largeur à l'entour du bord, en sus d'un hémisphère exact.

(368.) S'il y a des habitans dans la lune, la terre doit leur offrir la singulière apparence d'une lune ayant près de 2° de diamètre, éprouvant des phases comme notre lune, et restant immobile au même point du ciel (ou du moins n'étant sujette qu'à de très-petits déplacemens apparens, par suite de la libration), tandis que les étoiles se meuvent avec lenteur derrière elle et à ses côtés. La terre doit leur paraître encore couverte de taches variables et de zones correspondantes à nos vents alisés : il est douteux si, au milieu des perpétuels changemens de notre atmosphère, ils peuvent distinguer nettement les configurations de nos continens et de nos mers.

CHAPITRE VII.

PESANTEUR TERRESTRE. — LOI DE LA GRAVITATION UNIVERSELLE. — TRAJECTOIRES APPARENTES ET RÉELLES DES PROJECTILES. — LA LUNE EST RETENUE DANS SON ORBITE PAR LA PESANTEUR. — LOI DE DÉCROISSEMENT DE LA PESANTEUR. — LOIS DU MOUVEMENT ELLIPTIQUE. — L'ORBITE DÉCRITE PAR LA TERRE AUTOUR DU SOLEIL S'ACCORDE AVEC CES LOIS. — COMPARAISON DE LA MASSE DU SOLEIL AVEC CELLE DE LA TERRE. — DENSITÉ DU SOLEIL. — INTENSITÉ DE LA PESANTEUR A LA SURFACE DE CET ASTRE. — ACTION PERTURBATRICE DU SOLEIL SUR LE MOUVEMENT DE LA LUNE.

(369.) Le lecteur est maintenant instruit des principaux phénomènes que présentent le mouvement de la terre dans son orbite autour du soleil, et celui de la

lune autour de la terre. Nous allons parler de la cause
physique qui entretient ces mouvemens, et oblige ces
corps massifs à dévier sans cesse de la ligne droite
qu'ils devraient suivre en vertu de la première loi du
mouvement, pour décrire des courbes dont la concavité est tournée vers un corps central.

(370.) Quelques efforts que des métaphysiciens aient
faits pour expliquer le rapport de cause et d'effet, en le
réduisant à la notion peu satisfaisante d'une *succession
habituelle* *, il est certain que l'idée d'une connexion
réelle et plus intime est aussi fermement imprimée
dans l'esprit humain que celle de l'existence d'un
monde extérieur, dont personne ne doute, quoique
(chose étrange!) on ait regardé comme un progrès important dans cette branche de la philosophie d'en avoir
revendiqué la réalité. C'est la conscience immédiate
que nous avons de *l'effort* exercé par nous pour mettre
la matière en mouvement, ou pour neutraliser des
forces extérieures, qui nous pénètre intimement de
l'idée de *pouvoir* ou de *causation*, en tant qu'elle se
rapporte au monde matériel, et qui nous impose la
croyance que toutes les fois qu'un objet matériel passe
du repos au mouvement, ou dévie de la route rectiligne,

---

* Voyez l'ouvrage de Brown, *On cause and Effect*, livre où
l'on remarque beaucoup de pénétration et de subtilité dans les
raisonnemens; mais où tout le système d'argumens est vicié par
une omission énorme, celle de *la conscience personnelle, distincte et immédiate* que nous avons de l'existence d'une *cause*,
en outre de l'idée d'une *succession d'événemens*, dans l'acte de
la volonté qui a pour objet de mettre en mouvement des corps
extérieurs. Je regarde la conscience de l'*effort intérieur* ou de
la *causation*, comme entièrement distinct du simple *désir* ou
de la *volition* d'une part, et d'autre part de la contraction purement spasmodique des muscles. Brown, 3e édit., Edimb.
1818, p. 47.

ou change de vitesse , la chose arrive en vertu d'un EFFORT exercé d'une manière quelconque, quoique nous n'en ayons pas conscience. Il n'y a pas plus de difficultés à comprendre comment un tel effort peut être exercé à travers un espace interposé, qu'à comprendre comment notre main peut communiquer du mouvement à une pierre , *avec laquelle on démontre qu'elle n'est pas en contact.*

(371.) Tous les corps que nous connaissons, lorsqu'on les lève en l'air et qu'on les abandonne à eux-mêmes, descendent perpendiculairement à la surface de la terre. Il y sont donc déterminés en vertu d'une force ou d'un effort, qui se nomme *pesanteur* ou *gravité.* Sa tendance, comme l'enseigne une expérience universelle, est vers le centre du globe; ou pour parler plus exactement et tenir compte de l'ellipticité de la terre , la direction de cette force est perpendiculaire à la surface des eaux tranquilles. Lorsque nous lançons un corps obliquement, la tendance de la force subsiste toujours sans altération, mais elle est sensiblement modifiée dans ses effets définitifs. A la vérité, l'impulsion de bas en haut donnée à la pierre est détruite de même au bout d'un certain temps, et elle en reçoit une autre de haut en bas qui la ramène à la surface où où elle est obligée de s'arrêter. Mais pendant ce temps elle a été continuellement déviée de la route rectiligne, et contrainte de décrire une courbe concave vers le centre du globe, ayant un *sommet* ou un *apogée* qui correspond précisément, comme celui de l'orbe lunaire , à l'instant où la direction du mouvement est perpendiculaire au rayon mené du centre de la terre.

(272.) Quand la pierre, lancée obliquement de bas en haut, heurte dans sa chute la surface de la terre, le mouvement n'est pas dirigé vers le centre, mais sa direction fait avec le rayon terrestre le même angle que lorsque la pierre s'est échappée de notre main. Puisque nous sommes sûrs que, si elle n'avait pas été arrêtée par la résistance du sol, elle aurait continué de descendre *obliquement*, quel serait le motif de présumer qu'elle eût jamais atteint le centre de la terre, vers lequel son mouvement n'a jamais été dirigé, dans toute la portion visible de sa course? Pourquoi ne pas croire plutôt qu'elle aurait circulé autour de ce centre comme la lune autour de la terre, en revenant au point d'où elle est partie, après avoir décrit une orbite elliptique dont le centre de la terre occuperait le foyer le plus bas? N'est-il pas encore raisonnable de supposer que la pesanteur qui se fait sentir sans diminution notable à toutes les hauteurs accessibles sur la surface de la terre, et même dans les régions les plus élevées de l'atmosphère, s'étend jusqu'à la distance d'environ 60 rayons terrestres, ou jusqu'à la lune? Et dès lors, la pesanteur n'est-elle pas cette force quelconque, dont il faut bien que nous admettions l'existence, qui fait sans cesse dévier la lune de la tangente à son orbite, et la maintient sur la courbe elliptique où nous l'observons ?

(373.) Lorsqu'on fait tourner une pierre au bout d'une corde, la corde est tendue par une force centrifuge qui va en croissant avec la vitesse de rotation, et qui finirait par rompre la corde et par permettre à la pierre de s'échapper. Si l'on connaît la tension extrême dont la corde est susceptible, ou le plus grand poids qu'elle puisse supporter sans se rompre, les principes de mécanique mettront à même de calculer facilement la vitesse de rotation qui correspond à cette tension extrême. Imaginons un corps pesant à la surface de la terre, uni au centre par un cordon dont la force de tension soit précisément celle qu'il faut pour soutenir un tel poids. Admettons ensuite pour un moment que la pesanteur n'existe pas, et que l'on imprime au corps un mouvement de rotation avec la vitesse précisément nécessaire pour tenir le cordon dans l'état de tension extrême; cette tension équivaudra précisément au poids du corps tournant, et l'on pourra remplacer l'action du cordon par celle d'une force égale en intensité au poids du corps, et constamment dirigée vers le centre de la terre. Supprimons donc le cordon, et rétablissons l'action de la pesanteur: le corps continuera de circuler comme auparavant; sa tendance vers le centre, ou son poids, étant précisément balancé par la force centrifuge. D'après la longueur du rayon de la terre, nous pourrons calculer le temps dans lequel le corps doit achever une révolution pour être balancé de la sorte. Ce temps est de 1 h 23 m 22 s.

(374.) Si nous faisons le même calcul pour un corps placé à la distance de la lune, *en supposant la pesanteur la même qu'à la surface de la terre*, nous tomberons sur une période de 10 h 45 m 30 s. La période réelle de la révolution de la lune est de 27 j 7 h 43 m : ainsi, il est clair que la vitesse de la lune dans son orbite (que nous supposons circulaire, ou dont nous négligeons quant à présent la faible ellipticité) serait insuffisante pour contre-balancer une force aussi intense que celle que nous supposons. Pour que la force centrifuge de la lune contre-balance la pesanteur, il faut supposer celle-ci affaiblie par la distance, au point d'être 3600 fois moins énergique qu'à la surface de la terre; ou en d'autres termes admettre qu'elle imprimerait à un corps situé à la distance de la lune, une vitesse 3600 fois plus petite que celle qu'elle lui communiquerait s'il était situé à la surface de la terre.

(375.) La distance de la lune au centre de la terre est un peu moindre que 60 fois la distance du centre à la surface, et d'autre part $3600 : 1 :: 60^2 : 1^2$. Si donc la pesanteur est réellement la force qui maintient la lune dans son orbite, il faut admettre qu'elle est affaiblie par la distance, de manière à varier (au moins dans ce cas particulier) en raison inverse des carrés des distances. Cette diminution d'énergie par l'accroissement de la distance, n'a rien d'inadmissible de prime abord. Les émanations d'un centre, telles que la lumière et la chaleur, varient réellement avec la distance suivant la même proportion ; et quoique nous ne puissions argumenter avec certitude de cette analogie, nous voyons que les attractions et répulsions, tant magnétiques qu'électriques, décroissent beaucoup plus rapidement qu'en raison inverse des simples distances. Tout notre raisonnement se résume en ceci : D'une part la pesanteur est une force réelle, dont l'action nous est rendue sensible par une expérience journalière. Nous savons qu'elle s'étend au-delà des plus grandes hauteurs accessibles, et nous ne voyons pas de raison de supposer qu'à une certaine hauteur elle cesse subitement d'agir. L'analogie nous porte à croire qu'elle doit diminuer rapidement d'énergie à de grandes hauteurs au-dessus de la surface, par exemple à la distance de la lune. D'un autre côté, nous sommes sûrs que la lune est poussée vers la terre par une force qui la retient dans son orbite, et que l'intensité de cette force correspond à celle de la pesanteur, diminuée selon le rapport (d'ailleurs nullement improbable) des carrés des distances. Si cette force n'est pas la pesanteur, il faut dire que la pesanteur cesse à une hauteur moindre que celle de la lune, ou que la nature de la lune diffère de celle de la matière pondérable, sans

24

quoi deux forces pousseraient à la fois la lune vers la terre, et la somme de leurs actions ne serait plus équilibrée par la force centrifuge.

(376.) Telle est à peu près l'argumentation sur laquelle Newton paraît avoir fondé d'abord, et provisoirement, sa loi de la gravitation universelle, dont l'énoncé est celui-ci : « Toutes les particules de matière répandues dans l'univers s'attirent mutuellement en raison directe de leurs masses, et en raison inverse des carrés de leurs distances. » Néanmoins, sous cette forme générale et abstraite, la proposition n'est plus immédiatement applicable au cas qui nous occupe. La terre et la lune ne sont pas des *particules*, mais de grands corps sphériques, et pour leur appliquer la loi précédente, il faut préalablement savoir quelle doit être la force avec laquelle un amas de particules, formant une masse solide d'une figure donnée, attirera une semblable collection d'atomes matériels. Ce problème se rattache à la dynamique, et dans la généralité de son énoncé il offre les plus grandes difficultés. Heureusement, quand les deux corps attirant et attiré sont des sphères, il reçoit une solution directe et facile. Newton a fait voir (*Princip.* liv. I, prop. 75) que l'attraction est alors précisément la même que si la masse entière de chaque sphère était réunie à son centre, et que les deux sphères fussent réduites à de simples particules; en sorte que l'énoncé de la loi générale s'applique littéralement à ce cas. La différence de la figure de la terre à la forme sphérique est trop petite pour que nous nous y arrêtions dans ce premier aperçu. Elle produit néanmoins des effets sensibles, et sur lesquels nous reviendrons.

(377.) Le pas que l'on fait ensuite dans la doctrine newtonienne, consiste à dépouiller la loi de la gravita-

tion du caractère provisoire qu'elle conservait, tant
que l'on se bornait à considérer l'orbe lunaire super-
ficiellement, comme un cercle décrit uniformément
avec la vitesse moyenne de la lune: il s'agit maintenant de donner à cette loi le caractère d'une relation
générale et primordiale, en prouvant qu'elle explique
dans tous leurs détails les circonstances du cas qui
existe dans la nature. Pour cela il faut démontrer,
comme Newton l'a fait * (*Princip.* I, 17 et 75), que,
quand deux corps sphériques sont sollicités par une
semblable force attractive, chacun d'eux décrit autour
de l'autre, considéré comme fixe, et tous deux décrivent autour de leur centre commun de gravité, des
courbes concaves nécessairement comprises parmi
celles que les géomètres désignent sous la dénomination générale de sections coniques. Ces courbes seront, dans chaque cas particulier, des ellipses, des
paraboles ou des hyperboles, selon les rapports de vitesse, de distance et de direction, et les excentricités
pourront avoir des valeurs quelconques, d'après les
mêmes circonstances; mais les centres de chacune des
deux sphères, et leur centre commun de gravité oc-
cuperont nécessairement un foyer des sections coniques décrites. Dans chaque cas enfin (*Princip.* I, 1), la
vitesse angulaire avec laquelle se meut la ligne qui
joint les centres sera en raison inverse du carré de
leur distance mutuelle, et les aires décrites par cette
ligne seront égales en temps égaux.

* Nous regardons comme un devoir de renvoyer, pour toutes
les propositions fondamentales, à l'ouvrage immortel où elles
ont été pour la première fois exposées. Il nous est impossible de
resserrer cette théorie dans un volume comme celui-ci, et nous
le pourrions, que cela ne s'accorderait pas avec notre plan. Cependant on donnera dans le chapitre suivant une idée générale
de l'enchaînement des propositions.

(378.) Tout cela est conforme à ce que nous connaissons des mouvemens du soleil et de la lune. Leurs
orbites sont des ellipses diversement excentriques;
par conséquent les principes de Newton leur sont généralement applicables.

(379.) Ainsi, comme il arrive naturellement quand
on avance dans les généralisations, nous avons fait,
sans presque nous en apercevoir, un nouveau pas
des plus importans. Nous avons étendu l'influence
de la gravitation au cas de la terre et du soleil, où il
s'agit d'une distance immensément plus grande que
celle de la lune, et d'un corps dont la nature est en
apparence toute différente. Cette extension est-elle
fondée? Le changement de données ne nous obligera-
t-il pas à modifier, sinon l'expression générale, du
moins l'interprétation particulière de la loi de la
gravitation? Si nous calculons, d'après la distance
connue du soleil (art. 304), et la période dans laquelle la terre tourne autour de lui (art. 327), la
force centrifuge de la terre qui doit balancer l'attraction du soleil et en donner la mesure exacte, nous
la trouvons immensément plus grande que celle qui
suffirait pour balancer l'attraction de la terre sur un
corps placé à la même distance, plus grande dans le
rapport de 354936 à 1. Il est clair, d'après cela, que
si la terre est retenue dans son orbite par une attraction solaire, dont le décroissement s'accorde avec la
loi générale qu'on a énoncée, cette force doit surpasser
354936 fois celle que la terre serait capable d'exercer,
toutes choses égales d'ailleurs, à une distance égale.

(380.) Mais que signifie ce résultat? Tout simplement que le soleil attire comme attireraient à sa place
354936 terres réunies, ou en d'autres termes, que
le soleil contient 354936 fois autant de masse ou

de matière pondérable que la terre. Loin que cette conclusion doive étonner, il suffit de se rappeler ce qu'on a dit dans l'art. 305 des dimensions colossales de ce globe, pour voir qu'en lui assignant une masse si considérable, nous restons dans les limites d'une raisonnable proportion. En fait, si nous comparons sa *masse* avec son *volume*, nous trouvons que sa *densité* est moindre que celle de la terre, dans le rapport de 0,2543 à 1[*]. Il faut donc que les substances qui le composent soient de leur nature d'autant plus légères, que les parties centrales doivent être condensées par une force de pression énorme. Cette considération rend très-probable l'hypothèse qu'il règne dans l'intérieur de cet astre une chaleur très-intense, capable d'accroître l'élasticité de la matière, et de lui donner la force de résister à la pression presque incroyable qu'elle supporte.

(384.) Nous comprendrons ceci plus distinctement, si nous évaluons, comme nous sommes maintenant en état de le faire, l'intensité de la gravité à la surface du soleil.

L'attraction d'un corps sphérique, étant la même (art. 376) que si toute la masse se trouvait réunie au centre, s'exercera en raison directe de la masse, et en raison inverse du carré de la distance au centre. En prenant pour les distances où la gravité s'exerce, les rayons mêmes des deux sphères de la terre et du soleil, nous trouverons que l'attraction de la masse du soleil sur un corps placé à sa surface, est à l'attraction de la terre sur un point placé pareillement

---

[*] La densité d'un corps matériel est en raison directe de la masse et en raison inverse du volume. Ainsi la densité du soleil est à la densité de la terre : : $\frac{354936}{1384473}$: 1 : : 0,2543 : 1.

à la surface, dans le rapport de 27,9 à 1 *. Ainsi, un poids d'un kilogramme, transporté à la surface du soleil, exercerait la même pression qu'exerce un poids de 27 kil. à la surface de la terre. Un homme, de force ordinaire, ne pourrait supporter son propre poids et serait écrasé sous la charge, s'il était transporté à la surface du soleil.

(382.) Nous ne devrons plus hésiter dorénavant à abandonner tout-à-fait l'idée de l'immobilité de la terre, et à transporter l'attribut d'immobilité au soleil, dont la masse énorme peut épuiser les faibles attractions d'atomes, tels que la terre et la lune, sans en être sensiblement dérangée. Leur centre commun de gravité repose à une distance imperceptible du centre du soleil, et soit que nous regardions l'orbite de la terre comme décrite autour de l'un ou de l'autre des deux centres, il n'en saurait résulter de différence appréciable dans aucun phénomène astronomique.

(383.) C'est une conséquence de la gravitation mutuelle de toutes les parties de la matière, telle que la suppose la loi newtonienne, que la terre et la lune doivent, en circulant chaque mois dans leurs orbites mutuelles autour de leur centre commun de gravité, circuler de compagnie dans la grande orbite annuelle autour du soleil. Nous pouvons concevoir ce mouvement en joignant deux balles de grosseurs inégales par un bâton, et faisant tourner ce bâton après l'avoir lié à une corde dont le point d'attache est au centre de gravité des deux balles. Le *système* du bâton et des balles circulera comme un seul corps autour du

* L'intensité de la pesanteur solaire est à celle de la pesanteur terrestre : : $\frac{554030}{(111\frac{1}{2})^2}$: 1 : : 27,9 : 1, les rayons du soleil et de la terre étant respectivement 111' et 1.

point fixe qui retient la corde, tandis que les balles tourneront l'une autour de l'autre, comme si le bâton était libre de tout lien, et simplement lancé dans l'air. Si la terre seule, et non la lune, gravitait vers le soleil, elle laisserait la lune loin d'elle ; mais comme le soleil agit sur toutes deux, elles restent unies sous son attraction, de la même manière que les corps non adhérens à la surface de la terre se meuvent avec elle sans se détacher. A parler exactement, ce n'est ni la terre ni la lune, mais bien leur centre commun de gravité qui se meut dans une ellipse autour du soleil. Ceci cause une inégalité mensuelle, petite mais très-sensible, dans le mouvement apparent du soleil vu de la terre, dont il faut tenir compte pour calculer le lieu du soleil.

(384.) L'attraction solaire nous donne la raison de toutes les différences que nous avons successivement signalées (articles 344—360), entre le mouvement elliptique exact et le vrai mouvement de la lune dans son orbite mensuelle, telles que celles qui tiennent à la révolution rétrograde des nœuds, au mouvement circulaire direct du grand axe de l'ellipse, etc. Si la lune tournait simplement autour de la terre, n'étant attirée que par elle, aucun de ces phénomènes n'aurait lieu. L'orbite serait une ellipse parfaite, rentrant sur elle-même, immobile et dans un seul et même plan. Puisque le mouvement de la lune est différent, il faut qu'une autre cause le *trouble*, en se combinant avec l'attraction terrestre : cette cause n'est autre que l'attraction solaire, ou plutôt que la portion de l'attraction solaire qui ne s'exerce pas *également* sur la terre.

(385.) Imaginons qu'on laisse tomber en même temps deux pierres situées l'une à côté de l'autre.

Puisque la pesanteur accélère également leurs chutes, elles conserveront leurs positions relatives, et tomberont comme si elles ne formaient qu'une seule masse. Mais supposons que la gravité soit plus intense pour l'une que pour l'autre; leur distance variera pendant la chute, et un mouvement relatif naîtra de cette différence d'action, si faible qu'elle soit.

(386.) Le soleil est environ 400 fois plus éloigné que la lune, et en conséquence, pendant que la lune décrit son orbite autour de la terre, sa distance au soleil est alternativement plus grande et plus petite de $\frac{1}{400}$ que la distance de la terre au même astre. Si petite que soit cette différence, elle suffit pour en produire une appréciable dans l'attraction du soleil sur la lune, selon qu'elle est au point M de son orbite, le plus voisin du soleil, ou au point opposé N. Dans les positions inter-

médiaires, non-seulement l'attraction solaire n'a pas la même intensité, mais elle agit dans des directions différentes, puisqu'on ne peut regarder l'orbite lunaire M N comme un point, ni les lignes menées du soleil S aux divers points de cette orbite comme étant rigoureusement parallèles. Or il faudrait que l'attraction solaire agît toujours avec la même intensité sur la lune et sur la terre, et dans des directions toujours parallèles, pour qu'il n'en résultât aucune perturbation dans le mouvement relatif elliptique de l'une autour de l'autre. De plus, le plan de l'orbe lunaire, quoique très-rapproché du plan de l'écliptique, ne coïncide cependant pas avec ce dernier; et l'attraction solaire qui s'exerce à très-peu près parallèlement au plan de l'écliptique, tend à faire sortir la lune du plan de son orbite, en produisant la révolution des nœuds, et d'autres phénomènes moins apparens. Nous ne sommes pas encore préparés à entrer dans la théorie des *perturbations* ; mais il était à propos d'en donner dès à présent une idée au lecteur, afin de dissiper les doutes qu'il aurait pu concevoir sur la rigueur du raisonnement d'après lequel nous avons déduit la loi de la gravitation d'une considération générale des mouvemens de la lune, en négligeant provisoirement les inégalités qui proviennent des perturbations.

CHAPITRE VIII.

DU SYSTÈME SOLAIRE.

MOUVEMENT APPARENT DES PLANÈTES. — LEURS STATIONS ET RÉTROGRADATIONS. — LE SOLEIL EST LE CENTRE NATUREL DE LEURS MOUVEMENS. — PLANÈTES INFÉRIEURES. — LEURS PHASES, LEURS PÉRIODES, ETC. — DIMENSIONS ET FORME DE LEURS ORBITES. — LEURS PASSAGES SUR LE SOLEIL. — PLANÈTES SUPÉRIEURES. — LEURS DISTANCES, LEURS PÉRIODES, ETC. — LOIS DE KÉPLER ET LEUR INTERPRÉTATION. — ÉLÉMENS ELLIPTIQUES DE L'ORBITE D'UNE PLANÈTE. — LIEUX HÉLIOCENTRIQUES ET GÉOCENTRIQUES DES PLANÈTES. — LOI DE BODE SUR LES DISTANCES PLANÉTAIRES. — PLANÈTES ULTRA-ZODIACALES. — PARTICULARITÉS PHYSIQUES OBSERVÉES SUR CHACUNE DES PLANÈTES.

(387.) Le soleil et la lune ne sont pas les seuls objets célestes auxquels on reconnaisse un mouvement indépendant de celui qui entraîne chaque jour la grande constellation du ciel autour de la terre. Parmi les étoiles on en remarque quelques-unes qui sont la plupart au rang des plus brillantes, et qui changent de position relativement aux autres, les unes plus rapidement, les autres plus lentement : on leur donne le nom de *planètes*. Quatre d'entre elles, Vénus, Mars, Jupiter et Saturne, sont douées d'une splendeur et d'un éclat remarquables ; une autre, Mercure, paraît aussi à l'œil nu comme une belle étoile, mais par des raisons qu'on expliquera bientôt, elle n'est que rarement visible ; une cinquième, Uranus, se laisse difficilement apercevoir sans télescope ; et quatre autres, Cérès, Pallas, Vesta et Junon, ne sont jamais visibles à l'œil nu. Peut-être en existe-t-il d'autres qu'on n'a pas découvertes, et cela semblera même extrêmement probable, si l'on songe à la multitude d'étoiles télescopiques, dont une très-petite partie seulement ont pu être observées assez soigneusement pour qu'on sache si elles conservent ou non les mêmes places, et si l'on remarque en outre que les cinq planètes mentionnées en dernier lieu n'ont été découvertes que depuis un demi-siècle.

(388.) Les mouvemens apparens des planètes sont beaucoup plus irréguliers que ceux du soleil ou de la lune. Généralement parlant, et lorsque l'on compare les lieux qu'elles occupent à de longs intervalles de temps, elles avancent toutes, bien qu'avec des vitesses moyennes différentes, dans le même sens que ces deux astres, c'est-à-dire, en sens contraire du mouvement diurne, ou de l'ouest à l'est. Toutes font le tour entier du ciel, quoique dans des circonstances très-variées ; et toutes, à l'exception des quatre planètes télescopiques, Cérès, Pallas, Junon et Vesta (que l'on peut, pour cette raison désigner par l'épithète d'*ultra-zodiacales*), s'écartent peu de l'écliptique, dans un sens ou dans l'autre, et ne sortent pas de cette zone du ciel, à laquelle nous avons donné le nom de zodiaque. (Article 254.)

(389.) Ainsi, quelles que puissent être la nature et les lois de leurs mouvemens, ces mouvemens s'accomplissent très-près du plan de l'écliptique ou du plan dans lequel la terre se meut autour du soleil. Nous ne voyons donc pas le *plan*, mais la *coupe* des courbes qu'elles décrivent ; leurs mouvemens angulaires réels et leurs distances linéaires sont vus en raccourci : il n'y a que leurs déviations du plan de l'écliptique que la perspective n'altère pas.

(390.) Les mouvemens apparens du soleil et de la lune, quoique non uniformes, ne s'écartent pas beaucoup de l'uniformité, toute l'accélération et le retard provenant des faibles ellipticités de leurs orbites ; mais le cas est tout différent pour les planètes. Quelquefois elles avancent rapidement, perdent ensuite par degrés leur vitesse apparente, semblent s'arrêter devant un obstacle, puis reviennent en arrière avec une vitesse d'abord croissante, ensuite décroissante, jusqu'à ce qu'elles s'arrêtent dans leur mouvement rétrograde. Une autre *station*, ou un instant de repos et d'indécision apparente a lieu alors, après quoi le sens du mouvement est encore changé, et elles reprennent leur mouvement direct originaire. Au total, le mouvement direct fait plus que compenser le mouvement rétrograde, et, par l'excès de l'un sur l'autre, la planète avance graduellement de l'ouest à l'est. Si l'on imagine que le zodiaque soit déroulé sur une surface plane, ou représenté suivant la projection de Mercator (article 234), en prenant l'écliptique E C pour ligne fon-

damentale, la route de la planète sera figurée par

P Q R S; le mouvement sera direct de P en Q, rétrograde de Q en R, direct de R en S, etc., et la planète
restera stationnaire aux points Q, R, S, etc.

(391.) A travers les irrégularités et les oscillations
de ce mouvement, un indice remarquable d'uniformité se laisse apercevoir. On appelle *nœud* (dans la
théorie des planètes aussi bien que dans celle de la
lune) le point où une planète croise l'écliptique,
comme le point N de la figure ; et, puisque la terre est
dans le plan de l'écliptique, la planète ne peut avoir
son lieu apparent ou uranographique sur le cercle céleste de ce nom, sans être réellement et physiquement
comprise dans le plan de l'écliptique. Le passage apparent de la planète au nœud correspond donc à une
circonstance de son mouvement réel, indépendante du
point de vue d'où on l'observe. Or, il est aisé de déterminer par l'observation les instans où une planète
passe du sud au nord de l'écliptique : il suffit de convertir les ascensions droites et les déclinaisons observées en longitudes et en latitudes ; lorsque d'un jour à
l'autre la latitude qui était australe deviendra boréale,
on sera averti que le passage a eu lieu dans l'intervalle ;
et une simple proportion, fondée sur l'observation du
mouvement en latitude dans cet intervalle, donnera
avec précision l'instant du passage. En répétant ce
genre d'observations, on trouve généralement que les
temps écoulés entre les passages consécutifs de chaque
planète par le même nœud, ascendant ou descendant,
sont égaux ; soit que la planète ait au moment des
passages un mouvement direct ou rétrograde, lent ou
rapide.

(392.) Cette circonstance, qui nous montre que les
mouvemens des planètes sont assujettis à certaines lois
et périodes fixes, doit naturellement nous faire soup-

çonner que leurs irrégularités et complications apparentes proviennent de ce que nous ne sommes pas au
centre naturel de ces mouvemens (art. 316), et de ce
qu'il se joint aux mouvemens propres et réels des planètes des mouvemens parallactiques , dus au déplacement de la terre dans son orbite autour du soleil.

(393.) Si nous cessons de considérer la terre comme
le centre des mouvemens planétaires, nous ne saurions
hésiter un instant sur le choix du centre le plus probable. Le soleil doit , sans aucun doute, être soumis
d'abord à l'épreuve. Quand il ne serait lié avec les planètes par aucune relation physique, il aurait sur la terre
l'avantage d'être comparativement immobile. Mais
d'après ce que nous avons vu dans l'article 380, de
la masse énorme de cet astre, et de ses fonctions
comme centre du mouvement elliptique de la terre,
rien de plus naturel que de lui supposer des rapports
analogues avec d'autres globes qui tournent autour de
lui comme la terre, et qui nous deviennent visibles,
comme la lune, par la réflexion de la lumière solaire.
Voici d'autres faits qui confirment pleinement cette
idée.

(394). En premier lieu, les planètes sont réellement
des globes considérables, d'une grandeur comparable à celle de la terre, et, dans certains cas, bien supérieure. Examinées avec de forts télescopes, elles paraissent des corps ronds, d'un diamètre apparent sensible ou même considérable ; les particularités qu'on
y remarque montrent que ce sont des masses solides ,
ayant chacune leur structure propre, et dans un cas
au moins une structure singulièrement compliquée.
(Voy. les figures de Mars, de Jupiter et de Saturne ,
planche I.) Leurs distances de nous sont fort grandes,
beaucoup plus grandes que celle de la lune, et souvent

supérieures à la distance même du soleil; ainsi que nous le concluons de la petitesse de leurs parallaxes diurnes, lesquelles n'excèdent pas un petit nombre de secondes, à l'égard des planètes les plus voisines et les plus favorablement placées, et sont pour les autres tout-à-fait imperceptibles. Or, nous avons déjà eu plusieurs occasions de voir comment on concluait les dimensions réelles d'un corps céleste, du rapport de son demi-diamètre apparent à sa parallaxe diurne : car celle-ci n'est que le demi-diamètre apparent de la terre, vue du corps en question (art. 298 et suiv.); et, à même distance, les diamètres réels doivent être dans le rapport des diamètres apparens. Sans entrer dans les applications particulières, il suffira d'indiquer le résultat général de cette comparaison : savoir que toutes les planètes sont incomparablement plus petites que le soleil; mais que quelques-unes égalent la terre en grandeur, et que d'autres la surpassent beaucoup.

(395.) Le fait qui vient ensuite, c'est que leurs distances de nous, conclues de leurs diamètres apparens, varient périodiquement entre de certaines limites, la période ne correspondant pas à la supposition d'un mouvement régulièrement circulaire ou elliptique, décrit autour de la terre comme centre ou comme foyer, mais ayant un rapport constant avec leurs distances angulaires au soleil, ou leurs *élongations*. Par exemple, le diamètre apparent de Mars a sa plus grande valeur (environ 18"), quand la planète est en *opposition* avec le soleil, ou quand elle passe au méridien supérieur à minuit : ce diamètre décroît ensuite jusqu'à 4", qui est sa valeur lors de la *conjonction* de la planète, ou quand elle est vue à peu près dans la même direction que le soleil. Ces faits, et d'autres semblables observés sur les diamètres apparens des autres planètes, montrent clairement que leurs mouvemens ont avec le lieu du soleil une relation qui n'est pas purement accidentelle.

(396.) Enfin certaines planètes, vues au télescope, se montrent à nous avec des phases pareilles à celles de la lune. Ce sont donc des corps opaques, visibles au moyen de rayons réfléchis ; et ces rayons ne peuvent émaner que du soleil, non-seulement parce qu'il n'y a pas d'autre source de lumière assez puissante pour produire les mêmes apparences, mais parce que la succession et les dimensions des phases ont une connexion intime avec les élongations des planètes au soleil.

(397.) Aussi a-t-on trouvé qu'en rapportant les mouvemens planétaires au soleil comme centre, on fait disparaître toutes les irrégularités apparentes qu'offrent ces mouvemens vus de la terre, et on les ramène à une loi simple et générale, dont le mouvement de la terre autour du soleil, expliqué dans nos précédens chapitres, n'est qu'un cas particulier. Supposons, par exemple, qu'une planète tourne autour du soleil, dans un plan mené par le centre de cet astre, peu incliné à celui de l'écliptique, et qui le coupera suivant la ligne des nœuds de la planète. Cette ligne divisera l'orbite planétaire en deux segmens, et aussi long-temps que les élémens du mouvement de la planète ne seront pas changés, les temps employés à décrire chacun de ces segmens resteront les mêmes. L'intervalle entre deux passages consécutifs au même nœud, sera celui dans lequel la planète décrit une révolution complète autour du soleil, ou son temps périodique ; et ainsi nous pourrons déterminer directement, par l'observation des passages aux nœuds, la durée du temps périodique de chaque planète.

(398.) Nous avons dit (art. 388) que les planètes font le tour du ciel dans des circonstances très-différentes : ceci demande à être expliqué. Deux d'entre elles, Mercure et Vénus, font évidemment ce circuit en compagnie du soleil, dont elles ne s'écartent jamais au-delà de certaines limites. Tantôt elles se trouvent à l'est, tantôt à l'ouest de cet astre. Dans le premier cas, elles brillent à l'ouest de l'horizon, sitôt après le coucher du soleil, et se nomment étoiles du soir : Vénus, surtout, paraît quelquefois dans cette situation avec un éclat éblouissant; et quand les circonstances sont favorables, on peut lui faire projeter une ombre bien nette *. Lorsque ces deux planètes sont à l'ouest du soleil, elles se lèvent avant cet astre vers l'est de l'horizon, et se nomment étoiles du matin. Toutes deux n'atteignent pas la même élongation, ou la même distance angulaire du soleil : celle de Mercure ne dépasse jamais 29°, tandis que celle de Vénus peut aller à 47°. Lorsqu'elles se sont éloignés du soleil, vers l'est, jusqu'aux distances qu'on vient d'indiquer, elles restent pendant un certain temps comme immobiles par rapport à lui, et sont entraînées, parallèlement à l'écliptique, d'un mouvement égal au sien. Elles commencent ensuite à se rapprocher du soleil, ou, ce qui revient au même, leur mouvement en longitude diminue, et le soleil gagne sur elles. A mesure qu'elles s'en rapprochent, on les voit moins long-temps sur l'horizon après le coucher de cet astre;

---

* Cette ombre doit être reçue sur un fond blanc. Une fenêtre ouverte, et donnant dans une chambre blanchie, offre la meilleure disposition. En pareil cas, j'ai réussi à voir, non-seulement l'ombre, mais les franges diffractées qui la terminent.

et finalement elles se couchent avant que l'obscurité soit assez grande pour permettre de les voir. Il en résulte que, pendant un certain temps, on ne les aperçoit pas du tout, hormis dans des occasions rares, où on les voit passer sur le disque solaire, comme de petites taches noires, rondes et bien terminées, d'un aspect tout différent de celui des taches ordinaires du soleil (art. 330). Ces phénomènes, spécialement désignés sous le nom de *passages*, ont lieu quand la terre se trouve en même temps que la planète dans le voisinage de la ligne des nœuds ; ce qui se rapporte précisément à ce que nous avons dit (art. 355) au sujet des éclipses de soleil. Après avoir été invisibles pendant quelque temps, Mercure et Vénus commencent à reparaître de l'autre côté du soleil, en ne se laissant voir d'abord que quelques minutes avant son lever, et de plus en plus long-temps, à mesure qu'elles s'en éloignent. A cette époque, leur mouvement en longitude est rapidement rétrograde. Avant d'atteindre leur plus grande élongation, elles paraissent stationnaires dans le ciel ; mais néanmoins leur éloignement du soleil continue d'augmenter, parce que cet astre avance sur l'écliptique ; et le mouvement est redevenu direct que le soleil s'éloigne encore d'elles par l'excès de sa vitesse, jusqu'à ce qu'enfin elles aient atteint leur plus grande élongation à l'ouest. De là une sorte de mouvement oscillatoire, qui définitivement produit un mouvement en sens direct le long de l'écliptique.

(399.) Figurons par P Q l'écliptique ; par A B C D

l'orbite d'une des deux planètes en question, de Mercure par exemple, telle que la verrait de côté un œil très-rapproché du plan de cette orbite; par S le soleil, centre de l'orbite; par B et D les nœuds de la planète. Si le soleil paraissait immobile sur l'écliptique, la planète semblerait osciller simplement de A en C et de C en A, en passant alternativement en avant et en arrière du soleil : et, si l'œil était exactement dans le plan de l'orbite, elle passerait au premier cas sur le disque solaire, ou dans l'autre cas serait masquée par ce disque. Mais, au contraire, le soleil semble entraîné le long de l'écliptique PQ, en décrivant des espaces ST, TU, UV, pendant que la planète exécute chaque quart de sa période. L'orbe planétaire semblera donc entraînée avec le soleil dans les positions successives représentées sur la figure; et pendant que le mouvement réel de la planète autour du soleil lui aura fait prendre les positions B, C, D, A sur son orbite, elle paraîtra avoir décrit dans le ciel la ligne ondulée A N H K. Son mouvement en longitude aura été direct de A en N et de N en H, puis rétrograde de H en n et de n en x : aux points H et x, elle aura paru stationnaire.

(400.) Les deux planètes dont nous venons de décrire les évolutions apparentes, Mercure et Vénus, se nomment planètes *inférieures* : les points où elles s'éloignent le plus du soleil sont ceux de leurs plus grandes élongations à l'est et à l'ouest; les points où elles s'en rapprochent le plus sont ceux de leurs *conjonctions supérieures* et *inférieures*; les premières arrivent quand la planète passe entre la terre et le soleil; les secondes, quand le soleil se trouve entre la terre et la planète.

(401.) Dans l'article 399, nous avons figuré la route apparente d'une planète inférieure, en supposant

l'orbite vue de coupe, par un œil situé dans le plan de
l'écliptique. Représentons-la maintenant en projection
sur ce dernier plan. Soient S le soleil, A B C D l'orbite
de la terre, *a b c d* celle de la planète inférieure, les
mouvemens de la terre et de la planète ayant lieu
chacun dans le sens indiqué par la flèche. Supposons
que, quand la planète se trouve en *a*, la terre soit en

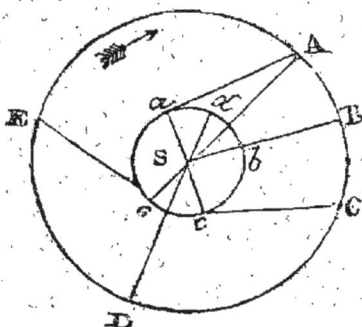

A, dans la direction de la tangente *a* A à l'orbe de la
planète : il est clair que celle-ci paraîtra au point de sa
plus grande élongation du soleil; l'angle *a* A S, qui
mesure cette élongation vue de A, étant alors plus
grand que dans toute autre situation de la planète sur
son orbite circulaire.

(402.) Une fois cet angle connu par l'observation,
nous pourrons déterminer, au moins approximativement, la distance de la planète au soleil, ou le rayon
de son orbite supposée circulaire. Car, le triangle S A *a*
étant rectangle en *a*, on aura S *a* : S A : : sin S A *a* :
au rayon ; ce qui donnera immédiatement le rapport
des rayons S *a*, S A des deux orbites. Ce procédé serait rigoureux, si les orbites étaient exactement circulaires ; et dans ce cas les valeurs de S *a*, déduites
d'observations du même genre faites à diverses époques, seraient égales entre elles. Or elles ne le sont
pas, et, pour expliquer les différences que l'on ren-

contre, il est nécessaire d'admettre que les orbites sont *toutes deux* excentriques. En négligeant quant à présent cette inégalité, on pourra déduire une valeur moyenne de S a, de la répétition d'un grand nombre de calculs semblables, adaptés à des situations variées de la planète et de la terre. On en conclura que la moyenne distance de Mercure au soleil est d'environ 13 000 000 lieues, et celle de Vénus d'environ 25 000 000 lieues, le rayon de l'orbe terrestre étant de 35 000 000 lieues.

(403.) Ainsi qu'on l'a remarqué, les périodes sidérales des planètes peuvent être déterminées avec une approximation très-grande par l'intervalle des passages aux nœuds; et si l'on tient compte d'un très-petit mouvement de ces nœuds, semblable à celui des nœuds de la lune, quoique incomparablement plus lent, la précision n'aura d'autres bornes que celles de la perfection apportée aux observations. On trouve ainsi que la période sidérale de Mercure est de 87j 23h 15m 43s,9, et celle de Vénus de 224j 16h 49m 8s,0. Ces périodes diffèrent beaucoup des intervalles entre les élongations extrêmes des deux planètes, à l'est et à l'ouest. Mercure reparaît à son plus grand éclat comme étoile du matin, après un intervalle moyen d'environ 116 jours, et Vénus après un intervalle de 584 jours. L'explication de ce résultat se trouve dans la différence entre les révolutions *sidérales* et *synodiques* (art. 353.). En nous reportant à la figure de l'art. 401, on remarque que si la terre restait immobile en A, pendant que la planète se meut dans son orbite, la période sidérale, qui ramènerait la planète au point a, ramènerait la même élongation. Mais, comme la terre a circulé dans le même sens, le retour à la plus grande élongation du même côté du soleil correspondra, non plus à la position A a, mais à une position E e plus avancée dans l'orbite. La détermination de cette dernière position dépend d'un calcul semblable à celui qui a été expliqué dans l'article cité : on en conclut pour les durées des révolutions synodiques des deux planètes, 115j,877 et 583j,920.

(404.) Pendant la durée d'une révolution synodique, la planète aura décrit une circonférence complète, plus l'arc a e, et la terre seulement l'arc A C E de son orbite. Dans l'intervalle, la conjonction inférieure aura eu lieu, quand la terre occupait une certaine situation intermédiaire B, et la planète une position correspondante b, entre la terre et le soleil. La plus grande élongation de l'autre côté du soleil sera arrivée quand la terre était en C et la planète en c, de telle sorte que la ligne C c fût tangente au cercle intérieur. Enfin, la planète aura passé à la conjonction supérieure, quand la terre était en D et la planète en d, sur le prolongement de la ligne D S de l'autre côté du soleil. On peut facilement calculer les époques de tous ces phénomènes, dès que l'on connaît les périodes sidérales et les rayons des orbites*.

(405.) Les circonférences des cercles sont dans le rapport de leurs rayons. Si donc nous calculons les circonférences des orbites de Mercure, de Vénus et de la terre, et que nous les comparions aux temps des ré-

---

* Ceci n'est strictement applicable qu'à Mercure. Pendant la durée d'une révolution synodique de Vénus, cette planète aura décrit *deux* circonférences complètes, plus un certain arc a e; et la terre *une* circonférence complète, plus un arc correspondant A E. En conséquence, les points qui correspondent aux conjonctions supérieure et inférieure, et aux plus grandes élongations, ne seront plus rangés sur les orbites dans l'ordre qu'indique l'art. 404, d'après la figure de l'art. 401.

(*Note du traducteur.*)

volutions sidérales, nous trouverons que les vitesses avec lesquelles la terre et chacune des deux planètes se meuvent dans leurs orbites diffèrent grandement : la vitesse de Mercure est d'environ 40000 lieues par heure, celle de Vénus de 29000 lieues, et celle de la terre de 25000 lieues. Il en résulte que, lors de la conjonction inférieure en b de l'une de ces planètes, elle se meut dans la même direction que la terre, mais avec une plus grande vitesse. Elle doit par conséquent laisser la terre derrière elle; et le mouvement apparent de la planète, vu de la terre, est le même que si la planète restait en repos, et que la terre se mût en sens contraire de son véritable mouvement. Dans cette situation, le mouvement apparent de la planète doit être contraire au mouvement apparent du soleil, c'est-à-dire rétrograde. Au contraire, à la conjonction supérieure, le mouvement réel de la planète ayant lieu dans une direction opposée à celui de la terre, le mouvement relatif est le même que si la planète restait en repos, et que sa vitesse fût ajoutée à celle de la terre : le mouvement apparent doit donc être direct. Toutes ces conséquences sont d'accord avec les faits observés.

(406.) Les points où la planète paraît stationnaire peuvent se déterminer d'après la considération suivante. Aux points a et c, qui sont ceux de la plus grande élongation, le mouvement de la planète est dirigé, dans un sens ou dans l'autre, suivant la ligne menée de cette planète à la terre, tandis que le mouvement de la terre a lieu suivant une direction qui approche d'être perpendiculaire à cette ligne. Conséquemment, le mouvement apparent doit être direct. Nous avons vu qu'en b, à la conjonction inférieure, il était rétrograde; ainsi les points de station doivent se trouver entre a et b, et entre b et c, lorsque l'obliquité du mouvement de la planète, par rapport à la ligne de jonction, compense exactement l'excès de sa vitesse, et fait également avancer les deux extrémités de cette ligne, l'une en vertu du mouvement de la planète, l'autre en vertu du mouvement de la terre; de sorte que, pendant un instant, la ligne se meut parallèlement à elle-même. La question, posée ainsi, est purement géométrique, et la solution en est facile dans l'hypothèse des orbites circulaires; mais si l'on a égard à l'excentricité des orbites, elle devient plus compliquée. Nous nous bornerons à dire que les résultats du calcul, vérifiés par l'expérience, placent les stations de Mercure à des élongations du soleil qui peuvent varier de 15 à 20°, selon les circonstances. Quant à Vénus, l'élongation des points de station ne s'écarte jamais beaucoup de 29°. La première de ces planètes persiste dans son mouvement rétrograde pendant environ 22 jours; la seconde pendant environ 42.

(407.) Nous avons dit que quelques-unes des planètes offrent des phases comme la lune : c'est le cas de Mercure et de Vénus, et l'on peut facilement en rendre compte, d'après l'hypothèse que nous avons faite sur leurs orbites. Il suffit en effet de jeter les yeux sur la figure pour reconnaître qu'un spectateur, placé sur la terre en T, verra la planète inférieure *pleine*, quand elle passera à la conjonction supérieure en A ; *gibbeuse* (ou plus qu'à moitié pleine, comme la lune entre le premier et le second quartiers), quand elle sera située entre le point A et les points de plus grande élongation B,C; *demi-pleine* en ces deux derniers points; *en croissant*, entre les points B,C et la conjonction inférieure D. Le croissant deviendra tou-

jours plus délié quand la planète se rapprochera du
point D, et finalement en ce point la planète sera tout-

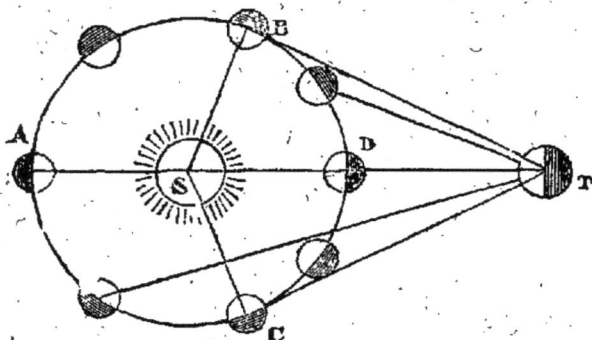

à-fait invisible, hormis lorsqu'elle passera sur le disque du soleil, auquel cas elle reparaîtra comme une
tache noire. Tous ces phénomènes sont exactement
conformes à l'observation; et, ce qui mérite d'être remarqué, ils avaient été prédits comme des conséquences nécessaires de la théorie copernicienne, avant que
l'invention du télescope permît de les reconnaître.

(408.) Vénus éprouve des changemens d'éclat très-
notables dans les différens points de son orbite apparente. Ceci est dû à deux causes, 1° au rapport variable de la portion éclairée du disque au disque entier, 2° et à la variation du diamètre angulaire, ou de
la grandeur apparente du disque lui-même. De la
plus grande élongation à la conjonction inférieure, le
croissant va en diminuant; mais cette diminution est
d'abord plus que compensée par l'accroissement du
diamètre apparent, résultant de la diminution de la
distance à la terre. En conséquence, l'éclat de la planète va d'abord en croissant, jusqu'à ce qu'il atteigne
un *maximum* qui a lieu pour une élongation d'environ 40°.

(409.) Les *passages* de Vénus sont fort rares, les

intervalles qui les séparent étant alternativement de 8 et de 113 ans environ. Ces phénomènes ont aux yeux des astronomes une très-grande importance, puisqu'ils fournissent le moyen le plus exact que l'on connaisse de déterminer la parallaxe, et par suite la distance du soleil. Sans entrer, au sujet de ce problème, dans des détails de calculs fort compliqués, à cause de toutes les circonstances qu'il faut prendre en considération, nous en exposerons ici le principe, qui est très-simple et très-clair dans son énoncé abstrait. Soient T la terre, V Vénus, S le soleil, C D la portion

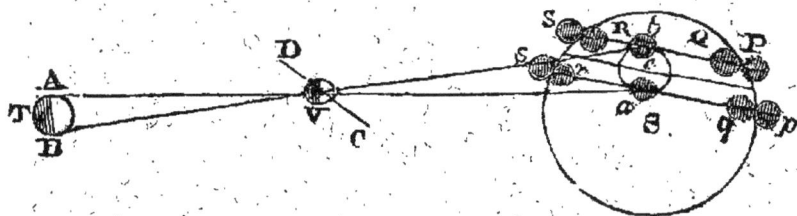

de l'orbite relative de Vénus, qu'elle décrit en passant sur le disque solaire. Imaginons deux spectateurs A,B, situés aux deux extrémités d'un diamètre de la terre perpendiculaire à l'écliptique; et pour éviter toute complication faisons abstraction de la rotation de la terre, et supposons que A,B restent à la même place pendant tout le temps du passage. Au moment où le spectateur A verra le centre de Vénus projeté sur le disque solaire en *a*, le spectateur B le verra projeté en *b*. Si donc ils ont des moyens de noter exactement les positions des points *a,b* sur le disque, par des mesures micrométriques des distances au bord, ou autrement, leurs observations comparées donneront la mesure angulaire de la distance *a b* vue de la terre. De plus, en vertu de la similitude des triangles V A B, V *a b*, *a b* sera à A B comme la distance de Vénus au

26

soleil est à celle de Vénus à la terre, c'est-à-dire environ comme 25 est à 10 (art. 402), ou comme $2\frac{1}{2}$ est à 1. ab occupera donc sur le disque solaire une longueur $2\frac{1}{2}$ fois aussi grande que celle qu'occuperait le diamètre de la terre; ou, ce qui revient au même, la grandeur angulaire de ab sera égale à $2\frac{1}{2}$ fois le diamètre apparent de la terre, vu du soleil, et à 5 fois la parallaxe horizontale du soleil (art. 298). Par conséquent, l'erreur qu'on commettra sur la mesure de ab, se trouvera quintuplée dans la valeur qu'on en déduira pour la parallaxe horizontale.

(440.) La mesure cherchée revient à celle de la largeur de la zone P Q R S, $pqrs$, comprise entre les lignes que le centre de Vénus décrit sur le disque du soleil, depuis son entrée jusqu'à sa sortie. La tâche des observateurs A, B se réduit donc à déterminer avec tout le soin possible l'entrée et la sortie de la planète, et la corde qu'elle a décrite sur le disque. Un des meilleurs moyens de déterminer cette dernière grandeur (en outre des mesures micrométriques faites avec autant d'exactitude que possible) consiste à noter le temps écoulé pendant toute la durée du passage. En effet, le mouvement angulaire relatif de Vénus étant donné avec beaucoup de précision par les tables du mouvement de cette planète, et sa route apparente, dans ce court intervalle, étant à très-peu près une ligne droite, les temps observés mesureront, *sur une échelle fort agrandie*, les longueurs des cordes décrites; et comme d'autre part le diamètre apparent du soleil est connu avec une grande précision, les cordes feront connaître les sinus verses, et la différence des sinus verses, ou la largeur de la zone cherchée. Pour obtenir les temps du passage avec correction, chaque observateur note 1° la première échancrure du disque en P, *p*, ou *le premier contact exté-rieur*; 2° l'instant de la complète immersion de la planète en Q, *q*, ou *le premier contact intérieur*; il répète les mêmes observations en R, S, ou *r, s*. L'in-tervalle moyen des contacts intérieurs et extérieurs lui donne les instans de l'entrée et de la sortie du centre de la planète.

(411.) Les modifications que ce procédé doit subir, par suite de la rotation de la terre autour de son axe, et de la diversité des stations géographiques des obser-vateurs, sont semblables en principe à celles qui en-trent dans le calcul d'une éclipse de soleil, ou d'une occultation d'étoile par la lune; l'application seule-ment est plus délicate. Sans entrer dans un détail qui nous mènerait trop loin, nous avons voulu signaler un exemple admirable de la manière dont de très-petits élémens astronomiques peuvent être amplifiés dans leurs effets, et montrer comment, en les mesurant sur une échelle considérablement agrandie, ou en substi-tuant le temps à l'espace, et mettant à profit les com-binaisons favorables, on peut les déterminer avec le de-gré désirable de précision. Ce genre d'observations avait paru d'une telle importance aux astronomes, que, lors du dernier passage de Vénus en 1769, des expéditions en grand, pour les contrées les plus éloi-gnées du globe, avaient été commandées dans ce but spécial par les gouvernemens d'Angleterre, de France, de Russie, et par d'autres. La célèbre expédition du capitaine Cook à Otahiti en fut une. Le résultat gé-néral de toutes les observations faites dans cette cir-constance mémorable a donné pour la parallaxe hori-zontale du soleil 8″,5776.

(412.) L'orbe de Mercure est très-elliptique, puis-que l'excentricité monte presque au quart de la

distance moyenne. On s'en aperçoit à l'inégalité de
ses plus grandes élongations du soleil, qui varient
selon les époques entre les limites 16° 12' et 28°
48'. D'après des mesures exactes des élongations de
Vénus, on peut se convaincre que l'orbe de Vénus est
légèrement excentrique; et, en effet, les deux planètes décrivent des ellipses dont le soleil est le foyer
commun.

(443.) Passons aux planètes *supérieures*, ou à celles dont les orbites enferment de tous côtés celle de la
terre. On reconnaît à diverses circonstances que ceci
a lieu. D'abord elles ne sont pas, comme les planètes inférieures, confinées entre de certaines limites
d'élongation, et on les observe à toutes distances du
soleil, même dans la région du ciel directement opposée à cet astre, auquel cas on dit qu'elles sont en *opposition*, ce qui ne saurait arriver si la terre ne se
trouvait alors entre elles et le soleil. En second lieu,
elles ne paraissent jamais en croissant, comme Vénus
ou Mercure, ni même demi-pleines. Celles qui doivent être les plus éloignées de nous, d'après la petitesse de leurs parallaxes, à savoir Jupiter, Saturne et
Uranus, ne paraissent jamais autrement que rondes;
preuve que nous les voyons toujours dans une direction qui dévie peu de celle des rayons solaires qui les
éclairent, et que nous occupons une station toujours
peu éloignée du centre de leurs mouvemens; ou, en
d'autres termes, que l'orbe terrestre est entièrement
enfermée dans les orbes de ces planètes, et que le diamètre en est petit comparativement. La seule planète
Mars offre des phases perceptibles, et une apparence *gibbeuse*, qui toutefois ne s'éloigne jamais beaucoup de la forme circulaire, puisque la partie éclairée
du disque ne tombe jamais au-dessous des sept-huitiè-

mes du disque entier. Pour entendre ceci, nous n'a-
vons qu'à jeter les yeux sur la figure, où M désigne la
planète Mars, et T la terre, dans la position qui

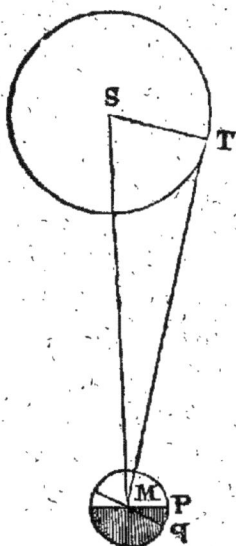

correspondrait à sa plus grande élongation du soleil,
si on la voyait de Mars. L'angle S M T, parvenu alors
à son *maximum*, se trouve précisément égal à l'angle
p M q, qui mesure la portion tournée vers la terre
de l'hémisphère obscur de Mars. Ainsi, l'observation de la plus grande gibbosité fournit une mesure,
grossière il est vrai, de l'angle S M T, et, par suite, du
rapport de S M à S T. On en infère que le diamètre
de l'orbite de Mars doit équivaloir au moins à $1\frac{1}{2}$ fois
le diamètre de l'orbe terrestre. Comme les phases de
Jupiter, de Saturne et d'Uranus sont imperceptibles,
il en faut conclure que leurs orbites enferment non-
seulement celle de la terre, mais celle de Mars.

(414.) Toutes les planètes supérieures ont des mouvemens rétrogrades quand elles sont en opposition, et
quelque temps avant et après; mais elles diffèrent
grandement quant à l'étendue de l'arc de rétrograda-

tion, à la durée et à la rapidité du mouvement rétrograde. Ce mouvement est plus étendu et plus rapide
pour Mars que pour Jupiter, plus pour celui-ci que
pour Saturne, et plus pour cette dernière planète que
pour Uranus. La vitesse angulaire rétrograde de la
planète se détermine aisément par l'observation de ses
positions apparentes dans le ciel d'un jour à l'autre;
et d'après de telles observations, faites vers l'époque
de l'opposition, on détermine sans peine les grandeurs
relatives de leurs orbites comparées à celle de la terre, en supposant d'ailleurs connues les durées de leurs
révolutions périodiques, et par conséquent leurs
vitesses angulaires moyennes, qui sont en raison inverse des temps périodiques. Car soient T t une très-
petite portion de l'orbe terrestre, M m une portion

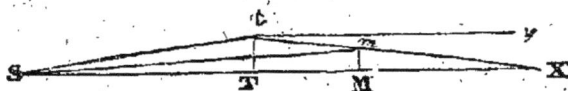

correspondante de l'orbite d'une planète supérieure,
décrite le jour de l'opposition, S le soleil qui se trouve,
ainsi que la terre et la planète, sur une ligne droite
S T M X. Les angles T S t et M S m seront donnés.
Joignons t m, et prolongeons la ligne jusqu'à ce qu'elle
vienne couper en X la droite S M prolongée : l'angle
t X T, égal à l'angle alterne X t y, sera évidemment la
rétrogradation de la planète ce jour-là, et l'observation le fera connaître. Dans le triangle rectangle
T t X, le côté T t et l'angle t X T étant connus, on
calculera T X et par suite S X. Conséquemment,
dans le triangle S m X, le côté S X sera donné, ainsi
que les angles m S X et m X S, ce qui fera trouver les
autres côtés S m, m X. S m est précisément le rayon
de l'orbe de la planète supérieure, que nous suppo-

sons circulaire aussi bien que l'orbe terrestre. Cette supposition est inexacte; mais elle suffira pour une première approximation des dimensions des orbites, et en répétant les observations et les calculs dans toutes les variétés de circonstances où l'opposition a lieu, on arrivera à des valeurs moyennes indépendantes de ces circonstances.

(415.) Pour appliquer dans la pratique le principe que l'on vient d'exposer, il faut nécessairement connaître d'abord les temps périodiques de chaque planète. On les déduirait directement, comme on l'a déjà dit, des intervalles entre les passages aux nœuds; mais à cause de la très-petite inclinaison de quelques-unes des orbites sur le plan de l'écliptique, les instans précis où les planètes traversent ce plan ne pourraient être fixés que par des observations d'une extrême exactitude. Une meilleure méthode consiste à déterminer, d'après des observations continuées pendant plusieurs jours consécutifs, l'instant précis de l'opposition, c'est-à-dire celui où les longitudes de la planète et du soleil diffèrent exactement de 180°. L'intervalle entre deux oppositions consécutives donnera à très-peu près la durée d'une révolution synodique. Il la donnerait même exactement, si l'orbite de la planète et celle de la terre étaient toutes deux des cercles décrits d'un mouvement uniforme; mais ce cas n'a pas lieu, et l'on trouve en conséquence une certaine inégalité entre les intervalles observés de plusieurs retours consécutifs à l'opposition. En observant un grand nombre d'intervalles semblables, et prenant la moyenne, on s'affranchira des inégalités du mouvement elliptique, et l'on aura une période synodique moyenne. De là, par des considérations et des calculs du genre de ceux qu'on a indiqués dans le texte et dans la note de l'art. 353, on déterminera sans peine les périodes sidérales, avec d'autant plus d'exactitude que les observations embrasseront un plus long intervalle de temps. En point de fait, cet intervalle s'étend à près de 2000 ans quant aux planètes connues des anciens, qui nous ont transmis leurs observations avec assez de soin pour que nous puissions en faire usage. Les périodes de ces planètes doivent donc être réputées connues avec une très-grande exactitude : on en trouvera les valeurs numériques, avec celles des autres élémens des orbites planétaires, dans un tableau synoptique placé à la fin de ce Traité, auquel (dans la vue d'éviter les répétitions) nous renvoyons le lecteur une fois pour toutes.

(416.) Lorsque nous jetons les yeux sur la liste des distances des planètes au soleil, et que nous la comparons avec celle des temps périodiques, nous ne pouvons manquer de reconnaître une certaine correspondance. Les plus grandes distances répondent évidemment aux plus longues périodes. Les planètes sont rangées dans le même ordre, sous le rapport des distances au soleil, comme sous le rapport des temps périodiques, et cet ordre est le suivant, en commençant par la planète la plus rapprochée du soleil : Mercure, Vénus, la Terre, Mars, les quatre planètes ultra-zodiacales, Jupiter, Saturne et Uranus. En examinant les nombres plus attentivement, nous voyons que la relation entre les deux séries n'est pas celle d'un simple accroissement proportionnel. Les périodes croissent plus rapidement que les distances. Ainsi, les périodes de Mercure et de la terre sont dans le rapport d'environ 88 à 365, ou de 1 à 4,15; tandis que les distances sont seulement dans le rapport de 1 à 2,56, et l'on peut faire la même remarque pour tous les cas. D'un autre côté, les temps

périodiques croissent moins rapidement que les carrés
des distances. Le carré de 2,56 est 6,5536, nombre
beaucoup plus grand que 4,15. Tous les autres rapprochemens numériques indiquent que les périodes croissent suivant un rapport intermédiaire entre ceux des
simples distances et des carrés des distances. Mais il
fallait que l'illustre Kepler fût doué d'une pénétration
extraordinaire, et qu'il y joignît une persévérance
et une adresse peu communes, pour apercevoir et démontrer la véritable relation, à une époque où les
données du problème étaient encore enveloppées d'obscurité, et où les calculs numériques et trigonométriques étaient entravés par des obstacles dont l'invention plus récente des tables de logarithmes nous a ôté
jusqu'à l'idée. La relation découverte par Kepler est
comprise dans l'énoncé suivant : « *Les carrés des
temps périodiques des planètes sont entre eux dans
le même rapport que les cubes de leurs moyennes
distances au soleil.* » Prenons pour exemples la terre
et Mars [+], dont les périodes sont dans le rapport de
3652564 à 6869796, et les distances au soleil dans celui de 100000 à 152369 : en faisant le calcul, on vérifiera sans peine cette proportion $(3652564)^2 :$
$(6869796)^2 :: (100000)^3 : (152369)^3$.

(417.) De toutes les lois auxquelles l'homme a été
conduit par la pure observation, cette *troisième loi
de Kepler* (c'est ainsi qu'on la nomme) peut être regardée, à juste titre, comme la plus remarquable et
la plus féconde en conséquences importantes. Lorsque

* L'expression de cette loi de Kepler demande à être légèrement modifiée, lorsqu'on l'applique aux planètes qui ont les masses les plus considérables (art. 421) et qu'on veut pousser le calcul jusqu'au dernier degré d'exactitude. La correction est insensible pour la terre et pour Mars.

nous contemplons maintenant les parties constituantes du système planétaire, ce n'est plus une simple analogie qui nous frappe, ni une ressemblance générale entre des êtres inidviduels et indépendans les uns des autres, rattachés chacun au soleil par des liens particuliers. La ressemblance que nous apercevons est un véritable lien de *famille* : elle unit par des rapports harmoniques tous les membres de ce grand système dont les planètes et la terre font partie, en attestant l'existence d'une commune influence, qui s'étend depuis le centre jusqu'aux limites les plus reculées du système.

(418.) **La loi du mouvement des planètes dans des** ellipses dont le soleil occupe le foyer, celle de l'égalité des aires décrites par le rayon vecteur mené du soleil à chacune des planètes, ont été primitivement établies par Kepler, d'après l'observation des mouvemens de Mars; et il les avait étendues par analogie à toutes les autres planètes. Quelque précaire que cette extension pût paraître, l'astronomie moderne l'a complétement vérifiée, en prouvant que l'on satisfait généralement à toutes les observations des lieux apparens des planètes, si on leur assigne à toutes pour orbites des ellipses particulières, dont les grandeurs, les excentricités, les positions dans l'espace, sont exprimées numériquement sur le tableau synoptique auquel nous avons déjà renvoyé le lecteur. Il est vrai que lorsque les observations sont très-précises, et qu'elles embrassent un grand nombre de révolutions successives de chaque planète, les lois de Kepler ne peuvent plus être regardées que comme *les premières approximations* de lois beaucoup plus compliquées. Pour accorder rigoureusement entre elles des observations très-distantes, et en même temps conserver la nomenclature très-commode, et les élémens du SYSTÈME ELLIP-

TIQUE, il faut modifier l'expression des lois de Kepler, en ce sens que l'on regarde les données numériques ou les *élémens elliptiques* des orbes planétaires
comme n'étant pas absolument invariables, mais
comme éprouvant au contraire des variations extrêmement lentes et presque imperceptibles. Ces changemens peuvent être négligés quand on ne considère
qu'un petit nombre de révolutions; mais leur accumulation de siècle en siècle finit, à la longue, par
écarter considérablement les orbites de leur état originaire. Nous donnerons dans un des chapitres suivans l'explication des variations dont il s'agit; quant
à présent, nous pouvons cesser de les considérer,
comme étant d'un ordre trop petit pour affecter les
conclusions générales qui doivent maintenant nous
occuper. Nous indiquerons bientôt comment les astronomes ont pu comparer aux observations les résultats de la théorie du mouvement elliptique, de manière à se convaincre que cette théorie s'accorde avec
la nature.

(419.) Auparavant, en admettant que les trois lois
de Kepler soient établies d'une manière satisfaisante,
nous devons développer les conséquences théoriques
qui en résultent; voir ce que chacune d'elles nous apprend quant aux forces mécaniques qui régissent notre
système planétaire, et quant aux rapports qui coor-
donnent entre eux les élémens du système; examiner
comment, sous ce point de vue, les lois de Kepler deviennent la base de l'explication newtonienne du
mécanisme du ciel. Commençons par la première loi,
celle de l'égale description des aires. Puisque les planètes se meuvent dans des orbes curvilignes, elles
doivent, comme tous les corps soumis aux lois de la
dynamique, être déviées par une *force* de leur direc-

tion naturellement rectiligne. Cela posé, il résulte de
la première loi de Kepler que la *direction* de cette
force, en chaque point de l'orbite de chaque planète,
passe constamment par le centre du soleil. Peu importe la cause première du pouvoir auquel nous avons
donné le nom de gravitation : que ce soit une vertu
inconnue ayant pour siége le soleil, une pression ve-
nue du dehors, la résultante de pressions ou d'im-
pulsions communiquées par des fluides inconnus, par
un éther magnétique ou électrique; toujours est-il
qu'en faisant abstraction de la nature physique de
cette force, et n'ayant égard qu'à l'énergie résultante, sa direction tend constamment vers le centre
du soleil. Le lecteur trouvera dans les *Principes* de
Newton (prop. 1) une démonstration élémentaire
de cette proposition de dynamique abstraite : qu'un
corps continuellement sollicité par une force dirigée
vers un point central, décrit autour de ce centre
des aires égales en temps égaux; et réciproquement
que l'égale description des aires est le *criterium*
essentiel de la permanence de direction vers un même
centre, dans la force qui sollicite le corps. La première loi de Kepler ne nous instruit donc en rien
sur la nature ou l'intensité de la force qui sollicite les
planètes vers le soleil : elle nous apprend seulement
qu'une telle force existe. Cette propriété générale des
forces centrales se montre dans une foule d'exemples
familiers : il nous suffira d'en citer un. Si l'on attache
une balle à une ficelle, et qu'on la fasse tourner dans
un plan vertical, de manière à ce que l'autre bout de
la ficelle s'enroule autour du doigt, ou d'une baguette
tenue bien ferme dans une position horizontale, la
balle s'approchera en ligne spirale du centre de son
mouvement; et à mesure qu'elle s'en rapprochera, sa

vitesse, tant linéaire qu'angulaire, ira en croissant, de manière à compenser par son accroissement la diminution de distance, et à maintenir l'égalité dans les aires décrites en temps égaux. Si le mouvement s'opère en sens inverse, et que la ficelle se déroule, la vitesse, que l'on peut supposer d'abord rapide, ira en décroissant comme elle avait crû. La rapidité croissante de la pirouette du danseur, lorsqu'il se dresse sur ses membres et les rapproche autant que possible du centre de son mouvement, a lieu en vertu d'une application du même principe, plus détournée, mais non moins réelle.

(420.) La seconde loi de Kepler, celle en vertu de laquelle les planètes décrivent des ellipses dont le soleil occupe le foyer, détermine la loi de la gravitation solaire pour chaque planète, indépendamment des autres. Une ligne droite est la seule route que puisse suivre un corps affranchi de l'action de toute force extérieure. Tout écart de la route rectiligne, ou toute courbure est la manifestation de l'action d'une force : plus la courbure sera grande dans un temps donné, plus la force aura d'intensité. Or, de même qu'un cercle est caractérisé par l'uniformité de sa courbure, toute autre courbe le sera par la loi particulière suivant laquelle sa courbure augmente ou diminue d'un point à l'autre ; en sorte que l'on pourra déterminer la force qui oblige un corps à décrire une ligne courbe, pourvu que l'on en connaisse d'abord la direction, et en second lieu, que la loi de courbure de la ligne décrite soit aussi connue. Ces deux élémens sont essentiels à la détermination de la force. Par exemple, un corps pourra décrire une ellipse, sous l'action de forces disposées d'une manière très-variée. Il pourra glisser, comme un grain de chapelet, sur un fil poli

auquel on aura donné une forme elliptique, et dans
ce cas la force sera toujours perpendiculaire au fil, et
la vitesse uniforme. Par conséquent, la force ne sera
pas dirigée vers un centre fixe, et les aires ne seront
pas décrites également. On aura un autre exemple de
la description d'une ellipse, si l'on suspend une balle
à un fil très-long, et qu'on l'écarte de la perpendiculaire, en lui donnant une légère impulsion de côté.
Dans ce cas, la force est dirigée vers le *centre* de l'ellipse, autour duquel la balle décrit des aires égales en
temps égaux; et cette force, qui résulte d'une décomposition de la pesanteur terrestre, est proportionnelle à la distance du centre à la balle. Cette expérience bien facile est en même temps très-instruc-
tive, et nous aurons occasion d'y revenir. Dans
l'espèce de mouvement elliptique que nous offre la
théorie des planètes, où il s'agit d'ellipses décrites
autour du *foyer*, la marche à suivre pour remonter à
la loi de la force est la suivante : 1° la loi des aires
détermine la vitesse actuelle du corps en chaque point,
ou l'espace qu'il décrit dans un très-court instant; 2°
la loi de courbure de l'ellipse détermine l'écart de la
tangente, *dans la direction du foyer*, qui correspond
à l'espace ainsi décrit; 3° enfin, les lois du mouvement accéléré montrent que l'intensité de la force est
mesurée par cet écart, estimé dans le sens suivant lequel la force agit; de sorte que cette force peut être
exprimée par des symboles géométriques ou algébriques, d'une manière indépendante des positions particulières du corps, quand une fois l'écart lui-même a
reçu une semblable expression. Tel est l'esprit de la
méthode par laquelle Newton a résolu cet important
problème. Pour les détails géométriques, nous renverrons à la troisième section de ses *Principes*. Nous ne

connaissons aucun moyen d'imiter artificiellement
cette espèce de mouvement elliptique. On le représentera grossièrement, mais assez bien toutefois pour
donner une idée du rapprochement et de l'éloignement alternatifs du corps tournant par rapport au
foyer, ainsi que des variations de vitesse, en suspen-
dant un petit grain d'acier à un fil de soie très-long et
très-fin, et en lui faisant décrire une petite orbite autour du pôle d'un fort aimant cylindrique, tenu debout et verticalement sous le point de suspension.

(424.) La troisième loi de Kepler, qui lie par un
rapport général les distances et les périodes des planètes, nous conduit à cette conséquence importante,
que c'est une seule et même force, modifiée seulement en raison des distances au soleil, qui maintient *toutes* les planètes dans leurs orbites. Que si cette
force est considérée comme une attraction exercée par
le soleil, cette attraction s'exerce sur tous les corps du
système indifféremment, sans égard à l'espèce des matières dont ils sont composés, en proportion exacte de
leur inertie, ou de la quantité de matière qu'ils contiennent; que par conséquent cette force n'est point
de la nature des attractions électives des chimistes, ou
de l'action magnétique qui n'a d'influence sensible que
sur le fer et sur une ou deux autres substances; qu'elle
a un caractère plus éminent d'universalité, et s'étend
également à toutes les substances matérielles de notre
système, et même (comme nous aurons plus tard de
nombreuses raisons de l'admettre) aux substances qui
entrent dans la composition de systèmes différens du
nôtre. Cette loi, tout importante et générale qu'elle
est, résulte, comme un corollaire des plus simples,
de la prop. xv des *Principes*, où Newton fait voir que
si la terre était transportée au lieu occupé par une au-

tre planète, et qu'on lui communiquât la même vitesse qu'à la planète, dans la même direction, elle décrirait la même orbite que la planète décrit actuellement, et dans la même période, abstraction faite d'une très-petite correction dans la période, due à la différence de masses entre la planète et la terre. Quoique toutes les planètes soient très-petites relativement au soleil, quelques-unes ne sont plus, comme la terre, de purs atomes en comparaison. L'énoncé de la loi de Kepler, comme Newton l'a montré dans sa prop. LIX, n'est strictement applicable qu'au cas des planètes dont la masse est absolument inappréciable vis-à-vis de celle du corps central. Autrement, le temps périodique est raccourci, dans le rapport de la racine carrée du nombre qui mesure la masse du soleil, à celle du nombre qui exprime la somme des masses du soleil et de la planète ; et en général, lorsque deux corps circulent l'un autour de l'autre sous l'influence de la gravitation newtonienne, le carré de leur temps périodique est exprimé par une fraction qui a pour numérateur le cube du demi-grand axe de l'ellipse décrite, et pour dénominateur la somme de leurs masses. Si l'une des deux masses est incomparablement plus grande que l'autre, l'énoncé précédent se transforme dans la loi de Kepler. Les modifications que celle-ci doit recevoir dans le système planétaire sont de peu d'importance, puisque la masse de Jupiter, la plus grosse des planètes, n'est pas un millième de celle du soleil ; mais nous verrons, à l'occasion des satellites, qu'il était important de donner l'énoncé correct et général.

(422.) Maintenant nous devons expliquer comment les élémens des orbes elliptiques des planètes peuvent être comparés avec les observations, de manière à

nous convaincre qu'ils représentent bien la constitution
du système, et qu'avec ces élémens on peut, en appliquant les lois de Kepler, assigner pour chaque instant
la position des planètes. Il est nécessaire pour cela de
connaître relativement à chaque planète : 1° la grandeur et la forme de l'ellipse décrite ; 2° la situation de
l'ellipse dans l'espace par rapport au plan de l'écliptique
et à une ligne fixe tracée dans ce plan ; 3° le lieu que
la planète occupait sur l'ellipse à une époque donnée ;
4° et son temps périodique ou sa moyenne vitesse angulaire, que l'on appelle aussi plus simplement son
moyen mouvement.

(423.) La grandeur et la forme de l'ellipse seront
déterminées, si l'on en connaît la plus grande longueur
et la plus grande largeur, ou les deux axes principaux ;
mais pour les usages astronomiques il est préférable
d'employer le demi-grand axe et l'excentricité, ou la
distance du foyer au centre, que l'on évalue communément en parties du demi-grand axe. Par exemple,
une ellipse dont la longueur sera de dix parties, et la
largeur de huit parties d'une certaine échelle, aura
son demi-grand axe égal à 5, et son excentricité égale
à 3 de ces parties. Mais si l'on évalue celle-ci en parties
du demi-grand axe, pris pour unité, l'expression de
l'excentricité sera la fraction $\frac{3}{5}$.

(424.) Le plan de l'écliptique est celui auquel un
habitant de la terre doit naturellement rapporter tout
le système solaire, comme à une sorte de *plan fonda-*
mental * ; et l'axe de l'orbe terrestre pourrait être pris

* *Ground-plane.* Nous manquons, dans notre terminologie
mathématique, d'un mot propre pour désigner le plan auquel
on rapporte les autres plans de l'espace, en assignant leurs inclinaisons sur le premier plan, et les positions des lignes d'intersection ou lignes nodales. La dénomination de *plan de projec-*

27.

pour la ligne de départ d'où l'on compterait les distances angulaires dans ce plan. Si cet axe était fixe, il fournirait l'origine la plus convenable pour compter les longitudes ; mais comme il est sujet à un mouvement, bien qu'excessivement lent, il n'y a en réalité aucun avantage à employer cet axe plutôt que la ligne des équinoxes ; et les astronomes préfèrent rapporter les longitudes au point équinoxial, en tenant compte par le calcul des mouvemens de précession et de nutation. Or, pour déterminer la situation d'une ellipse planétaire relativement au plan de l'écliptique, il faut connaître trois élémens : d'abord l'*inclinaison* du plan de l'ellipse sur celui de l'écliptique ; en second lieu, la ligne d'intersection de ces deux plans, ou la ligne des nœuds, qui passe nécessairement par le soleil, et dont la position à l'égard de la ligne des équinoxes sera donnée, quand on connaîtra la longitude du nœud ascendant (celui que traverse la planète en passant du sud au nord de l'écliptique), ou, comme on dit simplement, la *longitude du nœud*. Ces deux données fixent la situation du plan de l'orbite. La position de l'ellipse dans ce plan sera complétement déterminée (puisqu'on sait déjà que le soleil en occupe un foyer), si l'on connaît un troisième élément, la *longitude du périhélie*, ou le lieu qu'occupe l'extrémité du grand axe la plus voisine du soleil, quand on la projette perpendiculairement sur l'écliptique.

(425.) Les dimensions et la situation de l'orbe pla-

tion serait impropre dans ce cas : celle de *plan coordonné* pareillement, puisqu'elle implique toujours l'idée d'un système de plans, liés ou ordonnés entre eux, et non celle d'un plan unique. Nous croyons qu'il serait utile d'adopter avec l'auteur, dans la langue de l'astronomie et de la mécanique, la dénomination caractéristique de *plan fondamental*. (*Note du traducteur.*)

nétaire étant ainsi déterminées, il ne reste plus qu'à
fixer les circonstances du mouvement de la planète ;
et pour cela il suffit de connaître l'instant précis où
elle se trouve au périhélie, ou dans un autre point
quelconque, mais déterminé, de son orbite, et la durée de sa période : car alors la loi des aires déterminera sa position pour un instant quelconque. Lorsque l'on assigne l'instant où la planète occupe le périhélie de son orbite, cette donnée s'appelle simplement
le *passage au périhélie*; et elle prend la dénomination
générale d'*époque*, lorsqu'on part d'un autre point
quelconque de l'orbite.

(426.) Nous avons donc en tout *sept* données ou élémens qui doivent être assignés numériquement pour
chaque planète, avant de pouvoir calculer l'état du
système en chaque instant. Réciproquement, ces sept
élémens une fois connus, il devient très-aisé de calcu-
les les lieux apparens de chaque planète, *héliocentriques* et *géocentriques*, c'est-à-dire, vus du soleil et
de la terre.

(427.) Commençons par les lieux héliocentriques.
Soient S le soleil, B N A P l'orbe elliptique d'une pla-

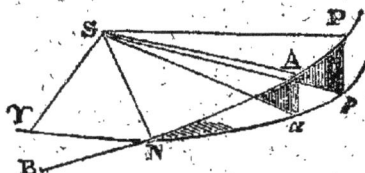

nète, A le périhélie; *p* α N ♈ la projection de l'orbite
sur le plan de l'écliptique; S ♈ la ligne des équinoxes,
♈ l'origine des longitudes; S N la ligne des nœuds, N
le nœud ascendant (le mouvement de la planète s'opérant de B en A); ♈ S N la longitude du nœud; P le
lieu de la planète à un instant quelconque; *p* et α les

projections des points P et A sur l'écliptique. L'angle ϒ S *a* désignera la longitude héliocentrique du périhélie, et sera au nombre des élémens dont la valeur est connue ; l'angle ϒ S *p* désignera la longitude héliocentrique de la planète en P, ou l'une des quantités que l'on cherche ; enfin l'autre quantité cherchée sera l'angle *p* S P, ou la latitude héliocentrique de la planète.

(428.) Puisque l'on connaît d'une part l'instant du passage de la planète au périhélie, et le temps qu'elle met à aller de A en P ; de l'autre l'aire totale de l'ellipse et le temps de sa révolution périodique ; le principe de proportionnalité des aires aux temps donnera la grandeur de l'aire A S P. Ce sera ensuite un problème de simple géométrie, que de déterminer l'angle correspondant A S P, ou ce que l'on nomme l'*anomalie vraie* de la planète. L'équation de ce problème est du genre de celles que l'on qualifie de *transcendantes*, et l'on a pour la résoudre une grande variété de méthodes, plus ou moins compliquées. Elle n'offre d'ailleurs aucune difficulté particulière ; et dans la pratique le calcul se fait très-aisément, à l'aide de tables construites pour chaque planète en particulier[*].

(429.) L'anomalie vraie obtenue, il s'agit de trou-

---

[*] On comprend sans peine que l'égale description des aires est incompatible avec l'égale description des angles, hormis dans le cas d'un mouvement circulaire et uniforme. L'objet du problème est de passer de l'aire à l'angle, ou de l'*anomalie moyenne*, c'est-à-dire de l'anomalie qui aurait lieu si des angles étaient décrits uniformément, à l'*anomalie vraie*, qui ne suppose que l'égale description des aires. Ce problème se résout toujours en quelques minutes par une règle de *fausse position*. On peut aussi le résoudre à l'aide d'un mécanisme, d'une construction simple et facile, dont l'auteur a donné la description dans les *Transactions philosophiques de Cambridge*, t. IV, p. 425.

ver la distance angulaire de la planète au nœud, ou l'angle N S P. Or, les longitudes du périhélie et du nœud (qui sont respectivement ♈ a et ♈ N) étant données, leur différence a N est aussi donnée. On connaît pareillement l'inclinaison du plan de l'orbite sur l'écliptique, ou l'angle N du triangle sphérique rectangle A N a. On peut donc calculer le côté N A, ou l'angle N S A, lequel ajouté à A S P donne l'angle N S P. Celui-ci peut être considéré comme la mesure de l'arc N P, ou de l'hypoténuse du triangle sphérique rectangle P N p, dont on connaît en outre l'angle N, en sorte qu'on obtient aisément les deux autres côtés N p et P p. Le dernier mesure l'angle p S P, ou la latitude héliocentrique de la planète; le second mesure l'angle N S p, ou la distance en longitude de la planète au nœud; en y joignant la longitude du nœud, ou l'angle connu ♈ S N, on aura la longitude héliocentrique de la planète. Quelque compliqué que ce calcul paraisse, une fois bien compris, il s'achève à l'aide des tables trigonométriques en moins de temps que le lecteur n'en aura mis à suivre notre description.

(430.) Le lieu géocentrique d'une planète diffère du lieu héliocentrique, en raison de la parallaxe due au mouvement de la terre dans son orbite. Si les planètes étaient à la distance des étoiles, ce mouvement ne produirait que des déplacemens insensibles; et les lieux des planètes, par rapport aux étoiles, seraient les mêmes, vus du soleil ou de la terre. L'évaluation de cette parallaxe orbiculaire doit nécessairement dépendre des rapports entre les trois côtés du triangle formé par le soleil, la terre et la planète, et des angles de ce triangle.

(431.) Supposons donc que S désigne le soleil, T la terre, P la planète, S ♈ la ligne des équinoxes, ♈ T l'orbite de la terre, P p une perpendiculaire abaissée de la planète sur l'écliptique ; et soit menée S Q paral-

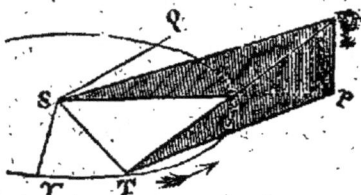

lèle à T p. L'angle ɤ S T représentera la longitude héliocentrique de la terre, et sera donné par les tables du soleil ; ɤ S p et P S p seront les longitudes et latitudes héliocentriques de la planète, et se trouveront par la méthode de l'art 429. Les rayons vecteurs S P, S T, seront déterminés par les dimensions connues des orbites, et par les longitudes héliocentriques de la planète et de la terre. L'objet du problème sera de calculer l'angle P T p, ou la latitude géocentrique, et l'angle ɤ S Q, qui mesure la longitude géocentrique de la planète.

(432.) En premier lieu, dans le triangle S P p, rectangle en p, le côté S P et l'angle P S p, qui sont connus, feront trouver S p et P p. Ensuite, on connaîtra dans le triangle S T p le côté S p, le rayon vecteur S T, et l'angle T S p qui est la différence des longitudes héliocentriques de la terre et de la planète : on trouvera donc l'angle S p T et le côté T p. L'angle S p T sera égal à son alterne p S Q, ou au déplacement parallactique en longitude, et p S Q + ɤ S p sera la longitude géocentrique cherchée. Le côté T p donnera la latitude géocentrique P T p, moyennant la résolution du triangle rectangle P T p, dont les côtés T p et P p sont déjà connus.

(433.) Tous ces calculs n'offrent que les applications les plus simples de la trigonométrie plane : ils sont

peut-être fastidieux, mais nullement embarrassans.
On pourra comparer ainsi de la manière la plus
exacte les lieux observés des planètes avec les résultats
de la théorie elliptique, et se convaincre que cette
théorie est une représentation fidèle de la nature.

(434.) Les planètes Mercure, Vénus, Mars, Jupiter et
Saturne, sont connues depuis les âges les plus reculés.
Uranus a été découvert par sir W. Herschel, le 13
mars 1781, dans le cours d'une revue du ciel, où
chaque étoile, visible dans un télescope d'un certain
pouvoir, était soumise à un examen soigneux. La
nouvelle planète fut aussitôt reconnue à son disque,
considérablement amplifié par le télescope. On s'est
assuré depuis qu'elle avait été précédemment observée
dans plusieurs occasions avec des télescopes trop faibles
pour laisser voir le disque, et insérée comme étoile
dans plusieurs catalogues : ces mêmes observations
ont servi à vérifier et à fixer avec plus de précision
les élémens de son orbite. La découverte des planètes
ultra-zodiacales remonte au premier jour de 1801,
jour auquel Piazzi découvrit Cérès, à Palerme : découverte bientôt suivie de celle de Junon, par le professeur Harding, à Gœttingue, et de celles de Pallas et
de Vesta, par le docteur Olbers, à Brême. Il est extrêmement remarquable que cette importante addition
survenue à notre système, ait été en quelque sorte
pressentie et regardée comme probable, sur le fonde-
ment que les intervalles des orbes planétaires vont à
peu près en doublant, à mesure que l'on s'éloigne du
soleil. Ainsi l'intervalle des orbites de la terre et de
Vénus est à peu près double de celui des orbites de
Vénus et de Mercure; l'intervalle entre les orbites de
Mars et de la terre est à peu près double de celui qui
se trouve entre les orbites de la terre et de Vénus; et

ainsi de suite. Toutefois l'intervalle entre les orbites de Jupiter et de Mars se trouve trop grand, et faisait exception à cette loi, qui s'observe de nouveau à l'égard des trois planètes les plus éloignées. D'après cette considération, feu le professeur Bode, de Berlin, avait conjecturé qu'il pourrait bien exister une planète entre Mars et Jupiter ; et l'on jugera aisément quel fut l'étonnement des astronomes d'en trouver quatre, dont les orbites correspondent assez bien, par leur position, avec la loi en question *. On n'a pu donner *à priori*,

---

* Cette loi, que l'on désigne assez communément sous le nom de *loi de Bode*, quoique Bode lui-même avoue avec candeur qu'elle a été remarquée par d'autres avant lui, est présentée dans le texte d'une manière inexacte, qui ne manquerait pas d'embarrasser le lecteur, lorsqu'il voudrait la confronter avec le tableau synoptique placé à la fin de l'ouvrage. Bien loin que l'intervalle entre les orbites de la terre et de Vénus soit à peu près double de celui qui sépare les orbites de Vénus et de Mercure, ces deux intervalles sont à peu près égaux. La progression signalée par Bode consiste en ceci : Si l'on conçoit le rayon de l'orbe terrestre divisé en dix parties égales, le rayon de l'orbe de Mercure en contiendra 4, le rayon de l'orbe de Vénus 4 + 3 ou 7, le rayon de l'orbe de la terre 4 + 2 fois 3 ou 10, le rayon de l'orbe de Mars 4 + 4 fois 3 ou 16, le rayon de l'orbe de Cérès (prise entre les quatre planètes télescopiques) 4 + 8 fois 3 ou 28, le rayon de l'orbe de Jupiter 4 + 16 fois 3 ou 52, le rayon de l'orbe de Saturne 4 + 32 fois 3 ou 100, enfin le rayon de l'orbe d'Uranus 4 + 64 fois 3 ou 196. Ces nombres s'écartent peu des valeurs des demi-grands axes données dans le tableau synoptique. Mais évidemment cette manière de présenter la progression des intervalles est tout-à-fait arbitraire, et n'a été imaginée que pour sauver l'anomalie offerte par la planète Mercure. Or, il est à noter que Mercure fait également exception dans le système des sept planètes non télescopiques, tant par la grandeur de l'excentricité de son orbite, presque égale à celles des orbes de Junon et de Pallas, que par la notable distance du pôle de son orbite à la région du ciel où sont groupés maintenant les pôles des six autres orbes planétaires. Si l'on met cette planète de côté, la progression des intervalles doubles se vérifiera rigoureusement *entre les limites* ou d'après la théorie, aucune raison de cette progression singulière, qui ne se vérifie pas numériquement en toute rigueur, comme les lois de Kepler ; mais les circonstances que nous venons de mentionner portent fortement à croire qu'il faut y voir autre chose qu'un rapprochement purement fortuit, et qu'on doit la regarder comme tenant essentiellement à la structure du système. On a conjecturé que les planètes ultra-zodiacales sont des fragmens d'une grande planète qui circulait primitivement dans l'intervalle qu'elles occupent ; qu'il existe encore d'autres fragmens semblables, et que la suite pourra les faire découvrir. Ceci est propre à servir d'exemple des rêves innocens auxquels les astronomes sont sujets parfois à s'abandonner, comme d'autres esprits spéculatifs.

(435.) Nous consacrerons le reste de ce chapitre à rendre compte des particularités physiques et de la condition probable de chacune des planètes, autant que nous pouvons connaître les unes par l'observation, et les autres par conjectures. Si les planètes sont habitées comme notre terre, les conditions de la vie animale doivent y être modifiées sous trois rapports principaux. D'abord en raison de la différence dans les quantités de lumière et de chaleur qu'elles reçoivent du soleil ; en second lieu, à cause des inégalités dans l'intensité de la pesanteur à leurs surfaces, ou dans le rapport entre l'*inertie* et le *poids* des corps ; troisièmement, à cause de la diversité de nature des

des excentricités, c'est-à-dire qu'on pourra assigner pour chaque planète une valeur du rayon vecteur, comprise entre le périhélie et l'aphélie, de manière à ce que la série satisfasse à la progression des intervalles doubles. Présentée de la sorte, on peut dire que la loi de Bode comporte un énoncé mathématique, aussi bien que celles de Kepler. (*Note du Traducteur.*)

matières qui les constituent, à en juger d'après ce
que nous savons de leurs densités moyennes. L'intensité de la radiation solaire est environ 7 fois plus
grande pour Mercure que pour la terre, et pour Uranus 330 fois moindre ; de sorte que, si l'on compare
les deux termes extrêmes, le rapport sera celui de
plus de 2000 à 1. Que l'on se figure l'état de notre
globe, si la radiation solaire était septuplée, ou réduite
à sa 300e partie ! D'un autre côté, l'intensité de la
pesanteur, ou la puissance répressive de la force musculaire et de l'activité animale, est à peu près triple
sur Jupiter de ce qu'elle est sur la terre ; sur Mars,
elle n'est que le tiers de la pesanteur terrestre, sur la
lune un sixième, sur les quatre petites planètes probablement un vingtième seulement : échelle dont les
termes extrêmes sont dans le rapport de 6 à 1. Enfin
la densité de Saturne n'est guère qu'un huitième de la
densité moyenne de la terre, en sorte que les matériaux constitutifs de cette grosse planète ne doivent
pas être beaucoup plus denses que le liége. D'après la
variété des combinaisons entre des élémens dont l'influence sur la vie est si grande, quelle diversité ne faut-il
pas admettre dans les conditions de ce grand problème
qui a pour objet la conservation de l'existence animale
et intellectuelle, de la vie et du bonheur ; de ce problème qui, à en juger par ce que nous voyons autour
de nous, et par la profusion d'êtres vivans qui peuplent
chaque coin de notre globe, est le constant et digne
objet sur lequel s'exercent la bienfaisance et la sagesse
souveraines !

(436.) Mais quittons la région des spéculations pures, et voyons ce que le télescope nous apprend de la
constitution de chaque planète en particulier. Nous ne
savons guère autre chose de Mercure, sinon qu'il est

rond et qu'il laisse apercevoir des phases : sa petitesse
et sa grande proximité du soleil mettent obstacle à ce
que nous connaissions mieux sa nature. Le diamètre
réel de Mercure est d'environ 1200 lieues, et son diamètre apparent varie de 5″ à 12″. On ne peut saisir
non plus des particularités bien remarquables sur
Vénus ; quoique son diamètre réel soit de 2800 lieues,
et que son diamètre apparent atteigne parfois la valeur
de 61″ (ce qui excède le diamètre apparent de toute
autre planète), elle est la plus difficile de toutes à voir
d'une manière nette dans les télescopes. Le grand
éclat de la partie éclairée produit des scintillations de
lumière, qui amplifient tous les défauts de l'instrument optique. Du reste, nous voyons clairement que
la surface n'est pas bigarrée de taches permanentes,
comme celles de la lune ; on n'y distingue ni montagnes, ni ombres ; mais tout le disque paraît couvert d'un éclat uniforme ; et si parfois on croit démêler quelques parties plus obscures, il n'arrive que
rarement, ou même jamais, que ce soit de manière à
satisfaire pleinement l'observateur. C'est d'après des
observations de ce genre qu'on a conclu que Mercure
et Vénus tournent sur leurs axes à peu près dans le
même temps que la terre. La conséquence la plus
naturelle qu'on puisse tirer de la rareté et de la non-
permanence des taches de ces deux planètes, c'est
que nous n'en voyons pas les surfaces proprement
dites, comme nous voyons celle de la lune, mais seulement les atmosphères, chargées sans doute de nuages destinés à tempérer l'éclat brûlant de leur soleil.

(437.) Le cas est tout différent pour Mars. On distingue très-nettement sur cette planète des contours
qui peuvent séparer des continens et des mers.
(Voyez la fig. 1, pl. I, qui représente Mars à l'état

gibbeux, tel qu'on l'a observé à Slough le 16 août 1830, avec un télescope à réflecteur de 20 pieds anglais.) Les parties que l'on peut regarder comme des continens, se distinguent à la couleur rouge qui caractérise en général la lumière toujours rutilante de cette planète, et qui indique sans nul doute une teinte ochreuse du sol, semblable à celle que nos terrains de grès rouge pourraient offrir aux habitans de Mars, seulement plus prononcée. Par un contraste qui rentre dans une loi générale de l'optique, les régions que nous comparons à des mers paraissent verdâtres *. On ne voit pas toujours ces taches d'une manière aussi distincte; mais *lorsqu'on les voit* elles offrent toujours la même apparence. Ceci tient sans doute à ce que la planète n'est pas entièrement dépourvue d'atmosphère ni de nuages **; et ce qui donne un nouveau degré de probabilité à cette opinion, c'est l'aspect de taches d'un blanc brillant vers les pôles, dont l'une est représentée sur notre figure, et qu'on a regardées avec grande vraisemblance comme des amas de neiges, parce qu'elles disparaissent après avoir été long-temps exposées au soleil, et atteignent au contraire leurs plus grandes dimensions après les longues nuits des hivers polaires. En observant les taches de Mars pendant toute une nuit, ou pendant plusieurs nuits successives, on a reconnu que cette planète tourne autour d'un axe incliné d'environ 30° 18' sur l'écliptique, dans une période de 24^h 39^m

---

* J'ai reconnu en mainte occasion les phénomènes décrits dans le texte, mais jamais plus distinctement qu'à l'époque où j'ai pris le dessin d'après lequel on a gravé la fig. de la pl. I.

** On a soupçonné que Mars avait une atmosphère très-étendue, mais sur des raisons qui ne sont pas suffisantes, ni même plausibles.

24ᵉ, et dans la même direction que la terre, ou de l'ouest à l'est. Le diamètre apparent de Mars varie de 18″ à 4″; son diamètre réel est d'environ 1500 lieues.

(438.) Passons à la plus magnifique des planètes, à Jupiter, dont le diamètre n'a pas moins de 31000 lieues, et dont le volume excède près de 1300 fois celui de la terre. Cette planète est escortée de quatre *lunes, satellites* ou *planètes secondaires* (ainsi qu'on les appelle), qui l'accompagnent sans cesse, et tournent autour d'elle comme la lune tourne autour de la terre, et dans la même direction; formant avec leur planète *principale*, un système en miniature, parfaitement analogue au grand système dont la planète centrale fait partie, assujéti aux mêmes lois, et manifestant de la même manière l'influence de la gravitation, ainsi que nous l'expliquerons plus au long dans le prochain chapitre.

(439.) Le disque de Jupiter paraît toujours croisé dans une certaine direction par des bandes ou zones obscures, comme on le voit sur la figure 2 de la pl. I, qui représente cette planète telle qu'on l'a observée à Slough le 23 septembre 1832, avec le réflecteur de 20 pieds. Ces bandes ne sont pas les mêmes en tous temps; elles varient quant à leur grandeur et à leur position sur le disque, mais jamais quant à leur direction générale. On les a même vues se rompre et se disperser sur toute la surface de la planète; mais ce phénomène est extrêmement rare. Il arrive assez souvent qu'on y aperçoit des subdivisions et des embranchemens, tels que ceux représentés sur la figure, ou des taches sombres qui rappellent l'idée de traînées de nuages. L'observation attentive de ces taches a fait connaître que la planète tourne autour d'un axe perpendiculaire à la direction des bandes, dans la

période étonnammeut courte de $9^h 55^m 50^s$ en temps
sidéral. Or, une circonstance très-remarquable, et
qui confirme de la manière la plus satisfaisante le raisonnement par lequel nous avons rattaché la figure
sphéroïdale de la terre à son mouvement de rotation
diurne, c'est que la circonférence du disque de Jupiter n'est évidemment pas circulaire, mais elliptique,
et considérablement aplatie dans le sens de l'axe de
rotation. On ne doit point soupçonner en ceci d'illusion optique, puisque des mesures prises au micromètre assignent le rapport de 107 à 100 pour celui
du diamètre équatorial au diamètre polaire. Et ce
qui confirme encore mieux la vérité de nos principes,
en nous autorisant à en faire l'application à Jupiter,
malgré son éloignement, c'est que l'aplatissement
observé de Jupiter est précisément celui que la théorie
donne, d'après les dimensions de cette planète et la
durée de sa rotation.

(440.) Le parallélisme des bandes à l'équateur de
Jupiter, leurs variations accidentelles, et les taches
qu'on y observe, rendent extrêmement probable l'opinion que ces bandes subsistent dans l'atmosphère de
la planète, et qu'elles correspondent à des tranches
plus transparentes de cette atmosphère, formées par
des courans analogues à nos vents alisés, mais beaucoup plus impétueux et mieux marqués, comme cela
doit être d'après une si prodigieuse vitesse de rotation.
La circonstance que les bandes ne s'étendent pas jusqu'aux bords du disque, mais s'affaiblissent graduellement avant d'y atteindre (voyez la pl. I, fig. 2),
annonce évidemment que les bandes nous laissent voir
le corps, comparativement plus obscur, de la planète.
Le diamètre apparent de Jupiter varie de 30" à 46".

(441.) Un mécanisme encore plus merveilleux, et,

s'il est permis de le dire, plus artistement élaboré, s'observe sur Saturne, planète qui vient après Jupiter dans l'ordre des distances, sans lui céder beaucoup en grandeur, ayant un diamètre réel de 28000 lieues, un volume près de 1000 fois plus grand que celui de la terre, et un diamètre apparent d'environ 16″, vue de cette dernière planète. Ce vaste globe n'a pas moins de sept lunes ou satellites pour l'escorter; et en outre il est entouré de deux anneaux plats, larges et très-minces, qui ont l'un et l'autre le même centre que la planète, sont couchés dans un même plan, séparés l'un de l'autre sur tout leur contour par un très-petit intervalle, et de la planète par un espace beaucoup plus considérable. Voici les dimensions de cet appendice extraordinaire * :

	Lieues.
Diamètre extérieur de l'anneau extérieur	63 880
Diamètre intérieur du même	56 223
Diamètre extérieur de l'anneau intérieur	54 926
Diamètre intérieur du même	42 488
Diamètre équatorial de la planète	28 664
Intervalle entre la planète et l'anneau intérieur	6 912
Intervalle des anneaux	648
Épaisseur de l'anneau, au plus	36

La fig. 3, pl. I, représente Saturne entouré de ses anneaux, et recouvert de bandes obscures, jusqu'à un certain point semblables à celles de Jupiter, mais plus larges et moins bien marquées, et dues sans doute à une cause du même genre. L'anneau est un corps solide, opaque, ainsi qu'on le voit par l'ombre qu'il

* Ces dimensions sont calculées d'après les mesures micrométriques du professeur Struve, *Mem. Ast. Soc.*, III, 301; à l'exception de l'épaisseur de l'anneau, que j'ai conclue de mes propres observations dans le cours de sa disparition graduelle, qui se poursuit en ce moment. La valeur assignée à l'intervalle des anneaux est peut-être un peu trop faible.

projète sur le corps de la planète, du côté le plus voisin du soleil, et par l'ombre que la planète projète sur lui du côté opposé, conformément à la figure. Le parallélisme des bandes au plan de l'anneau pouvait faire conjecturer que l'axe de rotation de la planète est perpendiculaire à ce plan, et cette conjecture a été vérifiée dans les circonstances où la planète laissait voir à sa surface des taches sombres d'une grande étendue. On a appris ainsi que la rotation de la planète a lieu en $10^h 18^m 0^s$ de temps sidéral.

(442.) L'axe de rotation conserve, comme celui de la terre, son parallélisme durant le mouvement de la planète dans son orbite. Il en faut dire autant de l'anneau dont le plan a constamment la même, ou à peu près la même inclinaison sur le plan de l'orbite, et par conséquent sur l'écliptique. L'inclinaison à l'écliptique est de 28° 40', et les *nœuds de l'anneau* correspondent à 170° et 350° de longitude. En conséquence, chaque fois que la planète se trouve à l'une ou à l'autre de ces longitudes, le plan de l'anneau passe par le soleil qui éclaire l'anneau de côté; et aux mêmes époques, la terre doit être plus éloignée de ce plan, en raison de la petitesse de son orbite, comparée à celle de Saturne; de sorte qu'elle doit nécessairement passer dans le plan de l'anneau, ou un peu avant, ou un peu après l'instant où ce plan passe exactement par le centre du soleil. Dans cet instant, l'anneau paraît comme une ligne droite très-déliée, qui croise le disque et le dépasse des deux côtés; mais la finesse en est telle que pour l'apercevoir il faut des télescopes d'une puissance extraordinaire. Ce phénomène remarquable se reproduit à des intervalles de 15 ans; mais la disparition de l'anneau est en général double, par suite de la lenteur du mouvement de Saturne, qui donne à la terre le temps de rencontrer deux fois le plan de l'anneau, avant que celui-ci ne soit entraîné loin de l'orbite terrestre. La seconde disparition s'effectue au moment même où nous écrivons ces pages *. Lorsque la planète s'éloigne des nœuds où l'anneau disparaît, la ligne visuelle fait un angle de plus en plus grand avec le plan de l'anneau; et d'après les lois de la perspective, celui-ci prend la figure d'une ellipse, qui atteint sa plus grande largeur quand la planète est à 90° de l'un et de l'autre nœuds. A cette époque, le grand diamètre de l'ellipse est presque exactement double du petit. On voit de la terre les faces boréale ou australe de l'anneau, selon que Saturne se trouve dans l'une ou l'autre des deux moitiés de son orbite, séparées par la ligne des nœuds de l'anneau.

(443.) On doit naturellement demander comment un si vaste arceau peut se soutenir sans crouler vers la planète, au cas qu'il soit formé de matériaux solides et pondérables? Cette difficulté est résolue par la rotation de l'anneau dans son propre plan, que l'observation de quelques points de la surface un peu moins brillans que les autres a fait découvrir, et qui a pour période $10^h 29^m 17^s$, c'est-à-dire (d'après ce que nous savons des dimensions de l'anneau et de l'intensité de la gravitation dans le système de Saturne), à très-peu près le temps périodique d'un satellite qui serait mû à une distance du centre de la planète égale au rayon de la ligne médiane de l'anneau. Ce corps est donc soutenu par la force centrifuge qui naît de sa rotation; et quoique les observations n'aient pas encore été poussées à un

* La disparition de l'anneau est complète quand on l'observe avec un réflecteur de 18 pouces anglais d'ouverture, et de 20 pieds de longueur focale. (*Observation de l'auteur, du* 29 *avril* 1833.)

assez haut degré d'exactitude pour laisser apercevoir une différence dans les périodes des anneaux intérieur et extérieur, il est plus que probable que la différence existe, de manière à assurer séparément l'équilibre de chacun d'eux.

(444.) Quoique les anneaux soient, comme nous l'avons dit, à très-peu près concentriques avec le globe de Saturne, des mesures micrométriques récentes et d'une délicatesse extrême ont fait voir que cette coïncidence n'est pas mathématiquement exacte; mais que le centre de gravité des anneaux oscille autour de celui de la planète, en décrivant une très-petite orbite, probablement fort compliquée. Cette remarque, à laquelle on pourrait attribuer peu d'importance, en a effectivement beaucoup pour la stabilité du système des anneaux. En supposant qu'ils fussent parfaitement circulaires et concentriques à la planète, on démontre qu'ils formeraient, nonobstant la force centrifuge, un système dans un état d'*équilibre instable*, que la moindre force extérieure troublerait, non pas en occasionant la rupture de l'anneau, mais en le précipitant, sans qu'il se rompît, sur la surface de la planète. En effet, l'attraction d'un anneau ou d'un système d'anneaux sur un point ou sur une sphère excentriquement placés n'est pas la même dans toutes les directions; elle tend à amener le point ou la sphère vers le point le plus voisin de la circonférence annulaire (art. 556). En admettant donc que le corps devienne, par une cause quelconque, tant soit peu excentrique à l'anneau, la gravitation ne tendra pas à rétablir la concentricité, mais au contraire à accroître l'excentricité jusqu'à ce que l'anneau et le corps soient amenés au contact. Or, les attractions des satellites de Saturne sont des causes extérieures, capables de donner naissance à une excentricité, ainsi qu'on le verra dans le chapitre XI; et pour que le système soit *stable*, pour qu'il possède en lui-même le pouvoir de résister à cette tendance naissante par une tendance contraire, il suffit d'admettre qu'il soit lesté en quelque point de la circonférence, par suite d'une inégalité d'épaisseur ou de densité, qui peut d'ailleurs être très-petite. Ce lest donne à l'anneau le caractère d'un satellite qui résiste par son inertie à des actions perturbatrices peu intenses, et donne aux perturbations en sens divers le temps de se compenser. Mais sans même recourir à la supposition d'un pareil lest, dont rien ne prouve l'existence, et en admettant d'une manière générale le fait de l'instabilité de l'équilibre, la périodicité des causes pertubatrices suffit pour en assurer le maintien. C'est ainsi (pour employer une comparaison très-familière, mais qui nous paraît plus propre qu'aucune autre à rendre raison du phénomène); c'est ainsi qu'une main exercée soutiendra avec le doigt une longue aiguille dans une direction perpendiculaire, en imprimant au point de support un mouvement continuel et presque imperceptible. L'oscillation observée des centres de l'anneau autour de celui de la planète, est l'indice évident d'une lutte constante entre deux actions opposées, toutes deux très-faibles, l'une destructrice, l'autre conservatrice de l'équilibre; et cette lutte suffit pour empêcher une catastrophe.

(445.) C'est ici le lieu de faire remarquer que la moindre différence de vitesse entre la planète et l'anneau, dans leur course autour du soleil, amènerait infailliblement les deux corps au contact, sans qu'ils pussent désormais se séparer, vu qu'ils auraient acquis alors une position d'équilibre stable, et qu'ils adhéreraient l'un à l'autre en vertu d'une force d'attraction très-intense. Conséquemment il faut qu'une cause extérieure ait ajusté leurs mouvemens autour du soleil avec une extrême précision, ou que la formation des anneaux autour de la planète ait eu lieu lorsque le mouvement orbiculaire du système était déjà tracé, et sous la libre influence de toutes les forces agissantes.

(446.) Les anneaux de Saturne doivent offrir un magnifique spectacle, vus des régions de la planète situées du côté éclairé : ils doivent paraître comme de vastes arceaux, qui partagent le ciel d'un bout à l'autre de l'horizon, en gardant une position invariable par rapport aux étoiles. Au contraire, une éclipse de soleil, de quinze ans de durée, dans les régions situées du côté obscur, et sur lesquelles l'ombre des anneaux se projète, doit en faire (selon nos idées) un séjour inhabitable pour tout être vivant, nonobstant la faible lumière donnée par les satellites. Mais peut-être que les combinaisons qui ne rappellent à notre esprit que des images d'horreur, sont en réalité celles où se manifestent le plus glorieusement les ressources d'une inépuisable bienfaisance.

(447.) Uranus ne nous paraît que comme un petit disque rond, d'un éclat uniforme, sans anneaux, bandes ni taches discernables. Son diamètre apparent est d'environ 4'', et ne varie jamais beaucoup, à cause de la petitesse de l'orbite de la terre, en comparaison de celle de cette planète. Son diamètre est d'environ 12000 lieues, et son volume à peu près 80 fois celui de la terre. Il a des satellites dont le nombre est au moins de deux, peut-être de cinq ou six, et dont les orbites offrent des particularités remarquables, ainsi qu'on le dira dans le chapitre suivant.

(448.) Si l'immense distance d'Uranus s'oppose à ce

que nos connaissances sur l'état physique de cette planète soient jamais fort avancées, la petitesse des quatre planètes ultra-zodiacales n'est pas un moindre
obstacle en ce qui les concerne. Une d'entre elles,
Pallas, offre, dit-on, un aspect nébuleux qui indique-
rait l'existence d'une vaste atmosphère, dont la force
expansive ne serait que faiblement réprimée par l'attraction d'une aussi petite masse. C'est sous le rapport de cette petitesse de masse qu'elles nous présentent assurément les singularités les plus remarquables.
Un homme, placé à la surface de l'une d'entre elles,
sauterait aisément à 60 pieds de haut, et n'éprouverait
pas une plus rude secousse dans sa chute, que lorsqu'il tombe de 3 pieds à la surface de la terre. Des
géants pourraient exister sur ces planètes; et ces animaux énormes, que chez nous leur poids seul empêche-
rait de vivre ailleurs que dans les eaux, pourraient
là-bas se passer d'un élément liquide qui les soutînt.
Mais des rapprochemens semblables ouvriraient à
l'imagination une carrière illimitée.

(449.) Finissons ce chapitre par des comparaisons
d'un autre genre, propres à fixer en gros l'esprit du
lecteur sur les dimensions et sur les distances relatives
des corps qui entrent dans la constitution de notre système solaire. Nous emploîrons à cet effet les comparaisons et les mesures les plus familières. Imaginons
un champ ou un pré bien uni, et plaçons-y un globe
de 2 pieds de diamètre pour représenter le soleil:
alors Mercure sera figuré par un grain de moutarde,
ayant pour orbite la circonférence d'un cercle de 164
pieds de diamètre; Vénus, par un pois, sur un cercle
de 284 pieds; la terre, aussi par un pois, sur un cercle de 430 pieds; Mars, par une grosse tête d'épingle,
sur un cercle de 654 pieds; Junon, Cérès, Vesta et

Pallas, par des grains de sable, sur des orbites de 1000 à 1200 pieds; Jupiter, par une orange moyenne, sur un cercle de 2200 pieds, ou de près d'un sixième de lieue; Saturne, par une petite orange, sur un cercle de 4000 pieds ou de près d'un tiers de lieue; Uranus, par une grosse cerise, sur un cercle de 8200 pieds ou de trois cinquièmes de lieue. Nous nous garderons, au surplus, de la prétention de donner à ce sujet des notions correctes, à l'aide de cercles tracés sur le papier, ou, ce qui est pis, à l'aide de ces appareils puérils auxquels on donne le nom de *planétaires*. Si l'on voulait imiter les mouvemens des planètes dans leurs orbites, Mercure devrait décrire une longueur égale à son diamètre, en 41^s; Vénus, en 4^m 14^s; la terre, en 7^m; Mars, en 4^m 48^s; Jupiter, en 2^h 56^m; Saturne, en 3^h 13^m; et Uranus, en 2^h 16^m.

CHAPITRE IX.

DES SATELLITES.

DE LA LUNE, CONSIDÉRÉE COMME LE SATELLITE DE LA TERRE. — PROXIMITÉ OU LES SATELLITES SONT, EN GÉNÉRAL, DE LEURS PLANÈTES PRINCIPALES, ET SUBORDINATION DE LEURS MOUVEMENS, DUE A CETTE PROXIMITÉ. — MASSES DES PLANÈTES PRINCIPALES, DÉDUITES DES PÉRIODES DE LEURS SATELLITES. — LES LOIS DE KEPLER SUBSISTENT DANS LES SYSTÈMES SECONDAIRES. — SATELLITES DE JUPITER. — ÉCLIPSES DE CES SATELLITES. — ELLES DONNENT LA MESURE DE LA VITESSE DE LA LUMIÈRE. — SATELLITES DE SATURNE. — SATELLITES D'URANUS.

(450.) La terre, dans son circuit annuel autour du soleil, est constamment escortée d'un satellite, de la lune qui tourne autour d'elle, ou plutôt autour de leur centre commun de gravité. Strictement parlant, ce n'est ni l'un ni l'autre de ces corps, mais leur centre de gravité commun, qui se meut dans un orbe elliptique, sans que ce mouvement soit troublé par leurs attractions mutuelles : de la même manière que, lorsqu'on lance en l'air une grosse pierre et une petite liées ensemble, le centre de gravité des deux pierres décrit une parabole, comme si c'était un point matériel soumis à l'attraction de la terre; tandis que les deux pierres circulent l'une autour de l'autre, ou autour de leur centre commun de gravité, selon qu'on voudra considérer la chose.

(451.) Si nous tracions la courbe réellement décrite par le centre de la lune ou par celui de la terre, en vertu de ce mouvement composé, nous aurions, non pas une ellipse exacte, mais une courbe ondulée, semblable à celle qu'on a représentée dans la figure de l'article 272 : seulement le nombre des ondulations comprises dans une révolution complète ne serait que de 13, et les déviations de part et d'autre de l'ellipse qui servirait de ligne moyenne se trouveraient comparativement beaucoup plus petites; si petites que chaque élément de la courbe décrite par la terre ou par la lune tournerait sa *concavité* vers le soleil *. Les excursions du centre de la terre, de part et d'autre de l'ellipse, seraient même difficilement appréciables. Car nous avons vu que le centre commun de gravité de la terre et de la lune se trouve compris dans l'in-

---

* Cette proposition, qui est vraie, contredit la qualification d'*ondulée*, attribuée plus haut à la courbe dont il s'agit; mais il ne faut pas s'attacher ici à la rigueur des termes. On doit seulement entendre que l'orbe, *toujours concave vers le soleil*, décrit par la terre ou par la lune, *couperait en 25 points* l'ellipse décrite par le centre commun de gravité.

(*Note du traducteur.*)

térieur de la terre elle-même, et, par conséquent, que l'orbite décrite mensuellement par le centre de la terre autour de ce centre commun, a des dimensions moindres que celles du globe terrestre. Il en résulte néanmoins un déplacement parallactique du soleil en longitude, dont on tient compte sous le nom d'*équation mensuelle*, et qui est toujours moindre que la parallaxe horizontale du soleil, ou que 8″, 6.

(452.) La lune est à une distance du centre de la terre d'environ 60 rayons terrestres. En ce sens, elle est relativement plus voisine de son centre d'attraction que les planètes; puisque Mercure, plus rapproché que toutes les autres du centre du soleil, en est distant de 84 rayons solaires, tandis que la distance d'Uranus est de 2026 de ces rayons. C'est en raison de cette proximité que la lune reste attachée à la terre comme un satellite. Si elle était plus éloignée, l'attraction de la terre serait insuffisante pour imprimer alternativement au mouvement de la lune autour du soleil cette accélération et ce retard qui le subordonnent à celui de la terre, et dépouillent la lune du caractère de planète indépendante. L'une dépasserait l'autre ou la laisserait en arrière, selon que les temps de leurs révolutions autour du soleil seraient réglés (en vertu de la troisième loi de Kepler) d'après les dimensions relatives de leurs orbites héliocentriques. Toute l'influence de la terre se bornerait à produire quelque perturbation périodique considérable dans le mouvement de la lune, lorsqu'elle reviendrait à la conjonction à chaque révolution synodique.

(453.) A la distance où la lune est de nous, sa pesanteur vers la terre est effectivement moindre que sa pesanteur vers le soleil. Cela résulte suffisamment de ce que nous avons dit plus haut, que l'orbite *réelle* de

la lune, même lorsqu'elle passe entre le soleil et la
terre, *tourne toujours sa concavité vers le soleil.*
On en sera plus certain encore, si, moyennant la
connaissance que l'on a des temps périodiques dans
lesquels la terre accomplit sa révolution annuelle et la
lune sa révolution mensuelle, ainsi que des dimensions
respectives de ces orbites, on calcule pour chacun de
ces corps la quantité dont il dévie de la tangente, dans
des intervalles de temps égaux et très-petits, d'une
seconde par exemple. Les déviations cherchées seront les sinus verses des arcs décrits dans cet intervalle
de temps sur chacune des orbites, et elles donneront
la mesure des forces qui les produisent. Le calcul numérique nous donnera le rapport de 2,209 à 1 pour celui des intensités des deux forces, dont l'une retient la
terre dans son orbite autour du soleil, et l'autre la
lune dans son orbite autour de la terre*.

(454.) Le soleil est 400 fois plus éloigné de la terre
que la lune. Ainsi, comme la gravité varie en raison
inverse des carrés des distances, il s'ensuit qu'à distances égales les intensités des gravitations solaire et terrestre ont un rapport qui s'obtient en multipliant celui
qu'on vient de trouver par le carré de 400. Il en
résulte définitivement que ce rapport est celui de
354936 à 1; et par conséquent si nous admettons
que l'intensité de la gravitation soit proportionnelle à
la masse ou à l'inertie du corps attirant, il faudra con-

---

*Soient R et r les rayons des deux orbites supposées circulaires,
P et p les temps périodiques, A et a les arcs décrits, qui seront
dans le rapport de $\frac{R}{p}$ à $\frac{r}{p}$. Puisque les sinus verses sont en raison
directe des carrés des arcs, et en raison inverse des rayons, le
rapport de $\frac{R}{p^2}$ à $\frac{r}{p^2}$ sera celui des sinus verses, ou des forces centrales.

clure que la masse de la terre n'est qu'un 354936e de celle du soleil.

(455.) Tout ce raisonnement n'est au fond que la récapitulation de ce qu'on a vu dans le chap. VII (art. 380); mais il était bon d'y revenir, pour montrer comment on a pu mesurer les rapports de la masse du soleil à celles des planètes pourvues d'un ou de plusieurs satellites, en tirant de l'observation les dimensions des orbites décrites par la planète autour du soleil, et par les satellites autour de la planète, ainsi que les temps périodiques des révolutions. C'est par cette méthode qu'on a assigné les masses de Jupiter, de Saturne et d'Uranus. (Voyez le tableau synoptique.)

(456.) Jupiter, comme on a déjà eu occasion de le dire, est escorté de quatre satellites, Saturne de sept, Uranus certainement de deux, et peut-être de six. Ces satellites, avec leurs planètes *principales* respectives, constituent autant de systèmes secondaires, parfaitement analogues, sous le rapport des lois qui en régissent les mouvemens, au grand système où le soleil joue le rôle de planète principale, et les planètes celui de satellites. Dans chacun de ces systèmes, les lois de Kepler sont observées de la même manière qu'elles le sont dans le système planétaire, c'est-à-dire approximativement, et sans préjudice des perturbations mutuelles ou des influences extérieures au système, ainsi que de la correction appréciable, quoique très-petite, due à l'ellipticité du corps central. Les orbes décrits sont des cercles ou des ellipses d'une très-petite excentricité, dont la planète principale occupe un foyer. Les satellites décrivent autour de leurs planètes des aires à très-peu près proportionnelles aux temps; et les carrés des temps périodiques, pour les satellites d'une même planète, sont en raison des cubes de leurs distances à la planète. Les tables qui terminent ce Traité donnent, sous forme synoptique, les distances et les périodes pour chacun de ces systèmes, aussi bien qu'on les connaît présentement. Les remarques que nous avons faites, au sujet de la proximité de la lune et de la terre, s'appliquent de même aux satellites des autres planètes.

(457.) Le système des satellites de Jupiter est le seul qu'on ait encore beaucoup étudié, tant à cause de l'éclat remarquable de ces quatre satellites, dont les disques atteignent une grandeur mesurable dans les puissans télescopes, qu'en raison de leurs éclipses, fréquentes et faciles à observer, et qu'on peut, par cette raison employer comme signaux dans la détermination des longitudes terrestres (art. 218). Avant qu'on n'eût porté la théorie de la lune à la perfection qu'elle a maintenant, et qui fait employer de préférence les observations lunaires comme plus exactes et plus faciles (art. 219), celles des satellites de Jupiter étaient les seules auxquelles on pût se fier, pour de grandes distances et pour de longs intervalles.

(458.) Les satellites de Jupiter tournent de l'ouest à l'est (par analogie avec les planètes et la lune) dans des plans presque exactement coïncidens avec l'équateur de la planète, ou parallèles à ses bandes. L'équateur de la planète est incliné de 3° 5′ 20″ sur son orbite autour du soleil, et par conséquent peu incliné sur notre écliptique. Il en résulte que les orbites des satellites se projètent pour nous suivant des lignes presque droites, le long desquelles ils paraissent osciller; tantôt passant en avant de Jupiter, et projetant alors sur son disque de petites taches d'ombre circulaires, visibles dans de bons télescopes; tantôt disparaissant derrière Jupiter, ou bien étant éclipsés par l'ombre qu'il projète. Ces éclipses nous procurent des données exactes pour construire les tables des mouvemens des satellites, en même temps que nous les employons comme signaux pour déterminer nos propres longitudes.

(459.) Les éclipses des satellites offrent, sous un point de vue général, une parfaite analogie avec les éclipses de lune; mais il y a des différences dans les détails. En raison de la beaucoup plus grande distance où Jupiter est du soleil, et de ses grandes dimensions, le cône d'ombre qu'il projète (art. 355) est considérablement plus vaste et plus allongé. D'ailleurs, les satellites se meuvent autour de Jupiter, dans des orbites moins inclinées *à l'écliptique de cette planète*, et de dimensions plus petites, comparativement à celles de la planète principale. Il résulte de toutes ces circonstances que les trois satellites intérieurs de Jupiter passent dans l'ombre, et sont totalement éclipsés à chaque révolution; tandis que le quatrième, dont l'orbite est un peu plus inclinée, échappe quelquefois à l'éclipse totale, et ne fait qu'effleurer le cône d'ombre. Mais ce cas est rare, et, généralement parlant, il est éclipsé totalement comme les autres à chaque révolution.

(460.) D'un autre côté, ces éclipses ne sont pas vues, comme celles de lune, du centre des mouvemens du corps éclipsé, mais d'une station éloignée et dont la situation par rapport au cône d'ombre est variable. Cette circonstance n'influe en rien sur les *temps* des éclipses, mais bien sur les conditions de leur visibilité, et sur les situations relatives apparentes de la planète et du satellite, lorsqu'il gagne et quitte l'ombre.

(461.) Soient S le soleil, T la terre dans son orbite

T F G K, J Jupiter, *a b* l'orbite de l'un des satellites.
Le cône d'ombre aura son sommet au point X, très-

reculé au-delà des orbes de tous les satellites; et à
cause de la grande distance du soleil et de la petitesse
de l'angle que son disque soutend à la surface de Jupiter, la pénombre ne s'étendra, dans les limites des
orbes des satellites, qu'à une distance très-petite de
l'ombre, ce qui fait que nous négligeons de la représenter sur la figure. Un satellite qui se meut de l'ouest
à l'est, dans la direction des flèches, sera éclipsé lorsqu'il entrera dans l'ombre en *a*, mais non pas soudainement, parce qu'il a comme la lune un diamètre
considérable, vu de la planète qui l'éclipse. Le temps
écoulé depuis le premier déchet de sa lumière jusqu'à
l'extinction totale, sera celui qu'il met à décrire autour
de Jupiter un angle égal à son diamètre apparent, vu
du centre de cette planète. Il sera même plus considérable, en raison de la pénombre, et la même remarque s'applique à l'émersion en *b*. Or, à cause de la
différence de télescope à télescope et d'œil à œil, il
n'est pas possible d'assigner l'instant précis du premier obscurcissement ou de l'extinction totale en *a*,
pas plus que celui de la première illumination ou de la
complète récupération de lumière en *b*. En conséquence, une observation d'éclipse, qui ne s'applique-

rait qu'à l'immersion ou à l'émersion, serait incomplète, et l'on n'en pourrait rien conclure avec précision, en théorie ni en pratique. Mais si *la même personne* observe, *avec le même télescope*, tant l'immersion que l'émersion, l'intervalle des temps donnera la durée de l'éclipse; et le milieu de cet intervalle correspondra exactement au milieu de l'éclipse, c'est-à-dire à l'instant où le satellite est dans la ligne SJX, en opposition avec le soleil. Les intervalles des éclipses donneront les périodes *synodiques* des satellites; et l'on en conclura les périodes sidérales par la méthode exposée dans la note de l'art. 353.

(462.) Il est évident, d'après la seule inspection de la figure, que nous observons les éclipses à l'ouest de la planète, quand la terre est à l'ouest de la ligne SJ, c'est-à-dire avant qu'elle arrive en opposition avec Jupiter, et au contraire que nous les observons à l'est, lorsque la terre se trouve dans l'autre moitié de son orbite, après l'opposition. Quand la terre approche de l'opposition, la ligne visuelle approche de plus en plus de coïncider avec la direction de l'ombre, et les lieux apparens des éclipses sont de plus en plus voisins du corps de la planète. Lorsque la terre est en F ou en I, points déterminés par la condition que les lignes bF, aI, touchent le corps de la planète, l'émersion ou l'immersion cessent d'être visibles, et, sur toute la longueur de l'arc FI, le commencement ou la fin de l'éclipse sont cachés par le disque de la planète. Quand la terre se trouve en G ou en H, l'immersion ou l'émersion disparaissent à leur tour, et, sur la longueur du petit arc GH, le satellite passe derrière le disque de la planète, sans qu'on puisse observer aucune phase de son éclipse.

(463.) Lorsque le satellite arrive en m, son ombre

se projète sur le disque de Jupiter, et ce disque doit paraître traversé par une tache noire, jusqu'à ce que le satellite soit arrivé en *n*. Mais le satellite lui-même paraîtra en dehors du disque, jusqu'à ce qu'il atteigne une ligne menée de la terre T au bord oriental du disque, et il ne semblera le dépasser que lorsqu'il aura atteint une autre ligne menée pareillement au bord occidental. De cette manière, on voit que l'ombre précédera ou suivra le satellite sur le disque, selon que l'éclipse arrivera avant ou après l'opposition. Lors des passages des satellites, qui peuvent être observés avec une grande précision à l'aide de forts télescopes, il arrive souvent qu'on observe le disque comme une tache brillante sur une bande obscure; mais parfois, au contraire, il paraît comme une tache obscure de dimensions plus petites que l'ombre. Ce fait curieux, observé par Schrœter et Harding, a conduit à la conclusion que certains satellites ont occasionellement, à leurs surfaces proprement dites ou dans leurs atmosphères, des taches obscures d'une grande étendue. Nous disons d'une grande étendue; car les satellites de Jupiter, quelque petits qu'ils nous paraissent, sont en réalité des corps de dimensions considérables, comme l'indique le tableau suivant* :

	Moyen diamètre apparent.	Diamètre en lieues.	Masse.
Jupiter.	38″,527	31502	1,0000000
1er satellite.	1,105	908	0,0000173
2e.	0,911	749	0,0000232
3e.	1,488	1223	0,0000885
4e.	1,272	1046	0,0000427

* Struve, *Mem. Astron. Soc.* III, 301, et Laplace, *Méc. Cél.*, liv. VIII, § 27.

(464.) Une relation très-singulière subsiste entre les moyennes vitesses angulaires ou les moyens mouvemens des trois premiers satellites de Jupiter. Si l'on ajoute la moyenne vitesse angulaire du premier satellite au double de celle du troisième, la somme sera égale à trois fois celle du second. Il résulte de ce rapport que, si de la longitude moyenne du premier satellite, ajoutée à deux fois celle du troisième, on retranche le triple de celle du second, le reste sera une quantité constante; et l'observation nous apprend que cette quantité constante est précisément égale à 180°; en sorte que, les positions de deux de ces satellites étant données, on peut en conclure immédiatement celle du troisième. La théorie de la gravitation explique ce fait remarquable par l'action mutuelle des satellites. On en déduit comme conséquence curieuse que les trois satellites ne peuvent pas être éclipsés simultanément; car, d'après le rapport des longitudes, lorsque le second et le troisième sont en conjonction, par rapport au centre de Jupiter et du soleil, le premier est en opposition, ou réciproquement. Nous ne connaissons qu'un seul exemple mentionné d'une observation où Jupiter ait été vu *sans satellite* : cette observation est de Molyneux, et elle a la date du 2 novembre (v. st.) 1681. (Molyneux, *Optique*, p. 271.)

(465.) La découverte des satellites de Jupiter par Galilée, l'un des premiers fruits de l'invention du télescope, fixe une des plus mémorables époques de l'histoire de l'astronomie. La première solution astronomique du grand problème *des longitudes*, l'un des plus intéressans pour l'homme entre tous ceux dont la solution peut être ramenée à des principes scientifiques rigoureux, date immédiatement de cette découverte. L'admission définitive de la théorie copernicienne

peut aussi être rapportée à la découverte et à l'étude
de ce système en miniature, où les lois des mouvemens planétaires, déterminées par Kepler, et spéciale-
lement celle qui lie les périodes aux distances, furent
bientôt aperçues et vérifiées de la manière la plus satisfaisante. Enfin (comme pour accumuler sur ce sujet
l'intérêt historique), c'est aux observations des éclipses
des satellites de Jupiter qu'on est redevable de la découverte de la prodigieuse vitesse de la lumière, et,
par suite, du phénomène de l'aberration. Ceci demande à être expliqué plus au long.

(466.) Puisque l'orbite de la terre est concentrique
et intérieure à celle de Jupiter (voy. la fig. de l'art.
461), la distance mutuelle de ces deux corps varie
continuellement, depuis la somme jusqu'à la différence des rayons des deux orbites, et l'excès de la
plus grande distance sur la plus petite est égal au diamètre de l'orbite de la terre. Or, l'astronome danois Rœmer remarqua en 1675, en comparant les
observations d'éclipses des satellites faites pendant plusieurs années successives, que dans le voisinage de
l'époque où Jupiter était en opposition et le plus près
de la terre, les éclipses arrivaient *plus tôt* qu'elles
n'auraient dû arriver, d'après un calcul fondé sur
l'ensemble ou sur la moyenne des observations; et au
contraire qu'à l'époque où la terre se trouvait dans la
région de son orbite la plus éloignée de Jupiter, les
éclipses arrivaient *plus tard* que ne l'indiquait la
moyenne. Après avoir rapproché des variations de la
distance les différences entre l'observation et le calcul,
Rœmer trouva qu'on en rendait compte en supposant
les différences de temps proportionnelles aux variations de distances, et en admettant qu'une différence
de $16^m 26^s, 6$ en temps, correspond à une diffé-

rence de distance égale au diamètre de l'orbite de la
terre. Pour assigner la cause physique de ce phénomène, il fut naturellement conduit à supposer que la
propagation de la lumière est successive et non instantanée; ce qui explique en effet toutes les particularités du fait observé. Mais la vitesse qu'il fallait
attribuer à la lumière (69500 lieues par seconde) était
effrayante, et en tout cas le résultat exigeait confirmation. C'est à quoi a pourvu, de la manière la moins
équivoque, la découverte de l'aberration de la lumière
par Bradley (art. 275). La vitesse de la lumière, déduite
de ce dernier phénomène, ne diffère que d'un 80e de celle
qu'on tire du calcul des éclipses; et cette différence
disparaîtrait, sans nul doute, devant des observations
plus exactes et plus rigoureusement calculées.

(467.) Les orbites des satellites de Jupiter n'ont
qu'une faible excentricité ; et même, pour les deux
satellites intérieurs, l'excentricité est imperceptible.
Leurs actions mutuelles produisent dans leurs mouvemens des perturbations analogues à celles que les
planètes éprouvent dans leurs mouvemens autour du
soleil, et qui ont été soigneusement étudiées par Laplace et par d'autres. Des observations assidues ont établi qu'ils sont sujets à des variations bien marquées
dans leur éclat, et que ces variations se reproduisent
périodiquement, selon leurs positions par rapport au
soleil. On en a conclu, avec apparence de raison,
qu'ils tournent sur leurs axes comme notre lune,
dans des périodes respectivement égales à celles de
leurs révolutions sidérales autour de Jupiter.

(468.) Les satellites de Saturne ont été jusqu'ici
beaucoup moins étudiés. Le plus distant de la planète l'emporte beaucoup sur les autres par ses dimensions, qui probablement ne le cèdent guère à

celles de Mars. Son orbite a aussi une inclinaison sensible sur le plan de l'anneau, avec lequel les orbites de tous les autres coïncident à très-peu près. Il est le seul dont on ait poussé la théorie au-delà de ce qu'il fallait pour s'assurer que la troisième loi de Kepler subsiste dans le système des satellites de Saturne, aussi bien que dans celui des satellites de Jupiter, et sous les mêmes restrictions. Ce satellite offre, comme ceux de Jupiter, des variations périodiques dans sa lumière, d'où l'on a conclu qu'il tourne sur son axe, dans le même temps qu'il met à accomplir une révolution sidérale autour de Saturne. Le satellite qui vient après celui-là, en allant vers la planète centrale, est vu assez facilement; les trois qui suivent sont très-petits, et ne peuvent être aperçus qu'avec de bons télescopes : enfin les deux satellites intérieurs, qui viennent effleurer les bords de l'anneau, et qui se meuvent exactement dans son plan, n'ont été aperçus qu'avec les télescopes les plus puissans que l'art humain ait encore construits, et seulement dans des circonstances particulières. A l'époque où l'anneau disparaissait dans les télescopes ordinaires, on les a vus * enfiler, comme les grains d'un chapelet, le filet de lumière infiniment mince auquel se réduisait l'anneau, s'éloigner pour un temps très-court de l'extrémité de ce filet, et revenir en toute hâte se dérober comme d'ordinaire à nos regards. A cause de l'obliquité de l'anneau et des orbites des satellites sur l'orbe de Saturne, il n'y a pas d'éclipses de ces satellites (les plus voisins de la planète seuls exceptés), sinon à l'époque où le soleil est dans le plan de l'anneau, et où nous le voyons de côté.

---

* Observation faite par mon père en 1789 avec un télescope à réflecteur, de quatre pieds (anglais) d'ouverture.

(469.) A part les deux satellites intérieurs de Saturne, ceux d'Uranus sont les objets de notre système solaire les plus difficiles à apercevoir. L'existence de deux d'entre eux est hors de doute, et l'on soupçonne celle de quatre autres. Ces deux satellites offrent des particularités remarquables et tout-à-fait inattendues. Contrairement à l'analogie qui s'observe dans tout le système solaire, aussi bien pour les satellites que pour les planètes principales, les plans de leurs orbites *sont presque perpendiculaires à l'écliptique*, ayant sur ce plan une inclinaison de $78°58'$; et leurs mouvemens *sont rétrogrades;* c'est-à-dire que si l'on projète sur le plan de l'écliptique les points qu'ils occupent dans l'espace, les points de projection, au lieu de se mouvoir de l'ouest à l'est autour du centre du mouvement, comme c'est le cas pour les planètes et pour tous les autres satellites, se mouvront en sens contraire. Les orbes de ces deux satellites sont exactement ou presque exactement circulaires, et l'on n'a point reconnu que leurs nœuds eussent un mouvement sensible, ou au moins rapide, ni que leurs inclinaisons eussent éprouvé un changement appréciable, dans le cours d'une demi-révolution de la planète principale autour du soleil *.

* Ces singularités anomales qui se présentent aux limites les plus reculées de notre système solaire, comme pour nous préparer à voir le fil de toutes les analogies rompu quand nous passerons à d'autres systèmes, n'étaient appuyées jusqu'ici que sur le témoignage unique de celui qui avait découvert ces satellites, et qui seul avait pu les voir. J'ai été assez heureux pour réussir à confirmer de la manière la plus complète les résultats trouvés par mon père, d'après mes propres observations, depuis l'année 1828 jusqu'à l'époque actuelle.

CHAPITRE X.

DES COMÈTES.

DU GRAND NOMBRE DES COMÈTES DONT L'APPARITION A ÉTÉ MEN-
TIONNÉE. — LE NOMBRE DES COMÈTES NON MENTIONNÉES EST
PROBABLEMENT BEAUCOUP PLUS GRAND. — DESCRIPTION D'UNE
COMÈTE. — COMÈTES SANS QUEUES. — ACCROISSEMENT ET DÉ-
CROISSEMENT DES QUEUES DES COMÈTES. — LES MOUVEMENS DES
COMÈTES SONT RÉGIS PAR LES LOIS GÉNÉRALES DES MOUVEMENS
PLANÉTAIRES. — ÉLÉMENS DE LEURS ORBITES. — RETOURS PÉRIO-
DIQUES DE CERTAINES COMÈTES. — COMÈTES DE HALLEY, D'ENCKE
ET DE BIELA. — DIMENSIONS DES COMÈTES. — RÉSISTANCES QU'EL-
LES ÉPROUVENT DE LA PART DE L'ÉTHER, LEUR DIMINUTION
PROGRESSIVE, ET LEUR DISPERSION POSSIBLE DANS L'ESPACE.

(470.) L'aspect extraordinaire des comètes, leurs
mouvemens rapides et en apparence irréguliers, les
dimensions imposantes qu'elles acquièrent parfois, ce
qu'il y a d'étrange et d'inattendu dans leurs apparitions
et leurs disparitions, en ont fait dans tous les temps
un objet d'étonnement, mêlé de frayeurs superstitieuses pour les ignorans, et une énigme pour ceux qui
étaient plus familiarisés avec les merveilles de la créa-
tion et les opérations des causes naturelles. Aujour-
d'hui même, que l'on a cessé de regarder leurs mouvemens comme irréguliers, ou comme gouvernés par
d'autres lois que celles qui retiennent les planètes dans
leurs orbites, leur nature intime, le rôle qu'elles jouent
dans l'économie de notre système, sont aussi inconnus que jamais. On n'a pas donné jusqu'ici une raison satisfaisante, ni même plausible, de ces immenses
appendices qu'elles traînent avec elles, et qui sont
connus sous le nom de *queues* (quoique impropre-

ment, puisqu'ils précèdent souvent les comètes dans leurs mouvemens), non plus que de bien d'autres singularités qu'elles présentent.

(471.) Le nombre des comètes observées astronomiquement, ou dont l'histoire a conservé la mention, est très-grand, puisqu'il monte à plusieurs centaines[*]; et si l'on réfléchit que, depuis les premiers âges de l'astronomie jusqu'à l'invention du télescope dans les temps très-modernes, on n'a pu remarquer que les plus brillantes; tandis qu'il ne se passe guère d'année maintenant sans qu'on en aperçoive une ou deux; que même on en voit quelquefois deux, et jusqu'à trois à la fois, on admettra sans peine qu'il doit en exister plusieurs milliers. Une foule d'entre elles échappent à l'observation, par la raison que leurs orbites traversent la partie du ciel située sur l'horizon pendant le jour. Des comètes placées ainsi ne peuvent devenir visibles que par le rare événement d'une éclipse totale de soleil. Cette coïncidence extraordinaire a eu lieu, au rapport de Sénèque, lors d'une éclipse totale arrivée 60 ans avant J.-C., et qui permit de voir une large comète très-près du soleil. On cite d'autres comètes comme ayant été assez brillantes pour être aperçues en plein jour, même à midi et dans tout l'éclat du soleil. Telles furent les comètes de 1402 et de 1532, comme aussi celle qui parut peu avant l'assassinat de César, et que l'on sup-

---

[*] Voyez les catalogues insérés dans l'*Almageste* de Riccioli, dans la *Cométographie* de Pingré, dans l'*Astronomie* de Delambre, t. III, dans le n° 1 des *Astronomische Abhandlungen* (où se trouvent les élémens des orbites de toutes les comètes calculées jusqu'en 1823); enfin le catalogue récemment publié par le rév. T. J. Hussey, *Lond. and Edin. Phil. mag.*, t. II, n° 9 et suiv. Dans une liste citée par Lalande, d'après le 1er volume des *Tables de Berlin*, se trouve l'énumération de 700 comètes.

posa (*après coup*) avoir prédit la mort de cet homme célèbre.

(472.) Les comètes consistent pour la plupart en une masse de lumière, large et éclatante mais mal terminée, que l'on nomme la tête, laquelle offre ordinairement un centre ou *noyau* beaucoup plus brillant, semblable à une étoile ou à une planète. A partir de la tête, et *dans une direction opposée à celle du soleil* par rapport à la comète, divergent deux traînées de lumière, d'autant plus larges et diffuses qu'elles s'éloignent davantage de la tête. Quelquefois, à une petite distance de celle-ci, les deux traînées se réunissent; d'autres fois elles restent distinctes dans une grande portion de leur cours, offrant l'apparence des traînées produites par quelques brillans météores ou par des fusées volantes, mais sans étincelles ni mouvemens perceptibles; c'est la queue. Ce magnifique appendice atteint dans quelques rencontres une immense longueur apparente. Aristote parle de la queue de la comète de l'an 371 avant J.-C., qui occupait un tiers d'hémisphère ou 60°. Celle de l'année 1618 de notre ère avait, dit-on, une traînée de 104° de longueur. La comète de 1680, la plus célèbre, et sous beaucoup de rapports la plus remarquable des temps modernes, avait une tête dont l'éclat n'excédait pas celui d'une étoile de deuxième grandeur, avec une queue qui couvrait 70°, et selon d'autres 90° du ciel. La figure 2, planche II, est une image fidèle de la comète de 1819, assez peu remarquable en elle-même, mais la dernière que l'on ait pu apercevoir à l'œil nu.

(473.) Toutefois, la queue n'est pas un appendice inséparable des comètes. Parmi les plus brillans de ces astres, plusieurs avaient des queues de peu de longueur et d'éclat, et d'autres, en assez grand nombre, en étaient entièrement dépourvus. Les comètes de 1585 et de 1763 n'offraient aucun vestige de queue, et Cassini décrit celle de 1682 comme ayant la rondeur et l'éclat de Jupiter. D'autre part, les exemples ne manquent pas de comètes qui avaient plusieurs queues ou traînées lumineuses divergentes. Celle de 1744 n'en avait pas moins de six, qui se déployaient comme un immense éventail sur une longueur de près de 30°. Les queues des comètes sont souvent courbées, la courbure étant dirigée en général vers la région que quitte la comète, comme si la queue se mouvait tant soit peu plus lentement, ou éprouvait de la résistance dans sa course.

(474.) Les petites comètes, beaucoup plus nombreuses, qui ne sont visibles que dans les télescopes, ou qu'on aperçoit difficilement à l'œil nu, n'offrent très-fréquemment aucune apparence de queues, et ne paraissent que comme des masses vaporeuses, rondes ou un peu ovales, plus denses vers le centre, mais sans noyau distinct, ni rien qui ressemble à un corps solide. Les étoiles de moindre grandeur restent distinctement visibles, quoique recouvertes par la portion en apparence la plus dense de la comète; bien que les mêmes étoiles soient complétement effacées par une brume légère, qui ne s'étend qu'à quelques mètres au-dessus de la surface de la terre. Comme on observe d'ailleurs que même les larges comètes à noyau n'offrent aucune apparence de phases, quoiqu'on ne puisse douter que leur éclat ne provienne de la réflexion de la lumière solaire, il s'ensuit que même ees comètes ne sauraient être que de grands amas de vapeurs subtiles, susceptibles d'être entièrement pénétrés par les rayons solaires, et de les réfléchir de tous les points de leur intérieur et de leur surface. On ne doit pas regarder cette explication comme forcée, ni être tenté de la remplacer par la supposition d'une phosphorescence des comètes elles-mêmes, si l'on a égard à deux faits que nous démontrerons bientôt, savoir l'énorme volume de l'espace cométaire éclairé, et la masse excessivement petite des comètes. Il sera évident alors que les nuages les plus déliés qui flottent dans les hautes régions de notre atmosphère, et qui semblent, pendant le crépuscule, être imbibés de lumière, sans mélange d'ombre ni d'obscurité, comme si leur masse entière était en ignition, peuvent passer pour des corps denses et massifs, en comparaison de la volatilité des comètes. Aussi, toutes les fois qu'on a examiné ces astres avec de puissans télescopes, a-t-on fait évanouir l'illusion qui attribuait de la solidité à cette portion condensée de la tête où l'œil nu voit un noyau. Il est vrai de dire cependant que dans quelques-unes on a aperçu un point stellaire extrêmement petit, indice de la présence d'un corps solide.

(475.) On doit, selon toute probabilité, attribuer le développement extraordinaire des atmosphères des comètes à la faible coërcion que l'attraction d'une masse centrale aussi petite oppose à l'élasticité de leurs particules gazeuses. Si la terre, en conservant le même volume, était réduite à une masse mille fois plus petite, la coërcion qu'elle exerce sur son atmosphère diminuerait dans la même proportion, et celle-ci pourrait occuper mille fois son volume actuel, ou même un espace beaucoup plus grand encore, à cause de la diminution de la gravité, à mesure que l'on s'éloigne du centre attirant.

(476.) Que la portion lumineuse d'une comète tienne

de la nature d'un nuage ou d'un brouillard suspendu
dans une atmosphère transparente, c'est ce dont on
ne peut douter, d'après le fait observé souvent, que la
portion de la queue qui vient rejoindre la tête et l'en-
tourer, en est séparée par un intervalle moins éclai-re
neux, comme si elle était soutenue et préservée du
contact par une couche transparente, à la manière des
lits de nuages que nous voyons flotter les uns sur les

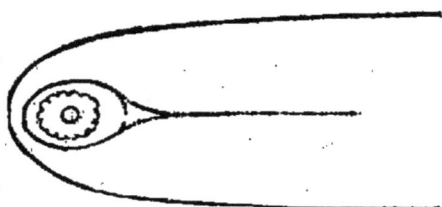

autres, en laissant entre eux un intervalle considérable
occupé par un air transparent. Ce fait et beaucoup
d'autres, signalés dans l'histoire des comètes, semblent indiquer que la structure de ces astres est celle
d'une enveloppe creuse, de forme parabolique, qui
renferme près du sommet la tête et le noyau, de la
manière représentée dans la figure. Ceci rend compte
de la division apparente de la queue en deux principales branches latérales, le système de rayons visuels
par lequel nous voyons chaque bord, étant dirigé obliquement à l'enveloppe, ce qui renvoie à l'œil la lumière d'une plus grande épaisseur de matière éclairée. Il est très-probable d'ailleurs que les comètes
comportent une grande variété de structure, et il n'est
nullement impossible que dans le nombre se trouvent
des corps d'une constitution physique tout-à-fait différente.

(477.) Parlons maintenant des mouvemens des comètes. En apparence, ils sont très-irréguliers et ca-

pricieux. Quelquefois ces astres ne sont visibles que peu de jours, et d'autres fois on les aperçoit durant plusieurs mois; quelques-uns se meuvent avec une lenteur extrême, d'autres avec une vitesse extraordinaire; il arrive même fréquemment que la même comète offre l'exemple des deux cas, dans diverses parties de sa course. La comète de 1472 décrivit en un jour un arc céleste de 120°. Le mouvement des unes est direct, celui des autres rétrograde; d'autres ont une course tortueuse et tout-à-fait irrégulière; elles ne sont pas confinées, comme les planètes, dans certaines régions du ciel, mais le parcourent indifféremment en tous sens*. Les variations de leurs dimensions apparentes ne sont pas moins remarquables que celles de leurs vitesses. Quelquefois elles apparaissent d'abord comme de faibles nébulosités, douées d'un mouvement très-lent; leur queue est petite ou même nulle; par degrés leur mouvement s'accélère, elles s'élargissent et projètent derrière elles leur appendice, qui dans ce cas va toujours en croissant de grandeur et d'éclat, jusqu'à ce qu'elles s'approchent du soleil et se perdent dans ses rayons. Quelque temps après elles reparaissent de l'autre côté, en s'éloignant du soleil avec une vitesse d'abord rapide, mais qui diminue graduellement. Ce n'est qu'après avoir dépassé le soleil qu'elles brillent de toute leur splendeur, et que leurs queues ont atteint le dernier terme de leur développement; en sorte que l'action des rayons solaires doit être regardée comme la cause de cette émanation extraordinaire. A mesure qu'elles s'éloignent davantage du soleil, leurs mouvemens se ralentissent; les queues

---

* *Voyez* l'*Addition* que le traducteur a mise à la suite de ce *Traité*.

se dissipent ou sont absorbées par les têtes, qui elles-mêmes diminuent continuellement d'éclat, et finissent par disparaître, pour ne plus revenir, au moins dans le plus grand nombre des cas.

(478.) Sans la théorie de la gravitation, ces mouvemens en apparence bizarres et anomaux seraient restés pour toujours une énigme. Mais Newton, ayant démontré qu'une section conique quelconque peut être décrite autour du soleil par un corps soumis à l'empire de cette force, aperçut de suite la possibilité d'appliquer cette proposition générale au cas des orbites cométaires : et la grande comète de 1680, une des plus remarquables, à cause de l'immense longueur de sa queue et de la grande proximité du soleil à laquelle elle est parvenue (un sixième du diamètre de cet astre), lui fournit une excellente occasion d'éprouver sa théorie. Un succès complet couronna son attente. Il reconnut que cette comète avait décrit autour du soleil comme foyer un orbe elliptique, si excentrique qu'on ne pouvait la distinguer d'une parabole (courbe qui est la limite des ellipses dont le grand axe croît indéfiniment), et que sur cette orbite les aires décrites autour du soleil étaient, comme dans les ellipses planétaires, proportionnelles aux temps. La représentation, par le moyen d'une telle orbite, des mouvemens apparens de la comète tout le long de sa course observée, se trouva aussi complète que celle des mouvemens des planètes au moyen d'ellipses presque circulaires. Dès lors on commença à croire que les mouvemens des comètes sont réglés par les mêmes lois générales qui régissent ceux des planètes; toute la différence consistant dans l'allongement excessif des ellipses cométaires, et dans l'absence de toutes limites quant aux inclinaisons de leurs plans sur l'écliptique ; leurs mouvemens n'étant pas d'ailleurs plutôt dirigés de l'ouest à l'est que de l'est à l'ouest, ainsi que cela s'observe pour les planètes.

(479.) D'après les lois générales du mouvement elliptique ou parabolique, c'est un problème de pure géométrie que de déterminer la situation et les dimensions de l'ellipse ou de la parabole qui satisfait au mouvement observé d'une comète. En général, il suffit de posséder trois observations complètes des ascensions droites et des déclinaisons de la comète à des époques connues, pour pouvoir résoudre ce problème (sujet d'ailleurs à de grandes difficultés dans la pratique), et pour déterminer les élémens de l'orbite. Ces élémens sont les mêmes, à quelques modifications près quand il s'agit du mouvement parabolique, que ceux qui servent à calculer le mouvement d'une planète ; et l'on peut les contrôler d'après les observations faites sur la comète dans les autres points de sa course, en employant une méthode semblable à celle de l'article 426.

(480.) On a trouvé que les mouvemens de la plupart des comètes, au moins pendant tout le temps qu'elles sont restées visibles, peuvent être suffisamment bien représentés dans l'hypothèse d'orbites paraboliques, ou d'ellipses dont les axes seraient infiniment allongés. La parabole est une section du cône que l'on peut considérer comme la limite, d'une part de l'ellipse qui est une courbe rentrant sur elle-même, de l'autre de l'hyperbole dont les branches s'étendent à l'infini. Une comète qui décrit un orbe elliptique, quelque allongé qu'en soit l'axe, doit avoir déjà visité le soleil, et doit, à moins de perturbations, s'en rapprocher de nouveau au bout d'une période déterminée. Mais si elle décrit un orbe hyperbolique, une fois qu'elle s'est éloignée du périhélie, elle ne doit plus rentrer dans la sphère où nous pourrions l'observer; elle doit aller visiter d'autres systèmes ou se perdre dans l'immensité de l'espace. Un fort petit nombre de comètes ont paru se mouvoir dans des hyperboles, et beaucoup plus dans des ellipses. En admettant que les orbites de celles-ci ne soient pas altérées par les attractions des planètes, elles peuvent être considérées comme des membres permanens de notre système.

(481.) La plus remarquable d'entre elles est la comète de Halley, ainsi nommée du célèbre Edmond Halley, qui, après en avoir calculé les élémens lors de son passage au périhélie en 1682 (époque où elle parut dans un grand éclat, avec une queue de 30° de longueur), fut amené à en conclure l'identité avec les grandes comètes de 1531 et de 1607, dont il avait aussi assigné les élémens. Comme les intervalles entre ces apparitions consécutives étaient de 75 et 76 ans, Halley fut encouragé à en *prédire* la réapparition vers l'année 1759. Une prédiction si remarquable ne pouvait manquer d'attirer l'attention de tous les astronomes; et lorsque l'époque fixée approcha, il devint extrêmement intéressant de savoir si les attractions des grosses planètes n'avaient pas pu influer sensiblement sur les mouvemens de la comète dans son orbite. Clairaut entreprit ce calcul pénible, et trouva que le retour au périhélie serait retardé de 100 jours par l'action de Saturne, de 518 au moins par celle de Jupiter; en sorte qu'on devait fixer, à un mois près, vers le milieu d'avril 1759, l'époque du passage attendu. Il arriva en effet le 12 mars de la même année. Le prochain retour de cette comète au périhélie a été calculé par MM. Damoiseau et Pontécoulant, qui le fixent, le premier au 4, le second au 7 novembre 1835, un

mois ou six semaines avant que la comète puisse être
visible dans notre hémisphère. Comme alors elle
approchera beaucoup de la terre, elle offrira probablement une apparence brillante; quoique, à en juger
par les décroissemens successifs de ses dimensions
apparentes et de la longueur de sa queue à chaque
retour, depuis les plus anciens dont on ait conservé
le souvenir (en 1305, 1456, etc.), on ne doive pas s'attendre à la reproduction de ces grands et effrayans
phénomènes, qui plongeaient au moyen âge nos aïeux
dans les angoisses d'une terreur superstitieuse, et don-
naient lieu à des prières publiques pour détourner la
comète et sa maligne influence.

(482.) Plus récemment, le retour périodique de
deux autres comètes a été constaté d'après le rapprochement des observations antérieures; on a prédit
plusieurs de leurs réapparitions, et les prédictions se
sont toujours scrupuleusement vérifiées. La première
est la comète d'Encke, ainsi nommée du professeur
Encke, de Berlin, qui a été le premier à en constater
le retour périodique. Elle circule dans une ellipse
très-excentrique, inclinée d'environ 13° 22' à l'écliptique, dans la courte période de 1207 jours, ou d'environ trois ans et demi. Cette remarquable découverte
a été faite en 1819, lors de la quatrième des apparitions observées. Encke, ayant alors calculé l'ellipse
décrite par la comète, en prédit le retour pour 1822,
époque où elle fut observée par M. Rümker, à Para-
matta dans la Nouvelle-Galles du Sud, étant alors
invisible pour l'Europe. Ses réapparitions postérieures
ont été prédites et observées dans tous les principaux
observatoires des deux hémisphères, en 1825, 1828
et 1832. Son prochain retour doit avoir lieu en 1835.

(483.) Lorsque l'on compare les intervalles entre

les passages consécutifs de cette comète à son périhélie, après qu'on a tenu soigneusement compte de
toutes les perturbations dues aux actions des planètes,
on est frappé de ce fait que les périodes vont continuellement en diminuant, ou, ce qui revient au
même, que le grand axe de l'ellipse décrite et la
moyenne distance au soleil diminuent progressivement. Cet effet est évidemment le même que celui
que produirait la résistance d'un milieu éthéré très-
rare dans les régions où se meut la comète; car cette
résistance, en diminuant sa vitesse, doit diminuer sa
force centrifuge, et donner plus de prise au soleil pour
l'attirer à lui. Telle est l'explication du phénomène,
proposée par Encke, et admise d'autant plus généralement qu'on ne voit pas moyen de lui en substituer
une autre. Il est probable, d'après cela, que la comète finira par tomber dans le soleil, à moins qu'elle
ne se dissipe auparavant, ce qui n'est nullement invrai-
semblable, vu l'extrême rareté de sa substance, et le
décroissement progressif qu'on a observé dans son
éclat à chaque réapparition.

(484.) L'autre comète à courte période, récemment découverte, porte le nom de M. Biela, de Jo-
sephstadt, qui en a le premier reconnu la périodicité.
Elle est identique avec les comètes observées en 1774,
1805, etc., et décrit en 6 ans ¾ une ellipse médiocrement excentrique. Sa dernière apparition est arrivée,
comme elle était prédite, en 1832, et la prochaine
aura lieu en 1838. C'est une petite comète insigni-
fiante, sans queue et sans aucune apparence de noyau
solide. Par une coïncidence remarquable, son orbite
coupe le plan de l'écliptique très-près de l'orbite de
la terre; et si, lors du passage de 1832, la terre eût
été en avance d'un mois sur son orbite, elle aurait

traversé la comète : rencontre singulière, qui aurait bien pu n'être pas sans dangers *.

(485.) Lorsque les comètes passent dans le voisinage des planètes, leurs orbites en sont dérangées sensiblement, et quelquefois entièrement changées. Ce cas s'observe surtout à l'égard de Jupiter, qui semble, par une sorte de fatalité, se trouver toujours sur leur chemin comme pierre d'achoppement. La comète remarquable de 1770 devait, suivant Lexell, se mouvoir dans une ellipse médiocrement excentrique et dans une période d'environ 5 ans. Il en avait en conséquence prédit le retour ; mais sa prédiction amena un désappointement : la comète s'était jetée à travers les satellites de Jupiter ; de sorte que l'attraction de cette planète la fit sortir entièrement de son orbite, en la forçant à décrire une ellipse beaucoup plus allongée. Lors de cette rencontre extraordinaire, *les mouvemens des satellites n'offrirent pas*

---

* Si le calcul établit aussi le fait d'une résistance éprouvée par cette comète, un intérêt extraordinaire s'attachera aux comètes périodiques. On en découvrira sans doute un plus grand nombre, et les lois de leurs résistances pourront servir à décider bien des questions, comme les suivantes : Quelle est la loi de densité du milieu résistant qui entoure le soleil ? Ce milieu est-il en repos ou en mouvement ? Au dernier cas, dans quel sens se meut-il ? Circule-t-il autour du soleil, ou est-il animé d'une vitesse de translation dans l'espace ? Quel est le plan de son mouvement, supposé circulaire ? Il est clair qu'un éther mu circulairement ou en tourbillon accélèrerait la vitesse de certaines comètes et retarderait la vitesse des autres, selon que leurs révolutions seraient directes ou rétrogrades par rapport à ce mouvement. En admettant que l'espace voisin du soleil soit rempli d'un fluide matériel, on ne concevrait pas que le mouvement révolutif des planètes, subsistant depuis une époque si reculée, ne lui eût pas communiqué un mouvement de rotation dans le même sens. C'est peut-être la cause pour laquelle ce milieu n'oppose pas une résistance appréciable aux mouvemens des planètes.

la moindre apparence de dérangement; preuve ir-
récusable de la petitesse de la masse de la comète.

(486.) Il nous reste à dire quelques mots des dimensions réelles des comètes. Le calcul des diamètres
de leurs têtes, des longueurs et des largeurs de leurs
queues, ne saurait offrir la moindre difficulté, du
moment que l'on connaît les élémens de leurs orbites;
ce qui donne leurs distances réelles à la terre en chaque instant, et la vraie direction de leurs queues
que nous ne voyons qu'en raccourci. On est conduit
par des calculs de cette nature à la conséquence surprenante que les comètes sont les corps les plus volu-
mineux de notre système, à beaucoup près. Nous
allons en citer quelques exemples.

(487.) Newton a trouvé que la queue de la grande
comète de 1680, immédiatement après le passage au
périhélie, n'avait pas moins de 20 000 000 de lieues de
longueur, et qu'elle n'avait mis que deux jours à
émaner du corps de la comète! Preuve décisive que
l'émanation avait pour cause une force prodigieusement active, dont le siége, à en juger par la direction
de la queue, devait être dans le soleil lui-même. La
plus grande longueur de la queue de cette même comète s'est élevée à 41 000 000 de lieues, ce qui dépasse
de beaucoup la distance de la terre au soleil. La
queue de la comète de 1769 avait 16 000 000 de lieues,
et celle de la grande comète de 1811, 36 000 000. La
portion de la tête de cette dernière comète, comprise
dans l'enveloppe atmosphérique transparente qui la
séparait de la queue, avait 180 000 lieues de diamètre.
On a peine à concevoir que des matières projetées à
de si énormes distances puissent être recueillies ensuite par la faible attraction du corps de la comète:

ce qui explique la diminution progressive et rapide des queues, telle qu'on l'a souvent observée.

(488.) On a remarqué une circonstance singulière au sujet des dimensions variables de la comète d'Encke; le diamètre réel de la nébulosité visible se contracte rapidement quand la planète se rapproche du soleil, et se dilate aussi rapidement quand elle s'en éloigne. M. Valz, entre autres, qui a signalé ce fait, l'explique par une condensation réelle du volume, due à la pression d'un milieu éthéré dont la densité va en croissant vers le soleil. Il est bien possible toutefois qu'il n'y ait pas en réalité d'autres expansion ou condensation de volume que celles dues à la convergence ou à la divergence des diverses paraboles décrites par chaque molécule à partir d'un sommet commun; ou que les apparences observées proviennent du passage des molécules situées dans les hautes régions d'une atmosphère transparente, de l'état de gaz invisibles à celui de nébulosités visibles, ou réciproquement. Mais il est temps de quitter un sujet enveloppé de tant de mystères, et qui ouvre carrière à des spéculations sans fin.

CHAPITRE XI.

DES PERTURBATIONS.

EXPOSÉ DU SUJET. — SUPERPOSITION DES PETITS MOUVEMENS. — PROBLÈME DES TROIS CORPS. — ESTIMATION DES FORCES PERTURBATRICES. — MOUVEMENS DES NŒUDS. — CHANGEMENS DES INCLINAISONS. — COMPENSATION OPÉRÉE DANS UNE RÉVOLUTION COMPLÈTE DU NŒUD. — THÉORÈME DE LAGRANGE SUR LA STABILITÉ DES INCLINAISONS. — VARIATION DE L'OBLIQUITÉ DE L'ÉCLIPTIQUE. — PRÉCESSION DES ÉQUINOXES. — NUTATION. — THÉORÈME CONCERNANT LES INFLUENCES RÉCIPROQUES DES VIBRATIONS D'UN SYSTÈME. — TRÉORIE DES MARÉES. — VARIATIONS DES ÉLÉMENS DES ORBITES PLANÉTAIRES. — VARIATIONS PÉRIODIQUES ET SÉCULAIRES. — DÉCOMPOSITION DES FORCES PERTURBATRICES EN FORCES TANGENTIELLES ET RADIALES. — EFFETS DE LA FORCE TANGENTIELLE, — 1° DANS UNE ORBITE CIRCULAIRE, — 2° DANS UNE ORBITE ELLIPTIQUE, — COMPENSATION DES EFFETS. — CAS DE LA PRESQUE COMMENSURABILITÉ DES MOYENS MOUVEMENS. — EXPLICATION DE LA GRANDE INÉGALITÉ DE JUPITER ET DE SATURNE. — INÉGALITÉ A LONGUE PÉRIODE DE VÉNUS ET DE LA TERRE. — VARIATION LUNAIRE. — EFFETS DE LA FORCE RADIALE. — EFFET MOYEN SUR LA PÉRIODE ET LES DIMENSIONS DE L'ORBITE TROUBLÉE. — PARTIE VARIABLE DE L'EFFET. — ÉVÉCTION LUNAIRE. — ACCÉLÉRATION SÉCULAIRE DU MOUVEMENT DE LA LUNE. — INVARIABILITÉ DES GRANDS AXES ET DES MOYENS MOUVEMENS. — VARIATIONS SÉCULAIRES DES EXCENTRICITÉS ET DES PÉRIHÉLIES. — MOUVEMENT DES APSIDES DE LA LUNE. — THÉORÈME DE LAGRANGE SUR LA STABILITÉ DES EXCENTRICITÉS. — NUTATION DE L'ORBE LUNAIRE. — PERTURBATIONS DES SATELLITES DE JUPITER.

(489.) Dans le cours de cet ouvrage nous avons plus d'une fois appelé l'attention du lecteur sur l'existence de certaines inégalités dans les mouvemens de la lune et des planètes, que l'expression des lois de Kepler ne comprend pas, mais qui leur servent en quelque sorte de supplément, et qui ne peuvent être découvertes qu'à l'aide d'observations plus minutieuses, d'une comparaison plus long-temps soutenue entre les théories et les faits. Ces inégalités sont connues en astronomie physique sous le nom de *perturbations*. Elles proviennent, dans le cas des planètes principales, des attractions mutuelles de ces planètes qui dérangent leurs mouvemens elliptiques autour du soleil; et dans le cas des satellites ou planètes secondaires, en partie des attractions des autres satellites du même système, en partie de l'inégale attraction du soleil sur le satellite troublé et sur la planète principale. Ces perturbations, quoique très-petites et communément insensibles dans un court intervalle de temps, finissent, lorsqu'elles s'accumulent dans le cours des âges, par altérer notablement les élémens elliptiques originaires; au point que les valeurs de ces élémens, qui représentaient parfaitement les mouvemens de la planète à une certaine époque, n'y satisfont plus après un laps de temps suffisant.

(490.) Lorsque Newton fut conduit, d'après les grands caractères des mouvemens célestes, à représenter la gravitation universelle comme une force en vertu de laquelle toutes les particules de la matière s'influencent réciproquement, il ne manqua pas d'apercevoir qu'il fallait modifier en conséquence les résultats obtenus, lorsque l'on considérait le soleil et les planètes principales comme centres uniques d'attraction. La sagacité extraordinaire de ce grand homme lui fit reconnaître très-distinctement, dans le principe de l'attraction universelle, l'origine de plusieurs des plus importantes inégalités lunaires, spécialement du mouvement rétrograde des nœuds et

de la révolution directe des apsides. S'il n'étendit pas
ses investigations aux perturbations mutuelles des planètes, ce n'était pas faute de savoir que de telles perturbations *doivent* exister, et qu'elles *peuvent* à la
longue produire de grands dérangemens dans l'état
actuel du système; mais l'astronomie pratique avait
encore alors trop peu de précision pour inviter à de
telles recherches ou même pour les rendre praticables.
Ce que Newton toutefois n'a pas fait, ses successeurs
l'ont accompli, et aujourd'hui il n'est aucune perturbation grande ou petite, indiquée par l'observation, dont on n'ait montré l'origine dans l'attraction
mutuelle des parties de notre système, et dont la valeur n'ait été trouvée numériquement conforme aux
calculs rigoureux fondés sur les principes newtoniens.

(491.) De tels calculs exigent une analyse très-
élevée, et dont l'exposition ne peut entrer dans le plan
de cet ouvrage. Le lecteur qui voudrait en acquérir
l'intelligence doit entreprendre une longue série d'é-
tudes préparatoires dont nous ne pourrions suivre ici
les échelons. Notre but, dans ce chapitre, est de
donner un aperçu général sur la nature et sur le mode
d'action des forces perturbatrices; d'expliquer les circonstances qui dans certains cas rendent cette action
plus efficace, au point de compromettre en quelque
sorte l'équilibre du système, tandis que dans d'autres
cas cette action, tout aussi intense, ne produit que des
effets qui se compensent et se détruisent mutuellement; d'exposer enfin ces résultats admirables sur la
stabilité de notre système, auxquels les géomètres ont
été conduits, et qui, sous la forme de théorèmes mathématiques, remarquables par leur beauté, leur
simplicité et leur élégance, renferment l'histoire des
états passés et futurs du système planétaire dans la

suite des âges, sans que sous ce rapport nous puissions entrevoir de commencement ni de fin.

(492.) S'il n'y avait d'autres corps dans l'univers que le soleil et une planète, celle-ci décrirait exactement une ellipse autour du premier corps, ou plutôt tous deux en décriraient une autour de leur centre commun de gravité, et ils continueraient indéfiniment leurs révolutions dans la même orbite. Mais du moment qu'un troisième corps intervient, son attraction fait dévier les deux premiers de leurs routes; et comme en général elle agit inégalement sur l'un et sur l'autre, elle trouble leurs relations mutuelles et détruit l'exactitude mathématique de leurs mouvemens elliptiques, l'un par rapport à l'autre, ou par rapport à un point fixe de l'espace. Ainsi ce n'est pas l'attraction entière du troisième corps qui produit la perturbation, mais seulement la différence des attractions qu'il exerce sur les deux premiers.

(493.) Toutes les planètes sont d'une extrême petitesse, comparées au soleil : la masse de Jupiter, la plus grosse de toutes, n'étant pas un millième de celle de cet astre. Leurs attractions mutuelles sont donc très-faibles en comparaison du pouvoir central, et les effets des forces perturbatrices proportionnellement très-petits. Dans le cas des planètes secondaires, le principal corps troublant est le soleil lui-même, dont la masse est très-grande, mais dont l'influence perturbatrice est immensément diminuée par la grande proximité où les satellites se trouvent de leurs planètes principales, relativement à leurs distances du soleil; ce qui rend la *différence* des attractions exercées par cet astre sur la planète principale et sur le satellite, très-petite en comparaison de ces attractions elles-mêmes. La plus grande part de l'attraction solaire, ou celle qui

est la même pour les deux planètes principale et se-
condaire, est employée à les faire mouvoir de compagnie dans une orbite autour du soleil. L'autre part de
la force solaire agit seule comme puissance purturba-
trice. La valeur moyenne de cet excédant, pour le
cas des perturbations de la lune par le soleil, ne
monte suivant le calcul de Newton qu'à $\frac{1}{\ldots\ldots}$ de là
pesanteur à la surface de la terre, et à un 179e de la
force principale qui retient la lune dans son orbite.

(494.) Il résulte de l'extrême petitesse des forces
perturbatrices et des effets qu'elles produisent, que
nous pouvons estimer chacun de ces effets séparément,
comme si tous les autres n'existaient pas, sans que
nous ayons d'erreur à craindre sur les résultats, tant
que nous nous bornons à une première approximation. C'est un principe de mécanique, qui dérive immédiatement des relations entre les forces et les mouvemens produits, que si de très-petites forces agissent
simultanément sur un système matériel, l'effet total
des forces combinées sera la somme des effets que chaque force produirait séparément, au moins tant que
leur action n'aura pas sensiblement altéré les relations originaires des parties du système. L'influence
de semblables effets sur les grands mouvemens produits par l'action des forces principales, peut être comparée aux petites ondulations que des brises légères
et inconstantes causent sur la surface de l'Océan, pendant que la masse des eaux accomplit régulièrement
ses grandes oscillations. Ces ondulations se propagent à la surface comme si elle était plane, et se croisent en tous sens sans se détruire, comme si chacune
d'elles existait seule. Mais quand de tels effets s'accumulent par le laps du temps, au point d'altérer les
relations primitives du système, il en résulte un chan-

gement dans les effets produits plus tard par les mêmes causes. De là dérivent des périodes ou cycles d'une immense longueur, dont la théorie se range parmi les plus curieuses de l'astronomie physique.

(495.) Ainsi donc, en estimant les influences perturbatrices de plusieurs corps compris dans un même système, dont l'un a une prépondérance remarquable sur tous les autres, nous n'avons pas à nous embarrasser de la combinaison de ces influences entre elles, à moins que nous ne voulions embrasser des périodes d'une immense durée, comme celles qui comprendraient plusieurs milliers de révolutions de ces corps autour de leur centre commun. Par ce moyen, quel que soit le nombre des corps en présence, le problème est ramené à dépendre de la considération d'un système *de trois corps*; le corps central ou prédominant, le corps troublant, et le corps troublé; ces deux derniers échangeant leurs épithètes, selon qu'il s'agit de déterminer le mouvement de l'un ou de l'autre. Désormais, pour abréger, nous désignerons respectivement ces corps par les trois lettres S, M, P.

(496). Nous commencerons par examiner l'action de la force perturbatrice qui tend à faire sortir le corps troublé, du plan dans lequel son orbite serait renfermée sans l'existence de cette force, et qui l'oblige ainsi à décrire une courbe dont deux élémens consécutifs ne sont pas compris dans un même plan, ou ce qu'on appelle en géométrie une courbe à double courbure.

(497). Soient A P N l'orbite que P décrirait autour de S sans la force perturbatrice, P le point où ce corps se trouve à une époque donnée, P *p* l'arc qu'il décrirait dans l'instant suivant s'il n'était pas troublé; le prolongement de cet arc suivant la tangente P *p* R, ira rencontrer le plan de l'orbite M L du

corps troublant, en un point R situé sur la ligne des
nœuds S L. Comme l'attraction de M sur S et P agit

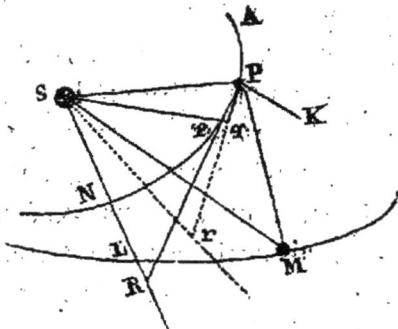

suivant des directions qui ne sont pas comprises dans
le plan de l'orbite de P, l'un et l'autre de ces deux
corps sera sollicité dans l'instant suivant à sortir de ce
plan, mais d'une manière inégale : 1° parce que les
droites MS, MP ne sont pas parallèles ; 2° parce que
ces droites n'étant pas de même grandeur, le corps M
attire inégalement S et P, d'après la loi générale de la
gravitation. C'est par la différence de ces attractions
que l'orbite relative de P autour de S se trouve changée ; de sorte que, si nous continuons de rapporter le
mouvement de P au point S comme à un centre fixe,
la portion perturbatrice de l'action de M sur P obligera
P à dévier du plan P S N et à décrire dans l'instant suivant, non plus l'arc P p, mais un arc P q, situé au-
dessus ou au-dessous de P p, selon la prépondérance
des forces avec lesquelles M sollicite P et S.

(498.) La force perturbatrice agit dans le plan du
triangle S P M et peut être considérée comme décom-
posée en deux autres, l'une dirigée suivant la ligne
S P, et qui tend à accroître ou à diminuer selon les cas
l'attraction de S sur P ; l'autre dirigée suivant une ligne
P K parallèle à S M, et qui peut être regardée comme
tirant le corps P dans la direction P K, ou le *poussant*

en sens contraire; bien entendu que ces termes sont
pris dans une acception relative, en considérant le
point S comme fixe, et rapportant au point P toute
l'action de la force perturbatrice. La composante
de cette force, dirigée suivant S P, est comprise dans
le plan de l'orbite de P, et par conséquent ne saurait tendre à faire sortir P de ce plan : l'autre composante seule peut produire cet effet, et pour évaluer son
action en ce sens, il faudrait recourir à une nouvelle
décomposition de forces. Mais cela devient inutile à notre objet, qui est d'*expliquer la manière* dont s'opère
le mouvement des nœuds, et non d'évaluer numériquement la grandeur de ce mouvement.

(499). D'après la situation, ou, pour employer le
terme technique, d'après la *configuration* que représente la figure, la force dirigée suivant PK est une
force de *traction*; et attendu que PK, parallèle à
S M, tombe *au-dessous* du plan de l'orbite de P (en
regardant comme plan fondamental celui de l'orbite
de M), il est clair que l'arc P*q* décrit par P dans son
mouvement troublé, tombe *au-dessous* de P*p*. Si on
le prolonge jusqu'à ce qu'il vienne rencontrer le plan
de l'orbite de M, il le coupera en un point *r*, situé *en
arrière* de R, et la droite S*r* qui sera l'intersection du
plan SP*q* avec celui de l'orbite de M (ou la nouvelle
ligne des nœuds) viendra tomber *en arrière* de S R,
ou de la ligne des nœuds dans le mouvement non troublé; de sorte que la ligne des nœuds aura *rétrogradé*
de l'angle R S*r*, en regardant comme *directs* les mouvemens de P et de M.

(500.) Supposons maintenant que M se trouve à
gauche de la ligne des nœuds, au lieu d'être à droite,
P conservant la même situation : alors la composante
de la force perturbatrice suivant PK tendra à soulever

P dans son orbite; P q se trouvera *au-dessus* de P p, r
en *avant* de **R**, et dans cette configuration la ligne des
nœuds *avancera* au lieu de rétrograder. Mais aussitôt
que P aura traversé la ligne des nœuds, en passant
au-dessous de l'orbite de M , quoique la même disposition des forces subsiste et que P q continue d'être élevé
au-dessus de P p, le petit arc P q devra être prolongé
en sens inverse pour rencontrer notre plan fondamental, et il tombera *au-dessous* de l'arc P p semblablement prolongé , en sorte que , derechef, le nœud devra rétrograder.

(501). Nous voyons donc que l'action de la force perturbatrice, dans les différentes configurations des corps
P et M par rapport au nœud, imprimera à la ligne nodale un mouvement oscillatoire de va-et-vient, de façon qu'elle aura finalement avancé ou rétrogradé, selon la prépondérance des cas favorables à l'avance ou
au retard, sur l'ensemble de toutes les configurations
possibles.

(502). Si les dimensions de l'orbite de M sont très-
grandes relativement à celles de l'orbite de P , tellement que M P puisse être regardée sans erreur sensible comme parallèle à M S , ce qui est le cas dans les
perturbations que l'orbite de la lune éprouve de la part
du soleil , il ne sera pas difficile de voir, d'après l'examen de toutes les variétés possibles de configuration,
et en ayant convenablement égard à la direction de la
force perturbatrice , qu'à chaque révolution complète
de P , les cas favorables au mouvement rétrograde du
nœud l'emportent sur ceux qui favorisent le mouvement
direct ; les cas de rétrogradation embrassant une plus
grande étendue de l'orbite, et correspondant à un
mouvement plus rapide, d'après l'intensité et la direction de la force. Il suit de là, qu'en définitive, à cha-

que révolution de la lune autour de la terre, les nœuds de son orbite doivent *rétrograder* sur l'écliptique avec une vitesse variable d'une lunaison à l'autre. La valeur de cette rétrogradation, calculée d'après une estimation exacte des forces, coïncide parfaitement avec celle qu'on déduit immédiatement de l'observation, de sorte qu'il ne peut rester aucun doute sur la réalité de l'explication que nous venons de donner de ce phénomène remarquable.

(503). En théorie nous ne pouvons évaluer rigoureusement la rétrogradation des nœuds de l'orbite lunaire sur l'écliptique, si nous ne considérons que le déplacement subi par un de ces plans. Le phénomène dont il s'agit est complexe. Les deux plans sont en mouvement par rapport à une écliptique fixe imaginaire ; et pour obtenir l'effet composé, il faudrait regarder la terre comme troublée par la lune dans son mouvement relatif autour du soleil. Mais, eu égard à la grande distance du soleil, l'attraction de la lune sur cet astre peut passer pour nulle en comparaison de celle qu'elle exerce sur la terre : de façon que dans ce cas l'action perturbatrice, qui est la différence des attractions de la lune sur le soleil et sur la terre, se réduit sensiblement à la force attractive exercée sur la terre par la lune. Elle a pour résultat d'opérer, dans la période de chaque lunaison, un déplacement du centre de la terre de part et d'autre du plan de l'écliptique, déplacement dont la valeur numérique peut être aisément calculée, en regardant le centre de gravité des deux astres comme assujetti à rester rigoureusement dans le plan de l'écliptique. Il en résulte que ce déplacement ne peut excéder dans sa plus grande étendue *une petite fraction* du rayon terrestre ; et en conséquence sa variation momentanée, qui modifierait le mouvement du nœud de l'orbe lunaire sur l'écliptique, peut être négligée comme insensible.

(504). Il en est autrement par rapport à l'action mutuelle des planètes. Dans ce cas les deux orbites des planètes troublante et troublée doivent être regardées comme en mouvement. En partant des principes précédemment établis, on peut prévoir que l'action de chacune des deux planètes sur l'orbite de l'autre produira tantôt la rétrogradation, et tantôt l'avance du nœud, selon les configurations : de manière toutefois qu'à chaque révolution complète le résultat final soit, comme dans le cas de la lune, un mouvement rétrograde du nœud de chaque orbite sur l'orbite de l'autre planète. (Voyez les art. 510 et suiv.) Mais comme il faut combiner ainsi deux à deux toutes les planètes, le mouvement définitif de chaque orbite, d'après les actions combinées de tous les corps du système planétaire, et en ayant égard à la situation variable de tous les autres plans d'orbites, devient un phénomène singulièrement compliqué, dont il n'est pas facile d'énoncer la loi en langage ordinaire, quoiqu'on puisse l'exprimer par des symboles mathématiques.

(505.) Les nœuds de tous les orbes planétaires sur l'écliptique *vraie* éprouvent donc un mouvement rétrograde ; mais il faut bien remarquer qu'il n'en serait plus de même à l'égard d'un plan fixe, soustrait à l'influence des forces perturbatrices. L'observation nous donne les mouvemens du système planétaire par rapport à l'écliptique ; et, si nous voulons les rapporter à un plan fixe idéal, il faut nécessairement avoir égard au déplacement que l'écliptique elle-même éprouve par les actions combinées de toutes les planètes.

(506.) En raison de la petitesse de la masse des planètes et des grandes distances qui les séparent, les mouvemens révolutifs de leurs nœuds sont très-lents, ne s'élevant jamais à un degré par siècle, et dans la plupart des cas n'atteignant pas la moitié de cette valeur. Pour ce qui concerne l'état physique de chaque planète, il est évident que la position des nœuds n'a qu'une faible importance. Il en est autrement à l'égard des inclinaisons des orbites les unes par rapport aux autres, et par rapport à l'équateur de chaque planète. Ainsi, un mouvement du plan de l'écliptique qui ferait varier la distance du pôle de ce plan à celui de l'équateur terrestre, amènerait un dérangement dans nos saisons. Si le changement allait jusqu'à faire coïncider l'écliptique avec l'équateur, on aurait un printemps perpétuel sur toute la terre; et au contraire si l'écliptique coïncidait avec un des méridiens, les extrêmes des saisons deviendraient insupportables. La détermination des variations que comportent les inclinaisons des orbes planétaires les uns sur les autres, est donc pour nous d'un intérêt très-grand.

(507.) En nous reportant à la figure de l'article 497, il est évident que le plan $SPq\,r$ dans lequel le corps troublé se meut à partir du point P, a une autre inclinaison sur l'orbite de M, ou sur un plan fixe, que le plan $SPp\,R$ du mouvement non troublé. L'angle que ces deux plans font entre eux peut se calculer par la trigonométrie sphérique, quand on connait l'angle RSr, ou la rétrogradation du nœud, ainsi que l'inclinaison primitive des orbites de P et de M. Nous concevons par là qu'il existe une relation intime entre la variation de l'inclinaison et la variation du nœud; mais ceci deviendra peut-être encore plus clair, si nous considérons l'orbite de M non plus comme une ligne idéale, mais comme un anneau circulaire ou elliptique, de matière rigide et sans inertie, sur lequel le corps P glisse à la manière des grains d'un chapelet. La position de l'anneau sera déterminée à chaque instant par son inclinaison sur le plan fondamental auquel on le rapporte, et par le lieu de son intersection avec ce plan. Comme il n'a pas d'inertie, il obéira sans réaction à la direction que P lui imprime, et tout changement que P tendra à imprimer à son orbite équivaudra à un déplacement matériel de l'anneau, en vertu duquel l'inclinaison aussi bien que le nœud se trouveront changés.

(508.) Une conséquence immédiate de ce qui vient d'être expliqué, c'est que dans le cas où les orbites sont peu inclinées les unes sur les autres, comme il arrive pour les planètes et pour la lune, les variations d'inclinaison sont d'un ordre de grandeur fort inférieur aux variations angulaires de la ligne des nœuds. Cela est évident par la seule inspection de la figure, l'angle RPr étant nécessairement beaucoup plus petit que l'angle RSr, attendu le peu d'inclinaison des plans SPR et RSr. Plus les plans des orbites approcheront de coïncider, moins il sera nécessaire que le mouvement angulaire de Pp autour de PS comme axe soit considérable, pour produire une grande variation dans la situation du point R où la première ligne prolongée rencontre le plan fondamental.

(509.) Pour passer des variations instantanées à l'effet total produit après un long intervalle de temps par l'action prolongée des mêmes causes, mais dans des circonstances variables, il faut recourir au calcul intégral. Sans emprunter toutefois les formes de ce calcul, il nous sera facile de rapporter à un petit nombre de cas les divers modes d'action qui résultent de la différence de position du corps troublant et du corps troublé, l'un par rapport à l'autre et par rapport au nœud, de manière à démontrer les deux points importans de cette théorie : 1° la nature périodique de la variation, et le rétablissement au bout de chaque période des inclinaisons originaires; 2° le peu d'étendue des limites entre lesquelles les inclinaisons oscillent.

(510.) 1er cas. — Le corps troublant M est situé dans une direction perpendiculaire à la ligne no-

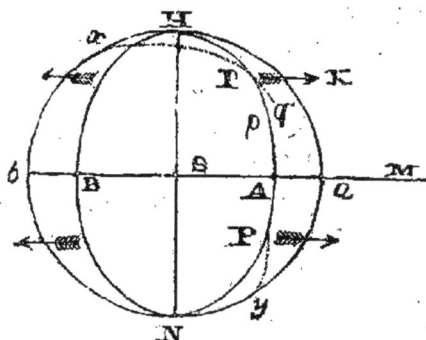

dale H N, ou il est en *quadrature* avec les nœuds. La force perturbatrice agira en P dans la direction P K; elle sera *attirante* si P se trouve quelque part sur la demi-circonférence H A N, et *repoussante* si P se trouve sur la demi-circonférence opposée. On voit sans peine que cette force est à son *maximum* en A et B, et qu'elle s'évanouit aux points H et N. De plus, dans tout le demi-cercle H A N, la ligne P q tombera *au-dessous* de P p; et si on la prolonge en arrière dans le quadrant H A, et en avant dans le quadrant A N, elle coupera le cercle S b N a, situé dans le plan de l'orbite de M, en des points situés en arrière de la ligne nodale S N; de sorte que les nœuds rétrograderont dans les deux cas. Mais la nouvelle inclinaison de l'orbite troublée sera dans le premier cas P x a, angle plus petit que P H a, et dans le second P y a, angle

plus grand que P N a. Dans l'autre demi-cercle la direction de la force perturbatrice est changée ; mais
comme le mouvement de P par rapport au plan de
l'orbite de M est inverse dans chaque quadrant, il en
résultera les mêmes variations dans le nœud et dans
l'inclinaison. D'après la situation de M, les nœuds
rétrogradent à chaque révolution de P ; mais l'inclinaison diminue dans le quadrant H A, croît en repas-
sant par les mêmes degrés de grandeur dans le quadrant A N, décroît dans le quadrant N B, et finalement
reprend sa première valeur en H.

(511.) 2ᵉ cas. — On suppose le corps troublant fixe
dans la ligne nodale, ou en *syzygie* avec les nœuds,

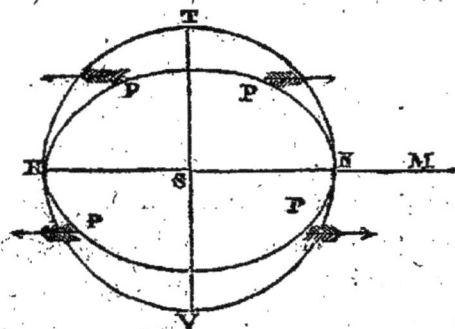

comme l'indique la figure. Dans cette situation, la
direction de la force perturbatrice, toujours parallèle
à S M, reste constamment dans le plan de l'orbite de
P, et ne produit en conséquence, ni mouvement des
nœuds, ni variation d'inclinaison.

(512.) 3ᵉ cas. — Plaçons maintenant le corps M
dans une situation intermédiaire, et indiquons par
des flèches les directions des forces perturbatrices,
qui seront attirantes dans toute la demi-circonférence
située du côté de M, et repoussantes dans la demi-
circonférence opposée. Il est clair que le raisonnement
de l'article 510 retrouvera son application, à l'égard

des deux portions de l'orbite situées entre T et N, et entre V et H ; mais que les résultats seront renversés,

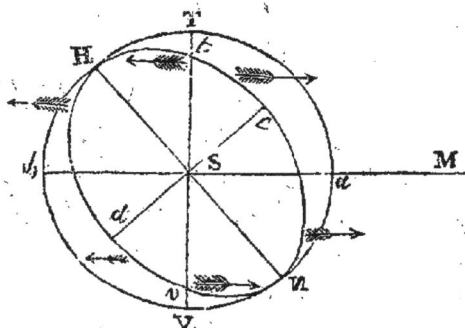

à cause du changement de direction du mouvement par rapport au plan de l'orbite de M, en ce qui concerne les intervalles H T et N V. Toutefois, dans ces dernières portions d'orbite, l'action de la force perturbatrice sera moindre que dans les autres, puisqu'elle s'évanouit aux *quadratures* T, V, et qu'elle atteint son *maximum* aux *syzygies* a, b. D'ailleurs, à mesure que P s'approche de la ligne des nœuds, la force perturbatrice agissant plus obliquement sur l'orbite de P, a moins d'efficacité ; en sorte que les nœuds rétrograderont plus rapidement dans les premiers intervalles, avanceront plus faiblement dans les autres ; et qu'après une révolution complète, la ligne des nœuds aura finalement rétrogradé. D'un autre côté, l'inclinaison diminuera pendant que P se mouvra de *t* en *c*, point situé à 90° du nœud ; elle croîtra, non-seulement dans le quadrant *c* N, mais dans le surplus de la demi-circonférence N *v*, et les résultats seront symétriques en ce qui concerne l'autre demi-circonférence ; de sorte que, pour cette position de M, il en résultera un accroissement final d'inclinaison à chaque révolution complète de P.

(543.) Mais cet accroissement se changera en diminution, si la ligne nodale tombe de l'autre côté de S M, où dans les quadrans V b, T a; tellement qu'en continuant de regarder M comme fixe, et en attribuant le changement de circonstances au déplacement du nœud, il est évident qu'aussitôt que la ligne nodale, dans son mouvement rétrograde, a passé par a, les circonstances sont exactement inverses, et l'inclinaison doit recommencer à croître à chaque révolution, suivant les mêmes degrés par lesquels elle avait décru précédemment. Il suit de là QU'APRÈS UNE RÉVOLUTION COMPLÈTE DU NŒUD, l'inclinaison aura repris sa valeur originaire. Et en effet, du moment où l'on ne considère par rapport à l'inclinaison que le résultat final et moyen, au lieu d'attribuer à la masse M une situation fixe et unique, on peut la concevoir à chaque instant divisée en quatre parts égales, situées à angles égaux de part et d'autre de la ligne nodale; auquel cas il est manifeste que l'action de deux d'entre elles sera rigoureusement annulée par l'action des deux autres, à chaque révolution de P.

(514.) Dans les explications qui viennent d'être données, on suppose M immobile; mais les conséquences sont les mêmes, en ce qui concerne les résultats moyens et définitifs, quoiqu'on le suppose en mouvement : car, à chaque révolution des nœuds (révolution qui ne s'acccomplit pour les planètes que dans un intervalle de temps immense, montant le plus souvent à plusieurs centaines de siècles, et qui, pour la lune, n'exige pas moins de 237 lunaisons) le corps troublant M, en vertu de son mouvement propre, s'est trouvé dans toutes les variétés possibles de situation par rapport à la ligne nodale. Avant que le nœud ait pu sensiblement changer de position, M a achevé une révolution complète; de sorte qu'au fond (en mettant à part la petite différence qui résulte de la rétrogradation du nœud pendant une révolution synodique de M), nous pouvons regarder le corps troublant comme occupant à la fois en chaque instant chaque point de son orbite, ou imaginer que sa masse est distribuée uniformément, comme celle d'un anneau solide, sur toute la circonférence de l'orbite. Ainsi, la compensation qui doit, comme nous l'avons dit, s'opérer à chaque révolution du nœud, s'opère en effet à chaque révolution synodique de M, abstraction faite de la petite différence dont on vient d'assigner la cause. Cette différence seule produit la variation qu'on observe, d'une révolution synodique à l'autre, dans les inclinaisons des orbes lunaires et planétaires; mais les effets qu'elle produit sont à leur tour compensés après une révolution des nœuds.

(515.) Il est clair d'après cela, que la variation totale d'inclinaison pour les orbes planétaires doit être renfermée dans de très-étroites limites. Les géomètres ont en effet démontré cette proposition d'après une analyse minutieuse de toutes les circonstances et une exacte évaluation de toutes les forces agissantes; au moyen de quoi la stabilité du système planétaire, en ce qui concerne les inclinaisons des orbites, doit être regardée comme assurée. Les recherches de Lagrange, fondées sur des procédés analytiques qu'il nous est impossible de faire connaître ici, l'ont conduit au théorème élégant dont voici l'énoncé: « Si la masse de chaque planète est multipliée par la » racine carrée du grand axe de son orbite, et par le » carré de la tangente de son inclinaison à un plan » fixe, la somme de tous ces produits sera constamment la même, sous l'influence de leurs attractions » mutuelles. » En prenant pour plan fixe celui dans

lequel se trouve actuellement l'écliptique (car l'écliptique elle-même se déplace comme les autres orbites),
on trouve que la somme en question est présentement
très-petite, et par conséquent elle demeurera toujours très-petite. Ce théorème remarquable ne garantit toutefois que la stabilité des orbites des grosses planètes ; mais d'après ce qu'on a vu au sujet de la compensation qui s'opère dans l'action de chaque planète
sur chacune des autres, on ne peut douter que les petites ne participent aussi aux avantages de la stabilité.

(516.) La variation actuelle de l'inclinaison de l'é-
cliptique, produite par l'action des planètes, s'élève à
48″ par siècle ; elle s'est manifestée depuis long-temps
aux astronomes par l'augmentation des latitudes de
toutes les étoiles dans certaines régions du ciel, et la
diminution des latitudes pour celles qui sont situées
dans les régions opposées. Il en résulte que l'écliptique se rapproche chaque année davantage du plan de
l'équateur ; mais, d'après ce qu'on a vu, ce décroissement d'obliquité est resserré dans des limites peu
étendues. Après une immense période de siècles, cycle dont la durée est déterminée par la combinaison
des actions perturbatrices de toutes les planètes, l'o-
bliquité redeviendra croissante, et oscillera ainsi de
part et d'autre d'une valeur moyenne, sans que ses
écarts dans un sens et dans l'autre puissent atteindre
$1°\,21'$.

(517.) Un des effets du déplacement du plan de
l'écliptique, savoir la rétrogradation de ses nœuds sur
un plan fixe, se trouve combiné avec le phénomène de
la précession des équinoxes (art. 261), sans qu'on
puisse l'en distinguer autrement qu'en théorie. Ce
dernier phénomène est dû à une autre cause, analo-

gue il est vrai à celles dont on vient de donner l'explication, mais singulièrement modifiée par les circonstances sous l'influence desquelles elle agit. Nous allons essayer de faire comprendre ces modifications, autant qu'on le peut sans le secours des formules analytiques.

(518.) La précession des équinoxes, ainsi qu'on l'a vu dans l'art. 266, consiste dans une rétrogradation continuelle des nœuds de l'équateur terrestre sur l'écliptique, et offre par conséquent une analogie remarquable avec les phénomènes de rétrogradation réciproque des nœuds des orbites. Néanmoins l'immense distance où les planètes sont de la terre, et la petitesse de leurs masses comparées à celle du soleil, fait qu'on doit mettre leurs actions de côté dans l'explication du phénomène dont il s'agit, pour n'avoir plus à considérer que deux corps étrangers à la terre, le soleil et la lune; l'un très-éloigné, mais d'une masse énorme, l'autre pour lequel la proximité compense la petitesse de la masse. Cela posé, nous trouverons la cause de la précession, en combinant avec le mouvement de rotation de la terre autour de son axe, l'action perturbatrice de ces deux astres sur les couches matérielles accumulées autour de l'équateur terrestre, sans lesquelles la terre aurait une forme parfaitement sphérique. On est redevable à la sagacité de Newton de la découverte de ce singulier mode d'action.

(519.) Reprenons nos figures (art. 510, 511, 512), et supposons qu'au lieu d'un corps P, en mouvement autour de S, on ait une suite de particules non cohérentes, formant une sorte d'anneau fluide, susceptible de changer de forme selon les forces qui le sollicitent. P représentera alors une des particules de l'équateur terrestre, et le corps troublant M sera le soleil ou la lune. L'anneau ayant un mouvement de révolution autour de S dans son propre plan, deux effets se produiront lorsqu'il ressentira l'action de la masse perturbatrice : 1° sa figure, de plane qu'elle était, prendra une forme onduleuse, les parties comprises dans les arcs vc, td (*fig.* art. 512) devenant plus inclinées sur le plan de l'orbite de M, et les parties comprises dans les arcs ct, dv devenant moins inclinées qu'elles ne l'étaient; 2° les nœuds de l'anneau pris en masse, sans égard à son changement de figure, auront rétrogradé sur ce plan.

(520.) Mais supposons que l'anneau, au lieu de consister en molécules disjointes et indépendantes dans leurs mouvemens, soit rigide et inflexible, comme celui dont il a été question dans l'art. 507; il est clair que les efforts de toutes les molécules qui tendent à augmenter l'inclinaison de leurs plans, agiront par l'intermédiaire de l'anneau lui-même, pour balancer les efforts de celles qui ont au même instant une tendance contraire, comme si cet anneau était une sorte de levier ou d'engin mécanique. L'inclinaison variera dans un sens ou dans l'autre, selon que les uns ou les autres de ces efforts se trouveront en excès, après la compensation qui s'opérera à chaque époque du mouvement de l'anneau; absolument comme nous avons vu que la chose devait se passer à chaque révolution complète d'un corps troublé unique, sous l'influence d'un corps troublant fixe.

(521.) Le mouvement moyen des nœuds d'un semblable anneau rigide sera rétrograde, parce que telle est la tendance générale et moyenne de chacune des molécules dont il se compose. Les efforts contraires des molécules situées dans des circonstances opposées se combattront par l'intermédiaire de la masse rigide de l'anneau; et la compensation qui s'établira à chaque instant sera identique avec celle qui s'opère dans la révolution complète d'un corps troublé unique. Elle tournera donc, pour chaque cas, en faveur de la rétrogradation du nœud, excepté quand le corps troublant, c'est-à-dire le soleil ou la lune, se trouvera dans le plan de l'équateur terrestre, ce qui se rapporte à l'hypothèse indiquée dans la figure de l'art. 511.

(522.) Notre raisonnement est indépendant des causes qui entretiennent la rotation de l'anneau. On peut supposer que ses particules sont de petits satellites maintenus dans des orbites circulaires par l'équilibre des forces attractives et centrifuges, ou les concevoir comme autant de petites masses, fixées à l'extrémité des rais d'une roue dont S est le centre, qui peuvent changer de plans de rotation, par suite d'un mouvement perpendiculaire au plan de la roue. Tout cela ne change rien aux effets *généraux*; mais les différences dans les vitesses de rotation imprimées au système ont une très-grande influence sur les grandeurs absolues et relatives des deux effets en question, le mouvement des nœuds et le changement d'inclinaison. On le comprendra sans peine, si l'on considère que, dans le cas extrême où l'anneau n'aurait pas de rotation du tout, il n'y aurait pas de rétrogradation des nœuds tant que M resterait fixe, mais seulement une tendance du plan de l'anneau à tourner autour d'un diamètre perpendiculaire à SM, jusqu'à ce que cette ligne SM se trouvât comprise dans le plan.

(523.) La rétrogradation des nœuds d'un anneau tel que celui que nous venons de considérer, ressemble à la précession des équinoxes, à cela près que cette rétrogradation serait incomparablement plus rapide que la précession observée, laquelle est excessivement lente. Or, concevons maintenant que l'anneau soit lié à une masse sphérique et concentrique, énormément plus grosse que lui; concevons de plus qu'au lieu de l'anneau on ait un amas de molécules qui enveloppent des deux côtés l'équateur de ce globe, en forme de protubérance elliptique, dont la masse toutefois ne soit qu'une très-petite fraction de celle du sphéroïde entier. On se fera, par ce moyen, une représentation passablement exacte du cas de la nature[*], et il est clair que l'anneau ou la protubérance elliptique ayant à entraîner dans sa révolution nodale une grande masse inerte, la vitesse de rétrogradation se trouvera proportionnellement ralentie. On comprendra dès lors comment peut avoir lieu un mouvement semblable à la précession des équinoxes, et caractérisé par une extrême lenteur.

(524.) A la rétrogradation des nœuds de l'équateur terrestre sur un plan donné, correspond un mouvement conique de son axe autour d'une perpendiculaire à ce plan. Relativement à la portion de la précession due à l'action de la lune, ce plan n'est pas l'écliptique, mais celui de l'orbe lunaire, à l'instant où l'on considère l'action perturbatrice; et l'on ne voit pas d'abord comment cette remarque peut se concilier avec ce qui a été dit dans l'art. 266, relativement à la nature du mouvement de précession. Nous répondrons que les nœuds de l'orbite lunaire étant eux-mêmes dans un

---

[*] On reconnaîtra que l'action perturbatrice d'un corps situé hors du plan de l'équateur d'une masse parfaitement sphérique, ne peut influer sur le mouvement des nœuds de son équateur, si l'on considère que la résultante de toutes les actions du corps sur chaque molécule de la masse sphérique homogène, passe nécessairement par le centre de la sphère, et par conséquent ne peut tendre à la faire tourner dans un sens ou dans l'autre.

mouvement rapide de rétrogradation, pendant que l'inclinaison de cette orbite sur l'écliptique reste sensiblement invariable, les points de la sphère céleste autour desquels les pôles de la terre tournent (en vertu de l'action lunaire) avec cette extrême lenteur qui caractérise la précession, sont eux-mêmes emportés d'un mouvement rapide de rotation autour des pôles de l'écliptique. Un coup d'œil sur la figure fera mieux conce-

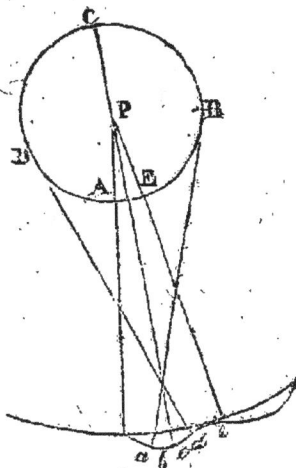

voir ceci que des paroles. P est le pôle de l'écliptique, A celui de l'orbite lunaire, qui décrit en 19 ans le petit cercle A B C D; *a* le pôle de l'équateur terrestre, dont la vitesse en chaque instant est dirigée perpendiculairement à la ligne A *a*, variable de position, et varie elle-même d'intensité avec les forces perturbatrices. Comme cette vitesse, toutefois, ne cesse jamais d'être très-petite, pendant que A viendra en B, C, D, E, la ligne A *a* prendra les positions B *b*, C *c*, D *d*, E *e*; et ainsi le pôle terrestre *a*, dans une révolution tropique des nœuds lunaires, aura décrit en vertu de la précession lunaire, non pas un arc de cercle, mais une ligne ondulée ou courbe épicycloïdale *a b c d e*, avec une vitesse alternativement plus grande et plus petite que sa valeur moyenne; les mêmes résultats se reproduisant à chaque révolution des nœuds de la lune.

(525.) Or, ce genre de mouvement est précisément celui que le pôle de l'équateur terrestre décrit autour du pôle de l'écliptique, par les résultats combinés de la précession et de la nutation, dont nous avons donné dans l'art. 272 la représentation uranographique. Si nous ajoutons aux effets de la précession lunaire, ceux de la précession solaire qui se bornent à faire décrire uniformément au pôle terrestre a un cercle autour de P, les courbes ondulées se trouveront allongées dans le sens $a\,e$, sans que cela fasse varier leur amplitude, ou les variations périodiques de la distance du pôle terrestre au pôle de l'écliptique. Nous voyons donc que les deux phénomènes de la nutation et de la précession sont intimement liés, ou plutôt sont essentiellement deux élémens constitutifs d'un seul et même phénomène. Une analyse rigoureuse de ce grand problème, dans laquelle on fait entrer une évaluation exacte de toutes les forces agissantes, et la sommation de leurs effets dynamiques, assigne aux coëfficiens de la précession et de la nutation, précisément les mêmes valeurs que l'observation a fait connaître. Les portions solaire et lunaire de la précession (en n'ayant égard qu'aux valeurs moyennes) sont entre elles environ dans le rapport de 2 à 5*.

(526.) La nutation de l'axe de la terre nous fournit un exemple (le premier de ce genre qui s'offre à nous) d'un mouvement périodique dans certaines parties d'un

---

* Il reste pourtant quelques doutes à cet égard, à cause de l'incertitude où sont encore les astronomes sur la masse de la lune. Voyez à ce sujet le Mémoire de M. Poisson sur le mouvement de la lune autour de la terre, tome XII du recueil de l'Académie des Sciences.   (*Note du Traducteur.*)

système, lequel donne naissance à un mouvement réglé sur la même période dans d'autres parties du système. Ainsi le mouvement des nœuds de la lune se manifeste sous une forme bien différente, mais avec une durée périodique exactement la même, dans le mouvement oscillatoire imprimé à la masse de la terre. Nous ne laisserons point passer l'occasion de généraliser le principe dont ce résultat dépend. Ce principe, qui retrouve sans cesse son application en astronomie physique, et même dans toutes les branches des sciences naturelles, peut être appelé *le principe des oscillations* ou *vibrations dépendantes*, et nous l'énoncerons d'une manière générale ainsi qu'il suit :

Si, dans un système dont les parties sont unies par des liens matériels ou par leurs attractions mutuelles, l'une des parties est maintenue continuellement par une cause quelconque, étrangère au système ou inhérente à sa constitution, dans un état de mouvement périodique et régulier, ce mouvement se propagera dans tout le système, et donnera naissance en chaque partie à des mouvemens périodiques, dont les périodes auront la même durée que celle du mouvement originaire, quoique ces oscillations ne soient pas nécessairement synchrones, ou que leurs instans de maxima et de minima ne coïncident pas nécessairement [*].

Le système peut être constitué favorablement ou défavorablement pour la transmission des mouvemens périodiques, ou favorablement dans certaines de ses

---

[*] On trouvera dans mon Traité sur le Son (*Encycl. métrop.*, art. 323), une démonstration de ce théorème, quant aux *vibrations dépendantes* d'un système dont les parties sont unies par des liens doués d'une élasticité imparfaite. Cette démonstration peut facilement être généralisée, de manière à s'appliquer à tout autre système.

parties et défavorablement dans d'autres. En conséquence, les oscillations *dérivées* seront imperceptibles
dans certains cas, d'autres fois d'une grandeur appréciable, ou même plus apparentes que les oscillations
originaires. Nous aurons plus tard un exemple de ce
dernier cas dans l'accélération du mouvement de la
lune.

(527.) Il arrive que notre situation à la surface de la
terre, et le degré de perfection que nos observations
ont atteint, font de notre globe une sorte d'instrument
destiné à rendre sensibles ces vibrations dépendantes,
ces mouvemens dérivés, qui se rattachent à diverses
causes et spécialement aux mouvemens de la lune
notre proche voisine. C'est ainsi que le tremblement
d'une planche à nos côtés nous instruit des mouvemens
imprimés à l'air par le résonnement d'un tuyau d'or-
gues, et transmis au sol par ce fluide. De même la révolution mensuelle de la lune et la révolution annuelle du soleil impriment à l'axe de la terre de petites
nutations dont les périodes sont d'un demi-mois lunaire et d'une demi-année, et peuvent chacune être
considérées comme la moitié d'une période complète
formée de deux parties égales entre elles. Mais l'exemple le plus remarquable et le plus intéressant pour
l'homme de cette propagation de mouvemens périodiques, nous est donné par le phénomène des marées,
qui sont des oscillations dépendantes, excitées (par
suite du mouvement de rotation de la terre) dans la
masse de l'océan, dont la figure d'équilibre est troublée
par les attractions variables du soleil et de la lune, en
mouvement sur leurs propres orbites : de sorte que les
périodes de tous ces phénomènes doivent se reproduire
dans la loi de périodicité des marées.

(528.) Bien des personnes éprouvent des difficultés

singulières à comprendre la théorie des marées. Il semble fort naturel que la lune soulève par son attraction les eaux de l'océan sur lesquelles elle passe ; mais qu'en même temps elle produise le même effet sur la région opposée du globe, c'est ce qui paraît à plusieurs esprits d'une absurdité palpable. Rien pourtant n'est plus vrai et plus évident, si l'on considère que ce n'est pas l'attraction *entière*, mais la différence des attractions exercées par la lune sur les deux surfaces opposées et sur le centre de la terre, qui soulève les eaux ; en sorte que les forces par lesquelles l'océan est troublé sont dirigées comme les flèches dans la figure de l'article 510, en supposant que M soit la lune et P une particule d'eau à la surface de la terre. Une goutte d'eau, isolée et soustraite à toute influence étrangère, prendrait une forme sphérique en vertu de l'attraction de ses parties : si elle tombait librement dans le vide sous l'influence d'une pesanteur constante, le mouvement de chacune de ses parties serait uniformément accéléré ; celles-ci conserveraient leurs positions relatives et la surface de la goutte resterait sphérique. Mais si elle tombait en vertu d'une attraction croissante à mesure qu'elle descend, les parties plus voisines du foyer d'attraction seraient attirées plus que les parties centrales, celles-ci plus que les parties les plus éloignées du corps attirant, et la goutte prendrait une forme allongée dans le sens de son mouvement ; la tendance à la séparation étant combattue par l'attraction mutuelle des particules, jusqu'à ce qu'une forme d'équilibre se fût établie. Or la terre peut être considérée comme tombant sans cesse vers la lune, et comme continuellement tirée par elle hors de son orbite ; les parties les plus voisines sont sollicitées à chaque instant plus fortement, et les parties les plus éloignées le sont au contraire plus faiblement que les parties centrales. L'attraction de la lune force donc en chaque instant les eaux à se soulever aux deux extrémités du diamètre terrestre dirigé vers cet astre, et à s'abaisser dans le sens perpendiculaire à ce diamètre. La géométrie confirme cet aperçu et démontre que la forme d'équilibre d'une couche d'eau qui recouvre un noyau sphérique, sous l'influence de l'attraction lunaire, doit être un ellipsoïde oblong, dont l'axe tourné vers la lune est plus long d'environ trois mètres que l'axe perpendiculaire.

(529.) Mais il n'y a en réalité aucun instant où cette forme sphéroïdale puisse s'établir. Avant que les eaux de la mer n'aient pris leur niveau, la lune a marché dans ses deux orbites, tant diurne que mensuelle (car, pour la clarté de la théorie, il convient de transporter en sens contraire à la lune et au soleil le mouvement diurne de la terre); le sommet du sphéroïde s'est déplacé sur la surface terrestre, et l'océan doit chercher une autre figure d'équilibre. Il doit en résulter, non un courant qui entraînerait les eaux d'un mouvement circulaire, mais une vague immense, d'une hauteur très-petite comparativement à sa base, qui suit ou cherche à suivre le mouvement de la lune, et dont les oscillations doivent (si le principe des vibrations dépendantes est vrai) imiter par leurs périodes égales, quoique non *synchrones*, toutes les inégalités du mouvement lunaire. Lorsque les parties supérieures et inférieures de cette vague viendront frapper nos côtes, nous aurons ce que l'on nomme la haute et la basse mer.

(530.) L'action du soleil déterminera une vague absolument semblable, dont le sommet tendra à suivre le mouvement apparent du soleil, et à en reproduire les inégalités périodiques. Les vagues solaire et lunaire existeront simultanément : tantôt elles se renforceront mutuellement en se superposant l'une à l'autre, tantôt elles se contrarieront et se neutraliseront partiellement, selon les configurations synodiques des deux astres. Ces renforcemens et conflits alternatifs produiront les hautes et basses marées, les premières étant la somme, et les autres la différence des marées partielles. Quoiqu'on ne puisse maintenant calculer exactement les hauteurs réelles de chacune des marées partielles, il est probable que leur rapport s'écarte peu de celui qui aurait lieu entre les allongemens des deux sphéroïdes d'équilibre, dans l'hypothèse de l'art. 528. Ce dernier rapport est celui de 2 à 5, le premier nombre étant relatif à l'action solaire, et le second à l'action lunaire. On en conclut que les valeurs moyennes des hautes et basses marées doivent être à peu près dans le rapport de 7 à 3.

(531.) Un autre effet de la combinaison des marées solaire et lunaire est l'avance et le retard des marées. Si la lune attirait seule les eaux de l'Océan, et qu'elle se mût dans le plan de l'équateur, l'intervalle entre deux marées consécutives serait égal au jour lunaire (art. 115), formé par la combinaison de la période sidérale de la lune et du mouvement diurne de la terre. Pareillement, si l'on n'avait à considérer que l'action du soleil, et qu'il se mût dans l'équateur, l'intervalle des marées serait égal au jour solaire. Le véritable intervalle des marées, ou celui qui s'écoule entre deux *maxima* consécutifs, donnés par la superposition des marées partielles, doit donc varier selon que celles-ci sont près ou loin de coïncider; car, quand les sommets de deux vagues partielles ne coïncident pas, la hauteur de la vague totale a son *maximum* en un

34

point intermédiaire entre les sommets. Le défaut d'uniformité dans les intervalles entre deux marées consécutives se fait particulièrement remarquer vers les nouvelles et pleines lunes.

(532.) Il faut rapporter à une tout autre cause ce qu'on nomme l'*établissement du port*, ou la différence entre l'époque du flux et du reflux dans un port, et l'instant de la culmination des deux astres attirans, ou celui du *maximum* théorique des vagues superposées. Cette différence n'existerait pas si les eaux étaient sans inertie, si elles n'éprouvaient aucune gêne dans leurs mouvemens et aucun frottement contre leur lit, si la vague n'avait pas souvent à traverser un canal long et étroit pour arriver dans le port, etc. Toutes ces causes tendent à accroître et à faire varier d'un port à l'autre la différence dont il s'agit. L'observation des établissemens des ports est un point d'une grande importance pour la marine, et qui n'est pas moins intéressant en théorie, si l'on veut arriver à connaître la loi de la distribution des marées à la surface du globe *. En se livrant à ce genre d'observations, il faut se garder de confondre l'instant où le courant causé par la marée n'est plus sensible dans un sens ni dans l'autre, et celui où le niveau des eaux cesse de s'élever ou de s'abaisser. Ces deux phénomènes sont totalement distincts, et dépendent de causes entièrement différentes, quoiqu'il puisse arriver qu'ils coïncident dans leurs époques. On a lieu de craindre que les gens de

* On doit espérer que les recherches de M. Lubbock, et celles auxquelles se livre M. Whewell, non-seulement éclairciront théoriquement la matière encore très-obscure des marées, mais (ce dont on a le plus besoin maintenant) provoqueront l'attention des observateurs, et imprimeront à leurs travaux une bonne direction, en indiquant clairement *ce qui doit être observé*, sans quoi toutes les observations sont en pure perte.

pratique ne les aient trop souvent pris l'un pour l'autre, circonstance propre à introduire une grande confusion dans toutes recherches qui auraient pour objet de ramener le système des marées à des lois distinctes et intelligibles.

(533.) Les déclinaisons du soleil et de la lune affectent sensiblement les marées dans chaque port. Puisque le point culminant de la vague tend à se placer verticalement sous l'astre attirant, la forme de la vague doit varier avec la position de l'astre, et il en résulte des accroissemens et décroissemens des marées, assujettis à des périodes d'un mois et d'une année. Par conséquent la période des nœuds de la lune influe aussi sur les marées, puisque dans une partie de cette période les excursions de la lune en déclinaison, de part et d'autre de l'équateur, s'élèvent à 29°, tandis que dans une autre partie de la période des nœuds elles n'atteignent que 17°.

(534.) La géométrie démontre que l'action de l'astre attirant pour soulever les marées est en raison inverse du cube de la distance. Il en résulte que l'action solaire peut varier entre les valeurs extrêmes 19 et 21, la valeur moyenne étant 20; tandis que l'action lunaire peut varier entre les limites 43 et 59. En conséquence de cette remarque et de ce qui a été dit dans l'art. 530, on voit que le rapport extrême des hautes et basses marées peut être celui de 59 + 21 à 43 — 21, ou de 80 à 22; mais les circonstances locales influent beaucoup sur la différence de hauteur des marées. Dans quelques lieux où la vague doit rencontrer un canal étroit, elle atteint quelquefois soudainement une hauteur extraordinaire. Par exemple, à Annapolis, dans la baie de Fundy, on a vu la marée s'élever à 36 mètres[*]. Même à Bristol, la différence de la haute à la basse mer monte parfois à 15 mètres.

(535.) L'action du soleil et de la lune sur l'atmosphère y produit de même un flux et un reflux que des observations délicates ont rendus sensibles et mesurables. Au reste, cet effet est extrêmement petit.

(536.) Revenons présentement aux perturbations des planètes, et considérons les changemens que leurs attractions mutuelles opèrent dans les dimensions et les formes de leurs orbites, dans leurs positions et dans leurs configurations respectives. En premier lieu, il faut expliquer les conventions adoptées par les géomètres et les astronomes, pour continuer d'appliquer aux orbites troublées les dénominations et les lois du système elliptique, quoique, dans la rigueur mathématique, ces orbites ne soient ni des ellipses, ni d'autres courbes connues en géométrie. Ces conventions sont motivées en partie sur la facilité avec laquelle elles permettent de concevoir et de calculer les phénomènes, mais bien plus encore sur un principe qui se démontre d'après les conditions dynamiques de la question : savoir que les écarts du mouvement elliptique peuvent être à chaque instant fidèlement représentés, en concevant l'ellipse elle-même comme variant sans cesse de grandeur et d'excentricité, en même temps qu'elle varie de position dans son plan, et que ce plan lui-même varie de situation suivant certaines lois. Alors, en chaque instant, le mouvement de la planète dans cette ellipse variable sera réglé comme si l'ellipse ne variait pas, et qu'il n'existât point de forces perturbatrices. Dans cette manière de considérer la question, tout l'effet permanent des forces troublantes est censé

* **Robison**, *Lectures on mechanical philosophy.*

affecter les élémens de l'orbite; tandis que les rapports
de la planète avec son orbite demeurent invariables,
ou sujets seulement à des variations d'une durée comparativement très-courte, et en quelque sorte instantanée. Non-seulement cette méthode est la plus naturelle, mais elle nous est pour ainsi dire imposée par
l'extrême lenteur avec laquelle se développent les variations progressives des élémens. Par exemple, la
fraction qui exprime l'excentricité de l'orbite de la
terre ne varie pas de plus de 0,00004 *en un siècle*, et
le déplacement du périhélie sur la sphère céleste n'est
que de 19′ 39″ dans le même temps. Si l'on n'embrasse
qu'un petit nombre d'années, il devient presque impossible de distinguer une ellipse aussi peu variable
de celle qui n'aurait pas varié du tout ; et à chaque
révolution la différence entre l'ellipse originaire et la
courbe résultant de la variation des élémens elliptiques est si petite, que si l'on conçoit les deux courbes exactement tracées sur une table de six pieds de
diamètre, l'œil armé d'un microscope aura peine à
discerner, avec l'attention la plus scrupuleuse, l'intervalle qui les sépare. Il y aurait de l'affectation à refuser d'appeler *mouvement elliptique* un mouvement qui
diffère si peu de celui qui aurait lieu dans une ellipse,
même quand on a égard aux écarts alternativement
dirigés dans un sens et dans l'autre : comme aussi il y
aurait obstination aveugle à négliger des variations qui,
en s'accumulant de siècle en siècle, se manifestent
à l'observation la plus imparfaite.

(537.) Les géomètres sont donc convenus de regarder, à chaque révolution, ou pour un intervalle de
temps peu considérable, le mouvement de chaque
planète comme elliptique et réglé par les lois de Kepler, sauf les oscillations très-petites et passagères déjà

mentionnées; mais en même temps ils regardent les
élémens de chaque ellipse comme variant continuellement, quoique avec une extrème lenteur. Lorsqu'ils
analysent les actions des forces perturbatrices sur le
système planétaire, leur attention se porte principalement, ou quelquefois même exclusivement, sur les
variations des élémens elliptiques, dont dépendent en
définitive les grandes modifications que le système
est susceptible d'éprouver.

(538.) Nous tombons ici sur la distinction qui doit
être faite entre les variations qu'on appelle *séculaires*,
et les variations rapidement *périodiques*, ou qui se
compensent dans de courts intervalles de temps. Par
exemple, en étudiant (art. 514) les variations de l'inclinaison dans l'orbite troublée, on a vu qu'à chaque
révolution du corps troublé le plan du mouvement
éprouve, dans son inclinaison sur le plan de l'orbite
du corps troublant, des oscillations qui se compensent
à très-peu près; les effets résultant de la portion non
compensée se compensent à peu près à leur tour à
chaque révolution du corps troublant; de manière cependant qu'une faible portion de l'effet total reste encore non compensée, et ne peut l'être qu'après une
révolution complète du nœud qui rétablit la valeur
moyenne. Les deux premières compensations ont été
opérées par la succession des diverses configurations
des deux planètes, l'une relativement à l'autre, dans
des périodes qui ont comparativement une courte durée. On appelle les variations qui se compensent de la
sorte, *variations périodiques*, ou *inégalités dépendantes des configurations*. La dernière variation qui,
dans notre exemple, ne se compense que par une révolution du nœud, dépend de l'un des élémens de
l'orbite troublée, et nullement de la configuration des

planètes : elle n'accomplit sa période que dans un intervalle de temps immense, et à cause de cela on la distingue des précédentes par la dénomination de variation *séculaire*.

(539.) Sans doute, pour représenter exactement les mouvemens du corps troublé, planète ou satellite, il faut avoir égard, tant aux inégalités périodiques qu'aux inégalités séculaires, et plus même en un sens aux premières ; puisqu'au fait les inégalités séculaires ne sont que ce qui reste après qu'on a balancé les inégalités périodiques dont la valeur est ordinairement beaucoup plus considérable. Mais celles-ci sont passagères de leur nature ; elles disparaissent sans laisser de trace. Quand la planète a été déviée temporairement de son orbite (de cette orbite dont les élémens varient avec une grande lenteur), elle tend à y revenir, l'orbite variable se transformant elle-même de manière à amener la compensation des écarts, et à offrir dans la suite des âges un tableau des positions moyennes de la planète, où les traits caractéristiques de son mouvement sont conservés, tandis que les modifications accidentelles ont disparu. Il ne s'ensuit pas, nous le répétons, qu'il faille négliger les inégalités périodiques, mais bien les considérer à part, indépendamment des variations séculaires des élémens.

(540.) Afin d'éviter la complication où le lecteur serait jeté par la considération simultanée de deux espèces de variations, nous imaginerons que toutes les orbites sont couchées dans un même plan ; nous ne supposerons qu'une planète troublée et une planète troublante, au moyen de quoi la question sera la même que celle des perturbations de la lune par le soleil ; vu qu'on peut regarder l'un des corps comme fixé à volonté, pourvu qu'on transporte, en sens contraire,

son mouvement à l'autre corps. Soient donc S le corps
central, M le corps troublant, P le corps troublé :

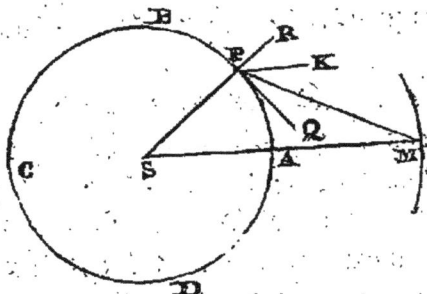

l'attraction de M sur P sera dirigée suivant PM, et
celle de M sur S suivant SM. L'action perturbatrice de
M, qui est la différence de ces deux forces, n'aura
donc pas une direction fixe, et sollicitera P différemment, suivant la configuration de P et de M. Pour en
analyser les effets, il est à propos de décomposer,
conformément aux principes de la mécanique, la
force perturbatrice suivant certaines directions, par
exemple, dans le sens du rayon vecteur SP, et
perpendiculairement à ce rayon. Pour y parvenir,
le plus simple est de décomposer préalablement suivant ces deux directions, les actions de M sur S et sur
P, et de prendre dans les deux cas leur différence
pour l'action perturbatrice de M. De cette manière,
nous aurons à considérer deux pouvoirs troublans distincts : l'un que nous appellerons force *tangentielle*,
qui agira suivant PQ, perpendiculaire à SP, et par
conséquent, suivant la tangente de l'orbite de P, supposée peu différente d'un cercle; l'autre que nous nom-
merons force perturbatrice *radiale*, et qui tendra à
rapprocher P de S ou à l'en éloigner.

(544.) La première de ces deux forces est la seule
qui puisse troubler l'égalité des aires décrites par P
autour de S en temps égaux (art. 449); et par-là elle

se trouve être la cause principale des écarts entre le
mouvement angulaire de la planète, et celui qui aurait
lieu en vertu des lois du mouvement elliptique. En
effet, l'égale description des aires ne dépend pas de la
loi de la force centrale; elle exige seulement que la
force motrice soit constamment dirigée vers le centre :
toute force qui ne satisfait pas à cette condition, trouble l'égalité de description des aires.

(542.) Réciproquement, la force perturbatrice radiale étant constamment dirigée vers le centre du
mouvement, soit pour en approcher le corps troublé,
ou pour l'en éloigner, ne saurait troubler l'égale description des aires; mais, comme elle varie suivant
une autre loi que la gravitation simple, elle tend à
troubler la forme eliptique de l'orbite. Elle oblige
le corps troublé à s'approcher du corps central,
ou à s'en éloigner plus que les lois du mouvement elliptique ne le comportent; elle déplace les points de
plus grande proximité et de plus grand éloignement;
en un mot elle dérange la grandeur, l'excentricité,
et la position du grand axe de l'ellipse.

(543.) Si nous considérons la variation de la force
tangentielle dans différentes positions relatives de M et
de P, nous trouverons qu'elle s'évanouit quand P est
en A ou en C (*fig.* art. 540), ou en conjonction et en
opposition avec M; et qu'elle s'évanouit aussi en deux
points B et D, quand M est à égales distances de S et
de P, c'est-à-dire à très-peu près dans les quadratures
de P avec M. Entre A et B, ou A et D, la force tangentielle tend à rapprocher P de A, et, dans le surplus de l'orbite, elle tend à le rapprocher de C; conséquemment son effet, dans une révolution *synodique*
complète de P, sera de retarder le mouvement de ce
corps de A en B, de l'accélérer ensuite jusqu'à ce qu'il

arrive en C, puis de le retarder de nouveau de C en D, et enfin de l'accélérer jusqu'à ce qu'il soit revenu à la conjonction A.

(544.) Si les deux orbites de P et de M étaient des cercles parfaits, il est évident que les retards qui auraient lieu dans la description des arcs AB, CD, seraient respectivement compensés par les accélérations survenues dans la description des arcs DA, BC, égaux respectivement aux précédens, et semblablement placés par rapport aux forces perturbatrices. Au moyen de cette compensation, la période de révolution resterait invariable, et les inégalités en longitude se détruiraient mutuellement.

(545.) Cette exacte compensation dépend, comme on voit, de l'exacte symétrie de l'orbite de part et d'autre de la ligne CSM. Si la symétrie est troublée, le mouvement de P sera sujet à des inégalités dont l'effet subsistera au-delà des limites d'une révolution, et qui ne se compenseront que par un retour périodique de toutes les configurations dont elles dépendent. Supposons, par exemple, que l'orbite de P étant circulaire, celle de M soit elliptique, et qu'au moment où P part du point A, M soit à sa plus grande distance de S; supposons en outre M assez éloigné pour ne décrire qu'une petite portion de son orbite pendant une révolution de P. Il est clair que, dans le cours de la première révolution de P, l'action perturbatrice de M ira en croissant par son rapprochement du centre S; en sorte que son action dans un des quadrans fera plus que compenser celle qui avait eu lieu en sens contraire dans un des quadrans précédens; tellement que quand P sera revenu de nouveau à la conjonction la balance sera en faveur d'une accélération finale. Un résultat semblable aura lieu tant que M continuera à s'approcher de S; après quoi, lorsqu'il commencera à s'en éloigner, un effet contraire se produira, et le mouvement de P sera retardé à chaque révolution. Après un grand nombre de révolutions qui auront fait correspondre la conjonction à toutes les positions de P dans son orbite elliptique, il s'établira une compensation d'un ordre supérieur, et le mouvement angulaire moyen sera rétabli comme s'il n'y avait pas eu de perturbations.

(546.) Le cas est plus compliqué, mais le raisonnement reste à peu près le même, lorsqu'on suppose elliptique l'orbite du corps troublé. Dans une orbe elliptique la vitesse angulaire n'est pas uniforme. Le corps troublé, dans certaines parties de sa révolution, reste plus long-temps sous l'influence des forces accélératrices et retardatrices, et dans d'autres parties moins long-temps qu'il ne le faudrait pour une compensation exacte. Ainsi, indépendamment des variations de distance de M à S, cette cause suffit pour donner naissance à une inégalité non compensée à la fin d'une période synodique. Si toutes les conjonctions arrivaient au même point de l'ellipse décrite par P, la même cause agirait constamment de la même manière, et il en résulterait à la longue une altération permanente du *moyen* mouvement angulaire de P. Ce cas se produirait dans le système planétaire, si les moyens mouvemens, ou les moyennes vitesses angulaires de deux planètes dans leurs orbites étaient *commensurables*. Supposons, par exemple, que les moyens mouvemens des planètes troublée et troublante soient exactement dans le rapport de deux à cinq : elles reviendraient exactement aux mêmes configurations au bout d'un cycle formé de cinq révolutions de l'une et de deux révolutions de l'autre. La série des conjonctions, dans un même cycle, répondrait à des points différens des deux orbites ; mais dans les cycles consécutifs la série des conjonctions répondrait à la même série de points. Ainsi, la portion de l'action perturbatrice qui resterait non compensée au bout d'un cycle, ne saurait être compensée dans les cycles suivans, et il en résulterait une altération permanente des moyens mouvemens.

(547.) Or, quoiqu'il n'y ait pas deux planètes dont les moyens mouvemens soient exactement commensurables, il y en a dont les moyens mouvemens approchent de la commensurabilité. Tel est notamment le cas de Jupiter et de Saturne, dont les moyens mouvemens approchent beaucoup du rapport de 5 à 2, que nous prenions tout à l'heure pour exemple. Cinq révolutions de Jupiter font 21663 jours, et deux de Saturne en font 21518. La différence est de 145 jours, durant lesquels le mouvement moyen de Jupiter est de 12°, et celui de Saturne à peu près de 5° ; en sorte qu'après cinq révolutions de Jupiter, il ne s'en faut que de 5° que les deux astres soient revenus à la conjonction. La période synodique des deux planètes étant de 7253,4, trois de ces périodes feront 21760 jours, au bout desquels elles reviendront à la conjonction. Dans cet intervalle, Saturne et Jupiter auront décrit un angle de 8° 6′ en sus de deux et en sus de cinq révolutions sidérales. Chaque troisième conjonction ne précédera donc que de 8° 6′ celle qui a eu lieu au commencement du cycle de 21760 jours, ce qui suffit pour que l'effet produit approche beaucoup de celui qui aurait lieu dans le cas de la commensurabilité. Pendant plusieurs cycles semblables (7 ou 8), l'excès d'action non compensé influera dans le même sens sur le mouvement du corps troublé, et ses

effets sur la longitude s'accumuleront : de là une irrégularité considérable quant à l'étendue et à la durée
de la période, qui est connue des astronomes sous le
nom de grande inégalité de Jupiter et de Saturne.

(548.) L'arc de 8° 6' est contenu 44 $\frac{1}{7}$ fois dans la
circonférence de 360°; et conséquemment, si nous n'a-
vons égard qu'à la troisième conjonction du cycle,
nous trouverons qu'elle reviendra au même point de
l'orbite après autant de fois 21760 jours, ou après
2648 ans. Mais les deux autres conjonctions arrive-
ront à environ 123° et 246° de distance de la troisième conjonction du cycle; et les points qui leur
correspondent dans l'orbite, décrivant aussi un arc
de 8° 6' à chaque cycle de 21760 jours, auront de
même parcouru la circonférence entière en 2648 ans.
Il en résulte que dans le tiers de cette dernière période, ou en 883 ans, on aura eu une conjonction
(l'une quelconque des trois qui constituent le cycle),
au point d'où l'on est parti pour compter la première
conjonction; et telle est par conséquent la période dans
laquelle la *grande inégalité* se compensera, pourvu
que les élémens des orbites restent invariables. Leurs
variations, toutefois, sont considérables pendant un si
long intervalle, et en y ayant égard, la durée de la
période se trouve portée à environ 918 ans.

(549.) Nous avons choisi cette inégalité pour exemple de l'action de la force perturbatrice tangentielle,
à cause de sa grandeur, de la longue durée de sa période, et du haut intérêt historique qui s'y rattache.
Les astronomes avaient depuis long-temps remarqué,
en comparant les nouvelles observations de Jupiter et
de Saturne aux anciennes, que les moyens mouvemens de ces planètes semblaient éloignés de l'uniformité. La période de Saturne paraissait s'allon-

ger, et celle de Jupiter se raccourcir pendant tout
le cours du XVIIe siècle, c'est-à-dire que le lieu observé de la première planète était toujours en arrière,
et celui de la seconde toujours en avant du lieu calculé.
Dans le XVIIIe siècle, au contraire, l'inverse semblait avoir lieu. A la vérité, les retards et les accélérations observés étaient peu considérables; mais,
comme leurs effets s'accumulaient, il en résultait à la
longue une différence sensible entre les lieux observés et calculés des deux planètes, qui excitait d'autant
plus l'attention que la théorie n'en rendait pas compte, et que même on l'avait opposée dans un temps
à la doctrine newtonienne de la gravitation. Enfin, Laplace en montra la cause dans la commensurabilité très-approchée des moyens mouvemens, et
réussit à en calculer l'étendue et la période.

(550.) L'inégalité dont il s'agit consiste alternativement, lors de son *maximum*, dans un retard ou une
avance d'environ 0° 49' sur la longitude de Saturne, et
dans une avance ou un retard correspondans d'environ
0° 21' sur celle de Jupiter. Que l'accélération d'une des
deux planètes doive nécessairement être accompagnée
d'un retard de l'autre, c'est ce qui sera évident, si
l'on considère que l'action et la réaction sont égales et
dirigées en sens contraire, et qu'ainsi l'impulsion que
Jupiter communique à Saturne dans la direction PM,
doit être accompagnée d'une impulsion égale, communiquée par Saturne à Jupiter dans la direction
MP. Si la première impulsion tend à faire avancer
l'une des planètes sur son orbite, la seconde tendra à
faire rétrograder l'autre planète sur la sienne. La géométrie démontre que les effets de ces deux actions
contraires, sur les longitudes des deux planètes, sont
en raison inverse des produits de leurs masses par les

racines carrées des grands axes de leurs orbites : et ce résultat d'un calcul curieux et compliqué est pleinement confirmé par l'observation.

(551.) L'inégalité qui nous occupe serait beaucoup plus grande, s'il ne s'opérait une compensation partielle à chaque triple conjonction des planètes. Figurons par P Q R l'orbe de Saturne, et par $p\,q\,r$ celle de

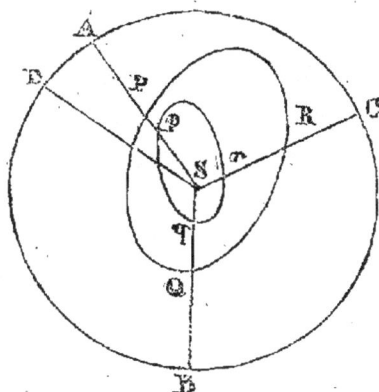

Jupiter; supposons qu'une conjonction ait lieu en P, p sur la ligne S A, une seconde à 123° de distance sur la ligne S B, une troisième à 246° de distance sur S C, une autre enfin à 368°, ou en S D. Cette dernière conjonction, qui aura lieu très-près de la première, produira à peu près la répétition du premier effet, quant à l'accélération ou au retard des planètes ; mais les deux autres auront lieu dans des circonstances toutes différentes, relativement aux positions des périhélies des orbites. Or, nous avons vu que le passage des planètes à la conjonction, dans des situations diverses, tend à opérer une compensation; et la compensation produite par trois configurations seulement, sera la plus grande possible, si les trois conjonctions sont symétriquement distribuées autour du centre. Trois conjonctions compenseront plus que deux, quatre plus

que trois, et ainsi de suite. Conséquemment, l'inégalité qui s'accumule à chaque cycle de trois conjonctions consécutives, n'est que ce qui reste sans compensation, après la combinaison des effets contraires
produits par les trois conjonctions du cycle. Le lecteur
déjà initié dans la théorie mathématique des perturbations, remarquera que cette dernière considération
équivaut à la relation analytique en vertu de laquelle
l'inégalité dont il s'agit se trouve classée parmi les
termes du troisième ordre, ou parmi ceux qui dépendent des cubes et des produits à trois dimensions des
excentricités. Il observera également que l'accumulation continuelle de petites quantités, durant de longues périodes, correspond à ce que les géomètres en-
tendent, quand ils parlent de petits termes qui acquièrent une valeur sensible par l'intégration.

(552.) Des considérations semblables s'appliquent à
chaque cas de commensurabilité approchée que peuvent offrir les moyens mouvemens de deux planètes.
La terre et Vénus en fournissent un autre exemple,
attendu que treize fois la période sidérale de Vénus
équivaut à huit fois celle de la terre. En conséquence,
toutes les cinquièmes conjonctions de ces planètes
approchent beaucoup de coïncider, l'arc qui les sépare
n'étant qu'un 240e de la circonférence, de façon qu'il
en résulte une accumulation de perturbations non
compensées. Mais, d'autre part, l'effet qui s'accumule
ainsi n'est que ce qui reste après qu'on a tenu compte
des compensations opérées dans un cycle de cinq conjonctions symétriquement distribuées autour de la
circonférence ; ou, en langage géométrique, il dépend
de termes du cinquième ordre, quant aux puissances
et aux produits des excentricités et des inclinaisons. Il
est conséquemment extrêmement petit, et l'inégalité

qui en résulte, dont la période est de 240 ans, n'atteint qu'un petit nombre de secondes dans son *maximum*, d'après les calculs récens du professeur Airy, à qui l'on doit la découverte de cette inégalité. Cet exemple servira à montrer à quel point de scrupuleuse exactitude on a porté la théorie des planètes.

(553.) Dans la théorie de la lune, la force tangentielle donne naissance à plusieurs inégalités, dont la principale, qui porte le nom de *variation*, résulte directement de l'augmentation et de la diminution alternatives des aires, des syzygies aux quadratures et des quadratures aux syzygies, combinées avec la forme elliptique de l'orbite, en vertu de laquelle les mêmes aires ne correspondent pas aux mêmes angles. Cette inégalité dont le *maximum* atteint environ 37', a été signalée pour la première fois par Tycho-Brahé, et elle est la première que Newton ait expliquée par sa doctrine de la gravitation.

(554.) Nous arrivons à considérer les effets de cette portion de la force perturbatrice qui agit dans la direction du rayon vecteur (art. 540), en tendant à altérer la loi de gravitation, et par conséquent à écarter, plus directement et plus sensiblement que la force tangentielle, la forme de l'orbite troublée de celle d'une ellipse. En d'autres termes, pour nous conformer au point de vue de l'art. 536, cette force tend à changer la grandeur de l'ellipse, son excentricité, et sa position dans son plan, ou le lieu du périhélie.

(555.) On a déjà remarqué plusieurs fois que l'action perturbatrice de M sur P n'était que la différence des attractions exercées par M sur S et sur P. Or, lorsque l'on décompose l'attraction de M sur P (fig. de l'art. 540) en deux autres, l'une dirigée suivant P S, l'autre suivant P K parallèle à S M, il est visible que rien,

35.

dans l'action de M sur S, ne peut combattre l'effet de la première composante qui agit en totalité comme force perturbatrice, et tend toujours à accroître la gravitation de P vers S : aussi l'appelle-t-on la portion *additive* de la force perturbatrice radiale. La différence de l'action de M sur S, à la composante de l'attraction de M sur P, dirigée suivant P K, est une autre force perturbatrice, qui peut se décomposer à son tour suivant la tangente P Q, et suivant le prolongement P R du rayon vecteur S P. La première de ces deux composantes sera la force perturbatrice tangentielle dont il a déjà été question. L'autre sera la portion *soustractive* de la force perturbatrice radiale : portion ainsi qualifiée, parce qu'elle tend toujours à diminuer la gravitation de P vers S. Ces deux portions ensemble constituent la force radiale complète dont nous avons maintenant à analyser les effets, et, selon que l'une ou l'autre l'emportera, la force radiale agira dans un sens ou dans l'autre.

(556.) L'évaluation des forces de cette nature est un problème qui offre peu de difficultés, quand les dimensions des orbites sont données, mais qui conduit à des expressions trop compliquées pour trouver place ici. Il suffira à notre but de montrer la tendance générale de ces forces, et, en premier lieu d'en considérer les effets moyens. Or, pour estimer l'action moyenne du corps M, d'après toutes les situations qu'il peut prendre par rapport à P, il n'y a rien de mieux que de concevoir la masse de M répartie sur toute la circonférence de son orbite en forme d'un mince anneau. Si nous voulons tenir compte de l'ellipticité du mouvement de M, nous pourrons admettre que l'épaisseur de l'anneau reste proportionnelle au temps que M emploie à décrire la portion correspondante de l'orbite, ou qu'elle est en raison inverse de la vitesse angulaire de M. Mais nous ne pousserons pas la rigueur si loin, et nous nous contenterons de supposer d'abord l'orbite de M circulaire, et son mouvement uniforme. Alors l'action perturbatrice moyenne sur P sera la différence des attractions de l'anneau sur deux points P et S, le dernier situé au centre même de l'anneau, le premier dans une position excentrique. L'attraction de l'anneau sur son centre est évidemment la même dans toutes les directions, et par conséquent elle se réduit à zéro suivant une direction quelconque. D'autre part, si le point excentrique P est situé dans l'intérieur de l'anneau, l'attraction résultante est dirigée du centre à la circonférence, vers le point de l'anneau le plus voisin de P *. Si P est

---

* Comme cette proposition ne se rapporte pas seulement à un cas fictif, imaginé pour la commodité des explications, mais qu'elle trouve une application réelle dans la théorie de l'anneau de Saturne, il sera bon de la démontrer ici, ce qui peut se faire d'une manière très-simple et sans aucun calcul. Imaginons une couche sphérique attractive et un point matériel dans son intérieur. Chaque droite menée par ce point, et terminée de part et d'autre à la surface de la couche, sera également inclinée sur la surface à ses deux extrémités, attendu que la surface d'une sphère est symétrique en tous sens. On pourra concevoir deux petits cônes opposés ayant leur sommet commun au point attiré, et formés par le mouvement conique d'une ligne droite autour du point en question. Les portions de la couche sphérique qui serviront de bases aux deux cônes opposés seront *semblables* et également inclinées sur les axes des cônes : de plus leurs aires seront entre elles comme les carrés des distances au sommet commun. Mais, d'autre part, les attractions sont proportionnelles aux masses attirantes, et en raison inverse des carrés des distances au point attiré. Il en résulte que le point matériel est attiré également dans deux directions opposées par les bases des deux cônes ; et comme ce raisonnement subsiste, quelle que soit la direction de l'axe commun des deux cônes opposés, il s'ensuit que le point reste en équilibre sous l'attraction de toutes les

extérieur à l'anneau, l'attraction résultante le poussera
au contraire vers le centre. Ainsi l'effet moyen de la
force perturbatrice radiale consistera à accroître ou à
diminuer la gravitation centrale, selon que l'orbite
du corps troublant sera intérieure ou extérieure à celle
du corps troublé.

(557.) Si l'on n'a égard qu'à l'effet moyen résultant
d'un grand nombre de révolutions des deux corps troublant et troublé, il est évident qu'un accroissement
dans la force centrale doit être accompagné d'une diminution dans la durée de la révolution périodique et
dans les dimensions de l'orbite du corps dont la vitesse
de révolution se trouve accrue. Tel est le premier effet
et le plus manifeste de la force perturbatrice radiale.
Elle imprime une altération moyenne permanente aux
dimensions de toutes les orbites et aux moyens mouvemens de tous les corps qui composent le système planétaire, la vitesse des corps intérieurs du système
devenant moindre, et celle des corps extérieurs étant
plus grande que si les uns et les autres circulaient sous
la seule influence de l'attraction solaire. Il est bien facile encore de se rendre compte de ce genre d'effet,

parties de la couche sphérique. Au lieu d'une sphère, prenons
maintenant un anneau, dans le plan duquel le point attiré
soit situé intérieurement, et partageons de même la circonférence de l'anneau en élémens opposés deux à deux, et qui soient
les bases de triangles opposés, ayant leur sommet commun au
point attiré. Alors les élémens attirans n'étant plus des ~~lignes~~, surface,
mais des distances, seront entre eux en raison directe des simples distances, et non plus des carrés des distances, comme il le
faudrait pour maintenir l'équilibre, d'après la loi de décroissement de la force. En conséquence, les élémens les plus voisins
du point attiré l'emporteront. On en peut dire autant de chaque
anneau *linéaire*, ou à largeur infiniment petite, et par conséquent d'un assemblage d'anneaux linéaires qui forment un anneau plat comme celui de Saturne.

en observant que toutes les planètes intérieures à l'orbite de la planète troublée peuvent être regardées comme des parcelles du corps central attirant, dont l'action moyenne n'est pas changée, quoiqu'elles soient disséminées dans l'espace, et dans une circulation continuelle.

(558.) Toutefois l'effet moyen dont il s'agit est un de ceux que nous ne pouvons mesurer ni découvrir, autrement que par le calcul; car nous ne connaissons les périodes des planètes et les dimensions de leurs orbites que par des observations faites dans leur état actuel, sous l'influence de la *portion constante* de l'action perturbatrice. Les moyens mouvemens observés sont donc affectés de toute la valeur de cette influence, et il nous est impossible de la séparer de l'effet direct de l'attraction solaire. Seulement la connaissance que nous avons des masses des planètes nous garantit qu'elle est extrêmement petite; et c'est là en réalité tout ce qu'il est essentiel de savoir.

(559.) L'action du soleil sur la lune tend de même, par son influence moyenne sur un grand nombre de révolutions consécutives des deux astres, à dilater d'une manière permanente l'orbe de ce satellite, et à accroître le temps de sa période. Cependant ce résultat moyen, dans le cas de la lune comme dans celui des planètes, ne s'établit pas sans une série d'oscillations subordonnées, qui tendent à se neutraliser au bout d'un grand nombre de révolutions, et qui proviennent de l'ellipticité des orbites à laquelle nous n'avions pas égard dans le raisonnement précédent. Dans la théorie de la lune, plusieurs de ces oscillations subordonnées sont très-sensibles à l'observation, et d'une grande importance pour l'exacte détermination des mouvemens de cet astre. Par exemple, l'orbite du soleil, rapportée à la terre comme à un point fixe, est elliptique et décrite dans la durée d'environ treize lunaisons, pendant lesquelles la distance du soleil croît e décroît alternativement, chaque période d'accroissement et de décroissement ayant pour durée plus de six lunaisons complètes. Quand le soleil s'approche de la terre, les forces perturbatrices de toute espèce vont en croissant, et elles diminuent quand il s'éloigne. Ainsi la dilatation de l'orbite lunaire et l'accroissement de la révolution périodique de la lune sont dans un état continuel d'oscillation, et plus forts ou plus faibles selon que le soleil se rapproche du périgée ou de l'apogée. Aussi la différence entre la lunaison de janvier (mois où le soleil est le plus proche de la terre) et celle de juillet (mois où il en est le plus loin) n'est-elle pas moindre de 35 minutes.

(560.) Un autre phénomène très-remarquable du même genre, mais dont la période exige pour s'accomplir un intervalle de temps immense, est connu sous le nom d'*accélération séculaire du mouvement de la lune*. Halley a remarqué, en comparant les éclipses de lune observées très-anciennement par les astronomes chaldéens avec celles des temps modernes, que la période de la révolution lunaire est sensiblement plus courte à présent qu'à cette époque reculée, et l'on a confirmé ce résultat par la comparaison des observations chaldéennes et modernes, avec celles des Arabes aux VIIIe et IXe siècles. D'après tous ces rapprochemens il paraît que le moyen mouvement de la lune croît d'environ 11 secondes par siècle, quantité petite en elle-même, mais qui donne un résultat très-sensible en s'accumulant de siècle en siècle. Ce fait important a causé long-temps, aussi bien que la grande inégalité de Jupiter et de Saturne, des embarras sérieux aux géomètres. Tandis que les uns le déclaraient inexplicable par la théorie de la gravitation, d'autres le niaient, quoique établi d'une manière non moins satisfaisante que la plupart des événemens historiques. Enfin Laplace a levé la difficulté en démontrant la vraie cause de ce phénomène, qui vient ainsi se ranger parmi les plus curieux de tous ceux que la théorie des perturbations nous présente, parmi ceux qui étendent le plus loin nos vues dans le passé et dans l'avenir, en les fixant sur les grands changemens que notre système astronomique a éprouvés et qu'il est destiné à éprouver encore.

(561.) Si l'ellipse solaire était invariable, la dilatation et la contraction alternatives de l'orbe lunaire, expliquées dans l'art. 559, produiraient à la longue, après un grand nombre de révolutions du soleil, une exacte compensation dans les distances et les temps périodiques de la lune, chaque valeur possible de la distance du soleil ayant correspondu à toutes les valeurs possibles de l'élongation de la lune au soleil dans son orbite. Mais tel n'est pas le cas qui se réalise dans la nature. L'ellipse solaire, comme nous l'avons dit dans l'art. 536, et comme nous l'expliquerons mieux dans un instant, est sujette à des variations excessivement lentes, en vertu de l'action des planètes sur la terre. Son axe, il est vrai, demeure invariable, mais son excentricité va en diminuant depuis les âges les plus reculés, et cette diminution continuera (il y a peu de raisons d'en douter) jusqu'à ce que l'excentricité s'évanouisse, et que l'orbite devienne exactement circulaire ; après quoi l'excentricité croîtra jusqu'à une certaine limite peu considérable, pour décroître ensuite de nouveau. La période dans laquelle ces variations se développent, quoique calculable, n'a pas été calculée[*]; et l'on sait seulement que sa durée ne se compte ni par centaines ni par milliers d'années. C'est une période dans laquelle l'histoire de l'astronomie et de la race humaine ne figure en quelque sorte que comme un point; de façon que, dans l'intervalle des observations que nous pouvons embrasser, il est permis de considérer d'aussi petites variations comme uniformes. Or, c'est précisément la variation d'excentricité de l'orbe terrestre qui cause l'accélération séculaire de la lune. La compensation qui s'opérerait en quelques années, ou du moins en quelques siècles, si l'ellipse solaire était invariable, n'a plus lieu qu'imparfaitement à cause du changement très-lent qu'éprouve dans l'intervalle un des élémens de cette ellipse. La période de restauration n'est pas symétriquement égale à la période d'altération. En un mot, le même raisonnement qui nous servait à expliquer les longues inégalités produites par la force tangentielle, retrouve ici son application. Pendant tout le temps que l'excentricité de l'orbe terrestre va en diminuant, l'action l'emporte sur la réaction, et la prépondérance en sens contraire, qui doit amener la restauration finale, ne commencera que quand l'excentricité aura cessé de décroître. Il reste un très-petit effet non compensé, à chaque retour exact ou approché, des mêmes configurations du soleil, de la lune, et des périgées lunaire et solaire. Ces effets, en s'accumulant à chaque lunaison, altèrent le temps périodique et le moyen mouvement de la lune, et amènent dans sa longitude un changement qui ne peut être négligé.

---

[*] Elle vient de l'être par MM. Bouvard, dont le travail n'est pas encore rendu public.   (*Note du traducteur.*)

(562.) Le phénomène que nous venons d'exposer est encore un exemple frappant de la propagation des variations périodiques d'une partie d'un système à une autre. Les planètes n'ont aucune action directe appréciable sur les mouvemens de la lune rapportés à la terre. Leurs masses sont trop petites et leurs distances trop grandes pour que la différence de leurs actions sur la terre et sur la lune deviennent sensibles. Mais nous voyons que leurs actions sur l'orbe terrestre se réfléchissent sur les mouvemens de la lune par l'intermédiaire de l'action solaire; et ce qui est très-digne de remarque, l'effet indirect ou transmis affecte l'angle décrit par la lune autour de la terre d'une manière plus sensible à l'observation, que l'effet direct n'affecte l'angle décrit par la lune autour du soleil.

(563.) Les dilatations et contractions des orbes lunaire et planétaires, dues à la force radiale, et qui affectent les moyens mouvemens, sont donc de deux sortes; les unes permanentes, dépendantes de la distribution de la matière attractive entre les corps du système, et de l'ordre des planètes entre elles; les autres périodiques et qui se compensent au bout d'un temps suffisant. Les géomètres ont démontré (et c'est à Lagrange qu'on doit cette importante découverte) que les forces radiales et tangentielles, isolées ou combinées entre elles, ne sauraient produire une troisième classe d'effets, susceptibles de s'ajouter indéfiniment sans se compenser jamais. Ils ont démontré en particulier que les grands axes des ellipses planétaires ne sont pas même sujets à ces changemens séculaires très-lents, qui affectent les inclinaisons, les nœuds et les autres élémens du système, et qui en réalité sont aussi périodiques, mais en un autre sens que les longues inégalités dépendantes des configurations mutuelles des planètes entre elles. Or, le temps de la révolution périodique de chaque planète dans son orbite autour du soleil dépend uniquement des masses du soleil et de la planète et du grand axe de son orbite, sans égard à l'excentricité ni à aucun autre élément. Les périodes sidérales moyennes des planètes, telles qu'elles résultent d'un nombre de révolutions suffisant pour compenser les inégalités mentionnées en dernier lieu, sont donc invariables dans la suite des temps. La longueur de l'année sidérale, par exemple, telle que nous la conclurions maintenant d'observations qui embrasseraient un millier de révolutions de la terre autour du soleil, serait la même que nous obtiendrions, si nous pouvions disposer d'observations en même nombre, faites un million d'années plus tôt.

(564.) Ce théorème est justement regardé comme le plus important, pris isolément, de tous ceux qui ont récompensé jusqu'ici les travaux des géomètres. Nous devons, par cette raison, chercher à rendre clair pour le lecteur au moins le principe de la démonstration; et, quoique nous ne puissions en donner une application complète au théorème actuel sans entrer dans des détails de calcul incompatibles avec notre plan, nous irons aisément jusqu'au point où les détails commencent, de manière à en bien faire comprendre la nature, et à mettre en évidence le résultat qu'ils doivent donner.

(565.) C'est une propriété du mouvement elliptique, accompli sous l'influence de la gravitation et en conformité des lois de Kepler, que si la vitesse d'une planète en un point de son orbite est donnée, ainsi que la distance de ce point au soleil, le grand axe de l'orbite est déterminé par cela même. Peu importe la *direction* dans laquelle la planète se meut en ce moment; elle influera sur l'excentricité de l'ellipse et sur sa position, mais non sur la longueur de son grand axe. Cette propriété du mouvement elliptique a été démontrée par Newton, et c'est une des propositions les plus élémentaires de toute la théorie. Considérons donc une planète qui décrit un arc infiniment petit de son orbite, sous l'influence de l'attraction solaire et de l'action perturbatrice émanée d'une autre planète. Cet arc aura une certaine courbure et une certaine direction, et pourra être considéré comme l'arc d'une certaine ellipse décrite autour du soleil comme foyer, par la raison purement géométrique qu'on peut toujours assigner une ellipse ayant son foyer en un point donné, et qui coïncide avec un arc de courbe dont les deux points extrêmes sont infiniment rapprochés. Il ne s'ensuit pas que l'ellipse, ainsi déterminée pour un instant du mouvement, soit la même que celle qu'on obtiendrait à l'un des instans qui suivent ou qui précèdent. Ceci aurait lieu si la force perturbatrice n'existait pas; mais son intervention modifie à chaque instant les élémens de l'ellipse déterminée par ce procédé. Après que la planète est arrivée à l'extrémité du petit arc considéré en premier lieu, la question de savoir si elle décrira dans l'instant suivant un autre arc d'ellipse ayant ou non le même axe que la première, dépend, non de la nouvelle direction qui lui est imprimée (car le grand axe, avons-nous dit, est indépendant de cette direction), non du changement de distance du soleil, d'une extrémité à l'autre du premier arc (car les élémens de l'ellipse ont été calculés d'après cet arc, de manière que le même grand axe peut s'accommoder aux distances initiale et finale), mais uniquement du changement de vitesse dû à l'action de la force perturbatrice. Cette dernière restric-

tion est nécessaire; car la portion principale du changement de vitesse, celle dont la cause réside dans la
force centrale du soleil, est évidemment compatible
avec la conservation du grand axe, puisque la planète
continuerait de décrire la même ellipse, si la force
perturbatrice n'existait pas.

(566.) Nous voyons donc que la variation instantanée du grand axe dépend uniquement de l'écart causé
par la force perturbatrice entre la vitesse réelle et la
vitesse réglée par les lois du mouvement elliptique,
sans égard à la direction de la vitesse communiquée
par cette force perturbatrice, ni aux changemens de
distance du soleil à la planète, qui résultent de la variation des autres élémens de l'orbite. La même chose
pouvant se dire de tous les instans du mouvement, il
s'ensuit qu'après un temps quelconque le changement
total du grand axe sera déterminé par l'écart total que
la force perturbatrice aura occasioné entre la vitesse
réelle et la vitesse elliptique, sans avoir égard aux variations survenues dans les autres élémens, sinon en
tant qu'elles modifient la vitesse. C'est ici que l'évaluation exacte des effets produits exige les calculs du
géomètre. Mais nous ne laisserons pas d'apercevoir
que ces calculs doivent aboutir à démontrer la nature
périodique et la compensation finale de toutes les variations de l'axe, si nous réfléchissons que la circulation de deux planètes autour du soleil, dans la même
direction et dans des périodes incommensurables, doit
en dernier résultat faire qu'elles se présentent l'une à
l'autre sous toutes les variations possibles de proximité,
et par conséquent d'intensité dans leur action mutuelle.
Dès-lors la vitesse que l'action perturbatrice de l'une
des planètes aura communiquée à l'autre dans une
certaine situation, sera infailliblement détruite dans

une situation différente, par suite du seul changement de configuration.

(567.) Concluons donc que les variations des grands axes des orbites planétaires dépendent exclusivement de cycles de configurations, tels que ceux qui règlent la grande inégalité de Jupiter et de Saturne, ou l'inégalité à longue période de Vénus et de la terre, expliquées précédemment; inégalités que l'on peut aussi regarder comme les résultats de semblables variations périodiques dans les axes. En effet, l'explication que nous avons donnée de ces inégalités, en les considérant comme produites par l'accumulation des actions non compensées de la force tangentielle, fournit une explication directe des variations des axes; puisque l'action de la force tangentielle est dirigée, à très-peu près, dans le même sens que la vitesse ou en sens contraire, et porte principalement sur l'intensité de la vitesse.

(568.) Considérons actuellement les altérations que les perturbations occasionent dans l'excentricité et dans la situation de l'axe sur le plan de l'orbite troublée. Nous avons vu (art. 348) que l'axe de l'orbe terrestre éprouve en effet un déplacement très-lent, et (art. 360) qu'un mouvement du même genre, quoique incomparablement plus rapide, est imprimé au grand axe de l'orbe lunaire : ce sont ces mouvemens dont il faut à présent rendre compte.

(569.) Le déplacement des apsides des orbes lunaire et planétaires peut être expliqué par un appareil mécanique élégant, très-propre à donner une idée du mouvement qui s'accomplit dans une orbite sous l'influence de forces centrales, variables avec la position du corps en mouvement. Imaginons un plomb suspendu à un fil métallique, attaché par un crochet

36.

à la surface inférieure d'une solive bien fixe, de manière à ce qu'il puisse se mouvoir librement en tous sens autour de la verticale, et venir dans l'état d'équilibre affleurer le plancher, ou une table placée à trois ou quatre mètres au-dessous du crochet. Le point de support doit être bien garanti de tout ébranlement par suite des oscillations du poids, et la masse de celui-ci doit être suffisante pour tenir le fil aussi tendu que possible, sans le rompre. On communique un très-petit mouvement au poids, non pas en l'éloignant simplement de la verticale et en le laissant retomber, mais en lui imprimant une légère impulsion de côté. Le poids commence alors à décrire une ellipse régulière autour du point d'équilibre comme centre. Si le poids est assez lourd, et qu'il porte un pinceau dirigé suivant le prolongement du fil de suspension, ce pinceau, en s'appuyant légèrement sur un papier horizontal, y décrira la trace de l'ellipse. Dans de telles circonstances, les axes de l'ellipse conserveront pendant long-temps à très-peu près les mêmes positions, quoique la résistance de l'air et la raideur du fil en diminuent graduellement les dimensions et l'excentricité. Mais si l'impulsion communiquée au poids est assez grande pour l'écarter de la verticale d'un angle considérable, tel que 15° ou 20°, la situation de l'ellipse cessera d'être permanente. Les axes se déplaceront à chaque révolution du poids, en marchant dans le même sens que le poids lui-même, d'un mouvement uniforme et régulier, qui leur fera décrire la circonférence entière, et qui reproduira exactement à l'œil le mouvement des apsides de l'orbe lunaire.

(570.) Il n'est pas difficile d'assigner la cause de cette progression des apsides. Le poids est sollicité en chaque instant, dans une direction perpendiculaire au fil, par une force qui varie comme le sinus de l'angle formé par le fil avec la perpendiculaire. Les sinus approchent d'autant plus d'être proportionnels à leurs arcs, que ces arcs sont eux-mêmes plus petits. Si donc les déviations de la verticale sont assez petites pour qu'on puisse négliger la courbure de la surface sphérique sur laquelle le poids se meut, et regarder la courbe décrite sur la surface, comme se confondant avec sa projection sur un plan horizontal, le mouvement du poids sera le même que celui d'un corps qui circule autour d'un centre dont l'attraction varie en raison directe de la distance ; et dans ce cas Newton a prouvé (*Princip.* I, 47) que la courbe décrite est une ellipse, ayant, non plus son foyer, mais son centre au point attirant, et ses apsides invariables. Si au contraire les écarts de la verticale sont considérables, la force qui varie comme les sinus, variera moins rapidement que les arcs *, et se trouvera moindre, aux plus grandes distances, qu'il ne le faudrait pour faire dé-

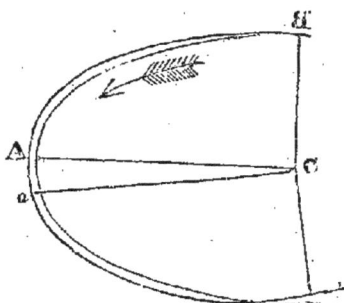

crire au poids une orbite précisément elliptique. Elle n'aura pas, à ces distances, l'intensité nécessaire pour

* Et à plus forte raison moins rapidement que les tangentes : or, les distances du point central à la pointe du pinceau, dans le mode de description imaginé par l'auteur, sont les tangentes des angles d'écart.   (*Note du Traducteur.*)

le faire dévier autant de la tangente; et par conséquent la courbe décrite aura *une moindre courbure* aux points éloignés du centre, ainsi qu'on le voit dans la figure. Par conséquent encore la vitesse ne recouvrera pas sitôt une direction perpendiculaire au rayon. Il faudra une action plus prolongée de la force centrale pour amener ce résultat; et dans l'intervalle le mouvement angulaire autour du centre se sera élevé à plus d'un quart de révolution. C'est dire en d'autres termes, et avec un plus grand circuit de paroles, ce qu'on exprime brièvement en disant que *les apsides de l'orbite avancent.*

(1571.) Le même raisonnement s'applique, *mutatis mutandis*, aux mouvemens de la lune et des planètes. L'action du soleil sur la lune se décompose en une force tangentielle, dont nous n'avons pas ici à considérer les effets, et une force radiale, dont la loi n'est pas celle de la gravitation terrestre. Cette force radiale se composant avec l'attraction de la terre, écartera l'orbe lunaire de la forme elliptique en la rendant, à partir du périgée, trop ou trop peu courbe pour que l'apogée revienne exactement à 180° du périgée : trop courbe si la force résultante décroît moins rapidement que le rapport inverse des carrés des distances; trop peu courbe dans le cas contraire.

Fig. 1.   *Fig.* 2.

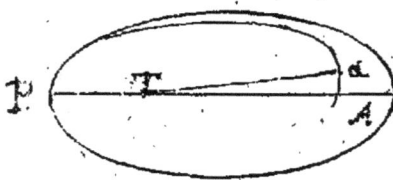 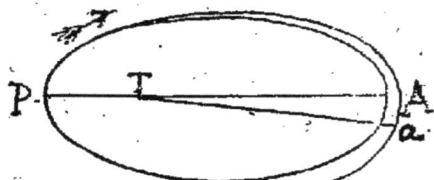

Dans la première hypothèse, *fig.* 1, la lune reviendra plus tôt à l'apogée et la ligne des apsides rétrogradera;

dans la seconde, *fig.* 2, la lune atteindra plus tard l'apogée et la ligne des apsides avancera.

(572.) Ces deux cas distincts se produisent selon les configurations du soleil et de la lune. Dans les syzygies, l'action solaire est soustractive de la gravitation terrestre, et son intensité varie, non en raison inverse du carré de la distance, mais en raison directe de la distance de la lune à la terre. L'action solaire est additive dans les quadratures, et toujours assujettie à la même loi de variation. En conséquence, dans le premier aspect les apsides de l'orbe lunaire avanceront et dans le second elles rétrograderont. Mais nous avons vu (art. 556) qu'en pareil cas la compensation de toutes les valeurs de la force perturbatrice laisse la prépondérance aux perturbations soustractives, ou à celles qui affaiblissent la gravitation centrale. En définitive, donc, et sur une révolution complète, les apsides lunaires auront avancé.

(573.) Le raisonnement dont on vient de faire usage rend en général un compte satisfaisant de l'avance de l'apogée lunaire; mais on rencontre une notable difficulté quand on veut l'appliquer à la détermination numérique de la vitesse de ce mouvement, puisqu'on ne trouve plus pour cette vitesse qu'une valeur moitié moindre de celle que donne l'observation, l'autre moitié dépendant de l'action de la force tangentielle. En effet, un accroissement dans la vitesse tangentielle doit opérer une diminution de la courbure de l'orbite, comme le ferait un décroissement de la force centrale, et *vice versâ*. L'effet direct de la force tangentielle étant de produire une oscillation dans la vitesse de la lune, au-dessus et au-dessous de la valeur elliptique de cette vitesse, doit par cela même faire alternativement avancer et rétrograder l'apogée. Les effets contraires se compenseraient à chaque révolution synodique, *si l'apogée était invariable*. Mais tel n'est pas le cas, puisque l'apogée, comme on l'a vu, *avance rapidement* par la seule action de la force radiale. De plus, les effets non compensés de la force tangentielle sont tellement répartis sur l'orbite, qu'ils conspirent avec ceux de la force radiale, et doublent à peu près la valeur du résultat final. C'est ce qu'expriment les géomètres, en disant que cette portion du mouvement de l'apogée dépend du carré de la force perturbatrice. Les effets de la force tangentielle sur l'apogée se compenseraient si l'apogée n'était pas déjà mis en mouvement par la force radiale, de sorte que la non-compensation est due à la réaction d'une perturbation sur une autre perturbation.

(574.) Le phénomène de perturbation curieux et compliqué que l'on vient d'expliquer dans le précédent article, a plus embarrassé les géomètres qu'aucun autre point de la théorie de la lune. Newton lui-même avait réussi à déterminer la portion du mouvement de l'apogée due à l'action directe de la force radiale; mais, trouvant que ce mouvement n'était que la moitié de celui qu'assignait l'observation, il paraît que cette difficulté le rebuta et lui fit abandonner la question. Lorsque ses successeurs la reprirent long-temps après, on pouvait présumer que ce serait avec plus de succès. Tout au contraire, le résultat de Newton sembla se vérifier exactement; et les efforts infructueux tentés à ce sujet commençaient à faire douter sérieusement si le mouvement de l'apogée lunaire pouvait être expliqué par la loi newtonienne de la gravitation. Toutefois le doute fut écarté presque au moment où il venait de naître, par le même géomètre qui lui avait donné crédit, par Clairaut, qui répara glorieusement le tort d'un

moment d'hésitation, en démontrant l'accord exact de
l'observation et de la théorie, quand on avait égard
convenablement à la force tangentielle. La période du
mouvement de l'apogée lunaire est, comme on l'a dit
(art. 360), d'environ neuf ans.

(575.) La même cause qui amène un déplacement
de la ligne des apsides, produit un changement correspondant dans l'excentricité de l'orbite. La chose est
évidente d'après les figures 1 et 2 de l'art. 571. Sur
la figure 1, nous voyons que le corps troublé, en passant de l'apside inférieure à l'apside supérieure, sous
l'influence d'une force centrale plus intense, décrit
une orbite dont la courbure est plus grande, indiquée
par la ligne comprise dans l'intérieur de l'ellipse.
En conséquence l'apside supérieure est plus rapprochée de l'inférieure qu'elle ne le serait dans l'ellipse ;
ce qui revient à dire que l'excentricité de l'orbite, déterminée par le rapport des distances des deux apsides
au foyer, est diminuée, et que l'orbite approche davantage de la forme circulaire. Le contraire a lieu
dans le cas de la figure 2. Ceci établit entre le déplacement du périhélie et la variation d'excentricité une
dépendance du même genre que celle qui lie le changement d'inclinaison au mouvement des nœuds; et en
effet les théories mathématiques de l'une et de l'autre
classe de phénomènes offrent une étroite analogie, et
conduisent finalement à des résultats parallèles. Ce que
le changement d'inclinaison est au mouvement des
nœuds, la variation d'excentricité l'est par rapport au
mouvement du périhélie. Les nœuds ont la même période que l'inclinaison, et le lieu du périhélie la même
période que l'excentricité. Tandis que les périhélies décrivent des angles considérables, par un mouvement
oscillatoire de va-et-vient, ou qu'ils parcourent la cir-

conférence entière, les excentricités croissent et décroissent dans des limites beaucoup plus étroites, et
finalement reprennent leurs grandeurs originaires.
Pour la lune, de même que le mouvement rapide des
nœuds s'oppose à ce que les changemens d'inclinaison
s'accumulent au point de devenir sensibles ; de même
la révolution encore plus rapide de l'apogée opère une
prompte compensation entre les oscillations de l'excentricité, sans que le changement moyen puisse jamais
acquérir une valeur sensible : en effet, comme dans l'un
et l'autre cas l'orbite lunaire vient se présenter rapidement dans toutes les situations possibles par rapport
aux forces perturbatrices, soit qu'elles proviennent du
soleil, des planètes, ou de la protubérance équatoriale
de la terre, il ne saurait y avoir lieu à une accumulation séculaire de petites variations. Aussi les observations s'accordent pour démontrer que l'excentricité
moyenne de l'orbe lunaire n'a été altérée en rien depuis les époques les plus reculées de notre astronomie.

(576.) Les mouvemens des périhélies et les changemens d'excentricité sont entrelacés et compliqués entre
eux de la même manière et à peu près suivant les mêmes
lois que les mouvemens des nœuds et les changemens
d'inclinaison. Chacun d'eux réagit sur l'un quelconque
des autres, et chacune de ces actions réciproques a une
période de compensation à elle propre ; enfin chacune
de ces périodes se propage en réagissant sur tout le
système, d'après le principe de l'art. 526. De là des
cycles entés sur des cycles; et, pour nous faire une idée
de leur durée, il suffira de donner la longueur d'une
de ces périodes, relative aux deux principales planètes,
Jupiter et Saturne. En négligeant les actions de toutes les autres, leur action mutuelle fait varier l'excentricité de l'orbite de Saturne entre les limites 0,08409

et 0,01345; celle de Jupiter entre les limites plus resserrées 0,06036 et 0,02606 : la plus grande valeur d'excentricité pour Saturne correspondant à la moindre valeur pour Jupiter, et réciproquement. La période de ces variations est de 70414 ans. D'après cet exemple on peut aisément concevoir combien de millions d'années devraient s'écouler pour l'entier développement du cycle composé qui rétablirait le système dans son état originaire, en ce qui concerne seulement les excentricités des orbites.

(577.) Le lieu du périhélie d'une planète a peu d'importance pour son état physique; mais l'excentricité est un élément très-influent, puisque c'est d'elle (attendu la permanence des grands axes) que dépend la température moyenne de la surface de la planète, et les variations extrêmes des saisons à cette surface. On peut en effet prouver aisément que la *quantité moyenne annuelle* de lumière et de chaleur envoyée par le soleil à la planète, est proportionnelle, toutes choses égales d'ailleurs, au petit axe de l'orbe qu'elle décrit. Tout changement d'excentricité fera varier le petit axe, et altérera la température moyenne de la surface, en influant (art. 315) sur les valeurs extrêmes de la température. Cela posé, on est porté naturellement à demander si, dans le cours du cycle immense dont nous venons de parler, les changemens d'excentricité dus à diverses causes conspirantes ne peuvent pas s'accumuler au point de rendre l'excentricité de l'orbite de la terre extrêmement grande, et de faire que cette planète soit inhabitable pour l'homme. Les recherches des géomètres nous mettent à même de résoudre négativement cette question. Lagrange a démontré l'existence d'une relation entre les masses des planètes, les axes et les excentricités de leurs orbites, semblable à celle qui subsiste pour les inclinaisons, et dont voici l'énoncé : *Si l'on multiplie la masse de chaque planète par la racine carrée du grand axe de son orbite, et le produit par le carré de l'excentricité, la somme de tous les produits semblables, étendue à tous les corps du système, restera invariable;* et comme en fait cette somme est à présent extrêmement petite, elle restera toujours telle. Attendu que les axes des orbites ne sont pas sujets à des variations séculaires, cette proposition revient à dire que l'excentricité d'une orbite en particulier ne peut croître qu'aux dépens d'un *fonds commun*, qui est et doit toujours rester extrêmement petit. *

(578.) Nous avons eu occasion de parler, dans un des articles précédens, des perturbations que l'orbe lunaire éprouve de la part de la protubérance équatoriale de la terre. L'attraction d'une sphère est la même que si toute la matière était condensée au centre, mais on n'en peut plus dire autant d'un sphéroïde. L'attraction d'un tel corps n'est pas exactement dirigée vers le centre, et ne suit pas rigoureusement le rapport inverse des carrés des distances. De là, dans les mouvemens de la lune, une série de perturbations appréciables, quoique très-petites, qui affectent le nœud et l'apogée. La plus remarquable est une petite nutation de l'orbe lunaire, parfaitement analogue à celle que la lune fait éprouver au plan de l'équateur terrestre, par suite de

---

* Il faut convenir que cette relation ne suffit pas pour préserver les petites planètes (Mercure, Mars, Junon, Cérès, etc.) d'une catastrophe produite par l'accumulation sur l'une d'entre elles, ou sur toutes ensemble, de la totalité du *fonds commun d'excentricité*. Mais ce cas ne saurait arriver : Jupiter et Saturne retiendront toujours pour eux la part du lion. Une semblable remarque s'applique au *fonds commun d'inclinaison* de l'art. 545.

l'existence de la même protubérance. En général on peut observer que, dans les systèmes de planètes pourvues de satellites, l'ellipticité de la figure de la planète principale tend à faire coïncider les orbes des satellites avec l'équateur de la planète. Cette tendance, très-faible pour la terre, devient prédominante à l'égard de Jupiter, dont l'ellipticité est très-considérable, et surtout à l'égard de Saturne, en raison de l'attraction de l'anneau dont l'effet s'ajoute à celui de l'ellipticité du corps. Elle l'emporte alors sur toute autre cause d'écart, en produisant et maintenant la coïncidence presque exacte des plans en question, du moins à l'égard des satellites les plus voisins de la planète. Les plus distants sont comparativement moins affectés par cette tendance, vu que la différence des attractions exercées par une sphère et par un sphéroïde décroît fort rapidement quand la distance augmente. Ainsi, tandis que les six satellites intérieurs de Saturne ont leurs orbites presque exactement situées dans le plan de l'anneau et de l'équateur de la planète, le satellite extérieur, dont la distance à Saturne égale 60 ou 70 fois le diamètre de la planète, a la sienne considérablement inclinée sur le même plan. D'un autre côté la même distance qui a permis au satellite de se mouvoir dans une orbite aussi inclinée, s'oppose par la même raison à ce qu'il communique par son attraction, à l'anneau et à l'équateur de la planète, des mouvemens appréciables, analogues à notre précession et à notre nutation. S'ils existaient, ils devraient être beaucoup plus lents que ceux de la terre; le septième satellite, quoique le plus considérable du système, ayant, à en juger par les dimensions apparentes, une masse beaucoup plus petite relativement à celle de Saturne, que la lune ne l'est par rapport à la terre; tandis que la précession solaire, en raison de l'immense distance du soleil, doit être tout-à-fait inappréciable.

(579.) La comparaison de la théorie des perturbations planétaires avec les observations, est l'unique moyen de connaître les masses des planètes qui n'ont pas de satellites. Chaque planète produit dans les mouvemens de chacune des autres une perturbation proportionnelle à sa masse, et au degré de prépondérance que lui donne la situation du système. Ce dernier élément peut être l'objet d'un calcul exact, l'autre ne saurait être connu que par l'observation des effets produits. Quand on détermine les masses des planètes par ce moyen, la théorie est d'un grand secours en indiquant les combinaisons les plus propres à isoler successivement chaque inégalité, de la foule de celles qui affectent simultanément chaque planète, en assignant les lois suivant lequelles ces inégalités croissent et décroissent périodiquement, en déterminant le rapport entre la grandeur de chaque inégalité et celle de la masse qui la produit. C'est ainsi qu'on s'est assuré dernièrement par l'observation des dérangemens que Jupiter apporte dans les mouvemens des planètes ultra-zodiacales, que la valeur de la masse de Jupiter, employée par Laplace dans ses recherches, et admise dans la construction de toutes les tables planétaires, telle qu'on l'avait conclue des observations de Pound et de plusieurs autres sur les élongations des satellites, était considérablement erronée. L'erreur avait une grande importance, puisque la masse de Jupiter est après celle du soleil celle qui influe le plus sur le système planétaire. Heureusement, M. Airy vient de faire voir qu'elle tenait à une erreur commise par les anciens observateurs dans les mesures micrométriques des plus grandes élongations des satellites, et qu'elle disparaît quand on apporte à ces observations le soin convenable, et qu'on y emploie les instrumens modernes incomparablement plus parfaits.

(580.) De même que les perturbations des planètes nous font connaître les rapports de leurs masses à celle du soleil, les perturbations des satellites de Jupiter ont déjà conduit, et celles des satellites de Saturne conduiront sans doute à connaître les rapports des masses de ces satellites à celles de leurs planètes principales. Le système des satellites de Jupiter a été soigneusement étudié par Laplace; et, d'après sa théorie, comparée avec de nombreuses observations d'éclipses des satellites, on a assigné à leurs masses les valeurs données dans l'art. 463. Peu de résultats théoriques sont plus surprenans que celui d'avoir pesé dans la même balance d'aussi frêles atomes et la lourde masse du soleil, qui surpasse celle du plus petit satellite dans la proportion énorme de 65 000 000 à 1.

CHAPITRE XII.

ASTRONOMIE SIDÉRALE.

DES ÉTOILES EN GÉNÉRAL. — LEUR CLASSIFICATION D'APRÈS LEURS
GRANDEURS APPARENTES.—LEUR DISTRIBUTION DANS LE CIEL. —
VOIE LACTÉE, — PARALLAXE ANNUELLE. — DISTANCES RÉELLES,
DIMENSIONS PROBABLES ET NATURE DES ÉTOILES. — ÉTOILES
VARIABLES. — ÉTOILES TEMPORAIRES. — ÉTOILES DOUBLES. —
RÉVOLUTION DES ÉTOILES DOUBLES LES UNES AUTOUR DES AU-
TRES DANS DES ORBES ELLIPTIQUES. — EXTENSION DE LA LOI DE
LA GRAVITATION AUX SYSTÈMES D'ÉTOILES DOUBLES. — ÉTOILES
COLORÉES.—MOUVEMENS PROPRES DU SOLEIL ET DES ÉTOILES.—
ABERRATION ET PARALLAXE DU SYSTÈME SOLAIRE. — SYSTÈMES
D'ÉTOILES. — AMAS D'ÉTOILES. — NÉBULEUSES. — ÉTOILES NÉ-
BULEUSES.—NÉBULEUSES ANNELAIRES ET PLANÉTAIRES.—LUMIÈRE
ZODIACALE.

(581.) Outre les corps dont nous avons donné la
description dans les chapitres qui précèdent, le ciel
nous offre une multitude innombrable d'autres astres
que l'on comprend généralement sous la dénomination
d'étoiles. Ces astres, quoiqu'ils diffèrent individuellement les uns des autres, non-seulement par l'éclat,
mais par d'autres caractères essentiels, jouissent
d'un attribut commun, savoir d'un haut degré de
permanence dans leurs positions relatives apparentes.
Cette propriété leur a fait donner le nom d'*étoiles
fixes*, expression qu'il faut prendre dans un sens relatif et non pas absolu; puisque certainement beaucoup d'étoiles, et probablement toutes sont dans un
état de mouvement, mais trop lent pour devenir sensible, sinon à l'aide d'observations très-délicates,
prolongées pendant une longue série d'années.

(582.) Les astronomes sont dans l'usage de classer les étoiles d'après leur éclat apparent, que l'on nomme *grandeur*. Les étoiles les plus brillantes sont dites de première grandeur : viennent ensuite celles qui diffèrent assez notablement des premières dans leur éclat pour former une seconde classe ; et ainsi jusqu'aux étoiles de sixième ou de septième grandeur, qui sont les plus petites que l'on puisse apercevoir à l'œil nu, dans une nuit sombre et sereine. Mais avec le secours des télescopes la progression va beaucoup plus loin ; et ceux qui sont familiarisés avec l'usage des instrumens d'un grand pouvoir, comptent des étoiles depuis la 8e jusqu'à la 16e grandeur. Il n'y a d'ailleurs aucune raison d'assigner des limites à cette progression : chaque accroissement dans les dimensions et dans le pouvoir des instrumens, par suite des progrès successifs de l'optique, ayant fait apercevoir une multitude innombrable d'objets célestes invisibles auparavant ; de sorte qu'à en juger d'après l'expérience, le nombre des étoiles est réellement infini, dans le seul sens que nous puissions attribuer à ce mot.

(583.) Il faut remarquer du reste que la classification par ordre de grandeur est entièrement arbitraire. Sur une multitude d'objets lumineux, qui diffèrent probablement tant en dimensions qu'en éclat intrinsèque, et qui sont dispersés à distances inégales de nous, il faut bien qu'il y en ait un qui nous paraisse le plus brillant de tous, qu'un autre vienne après et ainsi de suite. Mais dans cette progression infinie, depuis l'objet le plus brillant jusqu'à celui qui échappe tout-à-fait à notre vue, l'établissement d'un certain nombre de lignes de démarcation est une chose purement conventionnelle. Ici, l'usage a fixé une semblable convention ; et, quoiqu'il soit impossible d'assi-

gner exactement où commence et où finit un ordre
de grandeur, et que tous les observateurs ne soient
pas unanimes sur la classe où il faut ranger chaque
étoile, on est généralement d'accord aujourd'hui de
ne comprendre dans le premier ordre de grandeur que
les 15 ou 20 étoiles principales; les 50 ou 60 qui viennent après sont les étoiles de seconde grandeur; on en
compte environ 200 dans le troisième ordre, et ainsi
de suite: les nombres augmentant très-rapidement à
mesure que l'on descend l'échelle des grandeurs. Le
nombre des étoiles déjà enregistrées, en descendant
jusqu'à la septième grandeur inclusivement, monte
à 15000 ou 20000.

(584.) Comme nous ne pouvons voir le disque réel
des étoiles, et que nous ne jugeons de leurs grandeurs
apparentes que par l'impresssion que leurs rayons
confondus exercent sur l'œil, cette grandeur devra
dépendre pour chaque étoile, 1° de la distance où
elle est de nous; 2° de la grandeur absolue de sa
surface lumineuse; 3° de l'éclat intrinsèque de cette
surface. Puisque tous ces élémens nous sont complétement ou presque complétement inconnus, et que
nous avons toute raison de supposer qu'ils peuvent
différer, selon les individus, dans le rapport de plusieurs millions à l'unité, il est clair qu'on ne doit
pas s'attendre à tirer des conclusions bien satisfai-
santes des rapports numériques entre des groupes
dont la formation n'a rien que d'artificiel. Jusqu'à
présent, les astronomes ne se sont pas accordés sur la
loi des rapports photométriques des grandeurs, tout
en reconnaissant que cette loi approche d'une progression géométrique* dont chaque terme serait la moitié

* Struve, Catalogue d'étoiles doubles, de Dorpat, p. 55.

du précédent. Cependant il serait fort à souhaiter
qu'en mettant de côté toute classification arbitraire,
on pût évaluer numériquement, d'après des expériences précises de photométrie, l'éclat apparent de
chaque étoile. Ceci fournirait un caractère du genre
de ceux qu'on appelle définis en histoire naturelle,
et servirait de terme de comparaison pour constater
les changemens que cet éclat pourrait subir; changemens que nous avons reconnus à l'égard de plusieurs
étoiles, et qu'il est permis dès lors de soupçonner à
l'égard de toutes. Provisoirement, on pourra employer comme première approximation les proportions
suivantes de lumière, que sir W. Herschel a conclues de
ses expériences sur un petit nombre d'étoiles choisies[*]:

Lumière d'une étoile moyenne de 1ʳᵉ grandeur : = 100.

$$2^e \qquad = 25.$$
$$3^e \qquad = 12?$$
$$4^e \qquad = 6.$$
$$5^e \qquad = 2.$$
$$6^e \qquad = 1.$$

D'après mes propres expériences, j'ai trouvé que la
lumière de Sirius, la plus brillante des étoiles fixes,
égale environ 324 fois celle d'une étoile moyenne de
sixième grandeur [**].

(585.) Si la comparaison des nombres d'étoiles dans
chaque ordre de grandeur apparente ne conduit pas à
une conclusion précise, il en est autrement du rapport des grandeurs avec le mode de répartition des
étoiles sur la voûte céleste. Lorsqu'on se borne à
considérer les trois ou quatre premières classes, on
trouve les étoiles distribuées sur la sphère avec assez

[*] *Phil. Trans.*, 1817.
[**] *Trans. Astron. Soc.* III, 183.

d'égalité; mais si l'on tient compte de toutes celles qui
sont visibles à l'œil nu, on s'aperçoit que les nombres
éprouvent un grand et rapide accroissement, quand
on approche des bords de la voie lactée. Et si l'on
descend jusqu'aux grandeurs télescopiques, l'accumulation des étoiles, le long de cette zone et des deux branches dans lesquelles elle se divise, surpasse l'imagination (art. 253) : tellement qu'en réalité la lumière de
la voie lactée n'est que le résultat de cette accumulation d'étoiles, dont la grandeur moyenne peut être
rapportée au dixième ou onzième ordre.

(586.) Un pareil phénomène s'accorde avec la supposition que les étoiles qui peuplent notre firmament,
au lieu d'être indifféremment réparties dans l'espace
suivant toutes les directions, forment une couche dont
l'épaisseur est petite, en comparaison de la longueur
et de la largeur; couche dans l'intérieur de laquelle la
terre se trouve située vers le milieu de l'épaisseur, et
près du point où elle se divise en deux lames principales, inclinées d'un petit angle l'une sur l'autre. Il
est certain que, pour un œil placé de la sorte, la densité
apparente des étoiles, en les supposant distribuées à
peu près également dans l'espace qu'elles occupent,
aura sa moindre valeur dans la direction du rayon
visuel S A perpendiculaire à la couche; et que ses va-

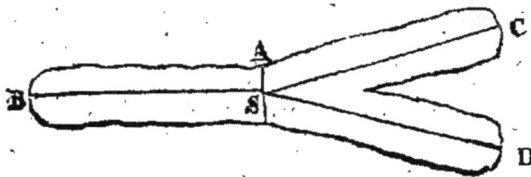

leurs les plus grandes correspondront aux rayons SB,
SC, SD, menés dans le sens de la largeur; que la
densité croîtra rapidement en passant de la première

direction aux autres, précisément comme nous voyons
une brume qui paraît légère dans les régions supérieures de l'atmosphère, s'épaissir près de l'horizon,
et y former un banc nébuleux bien caractérisé, uniquement par suite de l'accroissement de longueur du
rayon visuel qui traverse les couches d'air. Telle est
l'hypothèse sur la constitution du ciel étoilé, émise par
sir W. Herschel, dont les puissans télescopes ont opéré
l'analyse complète de cette zone merveilleuse, et montré qu'elle est entièrement composée d'étoiles. L'accumulation d'étoiles dans certaines régions de la voie
lactée est telle qu'il a été amené à conclure, en comptant les étoiles comprises dans le champ de son télescope, qu'il y en avait passé 50000 sous ses yeux, dans
une zone de deux degrés de largeur, pendant une heure
seulement d'observation. Les distances immenses qui
doivent nous séparer des régions les plus éloignées de
la voie lactée, expliquent suffisamment le nombre relativement très-grand des étoiles de petites grandeurs
qu'on y observe.

(587.) Quand nous parlons de l'éloignement relatif
de certaines régions du ciel étoilé, la question qui
s'offre immédiatement est celle-ci : A quelles distances
sommes-nous des étoiles fixes les plus voisines? Sur
quelle échelle notre firmament visible est-il construit?
Quel est le rapport de ses dimensions à celles de notre
système solaire? A toutes ces demandes, les astronomes reconnaissent qu'ils sont jusqu'ici hors d'état
de répondre. Toutes nos connaissances sur cet objet
sont négatives. Nous sommes parvenus, moyennant
des observations délicates et des théories subtiles, à
déterminer en premier lieu les dimensions de la terre;
puis nous sommes partis de cette base pour mesurer
les dimensions de l'orbite que la terre décrit autour

du soleil; en choisissant ensuite pour stations deux points opposés de la circonférence de cette orbite, nous avons étendu nos mesures jusqu'aux limites de notre système planétaire; et d'après la connaissance que nous avons des lois qui règlent les excursions des comètes, nous avons fait quelques pas au-delà de l'orbite de la planète la plus reculée. Mais entre cette orbite et l'étoile la plus voisine il y a un abîme que nos observations n'ont pu sonder. Jusqu'à ce jour, elles ne nous permettent d'assigner distinctement aucune approximation, de fixer aucune distance, quelque immense qu'elle soit, que l'on ne puisse aussi bien supposer inférieure de beaucoup à la véritable.

(588.) Le diamètre de la terre est la base qui nous a servi dans la *triangulation* de notre système (article 226), pour calculer la distance du soleil; mais l'extrême petitesse de la parallaxe de cet astre (art. 304) rendait si délicat le calcul de ce triangle *désavantageux* (art. 227), qu'il a fallu un heureux concours de circonstances favorables, dû aux passages de Vénus sur le soleil (art. 409), pour obtenir un résultat digne de confiance. En conséquence, le diamètre de la terre s'est trouvé bien trop petit pour servir de base à la triangulation directe des corps situés sur les confins de notre système planétaire (art. 449); et il nous a fallu substituer à la parallaxe diurne la parallaxe *annuelle*, ou, ce qui revient au même, fonder notre calcul sur les vitesses relatives de la terre et des planètes dans leurs orbites (art. 414). On devrait s'attendre assez naturellement à ce qu'une base aussi vaste que le diamètre de l'orbe terrestre pût être avantageusement employée pour la triangulation des étoiles; à ce que le déplacement de la terre, d'un point de son orbite au point opposé, produisît une parallaxe annuelle des étoiles, susceptible d'être mesurée, et de conduire par le calcul à la connaissance de leurs distances. Mais quelque raffinement qu'on ait apporté aux observations, les astronomes n'ont pu arriver par cette voie à des conclusions positives et concordantes; de façon qu'il semble démontré que cette parallaxe, même pour les étoiles fixes les plus proches parmi celles qu'on a examinées avec le soin convenable, se trouve mêlée avec les erreurs fortuites inhérentes aux observations, et masquée par elles. Or, le degré de perfection auquel celles-ci ont été portées, ne permet pas de douter que si la parallaxe en question était seulement d'une seconde (ou si le rayon de l'orbe terrestre, vu de la plus proche étoile fixe, soutendait cet angle si petit), elle n'aurait pas manqué d'être universellement reconnue.

(589.) Le rayon est au sinus de 1″, en nombres ronds, comme 200 000 à 1. Tel doit donc être, *au moins*, le rapport entre la distance des étoiles fixes au soleil et celle du soleil à la terre. Celle-ci excède, comme on l'a vu, 24000 rayons terrestres; et enfin, pour descendre à nos unités vulgaires, le rayon terrestre surpasse 1400 de nos lieues. La distance des étoiles est donc *plus grande* que 4 800 000 000 rayons terrestres, ou que 6 720 000 000 000 lieues! De combien est-elle plus grande? c'est ce que nous ignorons.

(590.) L'imagination se perd dans de tels nombres. Le seul moyen de concevoir de pareilles distances, est de les mesurer par le temps que la lumière emploie à les parcourir. Or, nous savons que la vitesse de la lumière est de 70000 lieues par seconde : ainsi, elle mettrait 96 000 000 secondes, ou plus de trois ans, pour arriver d'une étoile à la terre, d'après la plus basse évaluation. Quelles distances assignerons-nous donc à ces innombrables étoiles de petites grandeurs que le télescope nous découvre! Si l'on admet que la lumière d'une étoile, dans chaque ordre de grandeur, soit la moitié de la lumière d'une étoile de l'ordre qui précède, il en résultera qu'une étoile de première grandeur devrait être reculée à une distance 362 fois plus grande pour nous paraître comme une étoile du seizième ordre. Ainsi, dans la foule innombrable des étoiles télescopiques, il doit y en avoir dont la lumière a mis au moins mille ans pour venir à nous; et quand nous les observons, que nous prenons note de leurs changemens, c'est leur histoire d'il y a mille ans que nous lisons et écrivons. Nous ne pouvons échapper à cette conclusion surprenante, qu'en admettant l'hypothèse d'une infériorité intrinsèque de lumière dans *toutes* les petites étoiles de la voie lactée. Nous pourrons mieux estimer la probabilité de l'une ou de l'autre alternative, lorsque nous aurons pris connaissance d'autres systèmes stellaires, dont l'existence nous est révélée par le télescope, et qui, par les analogies observées dans leurs constitutions, nous montreront que la première hypothèse est en harmonie parfaite avec l'ensemble des faits astronomiques.

(591.) Quittons toutefois le champ de la spéculation, et au moyen de ce que nous avons assigné des limites qui sont certainement moindres que les distances des étoiles, tirons de ce fait négatif quelque aperçu sur leurs grandeurs réelles. Le télescope ne peut nous fournir à ce sujet aucune indication directe. Les disques que les étoiles semblent conserver, même dans les bons télescopes, n'ont rien de réel et ne sont qu'une pure illusion d'optique. Mais le docteur Wollaston a trouvé par des expériences photométriques directes, qui ne nous paraissent pas comporter d'objections *, que la lumière qui nous vient de Sirius est à celle du soleil dans le rapport de 1 à 20 000 000 000. Pour que le soleil ne nous parût pas plus brillant que Sirius, il faudrait donc qu'il fût éloigné de nous de 144 400 fois sa distance actuelle. Nous avons vu précédemment que la distance de Sirius est nécessairement plus grande que 200 000 fois celle du soleil. Par conséquent, à compter au plus bas, la lumière émanée de Sirius doit être plus du double de celle qui émane du soleil; ou Sirius doit équivaloir, quant à l'éclat intrinsèque, au moins à deux soleils; et selon toute probabilité la supériorité de sa lumière est encore beaucoup plus grande **.

(592.) A quel dessein pensons-nous que ces corps magnifiques aient été dispersés dans les abîmes de l'espace? Ce n'est sans doute pas pour éclairer *nos* nuits (but qui aurait été mieux atteint, en donnant à la terre une lune de plus, eût-elle dû être mille fois plus petite que celle qui lui sert effectivement de satellite), ni pour briller comme un vain spectacle, vide de sens et de réalité, ou pour nous embarrasser dans d'inutiles conjectures. Nous en tirons parti, il est vrai, comme de points fixes et permanens auxquels nous rapportons les autres objets; mais il faudrait avoir étudié l'astronomie avec un esprit bien étroit, pour s'imaginer que l'homme soit l'unique objet des soins du Créateur, et pour ne pas voir, dans ce vaste et ad-

---

* *Phil. Trans.*, 1829, page 24.

** Le docteur Wollaston, en prenant (comme nous pensons qu'il était pleinement autorisé à le faire) pour la limite inférieure de la parallaxe de Sirius celle que nous avons adoptée dans le texte, en conclut que la lumière intrinsèque de cette étoile égale près de quatorze fois celle du soleil.

mirable appareil qui nous entoure, un plan qui se
rapporte à d'autres races d'êtres animés. Les planètes
tirent, comme nous l'avons vu, leur lumière du so-
léil, mais ce ne peut être le cas pour les étoiles. Celles-
ci, sans aucun doute, sont elles-mêmes des soleils, et
peut-être, chacune dans leur sphère, les centres
autour desquels circulent d'autres planètes, ou d'autres corps dont nous ne saurions avoir d'idée, parce
qu'ils n'ont point d'analogues dans notre système planétaire.

(593.) Nous ne manquons pas d'analogies, qui va-
lent mieux que de simples conjectures, pour indiquer
une correspondance entre les lois dynamiques qui dominent dans les régions les plus distantes du ciel étoilé, et celles qui régissent les mouvemens de notre propre système. Partout où nous observons une loi de
périodicité, un retour régulier des mêmes phénomènes dans les mêmes temps, nous sommes fortement
portés à associer à cette idée celle d'un mouvement de
rotation, ou de circulation dans une orbite. Or, certaines étoiles, sans se distinguer des autres par un
déplacement apparent, ni par une différence d'aspect
dans les télescopes, sont sujettes à des accroissemens
et diminutions périodiques d'éclat, qui, dans un ou
deux cas, vont jusqu'à l'extinction et la revivification
complètes. On les nomme étoiles *périodiques.* L'une
des plus remarquables est l'étoile *Omicron*, dans la
constellation de la Baleine, signalée d'abord par Fabri-
cius en 1596. Sa période se reproduit douze fois en
onze ans, ou, plus exactement, elle est de 334 jours.
L'étoile conserve son plus grand éclat pendant environ
quinze jours, et elle paraît alors quelquefois comme
une belle étoile de seconde grandeur ; elle décroît ensuite pendant trois mois environ, jusqu'à ce qu'elle

devienne complétement invisible l'espace d'à peu près cinq mois, après quoi son éclat va en croissant pendant les trois autres mois de sa période. Telle est en général la marche de ses phases ; mais quelquefois elle ne reprend pas le même éclat, ou ne suit pas les mêmes degrés d'accroissement et de décroissement. Hevelius rapporte même (*Lalande*, art. 794) que, pendant les quatre années écoulées d'octobre 1672 à décembre 1676, elle ne parut pas du tout.

(594.) Une autre étoile périodique très-remarquable est celle que l'on nomme *Algol*, ou β de Persée. Elle paraît ordinairement comme une étoile de 2e grandeur, et resté telle pendant 2j 14^h, au bout desquels son éclat décroît soudain, et dans l'espace d'environ 3h $\frac{1}{2}$ elle est réduite à la 4e grandeur. Elle recommence alors à croître, pour reprendre au bout de 3^h $\frac{1}{2}$ son éclat habituel, l'étendue entière de sa période étant d'environ 2j 20h 48^m. Cette loi remarquable suggère fortement l'idée qu'un corps opaque circule autour de l'étoile, et vient s'interposer entre elle et nous. Telle est aussi l'opinion de Goodricke, à qui l'on doit d'avoir découvert ce fait important en 1782*, époque depuis laquelle on a continué d'observer les mêmes phénomènes, quoique avec moins de soins que ne semble en mériter leur haut degré d'intérêt. Enten-

___

* La même découverte paraît avoir été faite à peu près vers la même époque par Palitzch, fermier à Prolitz près de Dresde, paysan par état, mais astronome par vocation, et devenu assez familier avec l'aspect du ciel pour reconnaître une étoile changeante entre plusieurs milliers d'autres et en fixer la période. Le même Palitzch fut aussi le premier à apercevoir la comète de Halley, dont le retour était prédit pour 1759, près d'un mois avant qu'elle ne fût vue des astronomes qui l'attendaient avec anxiété, armés de leurs télescopes. Ces anecdotes nous transportent bien loin de l'ère des bergers chaldéens.

dus comme on le voudra, ils indiquent une grande activité dans des régions d'où nous serions portés à croire, d'après les autres apparences, que la vie est bannie. Notre propre soleil emploie un temps neuf fois plus grand à tourner sur son axe.

(595.) La liste suivante renferme des exemples d'étoiles périodiques, à périodes très-diverses, telles qu'on les connaît pour le moment.

Noms des Étoiles.	Périodes.	Variations de grandeurs.	Premiers observateurs.
	J. H. M.		
β de Persée.	2 20 48	2 à 4	Goodricke, 1782. Palitzch, 1783.
δ de Céphée.	5 8 37	3.4 — 5	Goodricke, 1784.
β de la Lyre.	6 9 0	3 — 4.5	Goodricke, 1784.
η d'Antinoüs.	7 4 15	3.4 — 4.5	Pigott, 1784.
α d'Hercule.	60 6 0	3 — 4	Herschel, 1796.
Anonyme du Serpent*	180	7? — 0	Harding, 1826.
o de la Baleine.	334 21 0	2 — 0	Fabricius, 1596.
χ du Cygne.	396	6 — 11	Kirch, 1687.
367 de l'Hydre** B.	494	4 — 10	Maraldi, 1704.
34 du Cygne Fl.	18 ans.	6 — 0	Janson, 1600.
420 du Lion M.	plusieurs années.	7 — 0	Koch, 1782.
χ du Sagitaire.		5 — 6	Halley, 1676.
ψ du Lion.		6 — 0	Montanari, 1667.

Toutefois les variations de ces étoiles sont modifiées certainement quant à leur étendue, et peut-être aussi quant à la durée de leurs périodes, par des causes physiques jusqu'à présent inconnues. On a déjà mentionné la non-apparition de l'étoile o de la Baleine pendant quatre ans : nous pouvons joindre à cet exemple celui de l'étoile χ du Cygne qui, d'après Cassini,

* Ascension droite, 15 h. 41 m., distance polaire, 74° 15'.
** Les lettres B. Fl. et M. se rapportent aux catalogues de Bode, de Flamsteed et de Mayer.

était presque invisible pendant les années 1699, 1700 et 1701, aux époques où elle aurait dû atteindre son plus grand éclat.

(596.) Ces irrégularités nous préparent à d'autres phénomènes qui n'ont été ramenés jusqu'ici à aucune loi de périodicité, et que, dans notre inexpérience, nous pouvons regarder comme purement accidentels, ou comme soumis à des périodes trop longues pour s'être produits plus d'une fois, depuis l'époque où les observations anciennes ont commencé de nous être transmises. Les phénomènes dont nous voulons parler sont les étoiles *temporaires*, qui ont apparu à plusieurs époques, avec un éclat extraordinaire, dans diverses régions du ciel; et qui, après avoir subsisté avec tous les caractères de fixité des étoiles, ont disparu sans laisser de traces. Telle a été l'étoile dont l'apparition soudaine, dans l'an 125 avant J.-C., fixa, dit-on, l'attention d'Hipparque, et lui fit entreprendre son catalogue d'étoiles, le plus ancien dont il soit fait mention. Telle a été encore l'étoile observée l'an 389 de notre ère, près de α de l'Aigle, qui eut pendant trois semaines l'éclat de Vénus, et disparut ensuite entièrement. Dans les années 945, 1264 et 1572, des étoiles brillantes ont paru dans la région du ciel comprise entre Céphée et Cassiopée; et d'après la notion imparfaite que nous avons des lieux des deux premières, tandis que celui de la dernière a été bien déterminé, comme aussi d'après l'égalité approchée des intervalles d'apparition, nous pouvons supposer qu'elles sont un seul et même astre, dont la période serait de 300, ou, suivant Goodricke, de 150 ans. L'apparition de l'étoile de 1572 fut si soudaine que le célèbre astronome danois Tycho-Brahé, retournant un soir (le 11 novembre) de son observatoire chez lui,

fut.étonné de trouver un groupe de gens du peuple,
occupés à regarder l'étoile en question, que certainement il aurait aperçue, si elle avait été visible une
demi-heure auparavant. Elle était alors aussi brillante
que Sirius, et elle continua de croître en éclat, au
point de surpasser Jupiter, même lorsqu'il se trouve
en opposition, et d'être visible en plein midi. Elle
commença à décroître en décembre de la même année, et au mois de mars 1574 elle avait entièrement
disparu. Le 10 octobre 1604, une étoile du même
genre, non moins brillante, apparut dans la constellation du Serpentaire, et fut visible jusqu'en octobre
1605.

(597.) Des phénomènes semblables, mais moins
éclatans, ont eu lieu plus récemment : on peut citer
l'étoile de troisième grandeur, découverte par Anthel-
me, en 1670, dans la tête du Cygne, qui devint ensuite complétement invisible, se montra de nouveau,
et après avoir éprouvé en deux ans une ou deux singulières variations de lumière, finit par disparaître
tout-à-fait, et n'a jamais été vue depuis. Lorsqu'on
fait une revue attentive du ciel, en le comparant avec
les catalogues, on trouve que nombre d'étoiles manquent, et bien qu'en beaucoup de cas on doive attribuer ce mécompte à des erreurs de catalogue, il n'est
pas moins certain qu'en d'autres rencontres il s'agit
d'étoiles réellement observées, et qui ont réellement
disparu du ciel *. Ces observations constituent une

* L'étoile 42 de la Vierge est insérée dans le *Catalogue of the
Astronomical Society*, d'après le catalogue zodiacal de Zach. Je
ne l'ai plus trouvée le 9 mai 1828, et depuis je l'ai cherchée en
vain dans le champ de mon réflecteur de 20 pieds, à moins qu'elle
ne soit une des deux étoiles égales de neuvième grandeur qui se
trouvent très-près de la place qu'on lui avait assignée.

branche de l'astronomie pratique, jusqu'à présent trop peu cultivée, et qui est précisément celle où les amateurs de la science, sans avoir autre chose que de bons yeux ou des instrumens médiocres, peuvent faire de leur temps un excellent emploi *, et se promettre une riche moisson de découvertes; tandis que les astronomes de profession, attachés aux observatoires publics, en sont pour la plupart distraits par des travaux d'un autre genre. Des catalogues qui indiquent l'éclat relatif des étoiles pour chaque constellation, ont été construits par sir W. Herschel, dans le but spécial de faciliter ce genre de recherches; et le lecteur les trouvera, avec une ample explication de la méthode qu'on y a suivie, dans les Transactions philosophiques de 1796 et années suivantes.

(598.) Passons à une classe de phénomènes d'un caractère tout différent, qui nous fournissent une donnée positive sur la nature des étoiles, ou du moins de beaucoup d'entre elles, en nous démontrant qu'elles obéissent aux mêmes lois dynamiques, à la même force de gravitation qui régit notre système. Beaucoup d'étoiles, lorsqu'on les examine au télescope, sont *doubles*, c'est-à-dire se résolvent en deux, quelquefois même en trois étoiles très-rapprochées. S'il n'y avait que peu d'exemples d'une telle proximité, on pourrait la regarder comme fortuite; mais la fréquence de cette association, l'extrême rapprochement, et dans beaucoup de cas la presque égalité des étoiles ainsi réunies, portent fortement à soupçonner l'existence d'une relation plus intime. On trouve par exemple que la

---

* « Ces variations des étoiles sont bien dignes de l'attention des observateurs curieux... Un jour viendra peut-être où les sciences auront assez d'amateurs pour qu'on puisse suffire à ces détails. » (*Lalande*, art. 824.) Assurément ce jour est maintenant arrivé.

belle étoile Castor, fortement grossie, est formée de deux étoiles entre la troisième et la quatrième grandeurs, distantes l'une de l'autre de 5″. Or, les étoiles de cette grandeur ne sont pas assez communes dans le ciel, pour qu'il soit probable que deux d'entre elles tomberaient aussi près l'une de l'autre, si elles étaient dispersées au hasard. Mais ce n'est là qu'un exemple entre une foule d'autres. Sir W. Herschel a compté plus de 500 étoiles doubles, formées d'étoiles éloignées l'une de l'autre de moins d'une demi-minute; et récemment le professeur Struve, de Dorpat, en poursuivant ce genre de recherches avec des instrumens disposés d'une manière plus convenable, en a presque quintuplé la liste. D'autres observateurs ont étendu encore davantage un catalogue déjà si riche, sans épuiser la fertilité du ciel. Il existe un grand nombre d'étoiles doubles pour lesquelles la distance des étoiles simples composantes est moindre d'une seconde : on peut citer notamment ε du Bélier, Atlas des Pléiades, γ et η de la Couronne, η et ζ d'Hercule, τ et λ d'Ophiuchus. On a classé les étoiles doubles d'après les distances des composantes : la première classe étant formée de celles dont les composantes sont les plus rapprochées.

(599.) La première fois que ces combinaisons furent remarquées, on songea au parti qu'on en pouvait tirer, pour savoir si le mouvement annuel de la terre dans son orbite, produit ou non un déplacement relatif apparent des étoiles séparées qui constituent une étoile double. En supposant que l'une soit réellement à une grande distance derrière l'autre, et qu'une coïncidence purement fortuite les fasse voir sur la même ligne, il est évident qu'un arc de l'orbe terrestre soutend des angles différens, quand il est vu de

chacune de ces étoiles, et doit correspondre à différens déplacemens parallactiques de ces étoiles sur la
sphère céleste, regardée comme infiniment éloignée.
Par suite du mouvement annuel de la terre, chaque
étoile doit paraître décrire sur la sphère céleste une
petite ellipse (distincte de celle qu'elle décrit en vertu
de l'aberration de la lumière), et qui est l'intersection
de la surface concave du ciel avec un cône elliptique
oblique, dont l'étoile est le sommet et l'orbe terrestre
la base. Cette section doit avoir des dimensions d'autant plus petites que l'étoile est plus éloignée. Si donc
nous imaginons deux étoiles, en apparence très-rapprochées l'une de l'autre, mais en réalité à des distances de nous très-inégales, leurs ellipses parallactiques, quoique semblables, auront aussi des dimen-

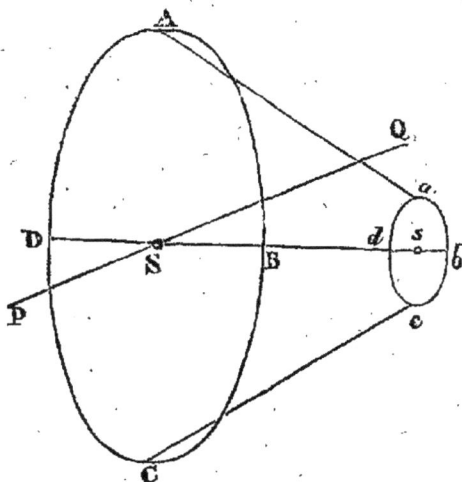

sions très-inégales. Soient S et s les positions, vues du
soleil, de deux étoiles qui n'en forment une double
que par suite d'une illusion d'optique; ABCD, abcd,
leurs ellipses parallactiques. Comme les deux étoiles
doivent être, aux mêmes époques, semblablement
placées sur leurs ellipses respectives, les positions

a, b, c, d, de l'une des étoiles, correspondront respectivement aux positions A, B, C, D, de l'autre
étoile, et à des époques respectivement distantes d'un
quart d'année. Si donc on mesure soigneusement les
situations apparentes des deux étoiles l'une par rapport
à l'autre, aux diverses époques de l'année, on devra
s'apercevoir d'un changement périodique, tant dans
la distance des étoiles que dans la direction de la ligne
qui les joint. Car les lignes A a, C c ne peuvent être
parallèles à B b, D d, à moins que les ellipses ne soient
d'égales dimensions, ce qui supposerait que les deux
étoiles sont à la même distance du soleil.

(600.) Avec des micromètres convenablement mon-
tés, on peut mesurer en même temps d'une manière
très-exacte la distance de deux objets visibles à la fois
dans le champ du télescope, et la direction de la ligne
de jonction, par rapport à l'horizon, au méridien, ou
à tout autre cercle de la sphère céleste. On choisit le
méridien comme le plus convenable; et pour déterminer la direction de la ligne de jonction des deux étoiles,
on place au foyer de l'oculaire du télescope, monté
comme dans l'instrument équatorial, deux fils croisés
à angles droits. On les ajuste de manière à ce que
l'une des étoiles suive précisément l'un des fils
dans son mouvement diurne, sans qu'on ait besoin
pour cela de toucher au télescope. On note la position
des fils, et en les faisant tourner dans leur plan par un
mécanisme particulier, on amène l'autre fil à être parallèle à la ligne de jonction, puis on lit sur un cercle
gradué l'angle que le système des fils a décrit dans son
mouvement circulaire. Un semblable appareil se
nomme un micromètre *de position* : il donne *l'angle
de position* d'une étoile double, ou l'angle que la ligne de jonction des étoiles composantes fait avec le mé-

ridien. On est dans l'usage de compter cet angle de 0
à 360°, en prenant pour origine le point nord, et en
avançant de l'ouest à l'est.

(601.) Les avantages de cette méthode pour la détermination de la parallaxe sont nombreux et importans. En premier lieu, le résultat qu'on obtient, ne
dépendant que du déplacement relatif apparent des
deux étoiles, n'est point affecté par la plupart des causes qui influeraient sur la détermination isolée de l'emplacement de chacune d'elles, au moyen de l'ascension droite et de la déclinaison. La réfraction, le plus
grand obstacle à l'exactitude des observations astronomiques, agit également sur les deux étoiles, et se
trouve éliminée du résultat. On n'a plus à craindre les
erreurs de graduation des cercles, celles des niveaux
ou des fils-à-plomb, celles qui tiennent à l'incertitude
des réductions uranographiques pour l'aberration et la
précession, etc., toutes causes qui agissent de la même
manière sur les situations apparentes des deux objets.
En un mot, si l'on suppose que les deux étoiles n'ont
pas de mouvement propre qui puisse faire varier *réellement* leur situation relative, les variations observées
par ce procédé ne sauraient provenir que de la différence des parallaxes.

(602.) Telles étaient les considérations qui avaient
conduit d'abord sir William Herschel à former
une liste des étoiles doubles, et à soumettre à des mesures précises leurs angles de position et leurs distances mutuelles. Mais à peine avait-il commencé de réaliser ce projet, qu'il fut détourné de son premier plan
de recherches (plan auquel on n'a pas touché depuis,
bien qu'il soit le seul qui semble offrir quelque chance
de succès dans l'investigation de la parallaxe); qu'il
en fut détourné, disons-nous, par des phénomènes

d'un caractère tout-à-fait inattendu, qui absorbèrent son attention. Au lieu de trouver une oscillation annuelle de l'une des étoiles par rapport à l'autre, des accroissemens et décroissemens alternatifs tant dans la distance que dans l'angle de position, tels que ceux que la parallaxe annuelle aurait dû produire, il observa dans un grand nombre de cas un changement régulier et progressif, toujours dirigé dans le même sens, affectant quelquefois préférablement la distance, et quelquefois l'angle de position : de manière à indiquer clairement un mouvement réel des étoiles elles-mêmes, ou un mouvement général, rectiligne, du soleil et de tout le système solaire, d'où dériverait une parallaxe d'un ordre plus élevé que celle qui tient au mouvement circulaire de la terre, et à laquelle on pourrait réserver le nom de *parallaxe systématique.*

(603.) En admettant que le soleil et les deux étoiles aient des mouvemens indépendans les uns des autres, il est clair que dans l'intervalle de peu d'années ces mouvemens pourront être réputés rectilignes et uniformes : d'après cela, il suffit d'une teinture de géométrie, pour voir que le mouvement apparent de l'une des étoiles composantes, rapporté à l'autre comme centre, et projeté sur un plan où le lieu de cette dernière étoile serait pris pour origine ou pour point zéro, ne peut être que rectiligne. Il en serait autrement si les deux étoiles avaient entre elles un rapport physique, dû par exemple à leur proximité réelle et à leur gravitation réciproque. Dans ce cas elles décriraient des orbites l'une autour de l'autre, et autour de leur centre commun de gravité; et l'orbite apparente de l'une, rapportée à l'autre comme à un point fixe, au lieu d'être une portion de ligne droite, se courberait en tournant sa concavité vers l'étoile à laquelle on la rapporte. Toutefois, les mouvemens observés étaient si lents qu'il fallait plusieurs années d'observations pour savoir à quoi s'en tenir à ce sujet; et ce ne fut qu'en 1803, 25 ans après le commencement de cette série de recherches, qu'on put arriver à quelques résultats positifs, concernant le caractère rectiligne ou orbiculaire des déplacemens observés.

(604.) Cette année et l'année suivante, sir W. Herschel annonça distinctement dans deux Mémoires insérés parmi les Transactions de la Société royale, qu'il existe des systèmes stellaires formés de deux étoiles qui tournent l'une autour de l'autre dans des orbes régulières, et qu'on peut nommer *étoiles binaires*, pour les distinguer des étoiles doubles en général; parmi lesquelles il peut s'en trouver dont le rapprochement soit purement optique et fortuit, et qui se trouvent réellement à des distances de nous très-inégales; tandis que les étoiles des systèmes binaires sont à la même distance de nous, du moins quand on néglige le rayon de leurs orbites, qui est comme nul en comparaison de leur distance à la terre. Les Mémoires que nous venons de citer renferment 50 à 60 exemples de changemens plus ou moins notables dans les angles de position des étoiles doubles, parmi lesquels il y en a de trop marqués et dont la marche est trop régulièrement progressive pour laisser du doute sur leur véritable nature. On y trouve citées notamment, au nombre des étoiles remarquables dont les mouvemens sont les plus frappans, Castor, γ de la Vierge, ξ de l'Ourse, 70 et λ d'Ophiuchus, σ et η de la Couronne, ξ et μ du Bouvier, η de Cassiopée, γ du Lion, ζ d'Hercule, δ du Cygne, ε 4 et ε 5 de la Lyre, μ du Dragon et ζ du Verseau. Pour quelques-unes d'entre elles les temps des révolutions périodiques sont même assignés, mais seulement par approximation, et comme les résultats d'une conjecturé plutôt que d'un calcul exact dont les données manquaient encore ; par exemple, la révolution de Castor est fixée à 334 ans, celle de γ de la Vierge, à 708 ; celle de γ du Lion, à 1200 ans.

(605.) Des observations postérieures ont confirmé pleinement ces résultats, non-seulement dans leur ensemble, mais dans la plupart de leurs détails. De toutes les étoiles qu'on vient de nommer, il n'en est pas une qui ne doive être avec certitude réputée binaire ; et au fond, cette liste comprend à peu près les objets les plus remarquables en ce genre, qui eussent été découverts jusqu'à ces derniers temps, que les observations s'étant multipliées et ayant été faites avec un soin plus scrupuleux, la liste a commencé à s'étendre rapidement. Le nombre des étoiles doubles auxquelles on a reconnu avec certitude le caractère de système binaire, est de 30 à 40 au moment où nous écrivons, et il augmente chaque fois que vient à paraître une masse d'observations récentes. Il faut d'excellens télescopes pour ce genre d'observation, la plupart des systèmes binaires étant formés d'étoiles si rapprochées, qu'on a besoin pour les séparer d'instrumens très-amplifians, comparables sous ce rapport aux microscopes puissans, à l'aide desquels nous grossissons les objets rapprochés de nous.

(606.) On se figure aisément que des phénomènes de cette nature ne pouvaient être signalés sans qu'on cherchât à les rattacher aux théories dynamiques. Dès les premiers temps de la découverte, on fut naturellement conduit à les rapporter à une force de gravitation qui obligerait les étoiles à circuler l'une autour de l'autre ; et la loi newtonienne avait trop bien expliqué tous les phénomènes de notre propre système, pour que son extension à ces systèmes reculés ne se présentât pas de prime abord, et ne fût pas supposée, expressément ou tacitement, par tous ceux qui s'étaient occupés du sujet. Toutefois, la première méthode distincte de calcul, pour déduire des valeurs de l'angle de position et de la distance, observées à diverses époques, les élémens elliptiques de l'orbite d'une étoile binaire, est due à M. Savary*, qui a montré que les mouvemens d'une des plus remarquables d'entre elles (ξ de l'Ourse), sont représentés, dans les limites des erreurs des observations, par l'hypothèse d'une orbite elliptique décrite dans la courte période de 58 ans $\frac{1}{4}$. Un autre procédé de calcul a conduit le professeur Encke**, pour 70 d'Ophiuchus, à une orbe elliptique décrite en 74 ans; et l'auteur de ce livre a lui-même pris part à ces intéressantes recherches. Nous donnons ici le tableau des principaux résultats obtenus jusqu'à présent dans cette branche de l'astronomie :

Noms des Étoiles.	Durée de la révolution.	Demi-grand axe de l'ellipse.	Excentricité.
	Ans.		
γ du Lion.	1200	————	————
γ de la Vierge.	628,9000	12''090	0,83350
61 du Cygne.	452 ———	15,430	
σ de la Couronne.	286,6000	5,679	0,61125
Castor.	252,6600	8,086	0,75820
70 d'Ophiuchus.	80,3400	4,592	0,46670
ξ de l'Ourse.	58,2625	8,857	0,4164
ζ du Cancer.	55 ?	————	————
η de la Couronne.	43,40	————	————

* *Connaissance des Tems*, 1830.
** *Berlin, Ephem.*, 1832.

(607.) Le cas le plus remarquable, peut-être, est celui de γ de la Vierge, non-seulement par la longueur de la période, mais aussi par la grande diminution de la distance apparente, et le rapide accroissement du mouvement angulaire relatif dans les deux étoiles qui composent le groupe. Celles-ci sont presque égales entre elles, et leur réunion forme une belle étoile de 4° grandeur. Dès le commencement du 18ᵉ siècle, on savait que cette étoile se résout en deux autres, dont la distance était alors de 6 à 7 secondes, en sorte qu'il suffisait d'un télescope passable pour les séparer. Depuis cette époque elles se sont constamment rapprochées, au point de n'être plus guère aujourd'hui qu'à la distance d'une seconde; de façon qu'il faut des télescopes excellens pour les voir autrement que comme une étoile simple, tant soit peu allongée dans le sens de la droite qui les joint. Heureusement Bradley, en 1748, a noté en marge de son registre d'observations la direction apparente de leur ligne de jonction, qu'il dit parallèle à celle de deux étoiles remarquables, α et δ de la même constellation, autant qu'il en pouvait juger à l'œil nu; et cette note, tirée récemment de l'oubli par les soins du professeur Rigaud, a rendu un service signalé pour la détermination de l'orbite. Ces deux mêmes étoiles sont enregistrées comme étoiles distinctes dans le catalogue de Mayer, qui se rapporte à l'époque de 1756, et qui nous donne par conséquent un autre moyen d'assigner à cette date leurs positions relatives. Sans donner ici des détails numériques que l'on trouvera dans des recueils spéciaux *, il nous suffira de remarquer que la série des observations (qui deviennent très-nombreuses et très-exactes à partir du

* *Mem. Astr. Soc.*, t. V, p. 35.

siècle actuel, et qui embrassent un mouvement angulaire de 100° ainsi qu'une variation de distance dans le
rapport de 6 à 1) est représentée, avec une exactitude
parfaitement égale à celle des observations elles-
mêmes, par une ellipse dont le tableau précédent donne
les dimensions et la période, et dont les autres élémens
peuvent être fixés comme il suit :

Passage au périhélie	18 août 1834.
Inclinaison de l'orbite sur le rayon visuel	22°58'
Angle de position du périhélie projeté sur la sphère céleste	36 24
Angle de position de la ligne des nœuds, ou intersection du plan de l'orbite avec la surface de la sphère céleste	97 23

(608.) Si la grande longueur des périodes de quelques-uns de ces astres est remarquable, la brièveté
des autres périodes ne l'est guère moins ; η de la Couronne a déjà achevé une révolution complète depuis sa
première découverte par sir W. Herschel, et elle est
fort avancée dans sa seconde période. ξ de l'Ourse, ζ
du Cancer et 70 d'Ophiuchus ont toutes parcouru la
plus grande partie de leurs ellipses depuis la même
époque. S'il pouvait rester le moindre doute sur la réalité de leurs mouvemens orbiculaires, et sur l'impossibilité de les expliquer par de purs effets de parallaxe,
cette circonstance devrait suffire pour les dissiper. Les
mouvemens de rotation de ces étoiles les unes autour
des autres, nous sont démontrés avec la même évidence que ceux d'Uranus et de Saturne autour du soleil ; et la correspondance des lieux observés et calculés
dans des ellipses aussi allongées doit être admise en
preuve de l'empire de la gravitation newtonienne sur
ces systèmes, comme une correspondance du même
genre nous a montré les comètes soumises à l'action
centrale du soleil.

(609.) Mais il ne s'agit plus ici des révolutions

de corps planétaires ou cométaires autour d'un soleil central : il s'agit de soleils tournant autour d'autres soleils, entraînant peut-être avec eux des planètes escortées de leurs satellites, soustraites à notre vue par la splendeur des astres qui les éclairent, et disséminées dans un espace qu'on ne saurait guère supposer plus grand, par rapport aux distances d'une étoile à l'autre, que ne le sont les intervalles des satellites à leur planète principale, relativement à la distance du soleil à la planète. En effet, une subordination moins nettement caractérisée serait incompatible avec la stabilité des systèmes dont nous concevons l'existence, et avec la nature des orbes planétaires ; à moins d'être fortement protégées par le proche voisinage de leur soleil propre, ces planètes seraient entraînées hors de leurs orbites par l'attraction de l'autre soleil, lors de son passage à l'apside inférieure de l'ellipse qu'il décrit, et elles éprouveraient des crises incompatibles avec l'existence de leurs habitans. Il y a là, il faut l'avouer, un champ libre et nouveau à des excursions spéculatives auxquelles il serait facile de s'abandonner avec trop de complaisance.

(610.) Un grand nombre d'étoiles doubles offrent le beau et curieux phénomène du contraste des couleurs complémentaires. * En pareil cas, la plus grande étoile est ordinairement de couleur rouge ou orangée, tandis que la plus petite paraît bleue ou verte ; probablement par suite de la loi générale d'optique en vertu

---

 « Other suns, perhaps,
With their attendant moons thou wilt descry,
Communicating male and female light,
(Which two great sexes animate the world,)
Stored in each orb, perhaps, with some that live. »

Paradise Lost, VIII, 148.

de laquelle, lorsque la rétine est excitée par une lumière vive et colorée, une lumière faible qui produirait la sensation de blancheur si elle était vue isolément, semble pendant un certain temps colorée de la teinte complémentaire à celle de l'autre lumière. Ainsi, quand le jaune domine dans la lumière d'une étoile brillante, une étoile de moindre grandeur qui se trouve en même temps dans le champ de la vision paraît bleue ; et si la teinte de la première tourne au cramoisi, celle de la seconde aura une tendance au vert, ou même, dans des circonstances favorables, se changera en vert vif. Un bel exemple du premier contraste nous est fourni par ι du Cancer, un du second par γ d'Andromède, deux jolies étoiles doubles. Néanmoins, si l'étoile colorée est beaucoup moins brillante que l'autre, elle n'en modifiera pas sensiblement la teinte. C'est ainsi que η de Cassiopée offre la belle combinaison d'une étoile blanche et brillante avec une petite étoile d'un riche pourpre. Ce n'est pas à dire cependant que dans tous les cas la teinte de l'une des étoiles soit un pur effet de contraste ; et il n'est pas aisé d'imaginer de quelle variété d'illumination doit jouir une planète éclairée par *deux soleils*, l'un rouge et l'autre vert, ou l'un jaune et l'autre bleu, selon que l'un ou l'autre ou tous les deux sont sur l'horizon. Que l'on se figure, par exemple, des jours rouges et des jours verts, alternant avec des jours blancs et avec des nuits obscures. On rencontre dans quelques régions du ciel des étoiles isolées, de couleur rouge, souvent sanguinolente ; mais jamais, que je sache, on n'a signalé d'étoiles d'un vert ou d'un bleu décidé, qui ne fût associée avec une autre étoile plus brillante.

(614.) Un autre sujet de recherches très-intéressantes dans l'histoire physique des étoiles, est leur mouvement propre. *A priori*, on peut s'attendre à découvrir des mouvemens apparens, d'un genre ou d'un autre, sur un si grand nombre de corps disséminés dans l'espace, et qui ne sont retenus par aucun obstacle fixe. Leurs attractions mutuelles, quoique prodigieusement affaiblies par la distance, et contrebalancées chacune en plus grande partie par des attractions qui s'exercent en sens contraires, devraient suffire pour produire dans le laps des temps certains mouvemens, certaines modifications dans l'arrangement de ces corps. Effectivement, on a reconnu des mouvemens apparens, non-seulement à des étoiles simples, mais à beaucoup d'étoiles doubles qui, indépendamment de leurs mouvemens de révolution l'une autour de l'autre et autour de leur centre commun de gravité, se trouvent ainsi entraînées de compagnie, par un mouvement progressif de translation, vers certaines régions de l'espace. Par exemple, les deux étoiles qui constituent 61 du Cygne, et qui sont presque égales entre elles, n'ont pas cessé, au moins depuis 50 ans, de rester à une distance l'une de l'autre sensiblement la même, et égale a 15″. Néanmoins elles se sont déplacées sur le ciel de 4′ 23″ dans cet intervalle de temps, le mouvement propre annuel de chacune d'elles étant de 5″, 3, ou de plus du tiers de la distance qui les sépare. Cette vitesse est celle avec laquelle le système des deux étoiles est entraîné le long d'une orbite inconnue, d'un mouvement que l'on peut regarder pendant plusieurs siècles comme rectiligne et uniforme. Parmi les étoiles qui ne sont pas doubles, et qui ne se distinguent des autres par aucune particularité remarquable, μ de Cassiopée est celle à laquelle on a reconnu le plus grand mouvement propre : ce mouvement s'élève par an à 3″, 74. On a remarqué sur un

grand nombre d'autres étoiles des déplacemens conti-
nuels, plus petits, mais non moins hors de doute.

(612.) Des mouvemens qui doivent se soutenir pendant des siècles pour produire dans l'arrangement des
étoiles des changemens perceptibles à l'œil nu, suffi-
sent sans doute pour détruire en théorie l'idée d'une
fixité mathématique; mais en ce qui concerne les applications pratiques, ils sont trop peu considérables
pour nous porter à réformer notre langage, et à cesser
de donner aux étoiles, avec le vulgaire, la qualification
de *fixes*. Jusqu'à présent on connaît d'une manière
trop imparfaite les grandeurs et les directions de ces
mouvemens pour s'occuper de les rattacher à des lois.
On peut dire en général que les directions apparentes sont variables, et ne semblent pas indiquer une
tendance commune vers un point du ciel plutôt que
vers un autre. Cependant, sir W. Herschel avait supposé que les observations manifestaient une semblable
tendance, et qu'en faisant la part des déviations individuelles, on pouvait apercevoir un mouvement général des principales étoiles qui les entraîne vers le
point de la sphère céleste diamétralement opposé à l'é-
toile ζ d'Hercule. Il expliquait cette tendance par un
mouvement du soleil et du système solaire dans la direction de cette étoile. Sans doute il suffit de réfléchir
à la question pour admettre comme hautement probable, sinon comme certain, que le soleil est animé d'un
mouvement propre dans une direction quelconque; et
la conséquence inévitable d'un pareil mouvement,
d'après les lois de la perspective, doit être une tendance
apparente du système des étoiles à se mouvoir d'un
mouvement très-lent, en sens contraire de la direction
réelle du mouvement du soleil, vers le point de la sphère
céleste où convergent les lignes parallèles à cette direc-

tion. Les observations pourraient donc nous faire connaître le mouvement propre du soleil, si nous connaissions bien ceux des étoiles, et si nous étions sûrs que ces mouvemens sont indépendans, c'est-à-dire que le système entier du firmament, ou du moins que le système des étoiles les plus rapprochées de nous n'est pas entraîné d'un mouvement commun dans une même direction, par le développement inconnu des modifications lentes que peut éprouver la couche sidérale dont notre système fait partie : à peu près comme nous voyons des poussières entraînées par un courant d'air, en conservant sensiblement leurs situations relatives. Or, l'opinion générale des astronomes paraît être à présent que la science n'est pas encore assez mûre pour conduire sur ce point à des conclusions certaines, dans un sens ou dans l'autre. M. Pond a émis l'idée fort ingénieuse que le mouvement propre du soleil, s'il existe, et qu'il ait lieu avec une vitesse comparable à celle de la lumière, doit nécessairement produire une *aberration solaire*, en conséquence de laquelle les étoiles ne sont plus distribuées sur la route céleste d'après les seules lois de la perspective, mais sont au contraire plus pressées vers la région d'où le soleil s'éloigne, et moins pressées vers la région dont il s'approche. Aussi long-temps que le mouvement du soleil continue d'être le même en intensité et en direction, l'effet de l'aberration est constant et ne peut être découvert par l'observation. Mais si le mouvement vient à varier dans la suite des âges, et que les variations soient comparables à la vitesse de la terre dans son orbite, on pourra s'en apercevoir à une translation apparente de toutes les étoiles vers un point ou un autre du ciel; et cette déviation, ne fût-elle que d'un petit nombre de secondes, ne sau-

rait échapper à l'observation. Cette considération sub-
tile et détournée peut nous donner une idée de la délicatesse et de la complication des recherches qui ont
pour objet les mouvemens propres des étoiles et du
soleil. On voit que les effets de l'aberration se combi-
nent avec ceux de la parallaxe systématique, et que
pour les distinguer il faudrait recourir à cette autre
considération, que ceux-là affectent également toutes
les étoiles quelle qu'en soit la distance, et que ceux-ci
les affectent d'autant plus qu'elles sont plus rapprochées
de nous.

(613.) Lorsque nous jetons les yeux sur la voûte du
ciel par une belle nuit, nous ne manquons pas de remarquer çà et là des groupes d'étoiles qui semblent
plus rapprochées et en quelque sorte plus condensées
que celles du voisinage : en sorte que nous sommes
portés à croire que quelque cause générale, et non le
hasard, a présidé à cette agglomération. Tel est le
groupe que l'on appelle les Pléiades, où l'on peut remarquer six ou sept étoiles, si on le fixe directement
avec les yeux, et beaucoup plus, si l'on détourne né-
gligemment l'*œil* de côté, en même temps que l'on
dirige son *attention* sur le groupe*. Les télescopes y

---

* C'est un fait très-remarquable que le centre de la rétine est
beaucoup moins sensible aux faibles impressions de lumière que
les portions extérieures. Peu de personnes pourraient croire jusqu'où s'étend cette insensibilité relative avant d'en avoir fait l'expérience. Pour s'en donner une idée, que le lecteur regarde alternativement, en plein et de côté, une étoile de cinquième grandeur, ou qu'il fasse choix de deux étoiles également brillantes,
distantes de 3 à 4 degrés, et qu'il en fixe une en plein; il est probable *qu'il ne verra plus que l'autre ;* c'est du moins ce que
j'éprouve. Ceci explique pourquoi l'on trouve une si grande
multitude d'étoiles au premier coup d'œil jeté sur le ciel, et pourquoi l'on en trouve ensuite si peu quand on vient à les compter.

font voir cinquante à soixante belles étoiles accumulées sur un très-médiocre espace, et comparativement
isolées du reste du ciel. La constellation que l'on nomme
la Chevelure de Bérénice, est un autre groupe du même
genre, plus diffus, et formé d'étoiles beaucoup plus
brillantes.

(614.) Dans la constellation du Cancer se trouve une
tache lumineuse, jusqu'à un certain point semblable aux précédentes, mais moins nettement marquée,
que l'on nomme la Crèche, et qui, dans un télescope
très-médiocre, une lunette de nuit ordinaire, se résout
entièrement en étoiles. Une autre tache du même
genre, mais qui demande un meilleur télescope pour
la séparation des étoiles, se voit dans la poignée de l'é-
pée de Persée. Quelle que soit la nature de ces *amas*
d'étoiles (c'est ainsi qu'on les nomme), il est certain
que les étoiles s'y trouvent réunies en vertu de certaines lois d'aggrégation, différentes de celles qui en ont
opéré la dissémination sur toute la surface du ciel. La
conclusion devient encore plus pressante lorsqu'on
examine avec de puissans télescopes la nature de ces
taches et d'autres semblables. Il existe un grand nombre d'objets qu'on a souvent pris par erreur pour des
comètes, et qui ressemblent beaucoup en effet à des
comètes sans queues : ce sont de petites taches nébuleuses, rondes ou ovales, et qui conservent cette apparence dans les télescopes d'un pouvoir moyen. Messier a donné, dans la *Connaissance des Tems* pour 1784,
une liste des positions de 103 objets de cette espèce,
avec lesquels il importe que ceux qui cherchent des comètes se familiarisent préalablement, pour n'être pas
induits en erreur par la ressemblance d'aspect. Leur fixité prouve d'ailleurs suffisamment que ce ne sont point
des comètes; et lorsqu'on vient à les examiner avec des

instrumens d'un grand pouvoir, comme des réflecteurs
de 18 pouces, deux pieds ou plus d'ouverture, toute
idée de similitude s'évanouit. On voit alors qu'ils sont
pour la plupart entièrement formés d'étoiles, agglomé-
rées dans un espace dont le contour est en général
nettement marqué, et qui offre l'aspect d'une masse
de lumière vers le centre où la condensation est ordinairement la plus grande. Voyez la *fig.* 1, Pl. II, qui
représente, quoique grossièrement, la 13e nébuleuse
de la liste de Messier (décrite par lui comme une *nébuleuse sans étoiles*) telle qu'on l'a vue à Slough avec
le réflecteur de 20 pieds *. Plusieurs objets du même
genre ont une figure exactement ronde, et répondent
parfaitement à l'idée d'un espace globulaire, rempli
d'étoiles, isolé dans les espaces célestes, et constituant
une famille ou société à part, régie uniquement par des
lois qui lui sont propres. On chercherait en vain à dé-
nombrer les étoiles dans un de ces amas globulaires :
ce n'est point par centaines qu'elles se compteraient ;
et d'après un calcul informe, basé sur le rapport du
diamètre angulaire du groupe aux intervalles qui séparent les étoiles situées vers les bords (lesquelles par
conséquent ne se projètent pas les unes sur les autres),
on trouve que plusieurs de ces amas doivent contenir
au moins dix ou vingt mille étoiles, pressées dans un
espace circulaire dont le diamètre angulaire n'excède
pas 8 ou 10 minutes, et dont l'aire n'est que la dixième
partie de celle que le disque de la lune recouvre sur le
firmament.

(615.) Peut-être nous reprochera-t-on d'être épris

* Cette belle nébuleuse a été signalée pour la première fois par
Halley, en 1714. Elle est visible à l'œil nu, entre les étoiles η et ζ
d'Hercule. Dans une lunette de nuit, elle ressemble exactement
à une petite comète ronde.

du gigantesque, si nous songeons à considérer les individus associés dans ces groupes comme des soleils du genre du nôtre, et leurs distances mutuelles comme étant de l'ordre de celles qui séparent notre soleil des plus proches étoiles fixes. Cependant, si l'on réfléchit que la lumière confondue de toutes les étoiles qui composent le groupe affecte l'œil moins vivement que celle d'une étoile de 5ᵉ ou 6ᵉ grandeur, car les plus étendus de ces amas sont à peine visibles à l'œil nu, l'idée qu'on se fera de leur distance, permettra à l'imagination de se familiariser même avec des dimensions aussi énormes. En tout cas, nous ne pouvons guère nous refuser à reconnaître dans un groupe isolé de la sorte, *in se ipso totus, teres atque rotundus*, un système particulier, nettement caractérisé. La forme sphérique indique clairement l'existence d'un lien général, de la nature des forces attractives; et un grand nombre de groupes laissent voir sans équivoque une condensation croissante vers le centre, incompatible avec une égale répartition des étoiles dans l'espace globulaire. Il est difficile de se former une idée de l'état dynamique d'un pareil système. D'un côté, à moins d'admettre un mouvement de rotation et une force centrifuge, il ne semble guère possible que le système se maintienne, et que les étoiles ne se précipitent pas les unes vers les autres. D'autre part, en admettant ce mouvement et cette force, il n'est pas plus aisé de concilier la sphéricité apparente avec la rotation autour d'un axe unique, et d'expliquer l'absence des collisions intérieures *. Nous donnons

---

* Si l'on suppose un espace globulaire rempli d'étoiles d'égales masses, uniformément distribuées et très-nombreuses, qui s'attirent l'une l'autre en raison inverse du carré de la distance, la force résultante qui sollicitera chacune d'elles (celles de la surface

dans le tableau suivant les places , pour 1830, de quelques-uns de ces objets remarquables , comme échantil-
lons de la classe à laquelle ils appartiennent :

Asc. dr.		Dist. pol. bor.		Asc. dr.		Dist. pol. bor.	
H.	M.	°	'	H.	M.	°	'
13	8	70	55	17	29	93	8
13	34	60	43	21	22	78	84
15	10	87	16	21	25	91	34
16	36	53	13				

(616.) On doit à sir W. Herschel la plus complète
analyse des objets très-variés que l'on comprend sous
la dénomination commune de nébuleuses, mais qu'il

seules exceptées) sera dirigée vers le centre de l'espace sphérique,
et en raison directe de la distance de l'étoile au centre. Cela résulte de ce que Newton a démontré sur la loi de l'attraction dans
l'intérieur d'une sphère homogène. Sous l'influence d'une force
de cette nature , chaque étoile en particulier décrira exactement
une ellipse dont le centre sera celui du système , quels que soient
d'ailleurs le plan et la direction du mouvement. On n'aura donc
pas besoin de recourir à la rotation du système en masse autour
d'un axe unique. Les plans et les excentricités des ellipses seront
invariables , et en composant les périodes de chaque étoile , on
formera la période générale, ou la *grande année* du système , à
la fin de laquelle toutes les étoiles, celles de la surface exceptées,
seront rétablies dans leurs situations initiales, et recommenceront
une autre période semblable, pour continuer ainsi indéfiniment,
Il suffira donc que les mouvemens aient été primitivement ajustés
de manière à ce que les orbites ne se coupent pas ; et en sorte
que les dimensions de chaque étoile, et celles de la sphère où son
attraction prédomine, soient très-petites relativement aux distances qui séparent les étoiles les unes des autres, pour qu'un
pareil système puisse subsister, et réaliser sur une grande échelle
les rapports harmoniques qui caractérisent la loi de proportionnalité des forces aux distances, ainsi que Newton l'a montré dans
la 89ᵉ prop. du premier livre des *Principes. Voyez* le *Quaterly
Review*, n° 94, p. 540.

a classés comme il suit : 1° amas d'étoiles où les
étoiles peuvent être nettement discernées, et qui se
distinguent en amas globulaires et amas irréguliers ;
2° nébuleuses résolubles, que l'on soupçonne fortement d'être formées par une agglomération d'étoiles,
et qui se résoudraient probablement en étoiles distinctes, du moment qu'on amplifierait le pouvoir
du télescope ; 3° nébuleuses proprement dites, où
il n'y a pas d'apparence que la nébulosité puisse se
résoudre en étoiles, et qui se répartissent à leur tour
en trois classes secondaires, d'après leurs dimensions
et leur éclat, savoir : 4° nébuleuses planétaires; 5°
nébuleuses stellaires; 6° étoiles nébuleuses. Le grand
pouvoir de ses télescopes nous a révélé l'existence d'un
nombre immense de ces objets, qui ne sont point uniformément distribués sur la voûte céleste ; mais qui,
généralement parlant, semblent répartis de préférence
sur une large zone, laquelle croise presque exactement à angles droits la voie lactée, et dont la direction
générale ne s'écarte pas beaucoup de celle du cercle
horaire de 0ʰ et 12ʰ *. Dans quelques parties de cette
zone, et spécialement vers celles où elle coupe les
constellations de la Vierge, de la Chevelure de Bérénice, et de la Grande-Ourse, les nébuleuses sont accumulées en grand nombre ; mais la plupart d'entre
elles sont télescopiques, et ne peuvent être vues qu'à
l'aide des plus puissans instrumens.

(617.) Les amas d'étoiles sont globulaires, comme
ceux que nous avons déjà décrits, ou d'une figure irrégulière. Les derniers sont, généralement parlant,
moins riches en étoiles, et surtout moins condensés

* Voyez le catalogue de 2306 nébuleuses donné par l'auteur,
après la publication de l'édition anglaise de ce *Traité*, dans les
Transactions philosophiques de Londres pour 1833, p. 339.

vers le centre. Ils ont aussi des contours moins bien marqués ; en sorte qu'il n'est souvent pas aisé de dire s'ils se terminent quelque part, ou s'il faut seulement les considérer comme des portions du ciel plus riches en étoiles que celles qui les entourent. Quelques-uns sont formés d'étoiles à peu près toutes égales entre elles ; il n'en est pas de même pour d'autres amas, et l'on y rencontre fréquemment une étoile rutilante, beaucoup plus éclatante que toutes les autres, placée à leur égard dans quelque situation remarquable. Sir W. Herschel les regarde comme des amas globulaires, dans un état moins avancé de condensation ; et il conçoit que les groupes de ce genre se rapprochent, par l'effet de l'attraction mutuelle de leurs élémens, de la forme globulaire : phénomène dont nous n'avons, il est vrai, d'autre preuve que la gradation qui s'observe d'un groupe à l'autre ; en sorte qu'il est impossible de les séparer par une division tranchée de caractères.

(618.) Les nébuleuses résolubles peuvent être considérées comme des amas trop éloignés, ou formés d'étoiles d'un éclat intrinséquement trop faible pour être individuellement aperçues ; sinon lorsqu'il arrive que deux ou trois se rapprochent assez pour que leurs lumières réunies nous donnent l'image d'un point plus brillant que le reste. Les nébuleuses de ce genre sont généralement rondes ou ovales ; comme si les appendices et les irrégularités de formes disparaissaient en raison de la distance, de manière à ne laisser voir que l'ensemble de la figure des parties les plus condensées. L'apparence en est la même que celle des grands amas globulaires dans des télescopes d'un pouvoir médiocre ; et la conclusion qu'on en tire naturellement, c'est que les nébuleuses qui paraissent seulement résolubles dans les instrumens d'un grand

pouvoir, se résoudraient effectivement, si l'on ampli-
fiait encore le pouvoir des télescopes.

(619.) Les nébuleuses proprement dites s'offrent
sous une grande variété d'aspect. Les plus remarquables de beaucoup sont celles qu'on a représentées dans
les fig. 2 et 3 de la planche III. La première, découverte par Huyghens en 1656, est figurée telle qu'on
l'a vue à Slough dans le réflecteur de 20 pieds : elle
entoure l'étoile quadruple, ou plutôt sextuple θ, dans
la constellation d'Orion. L'autre, découverte par La-
caille près de l'étoile η, dans la constellation australe
le Chêne de Charles, est donnée d'après la figure
de M. Dunlop (*Phil. Trans.* 1827); et l'aspect de ces
objets, ou du moins du premier, est très-différent de
celui qui devrait résulter de l'aggrégation d'une multitude innombrable de petites étoiles. Le premier consiste en petites masses ou flocons nébuleux, qui semblent adhérer vers leurs bords à une foule de petites
étoiles, et notamment à une étoile considérable (représentée sur la figure au bas de la nébuleuse), laquelle
est entourée d'une atmosphère nébuleuse, remarquable par son étendue et la singularité de sa figure. Quelques astronomes, en comparant cette nébuleuse avec
les figures données par Huyghens, en ont conclu qu'elle
éprouvait dans sa forme des changemens perceptibles :
mais on sera fort éloigné de regarder ce fait comme
certain, si l'on considère à quel point il est difficile
de rendre exactement un objet semblable, et combien
il diffère d'aspect, vu dans le même télescope, selon
la transparence de l'air et d'autres circonstances variables.

(620.) La planche II, fig. 3, représente une nébuleuse d'un caractère tout différent : l'original de cette
figure est dans la constellation d'Andromède, près de

l'étoile ν. Elle est visible à l'œil nu, et ceux qui ne sont pas familiarisés avec l'aspect du ciel, la prennent toujours pour une comète. Simon Marius, qui l'a signalée en 1612, la compare avec assez de justesse à une chandelle vue à travers de la corne. Sa forme est celle d'un long ovale, dont l'éclat va en croissant depuis les bords, en premier lieu par degrés insensibles, puis avec beaucoup plus de rapidité, jusqu'à un point central, qui ne peut évidemment être pris pour une étoile, quoique beaucoup plus brillant que le reste, mais seulement pour une nébuleuse à un plus haut degré de condensation. On aperçoit dans cette nébuleuse quelques petites étoiles, mais dont la présence est manifestement accidentelle, et la nébuleuse elle-même n'offre rien dans son aspect d'où l'on puisse induire qu'elle consiste en étoiles. Les dimensions en sont considérables, puisqu'elle a près d'un demi-degré de longueur, sur 15 ou 20 minutes de largeur.

(621.) On peut considérer l'objet qui vient d'être décrit comme étant, sur une grande échelle, le type d'une classe très-nombreuse de nébuleuses, à figure ronde ou ovale, et dont la densité croît plus ou moins rapidement vers le point central. Sous ce dernier rapport elles présentent de très-grandes différences. Pour les unes, la condensation est faible et graduée ; pour d'autres elle est considérable et soudaine : tellement soudaine, qu'il en résulte l'apparence d'une étoile pâle ou légèrement voilée, auquel cas on les appelle nébuleuses stellaires ; tandis que d'autres montrent le beau et frappant phénomène d'une étoile nette et brillante, entourée d'un disque parfaitement circulaire, ou d'une atmosphère quelquefois faiblement lumineuse et décroissant insensiblement en tous sens, d'autres fois brusquement terminée. Ce sont les étoiles

nébuleuses. Nous en avons un bel exemple dans l'étoile
55 d'Andromède (asc. dr. 1h 43m, dist. polaire bor.
50° 7'). ε et ι d'Orion sont aussi nébuleuses, mais la
nébulosité ne se voit qu'avec un très-fort télescope.
Les nébuleuses ovales s'éloignent à des degrés très-
divers de la forme sphérique : quelques-unes n'ont
qu'une faible ellipticité ; d'autres sont très-allongées ;
et pour un certain nombre d'entre elles l'extension
est si grande, que la nébuleuse prend la forme d'un
long fuseau étroit, terminé en pointe aux deux bouts.
On en a un échantillon très-remarquable à 12 h 28m
d'ascension droite, et 63° 4' de dist. pol. boréale.

(622.) Il existe aussi des nébuleuses annulaires,
mais qu'on doit compter parmi les objets les plus rares
que le ciel nous offre. Une des plus remarquables se
trouve précisément au milieu de l'intervalle qui sépare
β et γ de la Lyre, et elle est visible dans un télescope
d'un pouvoir médiocre. Elle est petite et terminée
avec une singulière netteté, au point d'offrir bien
plutôt l'aspect d'un anneau solide, ovale et aplati,
que celui d'une nébuleuse. Les axes de l'ellipse sont
environ dans le rapport de 4 à 5 ; et l'ouverture est à
peu près la moitié du diamètre. La lumière n'en est
pas uniforme, et a quelque chose de pommelé, principalement vers le bord extérieur. L'ouverture intérieure n'est pas absolument obscure ; elle montre une
faible lumière uniformément répartie, comme si une
gaze légère était tendue sur l'anneau.

(623.) Les nébuleuses planétaires sont des objets
très-étranges. Elles ont, comme leur nom l'indique,
une exacte ressemblance avec les planètes : ce sont des
disques ronds ou légèrement ovales, quelquefois nettement terminés, dans d'autres cas un peu brumeux
vers leurs bords. La lumière est parfaitement uniforme

ou très-peu nuancée, et parfois elle approche pour
l'éclat de celle des planètes véritables. Ces objets,
quelle qu'en puisse être la nature, atteignent des
dimensions énormes. Un d'entre eux, dont le diamètre apparent est d'environ 20″, se voit sur le parallèle de ν du Verseau, à peu près 5ᵐ en avant de l'é-
toile. Un autre, dans la constellation d'Andromède,
a un disque de 12″, parfaitement rond et bien tran-
ché. En admettant qu'ils soient à la même distance
de nous que les étoiles, leur diamètre réel serait au
moins égal à celui de l'orbe d'Uranus. Au cas que l'on
veuille les regarder comme des corps solides de la
nature du soleil, il n'est pas moins évident que l'é-
clat intrinsèque de leurs surfaces doit être infiniment
inférieur à celui de cet astre. Si le soleil était reculé à
une distance telle que son diamètre apparent fût de
20″, il donnerait une lumière égale à celle de cent
pleines lunes, tandis que les objets dont il s'agit sont
tout au plus discernables à l'œil nu. L'uniformité de
leurs disques et le défaut de condensation centrale
apparente doivent nous faire augurer que leur lumière
est purement superficielle, comme serait celle d'une
écale sphérique creuse. La cavité existe-t-elle effectivement, ou est-elle remplie par une matière solide
ou gazeuse? A cet égard, le champ est ouvert aux
conjectures.

(624.) Parmi les nébuleuses douées d'une symétrie
de forme évidente, et qu'on ne semble pas pouvoir
hésiter à regarder comme des systèmes d'une nature
particulière, quelque mystérieuses qu'en soient la
structure et la destination, les plus remarquables sont
les 51ᵉ et 27ᵉ du catalogue de Messier. La première
consiste en une nébulosité globulaire, large et brillante, entourée d'un double anneau situé à une di-

stance considérable du globe, ou plutôt d'un simple
anneau, divisé sur les deux cinquièmes environ de sa
circonférence en deux lames dont l'une semble inclinée sur le plan du reste de l'anneau. L'autre objet
consiste en deux nébuleuses brillantes, rondes ou
légèrement ovales, dans un haut degré de condensation, unies par un col qui est à peu près de la même
densité. Une légère atmosphère nébuleuse enveloppe
à la fois les deux globes et complète le système. Sa
figure est celle d'une ellipse circonscrite, dont le petit
axe est l'axe de symétrie du système (autour duquel
on peut supposer qu'il tourne), ou la ligne qui joint
les deux masses globulaires. Ces objets n'ont jamais
été convenablement décrits, parce que les instrumens avec lesquels on les a découverts ne permettaient
pas de voir les particularités qui viennent d'être signalées, et qui semblent en faire une classe à part. L'un
offre des analogies manifestes avec la structure de
Saturne, ainsi qu'avec notre système sidéral et notre
voie lactée. L'autre n'a que peu ou point de ressemblance avec aucun objet connu.

(625.) Sous quelque point de vue qu'on envisage les
nébuleuses, elles offrent un champ inépuisable de spéculations et de conjectures. On ne saurait douter
qu'elles ne soient, pour la plupart, formées par une
agglomération d'étoiles; et l'imagination se perd
dans cette série interminable qu'elle entrevoit, de systèmes qui se groupent pour former d'autres systèmes,
de firmamens qui composent d'autres firmamens. D'autre part, s'il est vrai (ce qui semble au moins extrêmement probable) qu'une matière lumineuse et phos-
phorescente existe disséminée dans l'immensité de
l'espace, à la manière d'un nuage ou d'un brouillard,
tantôt revêtant des formes capricieuses, comme les

nuages véritables chassés par les vents, tantôt se concentrant autour de certaines étoiles, à la manière des
atmosphères des comètes, nous devons naturellement
demander quelles sont la nature et la destination de
cette matière nébuleuse? Est-elle absorbée par les
étoiles dans le voisinage desquelles elle se trouve, et
leur fournit-elle en se condensant un supplément de
chaleur et de lumière? Se ramasse-t-elle, par une con-
centration progressive due à la gravitation, de manière
à fonder de nouveaux systèmes stellaires ou des étoiles
isolées? Il est plus facile de poser de telles questions
que d'y donner une réponse probable. Faisons appel
aux faits, à une observation constante et soigneuse; et
puisqu'en interrogeant de cette manière les étoiles
doubles nous avons déjà découvert une série de rapports aussi intéressans que faciles à saisir, nous pouvons raisonnablement espérer qu'une étude assidue
des nébuleuses nous conduira avant peu à connaître
avec certitude quelque chose de leur nature intime.

(626.) Nous terminerons ce chapitre par la mention
d'un phénomène qui semble indiquer que notre soleil
lui-même est entouré d'une certaine nébulosité, et
qu'il peut être mis sur la liste des étoiles nébuleuses.
Nous voulons parler de la lumière qu'on appelle *zodiacale*, et qui se montre par les très-beaux temps,
aussitôt après le coucher du soleil, vers les mois d'a-
vril et de mai, ou immédiatement avant le lever du
soleil dans la saison opposée, en forme de cône ou de
lentille dont la direction est en général celle de l'é-
cliptique, ou mieux celle de l'équateur solaire. La distance angulaire apparente du soleil au sommet varie,
selon les circonstances, de 40° à 90°: et la largeur de
la base perpendiculaire à l'axe varie entre 8° et 30°.
Cette lumière est extrêmement faible et mal terminée,

41

au moins dans nos climats ; mais on la voit beaucoup
mieux dans les régions intertropicales, et elle ne peut
être confondue avec un météore atmosphérique ou une
aurore boréale. Elle s'annonce évidemment comme
une atmosphère rare et de forme lenticulaire, qui entoure le soleil et s'étend au-delà des orbites de Mercure ou même de Vénus. On peut conjecturer que
cette atmosphère n'est autre chose que la partie la plus
condensée du milieu qui (ainsi que nous avons des
motifs de le croire) résiste aux mouvemens des comètes. Peut-être contient-elle les molécules dont les
queues de plusieurs millions de ces astres ont été dé-
pouillées lors de leurs passages successifs au périhélie
(art. 487), molécules qui doivent à la longue se pré-
cipiter sur le soleil.

CHAPITRE XIII.

DU CALENDRIER.

(627.) Le temps, comme la distance, peut être mesuré par comparaison avec un étalon ou unité quelconque ; et il suffit, pour l'exactitude de la mesure d'un
intervalle, qu'on puisse appliquer successivement l'é-
talon sur toute l'étendue de l'intervalle, sans omission
ni double emploi, de manière à assigner le nombre
entier d'unités et la fraction d'unité que l'intervalle
contient.

(628.) Mais quoique en théorie toutes les unités de
temps puissent être également choisies, toutes ne sont
pas également convenables dans la pratique. L'année
tropique et le jour solaire sont les unités naturelles,

appropriées aux besoins de l'homme et à toutes les relations de la vie civile, et nous sommes obligés de les employer toutes deux, en dépit des inconvéniens qui nous feraient promptement abandonner l'une ou l'autre, si le choix était possible. Le principal de ces inconvéniens est l'*incommensurabilité* des deux unités, et le défaut d'uniformité parfaite dans l'une au moins d'entre elles.

(629.) Les durées moyennes du jour sidéral et de l'année sidérale (obtenues en embrassant un nombre de périodes suffisant pour compenser les oscillations que] l'un éprouve par suite de la nutation, et l'autre à cause des inégalités dues aux configurations des planètes) sont les unités de temps les plus invariables que nous trouvions dans la nature. Cette invariabilité tient d'une part à l'uniformité de la rotation de la terre, de l'autre à l'invariabilité des grands axes des orbes planétaires. Il en résulte que le jour solaire moyen est aussi invariable; mais on n'en saurait dire autant de l'année tropique. Le mouvement des points équinoxiaux ne dépend pas seulement de la rétrogradation de l'équateur sur l'écliptique, mais encore des déplacemens qu'éprouve le plan de l'écliptique lui-même par l'action des planètes. En conséquence, ce mouvement est variable et entraîne une variation dans l'année tropique, laquelle est subordonnée à la position de l'équinoxe (art. 547 et 328). L'année tropique est plus courte aujourd'hui d'environ 4^s, 21 qu'au temps d'Hipparque. Le défaut de la condition la plus essentielle dans un étalon, c'est-à-dire l'invariabilité, oblige de substituer à la valeur naturelle de l'année tropique, qui d'ailleurs ne pourrait servir pour le comput du temps, une valeur artificielle, assez approchée de la véritable pour qu'il ne résulte de l'accumulation des erreurs pendant plusieurs siècles aucun inconvénient sensible dans les usages de la vie civile. En ce qui concerne les usages scientifiques, l'année tropique, déterminée de la sorte, n'est plus que la représentation d'un certain nombre de jours et d'une fraction de jour ; de sorte qu'en réalité le jour est le seul étalon employé. C'est ainsi à peu près que le commerce emploie concurremment des monnaies d'or et d'argent, d'après un rapport artificiel que la loi a assigné aux deux monnaies, et qui ne s'accorde presque jamais exactement avec le rapport naturel, celui que le prix du marché assigne aux deux métaux : le métal le moins sujet aux variations du cours, et le plus en usage parmi les autres nations, étant vraiment en théorie l'unique étalon de la valeur commerciale.

(630.) L'autre inconvénient des deux unités de temps est leur incommensurabilité. Dans tous les systèmes de mesures appliquées à l'espace, les subdivisions sont des parties aliquotes de l'unité principale ; mais une année n'est pas formée d'un nombre exact de jours, ni d'un nombre entier de jours et d'une fraction, telle qu'un tiers ou un quart. Le surplus est une fraction *incommensurable*, composée d'heures, minutes, secondes, etc. L'inconvénient est le même que si l'on comptait par pièces d'or et d'argent, et que la pièce d'or ne pût être évaluée en pièces d'argent, ni en fractions de pièces d'argent. Le seul remède à cela est de tenir compte des fractions excédantes, jusqu'à ce que leur somme fasse un jour entier, que l'on ajoutera au nombre entier de jours contenus dans l'année.

(631.) L'objet d'un bon calendrier est d'effectuer cette opération de la manière la plus simple et la plus commode. Dans le calendrier grégorien que nous suivons, le but est atteint avec une simplicité remar-

quable, au moyen de deux années artificielles, l'une
de 365, l'autre de 366 jours, qui se succèdent dans un
ordre facile à retenir; de sorte qu'après plusieurs milliers d'années écoulées, la différence de la somme des
années artificielles grégoriennes à la somme des années tropiques réelles ne s'élèvera pas à un jour. Par
cet artifice, les équinoxes et les solstices arrivent à peu
près aux mêmes jours de chaque année grégorienne,
et les mêmes saisons correspondent toujours aux mêmes mois, au lieu de faire le tour de l'année comme
cela arriverait dans un autre système, et comme cela
arrivait en effet avant l'adoption de la règle grégorienne.

(632.) Voici en quoi consiste cette règle. Les années sont comptées de la naissance de Jésus-Christ,
dans une certaine hypothèse chronologique. Chaque
année, exprimée par un nombre qui n'est pas exactement divisible par 4, se compose de 365 jours; chaque année dont le nombre est divisible par 4, mais non
divisible par 100, est de 366 jours; chaque année dont
le nombre est divisible par 100, mais non par 400, est
de 365 jours seulement; enfin chaque année dont le
nombre est divisible par 400, se retrouve de 366 jours.
Par exemple, l'année 1834, dont le nombre n'est pas
divisible par 4, est de 365 jours; 1836 en aura 366;
1800 et 1900 sont des années de 365 jours seulement;
l'an 2000 en aura 366. Pour voir jusqu'à quel point
cette règle approche de la vérité, cherchons le nombre de jours contenus dans 10.000 années grégoriennes, en commençant par l'année 1. De 1 à 10000
il y a 7.500 nombres non divisibles par 4 : 7500
étant les trois quarts de 10 000. Il y en a, par la même
raison, 75 qui sont divisibles par 100, mais non par
400; de sorte qu'au total, sur les 10000 années, 7575

41.

auront 365 jours, tandis que les 2425 autres en auront 366; ce qui fait en somme 3 652 425 jours, et pour la valeur moyenne de chaque année, 365j,2425. Or, la valeur actuelle de l'année tropique (art. 327), réduite en fraction décimale, est 365j,24224; de façon que l'erreur de la règle grégorienne en 10000 ans, d'après la valeur actuelle de l'année tropique, est 2j,6 ou 2j, 14h 24m; ce qui fait moins d'un jour sur 3000 ans. Cette précision est plus que suffisante pour tous les besoins, ceux de l'astronomie exceptés; et il n'y a pas à craindre que les astronomes soient induits en erreur de ce côté. On pourrait même faire disparaître l'erreur, en donnant à la règle grégorienne une extension à laquelle probablement les inventeurs ne songeaient pas, et en déclarant que les années divisibles par 4000 n'auront que 365 jours. Par ce moyen, il y aurait 2 jours à retrancher du nombre calculé plus haut; et la somme des jours contenus dans 100 000 années grégoriennes serait de 36 524 225, ce qui ne diffère que d'un seul jour de 100 000 années tropiques réelles, d'après la valeur actuelle de l'année tropique.

(633.) Un voyageur pourrait mesurer la longueur de sa route, quoique d'une manière compliquée et peu commode, au moyen de bornes milliaires placées à des intervalles inégaux, ou qui indiqueraient des lieues inégales, mais assujetties à un ordre fixe de succession, de manière par exemple à ce que chaque quatrième lieue eût cent mètres de plus que les autres. C'est par un procédé absolument semblable que le calendrier grégorien donne la mesure du temps, en nous permettant de fixer à l'aide d'une règle simple combien d'une époque à une autre il y a eu d'années de 365 jours, et combien de 366. Celles-ci se nomment *bissextiles*, et les jours qu'elles contiennent en sus des autres, s'appellent jours bissextiles ou *intercalaires*.

(634.) Si l'on avait toujours suivi la règle grégorienne, rien ne serait plus aisé que d'assigner le nombre de jours écoulés depuis un événement historique quelconque, dont on aurait la date. Mais tel n'est pas le cas; et par rapport à la chronologie et au calcul des observations anciennes, le calendrier peut être comparé à une horloge qui marche régulièrement quand on l'abandonne à elle-même, mais qu'on oublie quelquefois de remonter, ou bien encore que l'on avance ou que l'on retarde en la remontant, le plus souvent pour servir des fantaisies ou des intérêts particuliers. Tel était au moins le cas du calendrier romain, d'où le nôtre dérive, depuis Numa jusqu'à Jules César: la correspondance de l'année lunaire de 12 lunaisons, ou de 355 jours, avec l'année solaire qui règle les saisons, ayant lieu au moyen d'intercalations arbitrairement fixées par les prêtres, pour servir les usurpations des magistrats, jusqu'à ce que la confusion fût devenue inextricable. On doit à Jules César, assisté de Sosigène, célèbre astronome et mathématicien d'Alexandrie, l'insertion de l'année bissextile de 366 jours après trois années communes de 365. Ce changement important se rapporte à l'an 45 avant J.-C., qui fut la première année régulière, commençant au 1er janvier, jour où tombait cette fois la nouvelle lune après le solstice d'hiver. Nous pouvons juger de l'état du calendrier romain avant cette réforme, par la circonstance qu'il fallut porter à 455 le nombre de jours de l'année précédente (46 avant J.-C.), qu'on a appelée pour cette raison l'année de *confusion*.

(635.) La règle julienne faisait chaque quatrième année bissextile, sans exception. Cela revenait à supposer l'année tropique de 365j $\frac{1}{4}$, valeur trop grande, et qui amène une erreur de 7 jours en 900 ans. Aussi, dès l'année 1414, on commença à s'apercevoir que les équinoxes devançaient de plus en plus les époques du 21 mars et du 21 septembre, auxquelles ils se rapportaient primitivement. La réforme du calendrier fut depuis lors constamment réclamée. Cette réforme, qui eut lieu enfin sous le pontificat de Grégoire XIII, consista dans l'omission nominale des dix jours qui suivaient le 4 octobre 1582 (le jour suivant ayant été compté pour le 15 au lieu du 5), et dans la promulgation pour l'avenir de la règle qu'on a précédemment expliquée. La réforme fut adoptée aussitôt dans tous les pays catholiques, et successivement, mais beaucoup plus tard, chez les nations protestantes. La Russie et la Grèce sont maintenant les seules contrées d'Europe qui aient conservé le vieux style, et depuis 1800 la différence des deux styles est de 12 jours.

(636.) Heureusement pour l'astronomie, la confusion des dates et les contradictions des documens historiques affectent peu les anciennes observations qui nous ont été transmises. L'observation astronomique d'un phénomène bien caractérisé nous fournit abondamment, dans la plupart des cas, les moyens d'en assigner la date avec précision, pourvu que les renseignemens chronologiques donnent seulement une approximation tolérable. Elle peut même nous servir à fixer incontestablement une époque chronologique sur laquelle la confrontation des anciennes autorités nous laisserait dans l'incertitude. Maintenant par exemple que la théorie de la lune est bien connue, on peut calculer les éclipses pour plusieurs milliers d'années en arrière, sans crainte de se tromper d'un jour. Toutes les fois donc qu'une éclipse remarquable est citée par un auteur ancien, comme se rapportant à quelque événement historique, de manière à ce qu'on ne puisse pas se tromper sur l'identité de l'éclipse, la date de l'événement peut être fixée par cela même avec précision *.

(637.) Après avoir déterminé le nombre de jours renfermé dans chaque année, il faut, pour une complète désignation du temps, imposer à chaque jour un nom d'un usage général; et comme les jours de l'année sont en trop grand nombre pour que la mémoire puisse retenir des noms distincts pour chacun, toutes les nations ont senti la nécessité de fractionner l'année en périodes d'une moindre étendue, et de particulariser par des nombres, ou par toute autre indication spéciale, les jours de chaque période. Le mois lunaire a été souvent employé à cet usage, et même plusieurs peuples ont adopté exclusivement la chronologie lunaire au lieu de la chronologie solaire. C'est ce que font encore les Turcs dont l'année commune est de 12 lunaisons, faisant 354 ou 355 jours. La division en douze mois inégaux, dont nous faisons usage, est entièrement arbitraire, et produit souvent de la confusion, par l'équivoque qui subsiste entre les mois de la lune et ceux du calendrier. Le jour intercalaire a été rattaché au mois de février, qui se trouve le plus court de tous.

---

* Voyez dans les *Phil. Trans.* pour 1817, les calculs remarquables de M. Baily sur l'éclipse qui a mis fin à la bataille entre les rois de Médie et de Lydie, l'an 610 avant J.-C.

TABLE SYNOPTIQUE DES ÉLÉMENS DU SYSTÈME SOLAIRE.

N. B. Les données pour Vesta, Junon, Cérès et Pallas, se rapportent au 1er janvier 1820 ; pour les autres planètes au 1er janvier 1801.

Noms des Planètes.	Demi-grand axe.	Période sidérale moyenne, en jours solaires moyens.	Excentricité, en parties du demi-grand axe.
Mercure	0.3870981	87.9692580	0.2055149
Vénus	0,7233316	224,7007869	0,0068607
La Terre	1.0000000	365,2563612	0,0167836
Mars	1,5236923	686,9796458	0,0933070
Vesta	2,3678700	1325,7451000	0,0891300
Junon	2,6690090	1592,6608000	0,2578480
Cérès	2,7672450	1681,3951000	0,0784390
Pallas	2,7728860	1686,5388000	0,2416480
Jupiter	5,2027760	4332,5848212	0,0481624
Saturne	9,5387861	10759,2198174	0,0561505
Uranus	19,1823900	30686,8208296	0,0466794

Noms des Planètes.	Inclinaison à l'écliptique.	Longitude du nœud ascendant.	Longitude du périhélie.
Mercure	7° 0' 9",1	45° 57' 30",9	74° 21' 46",9
Vénus	3 25 28,5	74 54 12.9	128 43 55,1
La Terre			99 30 5,0
Mars	1 51 6,2	48 0 3,5	332 23 56,6
Vesta	7 8 9,0	103 13 18,2	249 33 24,4
Junon	13 4 9,7	171 7 40,4	53 53 46,0
Cérès	10 37 26,2	80 41 24,0	147 7 51,5
Pallas	34 34 55,0	172 39 26,8	121 7 4,3
Jupiter	1 18 51,3	98 26 18,9	11 8 54,6
Saturne	2 29 35,7	111 56 37,4	89 9 29,8
Uranus	0 46 28,4	72 59 55,3	167 31 16,1

Noms des Planètes.	Longitude moyenne de l'époque.	Masse, en trillionièmes de celle du soleil.	Diamètre équatorial, celui du soleil étant 111,454.
Mercure	166° 0' 48",6	493628	0,398
Vénus	11 33 3,0	2463836	0,975
La Terre	100 59 10,2	2817409	1,000
Mars	64 22 55,5	592755	0,517
Vesta	278 30 0.4	——	——
Junon	200 16 19,1	——	——
Cérès	125 16 11.9	——	——
Pallas	108 24 57.9	——	——
Jupiter	112 15 23,0	933570222	10,860
Saturne	153 20 6,5	284758000	9,987
Uranus	177 48 23,0	53809812	4,352

TABLE SYNOPTIQUE DES ÉLÉMENS DES ORBITES DES SATELLITES.

N. B. Les distances sont exprimées en rayons équatoriaux des planètes principales. L'époque est celle du 1ᵉʳ janvier 1801. Les périodes sont exprimées en jours solaires moyens.

I. LA LUNE.

Distance moyenne de la terre................	29ʳ,98217500
Révolution sidérale moyenne................	27j.321661418
Révolution synodique moyenne.............	29j,530588715
Excentricité de l'orbite....................	0,034844200
Révolution moyenne des nœuds.............	6793j,391080
Révolution moyenne de l'apogée............	3232j,575343
Longitude moyenne du nœud à l'époque......	13° 35′ 17″,7
Longitude moyenne du périgée à l'époque.....	266 10 7 ,5
Inclinaison moyenne de l'orbite.............	5 8 47 ,9
Longitude moyenne de la lune à l'époque......	118 17 8 ,5
Masse : celle de la terre étant 1.............	0,0125172
Diamètre en lieues........................	782

II. SATELLITES DE JUPITER.

Sat.	Distance moyenne.	Révolution sidérale.	Inclinaison de l'orbite sur celle de Jupiter.	Masse : celle de Jupiter étant 1000000000.
1	6,04853	1j 18h 28m	3° 5′ 30″	17328
2	9.62347	3 13 14	Variable.	23235
3	15,33024	7 3 43	Variable.	88497
4	26,99835	16 16 32	2 58 48	42659

Les excentricités du 1ᵉʳ et du 2ᵉ satellite sont insensibles; celles du 3ᵉ et du 4ᵉ petites et variables, par suite des perturbations mutuelles.

III. SATELLITES DE SATURNE.

Sat.	Distance moyenne.	Révolution sidérale.			Excentricités et inclinaisons.
1	3,351	0j	22h	58m	Les orbites des six satelli-tes intérieurs sont à peu près circulaires, et coïn-cident presque avec le plan de l'anneau. L'orbite du septième est considé-rablement inclinée sur les plans des autres, et ap-proche beaucoup de coïn-cider avec l'écliptique.
2	4,300	1	8	53	
3	5,284	1	21	18	
4	6,819	2	17	45	
5	9,524	4	12	25	
6	22,081	15	22	41	
7	64,359	79	7	53	

IV. SATELLITES D'URANUS.

Sat.	Distance moyenne.	Révolution sidérale.				Inclinaison à l'écliptique.
1 ?	13,120	5j	21h	25m	0s	Les orbites sont inclinées d'environ 78° 58' sur l'é-cliptique, et les mouve-mens sont rétrogrades. Les périodes des 2e et 4e n'exigent que de légères corrections. Les orbites paraissent être à peu près circulaires.
2	17,022	8	16	56	5	
3 ?	19,845	10	23	4	0	
4	22,752	13	11	8	59	
5 ?	45,507	38	1	48	0	
6 ?	91,008	107	16	40	0	

ADDITION.

SUR LA DISTRIBUTION DES ORBITES COMÉTAIRES DANS L'ESPACE.

(1.) Les recherches de statistique se rattachent toutes, comme on sait, à la théorie des chances : la raison nous indique que, sur un grand nonbre d'événemens du même genre, l'influence des causes irrégulières, ou de ce qu'on nomme le hasard, doit sensiblement disparaître, de manière à ne plus laisser en évidence que l'action des causes régulières, ou de celles qui influent d'une manière constante, et toujours dans le même sens, sur la production de chacun des événemens. C'est pour cela que les quantités sujettes le plus à varier par des causes fortuites, ont une valeur moyenne sensiblement invariable, dès qu'on emploie pour former cette moyenne un nombre suffisant d'observations ; et si les moyennes de deux séries nombreuses d'observations sont notablement différentes, on sera pleinement autorisé à conclure qu'indépendamment des causes anomales qui ont influé sur chacune des valeurs individuelles dans l'une et l'autre série, il y a eu des différences dans les circonstances générales et dans les causes constantes, sous l'influence desquelles chacune des deux séries de valeurs a été observée.

(2.) Mais quél est le nombre d'observations qu'il faut au juste embrasser pour avoir de la confiance dans les résultats de statistique, pour qu'on puisse se flatter d'avoir isolé les causes constantes des causes anomales? C'est une question qui ne peut être résolue que de deux manières : expérimentalement, en faisant voir qu'il suffit de comprendre dans la série tel nombre de cas particuliers pris au hasard, pour avoir des résultats sensiblement invariables ; *à priori*, à l'aide de la théorie des chances et des combinaisons, quand le sujet le comporte. Car on conçoit, que selon la nature des événemens qu'on a en vue, et des causes qui influent sur leur mode de production, il peut y avoir une notable différence dans les nombres de combinaisons nécessaires pour assurer la compensation des influences anomales.

(3.) Afin d'en donner un exemple bien simple, imaginons que des points soient répartis au hasard, d'abord dans l'intérieur d'une sphère d'un mètre de rayon, en second lieu sur la surface d'un cercle d'un rayon égal, et enfin sur une ligne droite d'un mètre de longueur. Si l'on mesure les distances d'un certain nombre de ces points aux centres de la sphère ou du cercle dans les deux premiers cas, et à l'une des extrémités de la droite dans le troisième, ces distances pourront avoir chacune toutes les valeurs imaginables, de zéro à un mètre : les moyennes de ces valeurs convergeront, dès que le nombre des points sera considérable, vers certaines valeurs fixes que la géométrie détermine, et qui seront dans le premier cas $\frac{3}{4}$ de mètre, dans le second $\frac{2}{3}$ de mètre, dans le troisième enfin $\frac{1}{2}$ mètre. Mais la rapidité de cette convergence devra être très-différente selon les hypothèses. En prenant par exemple dans chaque hypothèse la moyenne de cent distances, le calcul des chances montre qu'il y a mille à parier contre un que, pour la sphère, la moyenne ne s'écartera pas de 5 centimètres de la valeur fixe correspondante ; tandis que la probabilité d'une pareille limite d'écart sera réduite à 1000 contre 34 pour le cercle, et à 1000 contre 83, ou à environ 12 contre 1 pour la ligne droite. La probabilité de 1000 contre 1 est presque réputée équivalente à la certitude, et il s'en faut bien qu'on porte le même jugement d'une probabilité de 12 contre 1. Si dans la première hypothèse on forme les moyennes avec des séries de cent valeurs, il faudrait que dans la seconde les séries comprissent 150 valeurs, et dans la troisième plus de 200, pour qu'on dût s'attendre à voir les oscillations des moyennes resserrées entre les mêmes limites.

(4.) Il est bon de remarquer la raison géométrique de ce fait de calcul : or, il est clair que lorsqu'un point éprouve sur un plan ou dans l'espace un déplacement mesuré par une certaine ligne droite z, sa distance à un point fixe varie d'une quantité moindre que z, excepté quand il se déplace précisément dans le sens d'un rayon du cercle ou de la sphère qui a pour centre ce point fixe. D'où il suit qu'en général l'influence des inégalités dans la répartition des points, sur la moyenne des distances au point fixe, doit être atténuée lorsque l'on passe de la dissémination en ligne droite à la dissémination sur un plan, et de celle-ci à la dissémination dans l'espace.

(5.) Dans les applications de la statistique aux sciences sociales, on admet communément, et l'expérience démontre en effet qu'il faut embrasser un très-grand nombre de cas particuliers pour obtenir des résultats indépendans des anomalies du hasard, et sensiblement invariables. Ceci tient à la multitude de causes diverses qui influent sur les phénomènes de la vie sociale; car autrement, et lorsque le calcul des chances dépend de relations moins compliquées, le nombre des cas qu'il faut embrasser, pour resserrer beaucoup les oscillations du hasard, est souvent assez peu considérable. C'est ce qu'on pourrait induire des exemples indiqués dans l'avant-dernier article. Afin d'en citer un autre, qui d'ailleurs se lie directement à ce qui doit suivre, concevons qu'on ait un globe sur lequel, comme sur un globe terrestre ou céleste, on ait tracé des pôles, un équateur, des cercles de longitude et de latitude; qu'on lance ce globe au hasard, et qu'après chaque jet on marque soigneusement son point de contact avec le sol, lorsqu'il est parvenu au repos. Chacun de ces points aura une longitude et une latitude : la première pourra varier de 0 à 360°, la seconde de 0 à 90°. Si l'on admet que le globe soit bien sphérique et homogène, de sorte qu'il n'y ait aucune raison pour qu'il se fixe sur certaines régions de la surface de préférence à d'autres, la moyenne des longitudes tendra vers 180°, celle des latitudes vers 32° 42' 14", 4, ou vers le complément de l'arc dont la longueur est égale au rayon, ainsi qu'on le déduit d'un calcul fort simple. Il suffira d'embrasser une série de cent épreuves, pour avoir plus de 1000 à parier contre 1 que la moyenne des latitudes ne s'écartera pas de 6° de la valeur qu'on vient d'assigner. On doit s'attendre à ce que l'amplitude des oscillations soit plus grande pour la moyenne des longitudes, attendu que chaque valeur isolée peut varier entre des limites quatre fois plus distantes; mais la différence est plus grande qu'on ne pourrait l'induire de cette seule considération, puisqu'il ne correspond plus qu'une probabilité d'environ 50 contre 1, à une limite d'écart de 24° pour la moyenne des longitudes. Ceci a pour raison géométrique que, plus on se rapproche des pôles de la sphère, plus facilement il peut arriver que de légers déplacemens des points altèrent beaucoup les longitudes, sans influer sur les latitudes d'une manière notable.

(6.) On voit que s'il y a, dans la structure du globe que l'on projette de la sorte, quelque irrégularité en vertu de laquelle il tende à se fixer sur certaines régions de la surface plus volontiers que sur d'autres, il ne sera pas nécessaire de recourir à un fort grand nombre d'épreuves pour s'en convaincre, et pour resserrer les oscillations des valeurs moyennes, surtout celles de la latitude moyenne, entre des limites assez rapprochées. On pourrait même arriver ainsi à reconnaître des anomalies de structure qui échapperaient à l'observation directe. Mais si l'on avait un grand nombre de globes, entassés par exemple comme une pile de boulets, et que l'épreuve se fît, tantôt avec un globe, tantôt avec l'autre, par des personnes différentes et dans des circonstances diverses, il faudrait un nombre d'épreuves considérablement plus grand pour obtenir la même fixité dans les résultats moyens. Telle est la raison véritable pour laquelle la statistique sociale a besoin d'accumuler un si grand nombre d'observations. Ce n'est pas qu'il faille le plus souvent des observations très-nombreuses pour démêler, dans chaque espèce, l'influence des causes régulières au milieu des oscillations du hasard, mais c'est que le mode d'action des causes régulières varie d'une espèce à l'autre, et qu'il faut en outre compenser les irrégularités du hasard dans le triage des espèces.

(7.) Jusqu'à présent on n'a guère appliqué le calcul

42.

des chances qu'à des problèmes sur les jeux, problèmes purement spéculatifs ou d'un médiocre intérêt pratique, et à des faits de statistique sociale dont les causes se dérobent par leur complication à toute investigation mathématique, et pour lesquels nous n'avons d'autres données que celles de l'expérience. On s'est peu occupé de l'adapter à des questions de philosophie naturelle, questions pour ainsi dire de nature mixte, où l'on aurait pu espérer de confronter les données de l'observation avec des relations théoriques. Cependant, s'il est une branche de la philosophie naturelle à laquelle ce genre de recherches puisse s'approprier avec chance de succès, c'est assurément l'astronomie. Cette science éminente entre toutes les autres, à cause de la simplicité des rapports auxquels elle s'applique, doit par la même raison offrir les exemples les plus remarquables du prompt dégagement des causes régulières, au milieu des anomalies du hasard : et de même que l'astronomie observatrice est le modèle des sciences d'observation; l'astronomie théorique, le modèle des théories scientifiques; ainsi la statistique des astres (s'il est permis de recourir à cette association de mots) doit encore servir un jour de modèle à toutes les autres statistiques.

(8.) Ce n'est pas qu'on n'ait tenté dans ce genre quelques essais et signalé quelques rapprochemens, mais toujours d'une manière trop superficielle, ou en accordant trop peu de confiance à la méthode. Une sorte de préjugé scientifique, partagé même par des esprits éminens, a fait croire sans autre examen à la nécessité de réunir toujours un très-grand nombre d'élémens, quoique souvent cette nécessité ne fût établie ni par la théorie ni par l'expérience. Bien plus, la statistique des comètes nous offre le singulier exemple d'une méprise en géométrie élémentaire, échappée à l'illustre auteur de la *Mécanique céleste* et de la *Théorie analytique des Probabilités*, méprise tacitement partagée par la presque universalité de ceux qui ont écrit sur les comètes. En effet Laplace suppose *, et l'on admet communément avec lui, que, si aucune cause n'influait d'une manière régulière sur la direction des orbes cométaires dans l'espace, toutes les valeurs des inclinaisons à l'écliptique auraient pour elles des chances égales, en sorte que la moyenne des inclinaisons devrait converger vers le demi-angle droit. Or, comme on trouve que la moyenne des inclinaisons observées surpasse un peu 45°, Laplace en tire une probabilité, à la vérité trop faible pour être déterminante, qu'une cause constante tendrait à écarter les orbites cométaires du plan de l'écliptique, par opposition à celles qui ont manifestement présidé à la constitution du système planétaire. Pour se convaincre, par une voie toute empirique, de l'erreur de ce raisonnement, il suffirait de calculer les inclinaisons des orbes des comètes sur un ou deux plans perpendiculaires à l'écliptique : comme on trouverait alors que les moyennes surpassent 60°, il deviendrait évident que les plans d'orbites n'ont pas des relations uniformes avec toutes les régions de l'espace, et qu'ils paraissent au contraire affectés d'une tendance marquée à se rapprocher du plan de l'écliptique.

(9.) Remarquons en effet que l'hypothèse exposée dans l'article 5 n'est au fond qu'une manière de se représenter, par une image sensible, une question qui doit se reproduire fréquemment en astronomie :

* *Théorie analytique des probabilités*, liv. II, n° 15 ; *Essai philosophique sur les probabilités*, p. 116, 4ᵉ édit.

celle où il s'agit de savoir si une série de points disséminés sur la sphère céleste, l'ont été sous l'influence
de causes régulières ou irrégulières. Ces points peuvent avoir une existence réelle, comme lorsqu'il est
question de la répartition des étoiles fixes. Ils peuvent
aussi n'avoir qu'une existence géométrique, et c'est
ce qui arrivera si l'on considère les intersections
de la sphère céleste avec une série de lignes droites ou de rayons vecteurs qui partent d'un point commun, centre de la sphère ; ou bien encore si l'on
considère les *pôles* d'une série de plans qui passent tous par le centre de la sphère, c'est-à-dire
les points où les perpendiculaires élevées du centre
sur ces plans rencontrent la surface sphérique. Il est
évident qu'à chaque direction d'un plan dans l'espace correspond une situation particulière du point
polaire, et que si les plans sont uniformément distribués dans toutes les directions, les points polaires devront être répartis uniformément sur la surface sphérique. D'ailleurs, le complément de la *latitude* d'un
point polaire, ou sa distance au pôle du grand cercle
équatorial, mesure précisément l'inclinaison du plan
correspondant sur le plan équatorial *. Donc (art. 5)
la moyenne des inclinaisons d'une série de plans sur
un plan fixe, tel que celui de l'écliptique, doit converger vers 57°17′45″,6, ou vers l'arc dont la longueur
est égale au rayon, s'il est vrai qu'ils soient indifféremment dirigés vers toutes les régions de l'espace.

(10.) Cette remarque, qui n'aurait dû échapper à
aucun cométographe, ne se trouve à notre connaissance que dans les *Lettres Cosmologiques* de Lambert,

* Voyez, dans le *Traité d'Astronomie* qui précède, les chapitres I et IV, et notamment les art. 94 et 288.

publiées pour la première fois en 1761 , et dont une traduction française , accompagnée d'un grand nombre de notes, a paru à Amsterdam en 1801. Dans la 16ᵉ lettre de cette correspondance imaginaire se trouve l'objection très-juste que les nombres d'orbites entre les diverses limites d'inclinaison , tels qu'ils résultaient alors de la table de 24 comètes donnée par Halley, suivent une progression différente de celle qu'entraînerait l'hypothèse de la distribution uniforme des pôles d'orbites. Cette objection, qui contrarie les théories cosmogoniques du géomètre allemand, devient dans les lettres suivantes l'objet d'une discussion souvent assez obscure. L'annotateur de la traduction française, M. d'Utenhoven, applique au catalogue beaucoup plus étendu dont on était alors en possession, la remarque de l'auteur original, et en conclut que l'accumulation des comètes dans la région zodiacale est hors de doute. Malheureusement la métaphysique de Lambert sur les causes finales devait trouver peu de faveur auprès de la plupart des géomètres; et une donnée aussi importante de la théorie des comètes , celle qui semble avoir le plus directement trait à leur cosmogonie, n'a pas été prise en considération comme elle le méritait. Il est à regretter que M. Arago , dans l'excellente notice sur les comètes, dont il a enrichi l'*Annuaire* de 1832, et où il passe en revue plusieurs des idées de Lambert, n'ait pas mentionné celle-là ; elle eût reçu de la plume du célèbre secrétaire de l'Académie , si habile à populariser les notions scientifiques, la publicité qui lui manque.

(11.) Au surplus, ni Lambert, ni son annotateur ne s'occupent de l'analyse de la question, sous le rapport d'une évaluation de chances et de probabilités. Le premier n'en parle que comme d'un problème qui doit être fort difficile [*]; et il pouvait le paraître à cette époque où l'analyse mathématique des probabilités était encore peu avancée. Aujourd'hui, les formules générales du calcul sont connues ; mais on se tromperait, à notre avis, si l'on croyait que l'application puisse en être soumise à des règles abstraites, indépendantes de l'espèce des questions. Le calcul de ce genre de probabilités, qualifiées par les géomètres de probabilités *à posteriori*, est en philosophie naturelle un moyen d'investigation, sur l'usage duquel il est facile de se méprendre, et dont peut-être on n'a pas encore fixé complétement le vrai caractère. Mais les limites que nous devons nous prescrire s'opposent à ce que nous entrions ici dans les détails de discussions trop délicates : nous nous bornerons à rapporter les résultats numériques des calculs de chances qui se lient de là manière la plus directe aux faits que nous avons en vue.

(12.) Les trois grandeurs angulaires qui entrent comme élémens dans la détermination des orbites des planètes et des comètes, d'après l'usage des astronomes, sont l'inclinaison du plan de l'orbite sur l'écliptique, la longitude du nœud ascendant et la longitude du périhélie. (*Traité d'Astronomie*, art. 424.) L'inclinaison de l'orbite sur l'écliptique n'est autre chose que la distance angulaire du pôle de cette orbite au pôle de l'écliptique, et la longitude du nœud ascendant diffère précisément de $90°$ de la longitude du pôle d'orbite. Mais ce système de coordonnées n'est pas le plus avantageux pour notre objet. D'une part nous avons remarqué (art. 5) que la moyenne d'une série de longitudes convergeait moins rapidement vers un terme fixe, était moins promptement affranchie des anomalies du

---

[*] Pages 240 et suiv. de l'édition d'Amsterdam.

hasard, que la moyenne de la série de latitudes ou de
distances polaires correspondantes. D'autre part, nous
savons que le moyen le plus sûr de mettre en évidence
les lois par lesquelles des combinaisons sont régies,
consiste à combiner des élémens symétriques ; et
l'emploi d'un système de longitudes et de latitudes,
ou de longitudes et de distances polaires, ne satisfait
pas à cette condition de symétrie. En conséquence
nous emploierons les distances des pôles d'orbites à
trois points symétriquement placés sur la sphère céleste héliocentrique, savoir : le pôle boréal de l'écliptique, l'équinoxe du printemps ou le premier point
d'*Aries*, et le solstice d'été ou le premier point du
Cancer. Ces distances, que nous désignerons respectivement par les lettres θ, θ', θ'', mesureront en même
temps les angles qu'une droite perpendiculaire au plan
de l'orbite forme avec trois droites perpendiculaires
entre elles, menées du centre de la sphère aux trois
points fixes qu'on vient de désigner; et elles mesureront en outre les inclinaisons du plan de l'orbite tant
sur l'écliptique que sur deux autres plans perpendiculaires entre eux et perpendiculaires tous deux à l'écliptique. Tant que nous n'aurons pas égard au *sens* du
mouvement de la comète, nous pourrons prendre pour
pôle d'orbite l'un quelconque des deux points opposés
où la droite perpendiculaire au plan de l'orbite ren-
contre la sphère, et compter les angles θ, θ', θ'' de 0
à 90°, sans leur attribuer de signes. Dans le cas con-
traire, nous pourrons convenir de prendre le pôle
au nord de l'écliptique, si le mouvement de la comète
est *direct*, et au sud si elle a un mouvement *rétrograde*.
Par suite de ce mode de représentation, bien connu des
géomètres, et qui jette sur l'exposition des théorèmes
de mécanique une grande clarté, nous pourrons conti-

nuer à compter les angles θ, θ', θ'' de 0 à 90°, mais en
les distinguant par leurs signes; de manière à regarder
comme positifs les angles que les droites menées du
centre de la sphère aux pôles d'orbites font avec les
rayons vecteurs du pôle boréal de l'écliptique et des
premiers points d'*Aries* et du *Cancer*, et comme négatifs les angles que ces droites font avec les prolongemens des mêmes rayons vecteurs vers les régions opposées de la sphère céleste.

Enfin, nous appellerons t, t', t'', les angles qui sont,
pour les périhélies, les analogues des angles θ, θ', θ''
pour les pôles d'orbites, et nous leur appliquerons le
même système de notation.

(13.) Le cadre de cet extrait ne nous permet que
d'indiquer succinctement les principaux résultats numériques de calculs très-prolixes, sans pouvoir en dé-
tailler les élémens. Nous nous bornerons à dire que
nous avons pris pour base le catalogue de comètes d'Olbers, publié en 1823 dans les *Astronomische Abhandlungen* de M. Schumacher, et suivi d'un supplément
qui s'étend jusqu'à 1825 : nous l'avons complété
au moyen du catalogue de M. Santini *, qui va jusqu'au n° 137, en y ajoutant deux comètes observées en
1831 et 1832, ce qui ferait en tout 139 orbites. Mais
d'autre part, nous avons cru devoir écarter, comme
étant par trop incertaines, les observations chinoises,
arabes ou européennes, antérieures au 16e siècle : ce
qui réduit à 125 le nombre des orbites dont nous tenons compte. Les trois comètes dont le retour périodique est constaté, ont été conservées sur le catalogue, à
la date de leur première apparition observée, et avec
les élémens que le calcul des observations sous cette
date leur attribue, savoir : celle de Halley en 1607, celle

* *Elementi di Astronomia*, t. I, p. 296. Padoue, 1830.

d'Encke en 1786, et celle de Biela en 1772. Cette manière d'employer les élémens des comètes périodiques nous a semblé la plus exempte d'arbitraire.

(14.) Concevons qu'au moyen du catalogue dont il vient d'être parlé, et des formules connues de la trigonométrie sphérique, on ait calculé pour chaque comète les angles que nous avons désignés par $\theta, \theta', \theta''; t, t', t''$; qu'on les range en tableau dans l'ordre chronologique des apparitions qui est celui des n⁰ˢ du catalogue, et qu'on prenne les moyennes, d'abord pour les dix premières orbites, puis pour les vingt premières, et ainsi de suite, de dixaine en dixaine, jusqu'à ce qu'on ait complété le nombre de 125 auquel nous nous arrêtons, le tout abstraction faite des signes qui affectent en particulier chaque valeur angulaire, on obtiendra le tableau qui suit :

Orbites.	θ	θ'	θ''	t	t'	t''
10	49° 06'	70° 17'	53° 29'	64° 06'	50° 44	57° 12,
20	49 41	60 45	65 13	58 17	57 05	56 48
30	48 23	61 54	65 47	59 17	61 39	5 45
40	48 27	65 13	61 59	61 05	61 39	51 08
50	48 34	65 54	61 09	60 38	60 7	50 33
60	46 52	65 20	61 50	60 50	61 56	51 39
70	48 09	65 22	61 54	60 14	60 05	50 42
80	48 00	63 47	61 25	60 26	61 57	51 50
90	48 18	63 15	61 24	60 13	60 39	52 56
100	48 56	62 50	61 58	60 38	59 38	51 18
110	49 08	6 19	62 55	60 55	60 28	51 04
120	49 48	60 53	6 14	60 59	60 29	51 04
125	49 44	61 14	61 55	60 55	60 45	51 08

A l'inspection de ce tableau, on est d'abord frappé du peu d'étendue des limites entre lesquelles oscillent les moyennes consécutives, à partir des moyennes pour les 30 premières orbites : de sorte qu'au commencement du 18ᵉ siècle, et lorsqu'il n'y avait encore que 30 comètes dont les élémens fussent connus avec quelque exactitude, ces 30 comètes eussent donné sensiblement les mêmes valeurs qui se sont soutenues jusqu'à l'époque actuelle. Il est impossible, d'après ce tableau, de méconnaître l'existence de causes régulières, réelles ou optiques, qui ont maintenu les moyennes de β au-dessous des moyennes de θ' et θ'', et celles de t'' au-dessous des moyennes de t et t'. La fixité des moyennes est surtout remarquable pour ces deux angles t, t'.

(15.) La rapidité avec laquelle des valeurs moyennes convergent vers un terme fixe est subordonnée à la grandeur d'un certain nombre, auquel on peut donner le nom de *module de convergence*, et qui dépend de l'étendue des limites entre lesquelles chacune des valeurs individuelles peut osciller, ainsi que de la probabilité relative de chacune des valeurs comprises entre ces limites, d'après les chances qu'elle a en sa faveur. Dans l'hypothèse de l'art. 5, ou dans celle de l'uniforme distribution des pôles d'orbites et des périhélies, la théorie donne aisément la valeur de ce module, qui est égale à 0,032797. Si l'on tient compte en outre des différences entre la moyenne théorique 57° 18' et les moyennes finales données par la dernière ligne du tableau précédent, on trouvera que les probabilités contre l'hypothèse de l'uniforme distribution sont respectivement :

Pour	θ;	θ'	θ'';	t;	t';	t'';
	0,99994;	0,958;	0,982;	0,939;	0,892;	0,9986;

Ainsi, d'après la valeur moyenne de l'angle θ, on peut fixer à plus de 9999 contre 1 la probabilité que jusqu'à ce jour des causes régulières ont tendu à rapprocher les orbites cométaires du plan de l'écliptique ; et à 715 contre 1 la probabilité que des causes pareillement régulières ont tendu à rapprocher les périhélies de la ligne solsticiale.

Observons, pour les géomètres, que ces probabilités, tirées de la considération seule des moyennes finales, ne sont pas les plus grandes qui puissent résulter du tableau de l'art. 14. On en obtiendrait de fort supérieures si l'on calculait *à priori*, dans l'hypothèse de l'uniforme distribution (comme on serait tout aussi bien autorisé à le faire), 1° la probabilité que la différence de la moyenne pour 30 orbites à la moyenne théorique, tomberait en dehors de telles limites; 2° la probabilité que, le premier résultat ayant lieu, la survenance de dix nouvelles orbites maintiendrait l'écart en dehors des mêmes limites; et ainsi de suite, de dixaine en dixaine. Ce calcul qu'il suffit d'indiquer conduirait, pour les angles θ et $\mathfrak{t}''$, à des probabilités extrêmement peu différentes de l'unité.

(16.) Nous ne croyons pas devoir nous dispenser non plus de faire à cette occasion une remarque qui peut-être recevra des applications utiles. La détermination des valeurs moyennes en statistique a, selon les cas, deux buts différens. Tantôt la valeur moyenne entre comme élément essentiel dans des calculs ultérieurs qu'on a en vue. Telles sont les valeurs moyennes du produit d'un impôt, des importations ou exportations d'une denrée, et ainsi de suite. D'autres fois, la détermination des valeurs moyennes n'a pour but que de fixer une donnée indépendante des oscillations du hasard, et dont la variation puisse accuser, d'une manière plus ou moins sûre et rapide, l'existence de changemens survenus dans l'action des causes permanentes. La *vie moyenne* peut être citée comme une donnée de ce genre. Or, en pareil cas, rien n'empêche de substituer aux quantités dont on prenait la moyenne d'autres quantités qui en dépendent, et pour lesquelles le module de convergence soit plus grand ou plus petit. On atténuera ou l'on amplifiera ainsi l'influence des causes régulières ou anomales que peut manifester la série des valeurs de la quantité primitivement employée ; et l'un et l'autre procédé aura ses avantages selon les cas. Si la quantité dépendante, ou, en langage géométrique, si la *fonction* est *atténuante*, et qu'elle donne entre la moyenne théorique et la moyenne observée un écart du même ordre que celui fourni par la variable primitive, on en conclura, avec une plus grande probabilité, la fausseté de l'hypothèse théorique. Si la fonction est *amplifiante*, et qu'en décomposant la série totale en séries partielles, les moyennes observées se soutiennent à une valeur sensiblement la même, et notablement différente de la moyenne théorique, on tirera la même conclusion que tout à l'heure, avec une probabilité bien plus grande que si l'on eût soumis à la même épreuve les moyennes de la variable primitive ou d'une fonction atténuante.

Par exemple, pour éclaircir ce qu'il peut y avoir d'obscur dans l'exposition qui précède, les carrés des quantités angulaires θ, θ', etc., sont par rapport à ces variables des fonctions amplifiantes. Les moyennes finales des carrés, données par les 125 orbites, sont respectivement :

Pour	θ,	θ',	θ'';	t,	t',	t'';
	5036.	4177,	4300;	4171,	4114,	3137;

la moyenne théorique, dans l'hypothèse de l'uniforme distribution, étant 3748. En outre, lorsque l'on construit le tableau des moyennes consécutives de dixaine en dixaine, analogue à celui de l'article 14 (tableau que nous omettons ici pour abréger), on trouve que les moyennes éprouvent à partir des 30 premières orbites des oscillations du même ordre que celles des moyennes des arcs simples, c'est-à-dire de l'ordre du second chiffre en allant de gauche à droite; mais d'une amplitude généralement moins considérable. C'est le contraire qui devrait avoir lieu par la nature de la fonction, si les écarts de la moyenne théorique étaient imputables aux anomalies du hasard.

(17.) Afin de soumettre les élémens d'orbites à une nouvelle épreuve, concevons que l'on prenne les moyennes pour les 30 premières orbites, puis pour 30 autres orbites, en excluant les 10 premières et ajoutant la dixaine suivante, et ainsi de suite: ce qui équivaudra à répéter autant de fois le triage au hasard de 30 orbites, à moins que la loi des chances ne soit dépendante du temps, et sujette à éprouver des variations périodiques ou séculaires. De cette manière on obtiendra le tableau suivant :

Orbites.	θ	θ'	θ''	t	t'	t''
1 à 30	48° 23'	61° 54'	65° 47'	59° 17'	61° 39'	51° 43
10 40	48 13	60 52	64 23	60 01	63 28	49 06
20 50	47 49	65 27	59 32	62 11	63 31	46 42
30 60	44 41	69 05	59 42	61 43	58 52	51 52
40 70	47 48	63 54	61 26	59 11	63 24	50 08
50 80	47 03	64 07	62 07	60 06	60 69	53 05
60 90	51 49	58 58	61 14	59 39	58 42	54 51
70 100	49 58	60 28	61 48	61 52	57 39	52 42
80 110	52 40	54 14	65 46	62 06	60 01	49 53
90 125	53 25	56 04	63 07	62 44	62 22	47 22

Nous voyons dans ce tableau θ rester constamment inférieur à θ' et à θ'', t'' rester constamment inférieur à t et à t'. Il n'arrive que 2 fois sur 10 que les valeurs moyennes de θ s'écartent de plus de 3° de la moyenne finale donnée par les 125 orbites ; et en général l'écart de 3° des moyennes finales n'arrive que 13 fois sur 60. Il résulte de calculs dont nous supprimons les détails, que tous ces écarts peuvent être attribués avec vraisemblance aux anomalies du hasard, et que même on aurait été fondé à supposer *a priori* de plus grandes oscillations.

(18.) À présent, il faut remarquer que les lois des chances des angles θ, θ', etc., ne sauraient être indépendantes les unes des autres. Car, d'une part, la somme des valeurs numériques des angles θ, θ', θ'' est assujettie à rester comprise entre les limites 180° et 164° 13' (ou 3 fois l'angle dont la tangente $= \sqrt{2}$), et il en est de même pour la somme des angles t, t', t''. D'autre part, le système des angles θ, θ', θ'' réagit sur celui des angles t, t', t'', et réciproquement. En effet, lorsque le pôle de l'orbite est donné, le périhélie est assujetti à se trouver sur le grand cercle de la sphère qui a l'autre point pour pôle ; et de même, lorsque le périhélie est donné, le plan de l'orbite ne peut que tourner autour de la droite menée par ce point et par le centre de la sphère, d'où il suit que le pôle de l'orbite doit pareillement se trouver sur le grand cercle de la sphère qui a pour pôle le périhélie. En réfléchissant à la nature de cette dépendance mutuelle, on est amené à penser que le moyen le plus convenable de la mettre en évidence consiste à décomposer la série des valeurs pour chaque angle en deux séries partielles, formées respectivement des valeurs supérieures et inférieures à 60°. Ces deux séries partielles devraient comprendre chacune le même nombre d'angles dans l'hypothèse de l'uniforme distribution. Or, nous trouvons au contraire, par suite de cette décomposition, des résultats qui peuvent s'exprimer au moyen de la notation suivante:

$$\theta. \; 48 : 77, \qquad \theta'. \; 65 : 60, \qquad \theta''. \; 69 : 56,$$
$$t. \; 77 : 48, \qquad t'. \; 66 : 59, \qquad t''. \; 44 : 81.$$

Cette notation, qui nous sera commode à cause de sa brièveté, signifie que dans la série des angles θ, il y en a 48 au-dessus et 77 au-dessous de 60°; que l'inverse a lieu dans la série des angles t, et ainsi de suite pour chacun des autres angles.

Maintenant, nous voyons clairement *à posteriori* l'influence que le mode de répartition des valeurs de θ exerce sur celui des valeurs de t; et nous retrouvons une dépendance analogue en comparant θ' à t', θ'' à t''. Le rapprochement des nombres est moins frappant dans le dernier cas, à cause d'une circonstance singulière que nous découvrirons bientôt. En ne consultant que le tableau des moyennes, on aurait pu croire que les valeurs des angles θ' et θ'', t et t', étaient respectivement réparties suivant les mêmes lois : ce nouveau genre d'épreuve démontre au contraire que le mode de répartition diffère essentiellement d'un de ces angles à l'autre.

(19.) Après avoir constaté l'existence de causes régulières qui influent sur la série des orbes cométaires, telle qu'elle se développe dans l'ordre chronologique des observations, et après avoir reconnu en outre la surabondance du nombre d'orbites observées, pour manifester l'existence de ces causes, on doit désirer d'aller plus loin, en recherchant par certaines décompositions de la série quelle peut être la nature des causes influentes, et si leur influence est la même selon les diverses régions angulaires et les divers sens de mouvement.

Dans cette vue nous pouvons décomposer d'abord la série en deux autres : l'une formée de toutes les comètes dont le passage au périhélie a été observé dans le *semestre d'hiver*, ou du 22 septembre au 22 mars; l'autre formée des comètes dont le passage a eu lieu dans le *semestre d'été*, ou du 22 mars au 22 septembre. Cette première coupe, uniquement relative à la situation des observateurs, doit être regardée comme faite au hasard, et par conséquent comme sans influence sur les lois de probabilité des élémens, à moins que ces lois ne soient subordonnées elles-mêmes à des causes purement optiques.

(20.) Sur les 125 comètes de notre liste, 71 appartiennent à la série d'hiver, 54 à la série d'été. Cette inégalité pouvait être prévue : car, ainsi que le fait remarquer M. Arago, durant les mois d'été, « la longue » durée du jour proprement dit et de la lumière crépus- » culaire, ne peuvent manquer de nous dérober la vue » d'un certain nombre de ces astres [*]. » Si l'existence de cette cause n'était pas manifeste *a priori*, et qu'on en voulût déduire la probabilité, du rapport 71:54, on trouverait 0,92395, nombre de l'ordre de ceux auxquels on n'est pas dans l'usage d'attribuer, en philosophie naturelle, une valeur déterminante.

Mais il en sera tout autrement, si l'on suit le rapport entre les deux séries, de dix en dix orbites, selon l'ordre chronologique des apparitions, et à partir des trente premières, ainsi que l'indique le tableau ci-après :

[*] *Annuaire* de 1852, 2ᵉ éd., p. 537. Lambert avait fait antérieurement la même remarque : *Lettres Cosmologiques*, p. 200 de l'édition d'Amsterdam.

Série totale.	Série d'hiver.	Série d'été.
30 orbites.	17	13
40	24	16
50	30	20
60	36	24
70	43	27
80	49	31
90	54	36
100	59	41
110	63	47
120	69	51
125	71	54

Il n'est plus permis de douter, d'après ce tableau, que les chances d'apparition pour nos climats d'Europe ne l'emportent dans le premier semestre; et en outre il est vraisemblable que les chances pour les deux semestres ont un rapport qui ne s'écarte que très-peu de celui de $3 : 2$; quoique le rapport final (probablement par une anomalie passagère) approche davantage de celui de $4 : 3$.

(21.) En ayant égard aux signes qui affectent les élémens θ, θ', etc. (art. 12), pour savoir si les signes sont répartis de la même manière dans les deux semestres, on construit la table ci-dessous :

Semestre d'hiver (71 orb.)	Valeurs posit.	34	41	30	34	36	49
	Valeurs nég.	37	30	41	37	35	22
Semestre d'été (54 orb.)	Valeurs posit.	31	28	30	33	18	19
	Valeurs nég.	23	26	24	21	36	35

Le résultat le plus apparent est que le nombre des valeurs positives de t'' l'emporte sur celui des valeurs négatives dans la série d'hiver, et que l'inverse a lieu dans le semestre d'été. C'est d'ailleurs un phénomène dont la cause optique ne saurait être équivoque. En effet, dans le semestre d'hiver, le rayon

vecteur mené du soleil à la terre fait un angle aigu
avec la ligne menée aussi du soleil au premier point
du *Cancer*, et cet angle devient obtus pendant le semestre d'été. Or, si l'on conçoit qu'on ait mené
par le centre du soleil un plan perpendiculaire à l'é-
cliptique et à la ligne solsticiale, il est clair que l'observateur placé sur la terre aura plus de chances d'a-
percevoir les comètes périhélies qui se trouvent situées avec la terre d'un même côté de ce plan, que
celles qui se trouvent de l'autre côté du plan, dans
l'hémisphère opposé de la sphère céleste héliocentrique. Il est toujours bon de confronter ainsi les données
de la statistique ou de l'expérience avec des relations
théoriques qui se manifestent *à priori* : c'est le moyen
d'apprécier le degré de confiance qu'on doit accorder
à d'autres résultats statistiques, lorsqu'ils accusent
l'existence de relations dont la théorie ne peut actuellement rendre compte.

(22.) Après ces remarques préalables, si nous con-
struisons, pour chacune des séries semestrielles, les
tableaux analogues à celui de l'art. 14, relatif à la
série générale, nous obtiendrons les résultats suivans
qui donneraient lieu aux mêmes observations, quant
au peu d'étendue des oscillations des moyennes, et à
la rapidité de la convergence :

Série d'hiver.	θ	θ'	θ''	t	t'	t''
10 orb.	39° 30'	63° 16'	71° 48'	58° 26'	57° 12'	56° 00'
20	45 04	60 52	68 03	59 41	62 51	49 55
30	43 02	64 55	65 39	61 58	59 43	50 28
40	45 21	64 52	64 48	59 20	60 28	52 27
50	43 25	64 54	65 21	61 58	59 54	50 19
60	44 52	63 54	64 47	60 42	60 43	50 35
71	46 21	61 48	65 08	60 43	60 44	50 43
Série d'été.						
10	51 50	64 19	57 05	65 01	51 51	55 25
20	56 51	61 55	54 03	58 58	62 47	50 51
30	55 12	61 55	56 10	58 48	61 10	55 06
40	54 53	60 50	56 49	59 26	60 10	55 52
50	53 20	59 37	57 38	61 03	59 55	54 50
54	54 10	60 50	57 56	61 11	59 57	51 55

Les angles θ et θ'' sont visiblement les seuls pour lesquels nous puissions déduire, des moyennes finales de ce tableau, une inégalité de chances dans les deux semestres. La probabilité de cette inégalité est 0,927 pour l'angle θ, et 0,946 pour θ''. Sur quoi il faut toujours remarquer que la permanence d'écart, telle qu'elle résulte du tableau, conduirait à une probabilité numérique d'un ordre fort supérieur, et qui serait encore accrue, si l'on substituait à l'arc simple la fonction amplifiante du carré.

(23.) Une réflexion toute simple suggère de suite l'idée de la cause optique qui doit modifier dans les deux séries les moyennes des angles θ. En effet, l'influence de la lumière solaire, qui dérobe à l'observateur européen plus de comètes en été qu'en hiver, cette influence émane du plan même de l'écliptique. Elle doit par conséquent se faire sentir principalement sur les comètes qui s'écartent le moins de l'écliptique, ou qui se meuvent dans des orbites peu inclinées à ce plan. Le moyen naturel de contrôler

cette induction, consiste à comparer les nombres d'orbites dans les deux séries, entre certaines limites d'inclinaison. D'ailleurs, les conséquences importantes qui
peuvent se rattacher à ce résultat nous engagent à le
mettre hors de doute, en poursuivant la comparaison
de dix en dix orbites, à partir des 30 premières, sur
toute l'étendue de la série, comme l'indique le tableau
suivant. Le premier rapport 9 : 5 indique que, sur 14
valeurs de l'angle θ, comprises entre 0 et 40°, 9 appartiennent à la série d'hiver, 5 à la série d'été, et la
même notation s'applique à tous les autres cas.

Orbites	0°—40°	40°—60°	6°—90°	Total.
30	9 : 5	1 : 1	7 : 7	17 : 13
40	12 : 6	3 : 2	9 : 8	24 : 16
50	15 : 6	4 : 3	11 : 11	30 : 20
60	17 : 9	7 : 3	12 : 12	36 : 24
70	19 : 9	10 : 3	14 : 15	43 : 27
80	23 : 9	11 : 5	15 : 17	49 : 31
90	23 : 10	14 : 8	17 : 18	54 : 36
100	26 : 11	15 : 9	18 : 21	59 : 41
110	27 : 13	15 : 11	21 : 23	63 : 47
120	29 : 14	17 : 13	23 : 24	69 : 51
125	29 : 15	18 : 15	24 : 24	71 : 54

Ce tableau montre évidemment que la différence
d'action de la cause optique qui nous occupe, en hiver
et en été, porte à peu près exclusivement sur les comètes dont les orbites ont une inclinaison de 0 à 40°
sur l'écliptique, et ne se fait plus sentir sur les inclinaisons plus grandes que 60°. Il en faut conclure
que, sans l'influence de la lumière solaire qui agit
encore dans le même sens, quoique avec moins d'intensité, en hiver qu'en été, l'accumulation des orbites
cométaires dans les régions zodiacales serait beaucoup
plus sensible à l'observation. A la vérité, il paraît im-

possible d'assigner les moyennes d'inclinaison qu'on obtiendrait par la soustraction complète de cette influence optique; on ne peut même affirmer qu'une autre cause optique ne produise l'accumulation dans les régions zodiacales; mais au moins l'opinion que cette accumulation est réelle, et due à une cause cosmologique, a acquis un bien plus haut degré de vraisemblance.

(24.) Puisque l'influence optique, qui se manifeste principalement par son inégalité d'action dans les deux semestres, modifie la répartition des angles θ, sans qu'elle paraisse agir sensiblement sur les angles t, elle doit troubler les relations qui s'établiraient naturellement entre les deux lois de répartition, et ces relations seront données d'une manière plus exacte par la série d'hiver que par celle d'été, ou que par la série générale. En effet, si l'on continue d'employer la notation de l'art. 18, on trouve pour la série d'hiver ce résultat remarquable :

$$\theta.\ 24 : 47 , \quad \theta'.\ 36 : 35 , \quad \theta''.\ 46 : 25 ,$$
$$t.\ 46 : 25 , \quad t'.\ 36 : 35 , \quad t''.\ 27 : 44 ;$$

que l'on peut ramener à cette forme éminemment symétrique :

$$(a) \begin{cases} \theta.\ m : n , \quad & \theta'.\ p : p , \quad & \theta''.\ n : m , \\ t.\ n : m , \quad & t'.\ p : p , \quad & t''.\ m : n , \end{cases}$$

en posant, pour simplifier, $\frac{1}{2}(m+n) = p$.

Mais la surprise que peut causer l'extrême simplicité de cette loi statistique, déduite d'un aussi petit nombre d'élémens, sera accrue si l'on décompose la série d'hiver en deux autres, selon que les angles θ sont positifs ou négatifs; qu'on fasse autant de sections semblables qu'il y a d'élémens angulaires, et qu'enfin on asse une dernière section, selon que les distances périhélies sont plus petites ou plus grandes que les trois quarts du demi-grand axe de l'orbe terrestre. On obtiendra ainsi les résultats qui suivent :

$+\theta'$	11 : 25	18 : 16	23 : 11	$-\theta'$	13 : 21	18 : 19	23 : 14
34 orb.	25 : 11	19 : 15	14 : 20	37 orb.	25 : 14	17 : 20	15 : 24
$+\theta''$	11 : 30	21 : 20	28 : 13	$-\theta'$	13 : 17	15 : 15	18 : 12
41 orb.	27 : 14	21 : 20	15 : 26	30 orb.	19 : 11	15 : 15	12 : 18
$+\theta''$	8 : 22	17 : 15	20 : 10	$-\theta''$	16 : 25	19 : 22	26 : 15
30 orb.	20 : 10	14 : 16	11 : 19	41 orb.	26 : 15	22 : 19	16 : 25
$+t$	14 : 20	15 : 19	18 : 16	$-t$	10 : 27	21 : 16	28 : 9
54 orb.	19 : 15	18 : 16	15 : 19	37 orb.	27 : 10	18 : 19	12 : 25
$+t'$	12 : 24	19 : 17	21 : 15	$-t'$	12 : 23	17 : 18	28 : 10
36 orb.	22 : 14	19 : 17	13 : 23	35 orb.	24 : 11	17 : 18	14 : 24
$+t''$	12 : 37	29 : 20	33 : 16	$-t''$	12 : 10	7 : 15	13 : 9
49 orb.	35 : 14	23 : 26	19 : 30	22 orb.	11 : 11	13 : 9	8 : 14
*	14 : 22	17 : 19	21 : 15	**	10 : 25	19 : 16	25 : 10
36 orb.	20 : 16	20 : 16	16 : 20	35 orb.	26 : 9	16 : 19	11 : 24

Tous ces résultats s'accordent si bien avec la formule (a), les écarts sont si légers, malgré le petit nombre d'élémens employés, et la variété des combinaisons auxquelles donnent lieu *sept* coupes différentes de la même série, qu'il est bien difficile d'attribuer cette coïncidence au hasard. D'un autre côté, il doit sembler extraordinaire qu'une loi si simple dans son expression, résulte de la combinaison accidentelle qui, pour nos climats et dans le semestre hivernal, s'établit entre des influences optiques agissant en sens divers. Mais cette difficulté pourra cesser en partie, si l'on réfléchit que des relations du genre de celles dont il s'agit ici, ne sont pas soumises nécessairement à la loi de continuité ; de sorte que, bien que la valeur absolue du rapport *m* : *n* fût changée par la soustraction d'une in-

---

* Distances périhélies plus petites que 0,75, le demi-grand axe de l'orbe terrestre étant 1.

** Distances périhélies plus grandes que 0,75.

fluence optique , il ne s'ensuit pas que la loi dont la formule (a) est l'expression varierait. De plus grands développemens à cet égard pourraient nous entraîner dans une discussion difficile, et peut-être prématurée.

(25.) La position particulière de l'observateur euro-péen conduit encore à rechercher les différences que peuvent offrir deux séries formées, l'une des comètes à périhélie boréal (+ t), l'autre des comètes à périhélie austral (— t). En effet, l'élévation que conserve le pôle boréal de l'écliptique sur nos horizons d'Europe ne peut manquer de nous dérober un certain nombre de comètes qui, dans le voisinage de leurs périhélies, ne sortent pas des régions les plus australes de la sphère héliocentrique. Ces considérations s'accordent parfai-tement avec l'expérience, ainsi que nous pourrions le faire voir en rapportant ici un tableau de classification des angles t dans les deux séries, analogue à celui de l'art. 23. Pour abréger, nous nous bornerons à en pro-duire le résultat final, en observant que le nombre si-tué du côté gauche du signe (:) se rapporte à la sé-rie des comètes à périhélie boréal, et le nombre sur la droite à la série des comètes à périhélie austral.

Orbites.	0°—40°	40°—60°	60°—90°	Total.
125	21 : 6	10 : 11	37 : 40	68 : 57

On voit clairement que les comètes pour lesquelles l'angle t est négatif et plus petit que 40°, ou, en d'au-tres termes, dont le périhélie a une latitude héliocen-trique australe plus grande que 50°, ne peuvent être aperçues de l'observateur européen que dans des cir-constances très-rares. Il ne s'en est présenté qu'une

parmi les 60 comètes (la plupart peu ou point visibles
à l'œil nu) observées depuis 1780.

Cette circonstance ne saurait manquer d'influer sur
les inclinaisons à l'écliptique, par la relation qui subsiste entre les angles θ et t. Si nous comparons les
moyennes des élémens pour les comètes à périhélie
boréal et à périhélie austral, tant dans la série totale
que dans chacune des séries d'hiver et d'été, nous ob-
tenons les résultats consignés dans le tableau qui suit :

Série totale.	θ	θ'	θ''	t	t'	t''
Périh. bor.	53°34'	59°55'	59°14'	57°29'	63°15'	52°16'
Périh. aust.	45 09	62 49	65 04	65 02	57 00	49 48
Série d'hiver.						
Périh. bor.	51 08	60 01	61 22	54 49	63 12	54 15
Périh. aust.	41 57	63 27	68 57	66 07	58 29	47 47
Série d'été.						
Périh. bor.	56 01	59 42	57 06	60 09	63 18	50 27
Périh. aust.	51 01	61 41	58 29	62 58	54 15	53 51

Les différences ont lieu dans le même sens, pour
chacune des séries semestrielles, excepté en ce qui concerne l'angle t'', dont les écarts peuvent être très-vrai-
semblablement attribués à des causes anomales. La probabilité, tirée des résultats de la série totale, que la loi
de répartition des angles θ n'est pas la même pour
les comètes à périhélie boréal que pour celles à périhélie austral, est numériquement 0,948; mais elle se
trouve accrue par cette circonstance que les deux séries partielles donnent des résultats dans le même
sens.

(26.) Ainsi, des deux influences optiques qui tiennent
évidemment à la situation locale de l'observateur européen, l'une agit dans un sens, l'autre en sens contraire; et le résultat apparent de cette discussion, c'est

que ni l'une ni l'autre ne peuvent rendre raison de l'infériorité de la moyenne des inclinaisons à la moyenne théorique dans l'hypothèse de l'uniforme distribution. Mais la question principale reste entière, et l'on est toujours fondé à demander si des causes purement optiques, tenant à la position de l'orbite de la terre dans les espaces célestes, n'occasionent pas la différence observée. La chose ne semblait pas probable à Lambert (*Lettres cosmol.*, p. 228); mais il ne donne aucune raison à l'appui de son opinion, qui serait singulièrement corroborée par la remarque de l'art. 23. D'un côté, il paraît difficile de tenir un compte exact, *à priori*, des chances de visibilité; de l'autre, il faut reconnaître que le nombre des observations (suffisant pour constater les lois apparentes de répartition dans la série générale) ne suffit plus pour donner une solution définitive de cet intéressant problème. Dans un siècle, lorsque le nombre des orbites observées sera doublé, on pourra s'engager avec confiance dans cette recherche, qui offrira un bel exemple de la combinaison du calcul des chances avec l'analyse statistique. Nous n'ajouterons plus que les observations suivantes.

(27.) On a remarqué depuis long-temps que le nombre des comètes *directes* ($+ \theta$) et celui des comètes *rétrogrades* ($- \theta$) étaient sensiblement égaux, à quelque époque que l'on terminât la série. Sur 125 comètes, nous en comptons 65 directes et 60 rétrogrades. Il y a donc lieu de croire que les chances de visibilité ne sont pas moindres pour les comètes directes que pour les comètes rétrogrades. D'un autre côté, nous touvons 69 comètes dont le sens de mouvement rend positif l'angle θ' (art. 12), et 56 pour lesquelles ce même angle est négatif. On est autorisé, en conséquence, à supposer que les chances de visibilité sont plus grandes pour les comètes de la série $(+\,\theta')$ que pour celles de la série $(-\,\theta')$, ou au moins égales. Or, admettons que l'infériorité de la moyenne des inclinaisons provienne de ce qu'un certain nombre de comètes, parmi celles dont les orbites sont le plus inclinées à l'écliptique, échappent aux conditions de visibilité, on devrait s'attendre à ce que la moyenne de θ ne fût pas moindre pour les comètes directes que pour les comètes rétrogrades, et à ce qu'elle fût plus grande pour la série $(+\,\theta')$ que pour la série $(-\,\theta')$. Mais c'est précisément le contraire que l'on observe : les moyennes de θ pour les séries $(+\,\theta)$ et $(+\,\theta')$ sont notablement inférieures à celles qui se réfèrent aux séries $(-\,\theta)$, $(-\,\theta')$, et les écarts sont assez grands, assez soutenus, pour indiquer avec une probabilité déjà fort grande des inégalités entre les lois de répartition, selon que l'on considère l'une de ces séries partielles ou la série de signe contraire, ainsi qu'on peut en juger d'après le tableau qui suit :

Orbit.	Série $(+\,\theta)$.	Orbit.	Série $(-\,\theta)$.	Orbit.	Série $(+\,\theta')$.	Orbit.	Série $(-\,\theta')$.
10	42° 14′	10	57° 08′	10	46° 08′	10	60° 30′
20	45 44	20	56 30	20	43 24	20	50 18
30	45 57	30	53 12	30	43 04	30	53 41
40	44 46	40	51 30	40	43 59	40	52 54
50	45 55	50	52 13	50	44 53	50	55 04
60	46 43	60	53 05	60	45 45	56	54 53
60	46 41			69	46 43	»	»

Supposons ce résultat mis en jour hors de doute : et la conséquence naturelle qui s'en déduira, c'est que l'inégalité de répartition, d'une série à l'autre, ne provient pas d'une influence optique ; c'est par consé-

quent que des causes réelles ou cosmologiques modifient la loi de répartition selon le sens du mouvement;
et définitivement que la loi de répartition dans la série générale subit l'influence de causes réelles, auxquelles il faut attribuer notamment l'accumulation des
orbites dans les régions zodiacales. Le temps sera venu
alors de rechercher la nature de ces causes, et de se
demander, par exemple, si l'action perturbatrice
moyenne des planètes, à chaque retour des comètes
aux périhélies, n'en donne pas une explication satisfaisante, ou s'il faut y voir un fait cosmologique originaire.

(28.) Si l'on décompose la série générale en deux autres, l'une formée des comètes dont la distance périhélie est moindre de 0,75 (le demi grand axe de l'orbe
terrestre étant pris pour unité), l'autre formée des comètes dont la distance périhélie est plus grande, les
deux séries partielles comprendront des nombres de
comètes à peu près égaux, savoir 65 et 60. Mais afin de
se convaincre que ce résultat n'est que provisoire, il
suffit d'observer que, pour les 60 premières apparitions, qui s'arrêtent à l'année 1772, le rapport est celui de 40 : 20; tandis que, pour les 65 apparitions subséquentes, il devient 25 : 40. Évidemment, une étude
plus soigneuse du ciel, et l'emploi d'instrumens plus
puissans, ont fait découvrir à partir de cette époque
un bien plus grand nombre de comètes, parmi celles
qui échappaient auparavant aux conditions de visibilité,
à cause de leurs grandes distances périhélies. Quoi qu'il
en soit, si l'on prend les moyennes pour les deux séries
partielles ainsi formées, on obtiendra les résultats que
voici :

	θ	θ'	θ''	t	t'	t''
1re série.	50° 06'	62° 40'	59° 36'	58° 26'	59° 50'	53° 03'
2e série.	49 20	59 42	64 22	63 37	61 01	49 05

Et il en faudra conclure, au moins provisoirement, que les lois de répartition ne paraissent pas être sensiblement modifiées selon les distances périhélies : contrairement à l'opinion que Lambert avait émise.

FIN.

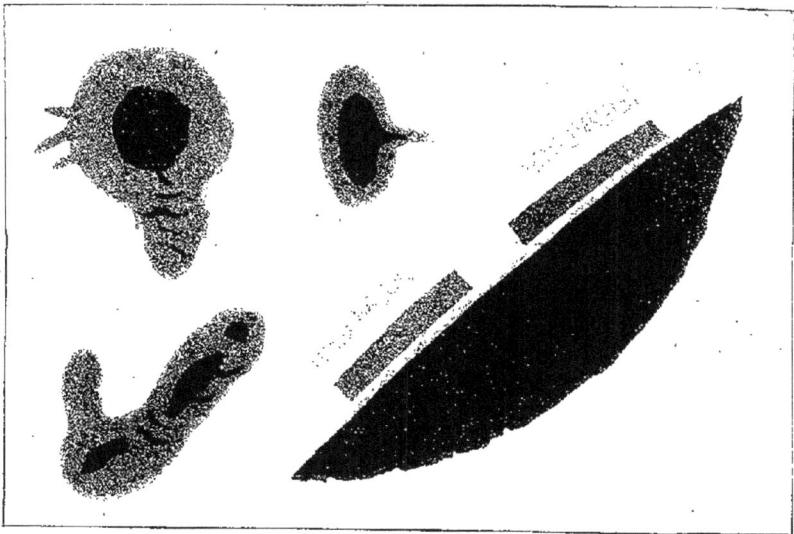

Fig. 1.

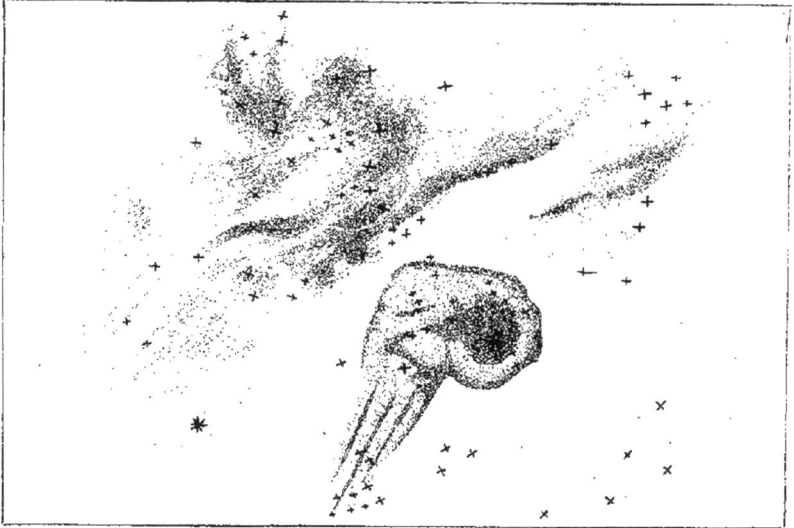

Fig. 2.

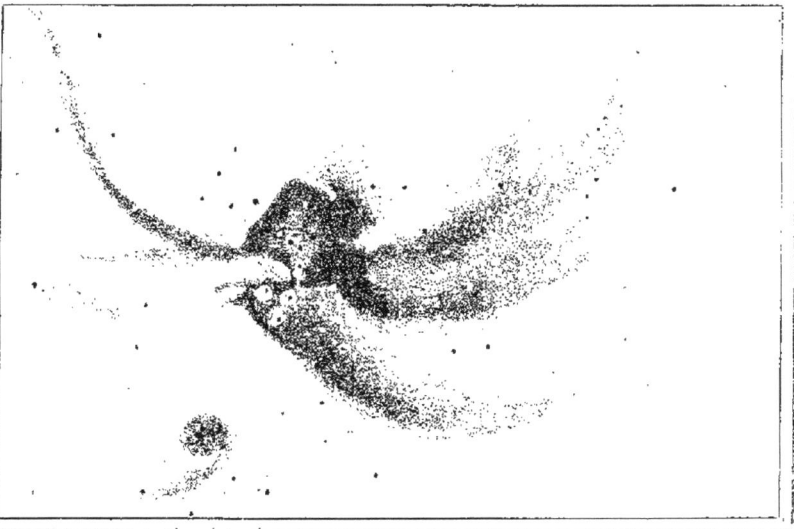

Fig. 3.

Publié par Paulin, 1834.

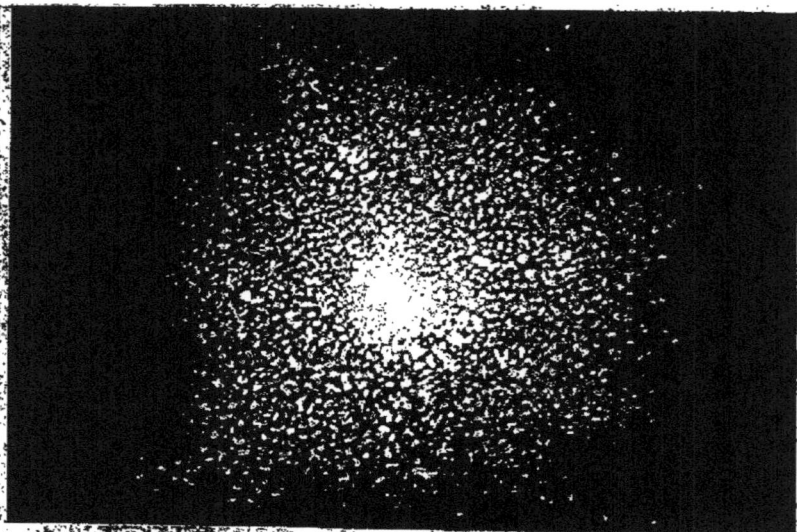

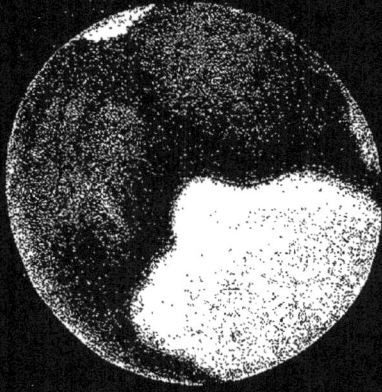

Fig. 1.

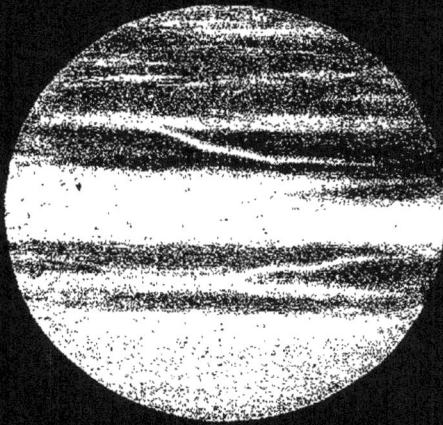

Fig. 2.

Fig. 3.

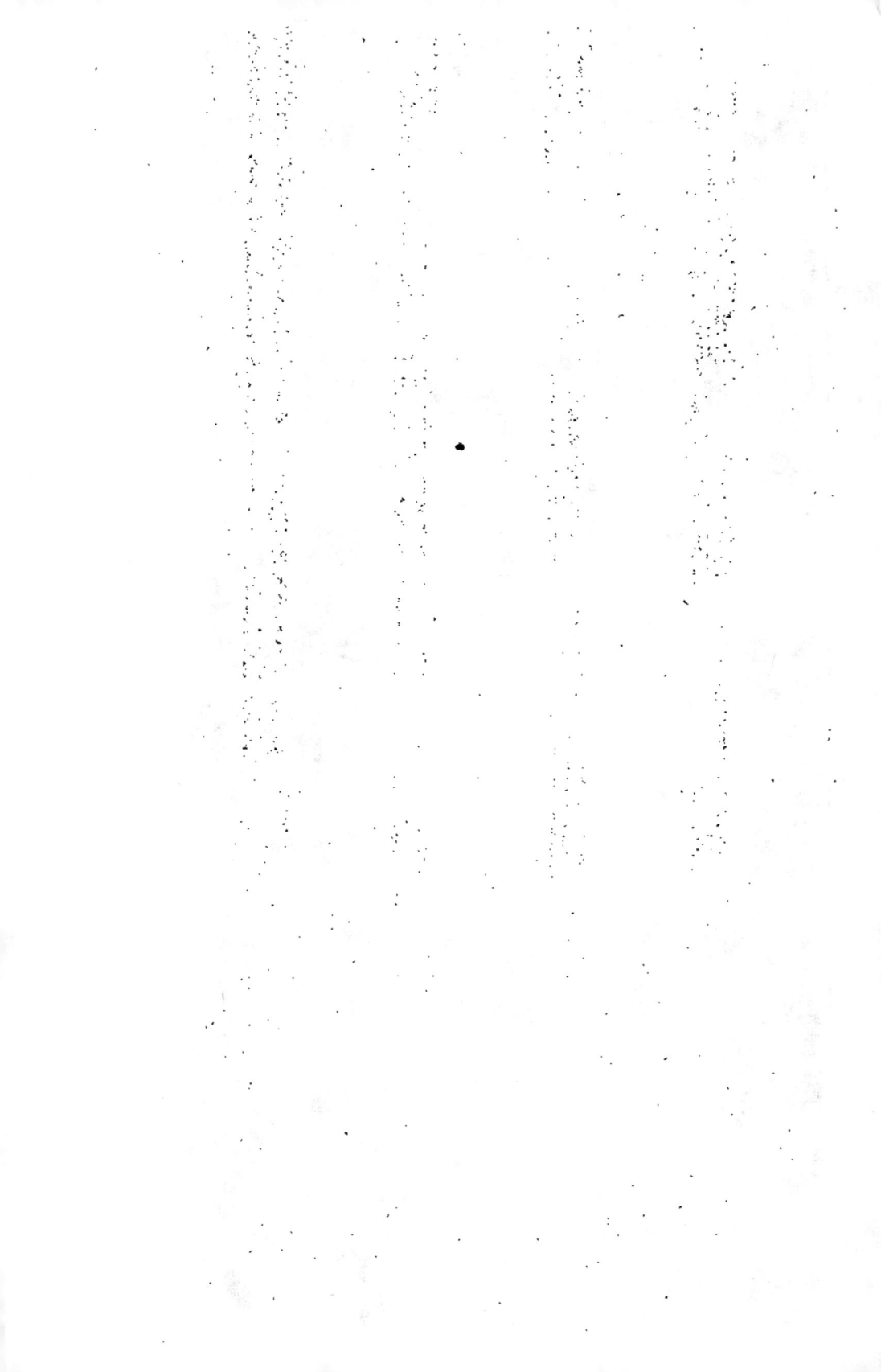

TABLE.

INTRODUCTION.   Page 1

CHAP. I.

Notions générales. — Forme et grandeur de la terre. —
Horizon. — Dépression de l'horizon. — Atmosphère. —
Réfraction. — Crépuscule. — Apparences qui résultent du
mouvement diurne. — Parallaxe. — Premier aperçu de la
distance des étoiles. — Définitions.   10

CHAP. II.

Nature des instrumens et des observations astronomiques en
général. — Temps sidéral et temps solaire. — Mesure du
temps. — Pendules, chronomètres et instrumens des passages. — Mesure des intervalles angulaires. — Application
du télescope aux instrumens destinés à cette mesure. —
Cercle mural. — Fixation des points polaire et horizontal.
— Niveau. — Fil-à-plomb. — Horizon artificiel. — Collimateur. — Instrumens composés de cercles coordonnés.
Équatorial. — Instrument des hauteurs et des azimuths.
— Sextant et cercle de réflexion. — Principe de répétition.   74

CHAP. III.

DE LA GÉOGRAPHIE.

Figure de la terre. — Ses dimensions exactes. — Modification
de sa forme d'équilibre, due à la force centrifuge. —
Variations de la pesanteur à sa surface. — Mesures statiques et dynamiques de la pesanteur. — Pendule. — Loi de
la gravitation sur un sphéroïde. — Autres effets de la ro-

tation de la terre. — Vents alisés. — Détermination des
positions géographiques. — Latitudes. — Longitudes. —
Conduite des opérations géodésiques. — Mappemondes. —
Projections de la sphère. — Mesure des hauteurs par le baromètre.   124

CHAP. IV.

URANOGRAPHIE.

Construction des globes et des cartes célestes par l'observation
des ascensions droites et des déclinaisons. — Distinction des
objets célestes en astres fixes et errans. — Constellations. —
Régions naturelles du ciel. — Voie lactée. — Zodiaque. —
Écliptique. — Latitudes et longitudes célestes. — Précession
des équinoxes. — Nutation. — Aberration. — Problèmes
uranographiques.   182

CHAP. V.

DU MOUVEMENT DU SOLEIL.

Le mouvement apparent du soleil n'est pas uniforme. — Son
diamètre apparent est variable. — On en conclut la variation de sa distance. — Son orbite apparente est une ellipse
dont la terre occupe un des foyers. — Loi de sa vitesse angulaire. — Égale description des aires. — Parallaxe du soleil. — Sa distance et ses dimensions. — Explication copernicienne du mouvement apparent du soleil. — Parallélisme
de l'axe de la terre. — Saisons. — Chaleur envoyée par le
soleil à la terre dans les différentes parties de son orbite.   215

CHAP. VI.

La lune. — Sa période sidérale. — Son diamètre apparent.
— Sa parallaxe, sa distance et son diamètre réel. — Première approximation de son orbite. — Cette orbite est une
ellipse dont la terre occupe le foyer. — Excentricité et inclinaison de l'orbite. — Mouvement des nœuds. — Occultations. — Éclipses de soleil. — Phases de la lune. — Sa période
synodique. — Éclipses de lune. — Mouvement des apsides
de l'orbite. — Constitution physique de la lune. — Ses

montagnes. — Son atmosphère. — Sa rotation autour d'un
axe. — Libration. — Aspect de la terre vue de la lune. 250

CHAP. VII.

Pesanteur terrestre. — Loi de la gravitation universelle. —
Trajectoires apparentes et réelles des projectiles. — La
lune est retenue dans son orbite par la pesanteur. — Loi
de décroissement de la pesanteur. — Lois du mouvement
elliptique. — L'orbite décrite par la terre autour du soleil
s'accorde avec ses lois. — Comparaison de la masse du soleil avec celle de la terre. — Densité du soleil. — Intensité
de la pesanteur à la surface de cet astre. — Action perturbatrice du soleil sur le mouvement de la lune.   272

CHAP. VIII.

DU SYSTÈME SOLAIRE.

Mouvement apparent des planètes. — Leurs stations et rétrogradations. — Le soleil est le centre naturel de leurs
mouvemens. — Planètes inférieures. — Leurs phases, leurs
périodes, etc. — Dimensions et forme de leurs orbites. —
Leurs passages sur le soleil. — Planètes supérieures. — Leurs
distances, leurs périodes, etc. — Lois de Kepler et leur
interprétation. — Élémens elliptiques de l'orbite d'une
planète. — Lieux héliocentriques et géocentriques des planètes. — Loi de Bode sur les distances planétaires. —
Planètes ultra-zodiacales. — Particularités physiques observées sur chacune des planètes.   285

CHAP. IX.

DES SATELLITES.

De la lune, considérée comme le satellite de la terre. — Proximité où les satellites sont, en général, de leurs planètes
principales, et subordination de leurs mouvemens, due à
cette proximité. — Masses des planètes principales, déduites des périodes de leurs satellites. — Les lois de Kepler
subsistent dans les systèmes secondaires. — Satellites de
Jupiter. — Éclipses de ces satellites. — Elles donnent la

mesure de la vitesse de la lumière. —Satellites de Saturne. —Satellites d'Uranus. 338

CHAP. X.

DES COMÈTES.

Du grand nombre des comètes dont l'apparition a été mentionnée. — Le nombre des comètes non mentionnées est probablement beaucoup plus grand. —Description d'une comète. —Comètes sans queues. —Accroissement et décroissement des queues des comètes. —Les mouvemens des comètes sont régis par les lois générales des mouvemens planétaires. — Élémens de leurs orbites. — Retours périodiques de certaines comètes. —Comètes de Halley, d'Encke et de Biela. —Dimensions des comètes.—Résistance qu'elles éprouvent de la part de l'éther, leur diminution progressive, et leur dispersion possible dans l'espace. 353

CHAP. XI.

DES PERTURBATIONS.

Exposé du sujet. —Superposition des petits mouvemens. — Problème des trois corps. —Estimation des forces perturbatrices. — Mouvemens des nœuds. — Changemens des inclinaisons. —Compensation opérée dans une révolution complète du nœud. —Théorème de Lagrange sur la stabilité des inclinaisons. —Variation de l'obliquité de l'écliptique.—Précession des équinoxes.—Nutation.—Théorème concernant les influences réciproques des vibrations d'un système. —Théorie des marées. —Variations des élémens des orbites planétaires. —Variations périodiques et séculaires.—Décomposition des forces perturbatrices en forces tangentielles et radiales.—Effets de la force tangentielle : — 1° dans une orbite circulaire ; — 2° dans une orbite elliptique.—Compensation des effets. — Cas de la presque commensurabilité des moyens mouvemens. — Explication de la grande inégalité de Jupiter et de Saturne. —Inégalité à longue période de Vénus et de la Terre.—

Variation lunaire. — Effets de la force radiale. — Effet moyen sur la période et les dimensions de l'orbite troublée. —Partie variable de l'effet.—Évection lunaire.—Accélération séculaire du mouvement de la lune.—Invariabilité des grands axes et des moyens mouvemens. — Variations séculaires des excentricités et des périhélies. — Mouvement des apsides de la lune. — Théorème de Lagrange sur la stabilité des excentricités. — Nutation de l'orbe lunaire. — Perturbations des satellites de Jupiter.   368

CHAP. XII.

ASTRONOMIE SIDÉRALE.

Des étoiles en général. — Leur classification d'après leurs grandeurs apparentes. — Leur distribution dans le ciel. — Voie lactée. — Parallaxe annuelle. — Distances réelles, dimensions probables et nature des étoiles. — Étoiles variables. — Étoiles temporaires. — Étoiles doubles. — Révolution des étoiles doubles les unes autour des autres dans des orbes elliptiques. — Extension de la loi de la gravitation aux systèmes d'étoiles doubles. — Étoiles colorées. — Mouvemens propres du soleil et des étoiles.— Aberration et parallaxe du système solaire. — Systèmes d'étoiles. — Amas d'étoiles. — Nébuleuses. — Étoiles nébuleuses. — Nébuleuses annulaires et planétaires. — Lumière zodiacale.   438

CHAP. XIII.

DU CALENDRIER.   482

Table synoptique des élémens du système solaire.   490
Table synoptique des élémens des orbes des satellites. 491

ADDITION.

SUR LA DISTRIBUTION DES ORBITES COMÉTAIRES DANS L'ESPACE.   493

www.ingramcontent.com/pod-product-compliance
Lightning Source LLC
Chambersburg PA
CBHW060905220326
41599CB00020B/2852